U0200385

地表过程与资源生态丛书

景观服务与区域可持续性评价

于德永　荀　斌　刘宇鹏　郝蕊芳　乔建民　邬建国等　著

科学出版社

北　京

内 容 简 介

在土地利用–景观格局–生态过程/功能–生态系统服务–人类福祉研究框架下，本书系统开展了自然景观、半自然景观、农业景观、城市景观格局与生态系统服务的定量关系，基于景观连接度的城市生态网络构建，区域可持续性评价，景观可持续科学的学科体系、研究主题等方面的研究，提倡将生态学、地理学和设计方法联系起来作为实现景观可持续性的重要发展方向。

本书可供生态学、地理学、经济学、管理学和资源与环境领域的科研人员和管理工作者等参考，也供相关专业研究生参考阅读。

审图号：GS 京（2022）1385 号

图书在版编目（CIP）数据

景观服务与区域可持续性评价／于德永等著 . —北京：科学出版社，2023.8
（地表过程与资源生态丛书）
ISBN 978-7-03-076302-0

Ⅰ.①景… Ⅱ.①于… Ⅲ.①城市景观–城市规划–研究 Ⅳ.TU-856

中国国家版本馆 CIP 数据核字（2023）第 164846 号

责任编辑：王　倩／责任校对：樊雅琼
责任印制：赵　博／封面设计：无极书装

科学出版社 出版
北京东黄城根北街 16 号
邮政编码：100717
http://www.sciencep.com

涿州市般润文化传播有限公司印刷
科学出版社发行　各地新华书店经销

*

2023 年 8 月第　一　版　开本：787×1092　1/16
2025 年 3 月第二次印刷　印张：28 1/4
字数：670 000

定价：380.00 元
（如有印装质量问题，我社负责调换）

"地表过程与资源生态丛书"编委会

学术顾问　安芷生　姚檀栋　史培军　崔　鹏　傅伯杰
　　　　　秦大河　邵明安　周卫健　白雪梅　江　源
　　　　　李占清　骆亦其　宋长青　邬建国

主　　编　效存德

副 主 编　李小雁　张光辉　何春阳

编　　委　(以姓名笔画为序)
　　　　　于德永　王　帅　王开存　亢力强　丑洁明
　　　　　白伟宁　延晓冬　刘宝元　刘绍民　杨世莉
　　　　　吴秀臣　邹学勇　张　朝　张大勇　张全国
　　　　　张春来　赵文武　赵传峰　董文杰　董孝斌
　　　　　谢　云

总　序

2017 年 10 月，习近平总书记在党的十九大报告中指出：我国经济已由高速增长阶段转向高质量发展阶段。要达到统筹经济社会发展与生态文明双提升战略目标，必须遵循可持续发展核心理念和路径，通过综合考虑生态、环境、经济和人民福祉等因素间的依赖性，深化人与自然关系的科学认识。过去几十年来，我国社会经济得到快速发展，但同时也产生了一系列生态环境问题，人与自然矛盾凸显，可持续发展面临严峻挑战。习近平总书记 2019 年在《求是》杂志撰文指出："总体上看，我国生态环境质量持续好转，出现了稳中向好趋势，但成效并不稳固，稍有松懈就有可能出现反复，犹如逆水行舟，不进则退。生态文明建设正处于压力叠加、负重前行的关键期，已进入提供更多优质生态产品以满足人民日益增长的优美生态环境需要的攻坚期，也到了有条件有能力解决生态环境突出问题的窗口期。"

面对机遇和挑战，必须直面其中的重大科学问题。我们认为，核心问题是如何揭示人–地系统耦合与区域可持续发展机理。目前，全球范围内对地表系统多要素、多过程、多尺度研究以及人–地系统耦合研究总体还处于初期阶段，即相关研究大多处于单向驱动、松散耦合阶段，对人–地系统的互馈性、复杂性和综合性研究相对不足。亟待通过多学科交叉，揭示水土气生人多要素过程耦合机制，深化对生态系统服务与人类福祉间级联效应的认识，解析人与自然系统的双向耦合关系。要实现上述目标，一个重要举措就是建设国家级地表过程与区域可持续发展研究平台，明晰区域可持续发展机理与途径，实现人–地系统理论和方法突破，服务于我国的区域高质量发展战略。这样的复杂问题，必须着力在几个方面取得突破：一是构建天空地一体化流域和区域人与自然环境系统监测技术体系，实现地表多要素、多尺度监测的物联系统，建立航空、卫星、无人机地表多维参数的反演技术，创建针对目标的多源数据融合技术。二是理解土壤、水文和生态过程与机理，以气候变化和人类活动驱动为背景，认识地表多要素相互作用关系和机理。认识生态系统结构、过程、服务的耦合机制，以生态系统为对象，解析其结构变化的过程，认识人类活动与生态系统相互作用关系，理解生态系统服务的潜力与维持途径，为区域高质量发展"提质"和"开源"。三是理解自然灾害的发生过程、风险识别与防范途径，通过地表快速变化过程监测、模拟，确定自然灾害的诱发因素，模拟区域自然灾害发生类型、规模，探讨自然灾害风险防控途径，为区域高质量发展"兜底"。四是破解人–地系统结构、可持续发展机理。通过区域人–地系统结构特征分析，构建人–地系统结构的模式，综合评估多种区域发展模式的结构及其整体效益，基于我国自然条件和人文背景，模拟不同区域可持续发展能力、状态和趋势。

自 2007 年批准建立以来，地表过程与资源生态国家重点实验室定位于研究地表过程及其对可更新资源再生机理的影响，建立与完善地表多要素、多过程和多尺度模型与人－地系统动力学模拟系统，探讨区域自然资源可持续利用范式，主要开展地表过程、资源生态、地表系统模型与模拟、可持续发展范式四个方向的研究。

实验室在四大研究方向之下建立了 10 个研究团队，以团队为研究实体较系统地开展了相关工作。

风沙过程团队：围绕地表风沙过程，开展了风沙运动机理、土壤风蚀、风水复合侵蚀、风沙地貌、土地沙漠化与沙区环境变化研究，初步建成国际一流水平的风沙过程实验与观测平台，在风沙运动－动力过程与机理、土壤风蚀过程与机理、土壤风蚀预报模型、青藏高原土地沙漠化格局与演变等方面取得了重要研究进展。

土壤侵蚀过程团队：主要开展了土壤侵蚀对全球变化与重大生态工程的响应、水土流失驱动的土壤碳迁移与转化过程、多尺度土壤侵蚀模型、区域水土流失评价与制图、侵蚀泥沙来源识别与模拟及水土流失对土地生产力影响及其机制等方面的研究，并在全国水土保持普查工作中提供了科学支撑和标准。

生态水文过程团队：研究生态水文过程观测的新技术与方法，构建了流域生态水文过程的多尺度综合观测系统；加深理解了陆地生态系统水文及生态过程相互作用及反馈机制；揭示了生态系统气候适应性及脆弱性机理过程；发展了尺度转换的理论与方法；在北方农牧交错带、干旱区流域系统、高寒草原－湖泊系统开展了系统研究，提高了流域水资源可持续管理水平。

生物多样性维持机理团队：围绕生物多样性领域的核心科学问题，利用现代分子标记和基因组学等方法，通过野外观测、理论模型和实验检验三种途径，重点开展了生物多样性的形成、维持与丧失机制的多尺度、多过程综合研究，探讨生物多样性的生态系统功能，为国家自然生物资源保护、国家公园建设提供了重要科学依据。

植被－环境系统互馈及生态系统参数测量团队：基于实测数据和 3S 技术，研究植被与环境系统互馈机理，构建了多类型、多尺度生态系统参数反演模型，揭示了微观过程驱动下的植被资源时空变化机制。重点解析了森林和草地生态系统生长的年际动态及其对气候变化与人类活动的响应机制，初步建立了生态系统参数反演的遥感模型等。

景观生态与生态服务团队：综合应用定位监测、区域调查、模型模拟和遥感、地理信息系统等空间信息技术，针对从小流域到全球不同尺度，系统开展了景观格局与生态过程耦合、生态系统服务权衡与综合集成，探索全球变化对生态系统服务的影响、地表过程与可持续性等，创新发展地理科学综合研究的方法与途径。

环境演变与人类活动团队：从古气候和古环境重建入手，重点揭示全新世尤其自有显著农业活动和工业化以来自然与人为因素对地表环境的影响。从地表承载力本底、当代承载力现状以及未来韧性空间的链式研究，探讨地表可再生资源持续利用途径，构筑人－地关系动力学方法，提出人－地关系良性发展范式。

人–地系统动力学模型与模拟团队：构建耦合地表过程、人文经济过程和气候过程的人–地系统模式，探索多尺度人类活动对自然系统的影响，以及不同时空尺度气候变化对自然和社会经济系统的影响；提供有序人类活动调控参数和过程。完善系统动力学/地球系统模式，揭示人类活动和自然变化对地表系统关键组分的影响过程和机理。

区域可持续性与土地系统设计团队：聚焦全球化和全球变化背景下我国北方农牧交错带、海陆过渡带和城乡过渡带等生态过渡带地区如何可持续发展这一关键科学问题，以土地系统模拟、优化和设计为主线，开展了不同尺度的区域可持续性研究。

综合风险评价与防御范式团队：围绕国家综合防灾减灾救灾、公共安全和综合风险防范重大需求，研究重/特大自然灾害的致灾机理、成害过程、管理模式和风险防范四大内容。开展以气候变化和地表过程为主要驱动的自然灾害风险的综合性研究，突出灾害对社会经济、生产生活、生态环境等的影响评价、风险评估和防范模式的研究。

丛书是对上述团队成果的系统总结。需要说明，综合风险评价与防御范式团队已经形成较为成熟的研究体系，形成的"综合风险防范关键技术研究与示范丛书"先期已经由科学出版社出版，不在此列。

丛书是对团队集体研究成果的凝练，内容包括与地表侵蚀以及生态水文过程有关的风沙过程观测与模拟、中国土壤侵蚀、干旱半干旱区生态水文过程与机理等，与资源生态以及生物多样性有关的生态系统服务和区域可持续性评价、黄土高原生态过程与生态系统服务、生物多样性的形成与维持等，与环境变化和人类活动及其人–地系统有关的城市化背景下的气溶胶天气气候与群体健康效应、人–地系统动力学模式等。这些成果揭示了水土气生人等要素的关键过程和主要关联，对接当代可持续发展科学的关键瓶颈性问题。

在丛书撰写过程中，除集体讨论外，何春阳、杨静、叶爱中、李小雁、邹学勇、效存德、龚道溢、刘绍民、江源、严平、张光辉、张科利、赵文武、延晓冬等对丛书进行了独立审稿。黄海青给予了大力协助。在此一并致谢！

丛书得到地表过程与资源生态国家重点实验室重点项目（2020-JC01~08）资助。

由于科学认识所限，不足之处望读者不吝指正！

2022 年 10 月 26 日

前　言

人类社会经历了原始文明、农业文明、工业文明发展阶段，目前正处于工业文明的中后期。在原始文明发展阶段，人类社会生产能力有限，人与自然的关系处于完全协调状态，基本没有产生环境问题。在农业文明发展阶段，人类从森林中走出来，告别了茹毛饮血、刀耕火种的低级生产方式，开始较大规模地开发土地，有了固定的生产场所，自然在满足了人类对物质产品的需要的同时，渐渐产生水土流失、沙漠化、生物多样性受损等环境问题，但这些问题总体上仍然可控。在工业文明发展阶段，由于机械化生产能力的大幅提高，人类社会的产业结构由以农业为主逐渐转向以工业为主转变，获取物质产品的能力空前提高，人类从自然界中大量开采石油、煤炭、金属矿物，大规模地开发土地种植农作物，高强度放牧，发展城市，满足对粮食、纤维、药物和畜牧产品等的需求，人类对自然生态系统的开发利用几乎到了无所节制的程度。人类物质丰裕程度达到空前的高度，但自然环境也同时遭受到了史无前例的破坏，如生物多样性锐减、环境污染、土地系统退化，以及温室气体排放导致的全球气候变暖及其引发的一系列环境问题等，这些问题已经严重阻碍和威胁人类社会的可持续发展。

面对日益严重的环境问题，世界各国政府和学术研究机构均倾注了极大关注，可持续发展成为当前世界发展的主题。联合国世界环境与发展委员会在 1987 年发布的著名报告《我们共同的未来》（*Our Common Future*）中将可持续发展定义为，在不损害子孙后代满足其自身需求的能力的前提下，满足当前需求的发展，并强调可持续发展是一个变化的过程。党的十八大站在历史和全局的战略高度，从经济、政治、文化、社会、生态文明五个方面，制定了新时代统筹推进"五位一体"总体布局的战略目标。生态文明是人类遵循人与自然和谐发展这一客观规律而取得的物质与精神成果的总和，与我国古代天地人和、天人合一的哲学思想一脉相承。生态文明是继工业文明之后，人类文明发展的一个新的阶段，它以尊重和维护生态环境为主旨，以可持续发展为着眼点，成为解决人类工业文明发展阶段面临的环境问题的新希望。

生态系统服务是指人类从自然生态系统中得到的惠益。食品、能源、水、原材料等维持人类生计和福祉至关重要的关键生态系统服务已经成为联合国 2030 年要实现的 17 个可持续发展目标的重要组成部分。景观可持续性是指景观在环境和社会文化变化的背景下，持续提供长期的、具有景观特色的生态系统服务的能力，这对于维持和改善区域环境中的人类福祉至关重要。景观可持续科学作为新兴学科，其研究的最终目的是寻求在具有不确定性的内部动态和外部干扰的情况下，如何促进生态系统服务和人类福祉长期维系和改善的景观与区域空间格局。全球可持续发展首先需要实现区域可持续发展，景观和区域是可持续发展研究和实践的基本空间单元，景观和区域是研究可持续性过程和机理方面最可操作的空间尺度。近年来景观可持续性相关研究受到极大重视，以生态系统服务和人类福祉为核心的景观可持续性已经成为生态文明建设的重要着眼点和抓手，也为开展多学科、交叉学科和跨学科的综合研究提供了广阔的平台。在全球气候变化背景下如何维系具有景观特色的生态系统服务是区域/景观可持续性研究的关键科学问题。

针对上述科学问题，本书选择自然景观、半自然景观、农业景观和城市景观，从多尺度、多方法、多维度角度系统开展了生态系统服务测量、相互作用关系、动态变化的驱动机制和区域/景观可续性评价等方面的研究，最后就景观可持续科学的学科体系、主要研究问题和景观可持续性实现的方法途径进行了总结和展望。

本研究由 8 章组成，第 1 章绪论，由于德永、郝蕊芳撰写；第 2 章自然景观格局与生态系统服务的定量关系，由于德永、刘宇鹏撰写；第 3 章半自然景观格局与生态系统服务的定量关系，由于德永、郝蕊芳、曹茜、江红蕾撰写；第 4 章农业景观格局与生态系统服务的定量关系，由乔建民、于德永撰写；第 5 章城市景观格局与生态系统服务的定量关系，由刘宇鹏、于德永撰写；第 6 章生态系统服务约束作用关系及机理，由郝蕊芳、于德永撰写；第 7 章城市绿地生境网络连接度评价及优化，由苟斌、于德永撰写；第 8 章景观可持续科学展望由邬建国撰写，于德永翻译，房学宁和刘芦萌校对。全书由于德永统稿并审定。

本书的研究工作得到了国家自然科学基金项目（编号：41971269、41571170、41171404、40801211）、国家重大科学研究计划项目（编号：2012CB955400、2014CB954300）等科研项目的资助，本书的部分研究成果先前已经在国内外期刊上发表。

在本书写作过程中，北京师范大学地理学学部博士研究生曹茜、江红蕾、刘芦萌、黄婷、韩冬妮、李思函、王雨生、邱嘉琦、刘凤辰、卢明昊、毕佳、房学宁，硕士研究生丁天璐、金海珍、毛爱涵、麦秋实、李秀成、刘茜茜等也对本书的出版作出了重要贡献，在此一并致谢！

囿于作者水平和认识上的局限性，书中不足之处在所难免，欢迎广大读者批评指正，不吝赐教。

于德永

2023 年 4 月 10 日

目　　录

第1章 | 绪　　论

生态系统为满足人类生计和福祉提供各种关键生态系统服务。据联合国（United Nations，UN）预测，21 世纪末全球人口数量将突破 100 亿（UN，2012），面对全球人口快速增长和日益变化的需求，关键生态系统服务的供给日益受限，数十亿人的需求无法得到充分满足（Hoff，2011）。大量增加的人口对关键生态系统服务的需求量也将大幅增加。生态系统服务有限供给能力与人类巨大需求之间的矛盾使自然生态系统承受着巨大压力。食品、能源、水、原材料等维持人类生计和福祉的关键生态系统服务已经成为联合国 2030 年要实现的 17 个可持续发展目标的重要组成部分（UN，2015）。过去 50 年近 60% 的已知生态系统服务发生了退化（Costanza et al.，2014）。生态系统调节服务的下降尤为引人关注，未来情景模拟显示生态系统服务下降的趋势不容乐观（MEA，2005）。

生态系统服务的退化有许多原因，包括制度与政策缺陷、科学知识的不完备、突发事件及其他因素等，但大部分生态系统服务的退化是由生态系统过程尺度与人类管理尺度的错配产生的（MEA，2005；Cumming，2013；Fu et al.，2017）。目前全球正面临深刻的环境危机，这场危机主要由三个因素引发：①人口的快速增长及经济活动；②自然资源的过度利用；③对生态系统和生物多样性广泛而日渐加深的破坏。在这样的背景下，人类社会的可持续发展已经成为 21 世纪的主要议题和巨大挑战。

土地系统是生态系统服务的载体，过去的土地利用过分侧重生态系统供给服务，而对生态系统支持服务和调节服务重视不足，结果造成了人地关系矛盾突出、区域环境质量下降的尴尬局面。土地利用–景观格局–生态过程/功能–生态系统服务定量关系分析是揭示生态系统保护、恢复与重建机理的关键。在气候暖干化和气候变率增大的背景下，调整土地利用类型、强度和空间分布（即优化景观格局），促进生态系统供给服务、调节服务、文化服务和支持服务的相互协调发展，减少各类生态系统服务之间不必要的权衡是防范生态风险、促进区域可持续发展的重要抓手和保障。

在气候变化背景下建立土地利用–景观格局–生态过程/功能–生态系统服务–人类福祉为一体的景观可持续科学研究框架，是促进区域可持续发展的重要科学途径。

1.1　生态系统服务概念

生态系统服务概念始于 20 世纪 60 年代（King，1966；Helliwell，1969）。最初，生态系统服务被称为环境服务（Helliwell，1969）。Westman（1977）将生态系统服务描述为自然服务。这一概念最终在 1982 年被确定为生态系统服务（Ehrlich and Ehrlich，1981）。

目前，公认的生态系统服务定义是基于联合国千年生态系统评估（MEA）报告，它指出人类从自然生态系统中得到的收益即为生态系统服务（MEA，2001）。Daily（1997）将生态系统服务定义为人类赖以生存和发展所需要的由生态系统所提供的自然环境和效益。Costanza 等（1998）指出人类直接或者间接从自然生态系统中得到的利益被称为生态系统服务，这也成为 MEA 定义生态系统服务的直接依据。Costanza 等（1998）对全球生态系统服务进行了价值化分析，并对区域生态系统服务进行较为细致的价值化评估，之后大多数生态系统服务价值化研究都以此为基础（谢高地等，2001；Fan et al.，2002）。Fisher 等（2009）强调生态系统服务的可利用性，将其定义为生态系统中被人类主动或者被动利用的部分。

目前，生态系统服务存在多种分类系统。Daily（1997）将生态系统服务分为 13 类，包括空气净化、水净化、减轻自然灾害、传粉、土壤形成等。Costanza 等（1998）对生态系统服务进行了更加详细的分类，一共包括十七大类，排除了不可再生的服务，如天然气、煤、石油等矿物资源。MEA 在 2001 年明确将生态系统服务分为四大类（表 1-1），并指出生物多样性是所有生态系统服务的基础。在这四大类中，第一类为供给服务，是指能够直接为人类生活所利用的物质利益产品，如食品、木材、药材、水等；第二类为调节服务，是指人类从生态系统的调节过程，包括土壤侵蚀调节、气候调节、洪峰调节、水质调节等中得到的好处；第三类为文化服务，是指人类从生态系统中获得的非物质收益，包括认知能力提高、对自然美感的享受、休憩娱乐等；第四类为支持服务，是指维持其他服务所必需的服务，包括土壤形成、植物光合作用、净初级生产力（net primary productivity，NPP）、养分循环等。支持服务与其他类型服务之间的主要区别在于它们对人类的影响是相对间接、长期的，而其他类型服务对人类的影响是相对直接、短期的，一些服务既可以归为调节服务，也可以归类为支持服务，这取决于它们对人类的影响的时间尺度，如土壤侵蚀调节（MEA，2001）。Carpenter 等（2009）以 MEA 为基础，将生态建设概念融入对生态系统服务理解中，认为目前的研究缺乏全面考虑生态系统过程与反馈以及社会系统与生态系统之间的相互依赖关系。生态系统与生物多样性经济学（the economics of ecosystems and biodiversity，TEEB）提出的生态系统服务分类体系与 MEA 的区别主要在于生物栖息地与支持服务，TEEB 将生态系统服务分为生物栖息地、供给服务、调节服务以及文化服务，如土壤构成在 MEA 分类系统中属于支持服务，但是在 TEEB 分类系统中属于调节服务（De Groot et al.，2010）。

表 1-1　生态系统服务类别

供给服务	调节服务	文化服务	支持服务
燃料供给	干旱调节	美学价值	养分循环
新鲜空气	气候调节	旅游	土壤形成
生活用品供给	灾害调节	教育	净初级生产力
淡水供给	空气净化	休息	

资料来源：MEA，2001。

1.2　生态系统服务与人类福祉

人类福祉是贫困的反义词，它的定义与内容以人类主观感受为依据，如人类对生活的满足感、身体的基本状态、对生活的主观控制能力等（MEA，2005）。人类福祉是多层次的，不同层次间的排序因人而异，总体上，它包含的不同层次由保证生活的物质和经济、安静的自然环境、生活快乐等需求组成（Summers et al.，2012）。MEA 将人类福祉分为基本物质需求、安全、健康、良好的社会关系、选择与行动的自由（表1-2），而生态系统支持服务、供给服务、调节服务和文化服务的变化均可能深刻影响人类福祉。很多学者针对生态系统服务和人类福祉的关系，在 MEA 生态系统服务分类的基础上对其进行了补充和延伸（Fisher et al.，2009；Yang et al.，2013）。Boyd 和 Banzhaf（2006）将生态系统服务按照过程进行划分，指出最终生态系统服务是人类最常用的，能够被人类直接享用、消耗或用于获得人类福祉的天然成分。相似地，Fisher 等（2009）指出人类福祉是生态系统服务的输出部分，此输出过程可以是主动或者被动的，基于此，其将生态系统服务分为利益、中间服务和最终服务，恰好对应了生态系统服务与人类福祉相互关系的过程（李琰等，2013）。Haines-Young 和 Potschin（2010）以生态系统服务级联（cascades）的方式将生态系统服务与人类福祉相联系，认为在某一个完整的级联体系中，随着人类参与和付出越多，两者之间的关系越紧密。生态系统服务来自自然生态系统，人类的利益基于生态系统服务，因此，生态系统服务被称为自然生态系统和人类福祉之间的桥梁。人类福祉是生态系统服务与社会经济系统共同决定的人类主观感受，它是自然系统和社会系统的综合作用结果。人类福祉所处的层次决定了其与生态系统服务之间的关系，如与物质需求相关的人类福祉对生态系统服务的依赖性更大，而与精神需求相关的人类福祉需要人文因素的贡献更大（李琰等，2013）。完整的人类福祉体系应同时考虑自然因素与人文因素。MEA 指出，提高人类福祉是制定生态系统管理措施的首要条件，未来生态学研究的核心内容将围绕生态系统服务和人类福祉相关内容展开（MEA，2005；李琰等，2013）。

表 1-2　人类福祉的类型及构成要素

人类福祉类型	人类福祉构成要素		
基本物质需求	足够的生计之路	充足有营养的食物	安全的住所
安全	人身安全	资源安全	免于灾祸
健康	体力充沛	精神舒畅	使用清新空气和洁净水
良好的社会关系	社会凝聚力	互相尊重	帮助别人的能力
选择与行动的自由	能够获得个人认为有价值的生活的机会		

资料来源：MEA，2005。

1.3　景观格局与生态系统服务

1.3.1　景观格局研究进展

景观有多种多样的定义，狭义的景观指任何空间范围内的地理单元，表现为重复性和异质性的特点；广义的景观指不同空间尺度上的土地利用/覆盖的镶嵌体，这种镶嵌体具有异质性和斑块性的特点（邬建国，2007）。景观格局包括组成景观空间单元的组成和配置。景观格局具有空间异质性，它指景观格局在空间和时间上的复杂性和变异性（陈利顶等，2008；苏常红和傅伯杰，2012）。在区域尺度上，地表覆盖变化是景观格局变化的主要体现，空间异质性主要体现在地表覆盖类型的面积配比和其空间单元的配置上（苏常红和傅伯杰，2012）。景观格局分析的目的是发现景观组成和景观配置潜在的规律性，从而得到影响景观格局形成的因子和机制（陈利顶等，2008）。景观格局分析方法主要包括以下三种。

（1）景观指数。这是目前分析景观格局中应用最广泛的一类方法。景观指数能够定量反映景观结构组成、空间配置等特征。景观指数种类繁多，一般地，可以从三个水平计算景观指数，包括斑块水平、类型水平和景观水平。其中，斑块水平指单个斑块的形状、大小等特征；类型水平指若干个相同类型的斑块形成的某一类型；景观水平指不同斑块类型组成的整个景观。根据景观指数的含义和刻画目的，可以将其分为多样性指数（如香农多样性指数、辛普森多样性指数等）、面积指数（如景观面积、最大斑块指数等）、聚集度指数（如聚合度等）、形状指数（如平均斑块分维数等），以及密度指数（如平均斑块面积、边界密度等）（苏常红和傅伯杰，2012）。随着一些辅助计算工具的兴盛，产生了孔隙度指数（Schumaker，1996）、景观空间负荷对比指数（陈利顶等，2003）等。景观指数的计算结果有空间尺度依赖性，它随着空间幅度和粒度而改变。相关研究表明，一些景观指数对面积较小斑块的各类信息反应较灵敏，此时，研究者应选择最小斑块的 20% ~50%

作为研究粒度，一些景观指数对面积较大斑块的各类信息反应较灵敏，研究者应选择最大斑块的 3~6 倍作为最佳研究粒度（O'Neill et al., 1996）。

（2）空间统计方法。传统的统计方法要求样本间相互独立，而景观格局往往存在空间自相关性，这就导致传统的统计方法不适用于景观格局的研究。空间统计方法不受样本间自相关的限制，是研究景观格局的另一类主要方法。空间自相关分析（Li, 2000）、半方差分析、趋势面分析等是常用于分析景观格局的空间统计方法。空间自相关能够定量表征某一变量在空间上的分布特征及其对邻域的影响大小，它的结果包括空间正相关、空间负相关和空间随机性三种（邬建国, 2007）。

（3）景观格局模型。景观格局模型，如空间马尔可夫模型和细胞自动机，可以模拟景观格局的动态变化。马尔可夫链是一种随机过程，它通过分析过去某一时间段内最初状态和最末状态之间的土地利用/覆盖类型相互转化的面积比例，进而计算得到不同土地利用/覆盖类型间转化的概率，基于此对未来不同土地利用/覆盖类型进行空间分配。细胞自动机结合像元、状态、规则和转换方程得到景观格局的模拟结果。

以上三种景观格局分析方法各有优缺点。景观指数计算简单，能够全面反映景观格局的特征，但是很多景观指数间相关性强且尺度效应明显，应该结合研究目的合理选择景观指数与分析尺度。空间统计分析法更适用于空间数据，能很好地补充景观指数的分析结果。景观格局模型的机理还需完善才能准确实现景观动态变化的模拟，从而为景观优化提供技术支持。

1.3.2　景观格局与生态系统服务的关系

生态过程依赖于景观格局，同时影响景观格局的形成（苏常红和傅伯杰, 2012）。生态过程包含直接影响生态系统服务供给所必需的物质循环和能量流动过程。景观格局通过改变地表生物物理参数影响生态系统结构和功能，进而影响生态系统服务供给（Wu et al., 2013）。在区域尺度上，景观组成直接影响生态系统服务的空间分布，景观配置通过影响生态过程间接作用到生态系统服务供给及其相互关系（Fagerholm et al., 2012；Jia et al., 2014）。一般情况下，生态系统的供给服务受人类干扰影响大，而其调节服务和支持服务则相反（苏常红和傅伯杰, 2012）。景观连接度较弱和景观破碎化加剧通常会导致生态过程片段化，从而影响生态系统服务供给（张明阳等, 2010；Su et al., 2012）。此外，景观破碎化威胁生物多样性的保持。如今，研究者常采用简单的相关分析和叠加分析研究景观格局对生态系统服务的影响，缺乏对隐含生态学机理的解释。景观格局与生态系统服务之间并非简单的线性关系（苏常红和傅伯杰, 2012）。此外，景观格局对生态系统服务的影响往往具有尺度依赖性，这与景观格局的描述方法有关，也与景观格局影响生态过程的尺度效应有关。

1.3.3 生态系统服务定量评估研究进展

目前相关研究中，物质量化和价值化是生态系统服务的两大主要研究方向（Potter et al.，1993；谢高地等，2001；蒋力等，2014）。这些研究不仅仅局限于对生态系统服务的评估，更关注由此引申的土地系统设计等问题，旨在为适应气候变化的资源配置方案提供科学依据（Carpenter et al.，2009）。在生态系统服务定量评估的相关研究中，常用的方法有生态模型模拟法、遥感影像反演法、土地利用/覆盖替代法以及野外调查采样法四种方法（Wu et al.，2015；Posner et al.，2016；Turner et al.，2016）。

（1）生态模型模拟法指通过模拟生态学过程和机理实现对生态系统服务的定量评估，如利用光能利用率模型中的卡内基–埃姆斯–斯坦福方法（Carnegie Ames Stanford Approach，CASA）模型评估 NPP（Potter et al.，1993）。朱文泉等（2007）利用 CASA 模型实现对中国范围内 NPP 的评估，完成 CASA 模型参数在中国的本地化。土壤风蚀模型（RWEQ）以牛顿第二定律为依据，在野外试验基础上发展并逐渐成熟，实现对土壤风蚀的模拟（Fryrear and Bilbro，1998；Fryear et al.，2001）。Guo 等（2013）将 RWEQ 模型拓展到空间应用，结合 ArcGIS 研究中国北方农田土壤风蚀，实现了风速数据时间降尺度。通用土壤流失方程（universal soil loss equation，USLE）最初用于预测面蚀和沟蚀引起的土壤流失量，现已经被广泛用于生态系统服务研究中，用来表征由于人类对地表的保护措施而引起的土壤滞留量，常被称作土壤水蚀控制服务（Renard et al.，1991）。例如，Jia 等（2014）采用 USLE 评估了 2000～2008 年黄土高原土壤保持量。以上模型都是从单一生态系统服务角度考虑。环境政策综合气候（environmental policy integrated climate，EPIC）模型是一个多作物生产系统模拟模型，该模型能够定量评估"气候–土壤–作物–管理"综合系统的动力学过程（Mitchell et al.，1998）。EPIC 模型以模拟作物产量为初衷，目前已经发展成为多模块模型，能够满足研究的不同需求，它包括 9 个模块：气候模块、水文模块、土壤侵蚀模块、养分循环模块、土壤温度模块、作物生长模块、耕作模块、作物环境控制模块和经济效益模块（Mitchell et al.，1998）。为了满足学者对生态系统服务价值化与物质量化的双重需求，便于研究生态系统服务之间关系，美国斯坦福大学、大自然保护协会（the Nature for Conservancy，TNC）与世界自然基金会（World Wide Fund for Nature，WWF）联合开发了 InVEST 模型，实现了生态系统服务空间化表达，旨在通过模拟不同土地覆盖情景下生态系统服务的变化，从而为决策者指导人类活动提供科学依据。该模型集合了多个模块，包括生境质量表征的生物多样性、碳固持、产水量、水质净化、土壤保持量、传粉等（Sharp et al.，2016）。在该模型中，用户可以根据自己的数据准备情况和研究目的，选择不同精度的模拟过程。InVEST 模型以操作简单、输入数据少等特点成为众多研究生态系统服务的模型选择之一，目前它已经广泛应用于世界多个地区生态系统服务的相关研究中。Bai 等（2011）采用 InVEST 模型评估中国白洋淀流域生物多样性、碳固持、水源涵养、产水量和水质净化 5 种服务，采用叠加分析得到白洋淀流域生态系统服务分布的冷热点区。傅斌等（2013）通过 InVEST 模型模拟得到都江堰市水源涵养量，分析了该地区人类活动对水量分布的影响。Nelson 等（2009）采用 InVEST 模型模拟了美国威拉米特盆地在未来三种环境情景下的土壤保持量、碳固持和生物多样性等多种生态系统服务。

（2）遥感影像反演法以遥感数据为基础，通过波段间相互运算实现区域生态系统服务评估。例如，采用遥感影像反演地表温度成为研究热岛效应的主要手段之一。在目前的研究中，城市热岛效应作为负向生态系统服务进行分析（Haase et al.，2012）。遥感影像反演法只适用于某些特定生态系统服务的评估，由于高精度遥感影像的获取较难以及遥感影像质量易受天气影响等缺点，单独采用遥感影像反演法在生态系统服务定量评估中并不常见。

（3）土地利用/覆盖替代法是早期生态系统服务评估常使用的方法，也是精度较低的生态系统服务测量方法，如土壤养分循环服务，通过对每类土地利用/覆盖类型设定相应参数，得到土壤中氮、磷、钾等营养元素的含量（蒋力等，2014）。土地利用/覆盖替代法在生态系统服务价值化研究中使用较多，通过将不同土地利用/覆盖类型折算成相应币值，实现生态系统服务价值化评估（谢高地等，2001；Posner et al.，2016）。

（4）野外调查采样法是最传统的生态系统服务测量方法，如土壤有机碳含量的测量（邱建军和唐华俊，2004）。杨吉华等（2007）调查研究山东七星台地区多种灌木丛根系的土壤碳固持效用。韩凤朋等（2009）通过采样方法研究黄土高原退耕坡地植物根系对土壤养分含量的影响。野外调查采样法只能获得有限样本点数据，很难实现生态系统服务空间制图与显示，对大尺度生态系统服务研究并不适用。

1.3.4　生态系统服务关系及量化方法

在目前研究中，生态系统服务之间的关系分为三类，包括权衡、协同和无关（Bennett et al.，2009）。"权衡"一词最早来源于经济学，生态系统服务权衡的理念源于自然资源管理学（Rodríguez et al.，2006；李双成等，2013）。2006 年，生态系统服务权衡有了明确的定义，指一种服务供给的减少是以其他服务使用量增加为代价的（Rodríguez et al.，2006）。Bennett 等（2009）认为权衡指一种服务增加，另一种服务减少的情形，引起这种关系的原因有两个，一是不同生态系统服务有相同驱动力；二是服务之间相互影响。协同指两种或多种服务同时增加或者减少的情形。TEEB 指出，生态系统服务权衡是由于人类对某种生态系统服务的偏好导致这种服务供给量增加的同时另一些供给量减少的情形，更加强调了人类偏好对生态系统服务的影响（De Groot et al.，2010）。TEEB以及其他研究者将生态系统服务权衡关系分为以下三类（Rodríguez et al.，2006；De Groot et al.，2010）：①时间权衡指短期内为满足某些生态系统服务的使用导致长期的其他生态系统服务的降低，如为了获得短期更高的农业生产力，大量砍伐森林，开垦农田，对NPP、土壤保持服务等造成影响；②空间权衡指人们对区域内某一种生态系统服务的偏好导致空间上相同位置或者不同位置其他生态系统服务下降，如流域上游水质污染对下游用水产生影响；③可逆权衡指人们对生态系统服务的某种干扰消失后，生态系统服务是否能够恢复到干扰前的程度，这与研究的空间尺度和时间尺度有很大关系（Rodríguez et al.，2006）。生态系统服务类型之间的权衡由于理论简单，可操作性强，目前相关研究较多（Bennett et al.，2009）。Lester等（2013）将生态系统服务权衡关系与帕累托（Pareto）效率/最优理论结合，成为优化人类管理措施，实现多种生态系统服务共赢的重要研究思路。图1-1展示了生态系统服务权衡关系可能存在的6种类型，横纵坐标分别代表两种生态系统服务。图1-1（a）表示两种服务可以通过管理措施达到最优点，即直角处；图1-1（b）为凹形曲线，指一种服务的微小增加以另一种服务较大幅度的减少或趋于平缓；图1-1（c）表示两种服务之间存在同时增加和同时减少两种状态，最优点在曲线的最大值处；图1-1（d）表示直接的权衡关系，一种服务增加意味着另一种服务成比例减少；图1-1（e）为凸型曲线，指尽管两种服务之间有权衡关系，但是存在一种服务平稳变化的同时另一种服务在后期较大减少的阶段；图1-1（f）表示在达到阈值前，一种服务的增加不会引起另一种服务的减少，但是当其超过阈值后，它的增加会以另一种服务的大量减少为代价（Lester et al.，2013）。

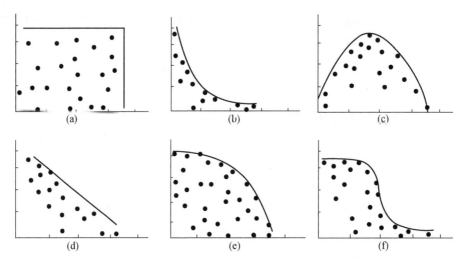

图1-1　生态系统服务关系示意图

横纵坐标分别代表两种生态系统服务

资料来源：Lester et al.，2013

目前研究生态系统服务关系的方法主要有三种：制图叠加分析法、统计分析法、情景分析法或基于土地系统优化研究生态系统服务之间的关系（Rodríguez et al.，2006）。

（1）制图叠加分析法基于 GIS 空间显式方法，通过研究不同生态系统服务图层的空间一致性分析它们之间可能存在的关系（Bai et al.，2011；Qiu and Turner，2013）。Qiu 和 Turner（2013）以正在经历城市化的农田流域为研究区，采用空间叠加分析识别了供给服务、调节服务和文化服务三类中的 10 种生态系统服务的空间一致性。Bai 等（2011）通过识别白洋淀地区生物多样性、碳固持、水质净化、产水量、土壤保持以及传粉 6 种生态系统服务空间冷热点地区，分析了不同服务的空间分布一致性，并以此来表征不同服务之间的权衡和协同关系。制图叠加分析法操作简单，可视性强，但无法得到生态系统服务之间的定量关系。

（2）回归分析、均方根误差、玫瑰图和 Bagplot 等成为衡量生态系统服务定量关系的统计手段（Jopke et al.，2015）。相关分析是目前生态系统服务关系研究中较常见的方法，包括斯皮尔曼（Spearman）等级相关和皮尔逊（Pearson）相关分析（Jopke et al.，2015）。相关系数为正则认为两种服务是协同关系，相关系数为负则是权衡关系。

（3）情景分析法依据生态系统服务权衡概念，设置不同的人类偏好情景，在增加某种生态系统服务的条件下得到其他生态系统服务潜在供给量的变化趋势，用变化趋势的一致性表征生态系统服务的权衡与协同关系（Nelson et al.，2009）。情景是研究者对未来的一种预测，需要在了解生态系统服务关系机理的基础上合理假设，由于其可控性，情景分析法成为研究人类管理措施对生态系统服务影响的主要方法之一。采用土地系统优化法研究生态系统服务关系，分析多种土地规划方案下生态系统服务潜在供给量的变化，这种方法能够充分考虑景观格局对生态系统服务及其关系的影响（Lavorel et al.，2011；Sanon et al.，2012）。土地系统优化法与情景假设法的主要区别在于设计变量不同，土地系统优化法以设计土地利用/覆盖为不同情景的表征对象，而情景假设法以设计生态系统服务供给量为不同情景的表征对象。在目前研究中，多种生态系统服务之间的关系由生态系统服务簇（Ecosystem Service Bundle）表示，生态系统服务簇指多个服务重复地同时出现（Raudsepp-Hearne et al.，2010），用于体现多种生态系统服务分布的一致性。生态系统服务簇可以通过聚类分析获得，此类研究往往选择行政区划为研究单元（Turner et al.，2016）。当前研究较少关注生态系统服务关系的尺度效应、研究生态系统服务与管理政策尺度的匹配程度。

1.3.5　气候变化和土地利用变化对生态系统服务的影响

土地系统优化是适应气候变化，提高人类福祉，实现人类适应性措施的一种有效途径（Wu，2013），而基于生态系统服务指向的土地系统优化是当前研究的热点。影响生态系统服务的因素很多，包括气候因素、土壤因素、与人类活动相关的土地利用以及地表植被的生物物理参数等。在气候变化和人类活动影响的双重压力下，很多生态系统服务供给量有所下降，我们不仅要保护现存的自然生态系统，同时也应该关注生态系统的动态变化。理解气候变化和人类活动如何影响生态系统服务对实现基于生态系统服务指向的土地系统优化有重要意义。

Costanza 等（2014）重新对全球生态系统服务进行评估后发现，相比 1997 年，全球生态系统服务下降了约 40%。人类对某些生态系统服务的偏好导致其他生态系统服务下降是引起生态系统服务变化的主要原因之一（Bürgi et al.，2015）。最初，人类对生态系统供给服务的需求量较多。随着经济发展，人类生活水平提高，人类对生态系统文化服务和调节服务的需求量逐渐增加。也就是说，随着社会发展，这些生态系统服务成为关键生态系统服务，分析并理解关键生态系统服务的历史变化趋势有助于理解生态系统服务变化与气候变化和人类活动的关系（Buergi et al.，2015）。生态系统服务物质量变化趋势的相关研究已有很多，如 Fu 等（2005）采用修正的通用土壤流失方程（revised universal soil loss equation，RUSLE）分析了中国黄土高原地区 2000~2008 年土壤水蚀控制服务的变化趋势。Jia 等（2014）评估了中国陕西北部退耕还林区 2002~2008 年植被 NPP、土壤保持服务和碳固持三种生态系统服务时空变化格局。以上研究均从历史的角度评价生态系统服务变化趋势，分析植被覆盖变化对生态系统服务变化的影响。此外，也有很多研究从未来的角度研究生态系统服务变化趋势。例如，Nelson 等（2009）采用 InVEST 模型评估美国俄勒冈州土壤保持量、生物多样性、碳固持等生态系统服务在未来不同情景下的变化。探讨生态系统服务的变化趋势及驱动力是阐明生态系统服务维持机制的重要基础。

1）气候变化对生态系统服务的影响

一方面，气候要素是很多生态系统服务的驱动力；另一方面，气候要素通过改变生态系统的结构和功能（Bai et al.，2004），进而影响生态系统服务供给。气候变化会引发很多严重的生态问题，如气候变暖引起全球物种空间分布发生变化，甚至导致很多生物濒临灭绝。另外，气候变化结合相关扰动也可能引起生态系统功能紊乱。再如，二氧化碳浓度升高会引起温度、降水、酸度变化，洪涝、干旱、野火等自然灾害都会影响生态系统结构和功能的稳定性。研究表明气温、降水、风速及日照辐射能对多种生态系统产生重大影响，包括农田生态系统、森林生态系统以及草地生态系统等（Sala et al.，1997）。植被 NPP 能够支持其他多种生态系统服务供给，气候变化通过影响植被生长作用于其他生态系统服务供给（彭舜磊等，2011）。Bai 等（2004）发现内蒙古草原地上生物量随着年平均降水量增大而增大，但其年际变化减小。粮食供给是保障人类生存较为重要的生态系统供给服务，气候变化对粮食产量的影响是气候变化对生态系统服务影响研究中的主要问题之一。例如，Hertel 等（2010）分析了 2030 年之前全球作物产量的变化。碳固持能够有效缓解全球变暖带来的危害，苗正红（2013）采用野外调查采样法以及地统计分析法绘制了三江平原1980~2010年土壤有机碳储量的动态变化曲线，分析了区域降水变化对土壤有机碳含量的影响。Xiao等（1995）指出，季节性水热分布格局对土壤有机碳和植被生产力的影响比年尺度水热分布对其的影响更大。Hoyer和Chang（2014）将研究的时间尺度分为历史时间阶段（1981~2012年）与未来时间阶段（2036~2065年），在历史时间阶段研究的基础上设计了不同的气候变化情景，采用InVEST模型分析未来气候变化影响下产水量、土壤保持、氮磷保持等生态系统服务的变化，结果表明产水量对气候变化更加敏感。Chiang等（2014）分析了台湾地区地震与台风等气象灾害对生态系统重大干扰所引起的生境质量变化。

2）土地利用/覆盖变化对生态系统服务的影响

土地利用/覆盖是人类对自然地表直接改造的结果，它通过影响地表生物物理参数作用到生物物理循环，对生态系统结构和功能产生一定影响，进而影响生态系统服务供给。很多研究表明，森林蒸腾作用较强，不利于干旱半干旱地区水分的保持（Cao et al.，2009）。Fürst等（2013）评价了德国萨克森中部地区植树造林政策对区域生态系统服务供给的影响。评估未来土地利用情景下生态系统服务供给量是研究土地利用/覆盖变化对生态系统服务影响的重要方法。Lawler等（2014）设计了2051年美国土地利用变化的可能情景，发现当人类对不同类型生态系统服务的需求量增加时，会引起其他生态系统服务的反馈。Hoyer和Chang（2014）分析了2036~2065年多种土地利用情景下土地利用变化对产水量、氮磷保持服务的影响，结果表明，相比产水量，氮磷保持服务对土地利用变化更加敏感。Goldstein等（2012）将生态系统服务与土地利用决策相结合，分析了不同灌溉水平下多种生态系统服务的变化，包括产水量、碳固持和农田产量收益。Wu等（2013）研究台湾地区高速公路对生态系统服务的影响，首先利用CLUE-S土地利用模型设计多种土地规划方案下的地表覆盖形态，发现高速公路引起的景观格局变化对生物栖息地的空间分布与生境质量有较大影响。Wu等（2013）计算景观指数与生态系统服务之间的相关性，将具有正相关关系的生态系统服务分为一组，将具有负相关关系的生态系统服务分为一组，这种方法注重一致性分析却忽视了对生态系统服务与景观格局之间机理性关系的研究。Fagerholm等（2012）通过计算景观指数与生态系统服务之间的相关关系，发现城市道路两旁是生态系统服务分布的热点区。城市绿地是城市生态系统的重要组成部分，它对城市热量平衡、文化观赏等有至关重要的作用，同时也影响着城市生态系统服务的大小与空间分布格局。

从以上研究可以发现，在生态系统服务趋势变化及驱动力研究中，气候要素与土地利用/覆盖要素的影响是不能够分离的，生态系统服务受到两类要素的共同作用。某些服务对气候要素变化更加敏感，如产水量对降水变化敏感，而某些服务对土地利用/覆盖要素变化更加敏感，比如碳固持服务（West et al.，2010）。分析气候要素变化和土地利用/覆盖要素变化对不同生态系统服务影响的空间异质性以及热点地区，对促进区域可持续发展，制定适应气候变化的土地系统管理政策有重大意义。

3）未来气候变化下生态系统服务情景分析研究进展

气候变化对生态系统有重要影响，尤其是气候变化中的突变事件，很容易引起生态系统超过其自然承载力而发生重大突变（孙云等，2013）。气候要素作为生态系统服务的直接驱动力或是通过作用于生态过程进而影响生态系统服务的。人类无法改变气候变化的事实，但可以通过调整人类有序活动适应未来气候变化，并减缓区域生态系统服务受到未来气候变化的影响，实现基于未来生态系统服务指向的土地系统优化目标。

目前研究中，未来气候变化情景来自于联合国政府间气候变化专门委员会（Intergovernmental Panel on Climate Change，IPCC）报告。联合国环境规划署（United Nations Environment Programme，UNEP）及联合国气象组织（World Meteorological Organization，WMO）共同在1988年创办了IPCC。IPCC以设计人类活动导致的未来气候变化情景为主要内容之一，为未来气候变化的相关研究提供科学依据（Stocker et al.，2013）。目前，IPCC已经完成六次评估报告。

1990年，IPCC发布第一次评估报告。IPCC第一次评估报告主要以温室气体加倍情景为基础，实现大气-海洋-陆面耦合模式下未来气候变化的预测，预测结果表明，到2025年，全球平均温度将比1990年之前升高1℃左右。1995年，IPCC发布第二次评估报告（Houghton et al.，1990）。相比IPCC第一次评估报告，IPCC第二次评估报告认为未来气候变化一部分是由于二氧化碳浓度增加带来气候变暖，另一部分是由于气溶胶浓度增长带来的大气冷却效应。2001年，IPCC发布第三次评估报告（Nakicenovic et al.，2000）。IPCC第三次评估报告采用了新的排放情景（SRES A1、SRES A2、SRES B1、SRES B2），综合了气候变化对自然生态系统和社会系统的影响，并分析了这两类系统的脆弱性。2007年，IPCC发布第四次评估报告（Metz，2005）。IPCC第四次评估报告综合前三次报告以及最新的相关研究，减小了气候变化预估中的不确定性，分析了气候变化的主要原因。2014年，IPCC发布第五次评估报告。IPCC第五次评估报告以代表性浓度路径（representative concentration pathways，RCPs）情景为基础，考虑了人类应对气候变化的各种政策对未来排放的影响，并将其应用到气候模式、影响、适应和减缓等各种预估中（Stocker et al.，2013）。在世界气候研究计划（World Climate Research Programme，WCRP）实施的国际耦合模式比较计划第5阶段（Coupled Model Intercomparison Project Phase 5，CMIP5）中，共有50多个气候模式参与了全球气候变化的数值模拟（Stocker et al.，2013）。

1.4 生态系统服务与景观/区域可持续性

生态系统服务是人类社会与自然生态系统联结的桥梁，是满足人类多层次福祉的前提和保证，各类生态系统服务之间不是独立存在的，而是存在着复杂的相互作用的（图1-2）。支持服务（如生物多样性）是供给服务、调节服务和文化服务的基础。景观可持续性是指在一定区域背景之下，不管环境和社会文化如何变化，特定景观能够不断、稳定、长期地提供生态系统服务，用以保持和改善人类福祉的能力（Wu，2013）。在气候变化、土地利用/覆盖变化、社会经济等耦合因素影响下，土地系统能够稳定提供满足人类福祉需求的支持服务、供给服务、调节服务和文化服务，是研究生态系统服务维持机制和生态系统服务优化管理的核心。景观可持续性在很大程度上用来衡量不同尺度景观提供满足人类福祉、具有景观特色的生态系统服务的能力（Nowak and Grunewald，2018；Opdam et al.，2018）。

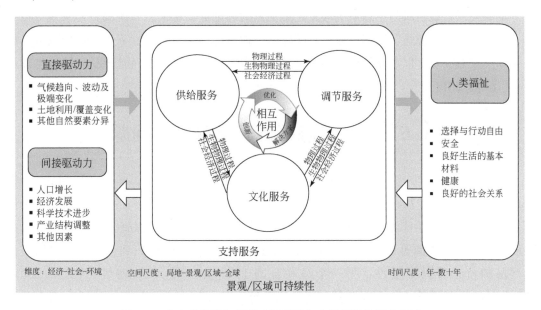

图 1-2 生态系统服务的驱动机制及与人类福祉的耦合关系

资料来源：于德永和郝蕊芳，2020

将生态系统服务的载体——土地利用视为区域可持续发展最重要的基础设施的一部分，将它们定位于多尺度的环境系统——全球、区域、景观、生态系统的范围内，从多尺度（时间、空间）、多过程（物理过程、生物物理过程和社会经济过程）、多维度（社会、经济、环境）角度才能准确研究景观格局与生态系统服务的定量关系，基于此才能制定土地利用和景观格局优化方案。因此，各土地利用类型提供生态系统服务的能力受其所属高等级景观/区域的影响和约束，镶嵌在周围更大尺度和更高等级景观/区域内的人与环境系统范围内（图1-2）。

气候趋向、波动和极端变化的不稳定性特征，地形地貌、土壤、植被等自然要素的空间分异或过渡性特征，以及人类活动（如城市化、农牧业生产、生态建设等）造成的景观镶嵌特征，这些因素共同影响景观格局与生态系统服务的定量关系，即一方面土地利用变化影响生态系统服务的种类、数量和空间分布，另一方面人类为了适应气候变化或调整社会经济发展目标改变对生态系统服务的需求而影响土地利用的类型、强度和空间配置。过去数十年，人类的某些生态治理措施虽然在一定程度上缓解了生态系统退化的程度，但环境恶化仍广泛存在，究其根本原因是没有从景观/区域尺度上处理好生态系统支持服务、供给服务和调节服务的种类、数量、空间分布和相互之间的作用关系，缺乏彼此之间的协同，过多存在权衡。因此在气候变化背景下，土地利用–景观格局–生态过程/功能–生态系统服务–人类福祉相互关系的优化是实现区域可持续发展的关键性路径。

本书关于景观格局与生态系统服务定量关系的理论框架将生态系统服务与景观可持续性、景观弹性、景观脆弱性和适应气候变化的土地系统设计研究建立联系。可持续性需要在全球尺度上实现，但全球可持续性的实现最终依赖于世界范围内的景观/区域可持续性（邬建国等，2014）。

1.5 生态系统服务研究存在的问题

生态系统服务研究有两个重要的里程碑：一个是1997年Costanza等（1997）在 *Nature* 杂志发表了 "*The value of the world's ecosystem services and natural capital*"，利用价值当量法量化了全球生态系统服务的价值，这一重要研究使人们认识到公共环境资源，如清洁的水、生物资源等是有限的，同时也是有价值的，使人们认识到生态环境提供的公众产品的价值及其重要性；另一个是联合国千年生态系统评估项目（MEA，2001，2005）。MEA的评估工作主要包括：①生态系统服务如何影响人类福利？②生态系统的未来变化可能给人类带来什么影响？③人类应采取哪些对策改善生态系统的管理进而提高人类福利和消除贫困？MEA提出的生态系统服务研究框架体系受到广泛认可，并沿用至今。

生态系统服务相关研究主要分为三个研究领域：生态系统服务的测量、生态系统服务的相互作用关系、生态系统服务的优化管理。目前这三个研究领域都取得了长足进展，但也存在诸多问题有待解决（表1-3）。

表 1-3　生态系统服务主要研究领域、研究方法、优点及存在的问题

研究领域	研究方法	优点	存在的问题
生态系统 服务的测量	生态模型模拟法	生态学机理清楚	参数化复杂、验证困难
	遥感影像反演法	能够全覆盖表征生态系统质量异质性	高精度遥感影像较难获取
	土地利用/覆盖替代法	简单易行	难以表征生态系统异质性
	野外调查采样法	精度高	不适用于大尺度
生态系统 服务的相互作用关系	权衡与协同	简单易行	静态、二元化
	制图叠加分析法	简单易行	无法得到定量关系
	情景分析法	有针对性	目标较为单一
	统计分析法	简单易行	统计学基础往往难以满足
生态系统 服务的优化管理	驱动机制	明晰生态系统服务变化的机制	缺乏多类因子综合分析
	情景分析	服务于政策制定	较多假设与现实有偏离
	土地利用优化	生态系统服务优化目标明确	往往局地或局部优化

资料来源：于德永和郝蕊芳，2020。

1.5.1　生态系统服务的测量

目前，生态系统服务的测量主要包括物质量和价值量的测量。生态系统服务物质量是指生态系统过程或功能产生的、对人类福祉有益的物质流。生态系统服务价值量是指生态系统服务的货币价值。1997 年，Costanza 等（1997）采用价值当量法估算了 16 个生物群落中的 17 项生态系统服务价值，这一结果突出了生态系统对人类福祉的重要性，并有力地推动了生态系统服务价值化评估的进展。价值量的度量方法主要包括市场价值法、影子工程法、机会成本法、支付愿意法、价值当量法等。其中，价值当量法根据不同生态系统类型的单位面积价值估算整个区域的生态系统服务价值（Costanza et al.，1997；谢高地等，2015；Xu et al.，2018）。价值当量法本质上是单位面积的不同生态系统类型的生态系统服务价值与生态系统类型面积的乘积。不同地区生态系统的结构和功能存在差异性，同一地区不同时段的生态系统的质量也是动态变化的，而价值当量法是静态的，因此难以准确测量生态系统的时空异质性和动态变化特征，具有一定局限性。物质量的评估方法主要包括生物物理模型法和能值法等。生物物理模型法主要对生态系统过程或功能进行定量表征，能够反映生态系统服务的形成机理，具有良好的生态学基础，近年来应用较为广泛。能值法以世界万物生长所需要的能量直接或间接来自太阳能为依据，

计算生态系统物质生产过程中的能量传递过程（Xu et al.，2018），但该方法在实际应用中数据获取较为困难。

目前，用于生态系统服务评估的模型主要有 ARIES 模型（Villa et al.，2011）、SolVES 模型（Sherrouse et al.，2015）和 InVEST 模型（Sharp et al.，2016）等。ARIES 模型由美国佛蒙特大学开发，可以对生态系统服务流即需求–供给的空间位置进行识别，但该模型尚处于初级阶段，距离实用化还有较远的距离。SolVES 模型由美国地质调查局和科罗拉多州立大学联合开发，与调查问卷相结合，主要用于评估生态系统服务的社会文化价值，结果以相对价值指数表示。InVEST 模型是由美国斯坦福大学主导开发，主要用于量化淡水生态系统、陆地生态系统及海洋生态系统的生态系统服务物质量。在实际应用中，该模型的参数本地化是关键。InVEST 模型的算法主要借鉴和集成了目前已有的相关研究，但对高寒生态系统的生态系统服务评估还难以胜任，对生境脆弱地区，如冰川、冻土、荒漠、荒漠草原、戈壁等的生态系统服务评估还较为缺乏，InVEST 模型评估结果的精度验证工作还有待加强。随着遥感和地理信息技术的发展，将海量数据与具有良好生态学机理的模型相结合评估某项生态系统服务、生态系统服务簇、生态系统服务链，探究气候变化（平均值变化、波动变化、极端气候事件）、土地利用（类型、强度、时空格局）变化等驱动力对景观格局–生态系统服务–人类福祉的级联传导过程及后果成为生态系统服务研究的重要发展方向。

生态系统服务物质量和价值量研究都有各自的优势和不足，生态系统服务物质量的精确评估是生态系统服务价值化的前提和基础。生态系统服务物质量评估基于充分的生态学机理，但各种服务具有不同的量纲，难以累加；基于价值量的生态系统服务评估方法可以将不同量纲的生态系统服务累加在一起，具有建立国民经济绿色核算的潜力，但单纯基于价值量的生态系统服务评估具有很大的主观性。将二者结合起来，在精确表征生态系统过程和功能的基础上，测量生态系统服务物质量，在此基础上制定符合社会经济发展实际的价值化方法，使生态系统服务测量工作真正服务于生态环境建设和国民福祉水平提高是今后生态系统服务测量工作的重点工作之一。

1.5.2 生态系统服务的相互作用关系

在目前研究中，生态系统服务关系主要分为三类：权衡、协同和无关（Bennett et al.，2009）。目前主要有三种方法研究生态系统服务关系：制图叠加分析法、统计分析法、情景分析法。生态系统服务的相互作用关系目前主要界定为静态、二元化的权衡与协同关系。然而，自然生态系统进化是在内外力干扰的作用下由简单到复杂、由低级到高级不断演进的过程。根据生态系统弹力理论（Holling，1973），在一定外力（如气候变化、人类活动）干扰下，生态系统结构和功能能够维持在一定的弹性阈值范围内。因此，生态系统服务关系并非总是遵从静态、二元化的权衡与协同关系，统计分析法虽然能够表达生态系统服务之间的定量关系，但是难以解释其生态学机理。此外，相关分析要求数据相对独立且单调分布，但是大多数情形下生态系统服务数据分布并不满足这两个条件。从目前的相关研究中可以发现，两两生态系统服务的二维散点图并不总是围绕某一条直线分布。在气候变化、土地利用变化及自然要素分异等耦合影响下，解释生态系统服务关系的依赖性、竞争性和相对独立性动态特征及其生态学机理，或者生态系统服务之间的权衡与协同关系是否存在阈值点成为生态系统服务关系研究的重要任务。

　　生态系统服务关系往往受到多个因子的共同影响，故反映两个变量相互作用关系的散点图常常会表现为有边界的散点云。散点云所表征的不是两变量之间的相关关系，基于数据均值或中值分析的传统统计方法不适用于以散点云为特征的相互作用关系分析。基于此，本书提出了生态系统服务两两之间新的作用关系类型——约束作用关系（郝蕊芳等，2016；Hao et al.，2017，2019）。生态系统服务约束理论与方法可以定量揭示生态系统服务之间的依赖性、竞争性、相对独立性作用特征，为优化生态系统组成、空间配置，合理分配资源，促进生态系统服务之间的协同，以及减少不必要的权衡提供了定量依据，也为预测响应变量的潜在最大值提供了有效手段。

1.5.3　生态系统服务的优化管理

　　人类生活在很大程度上依赖于生态系统服务，将生态系统服务概念应用到土地利用/覆盖情景设计中有助于理解土地利用格局与土地系统功能对人类福祉的影响，进而有效促进土地系统优化设计，实现景观可持续发展。目前已经有很多研究关注生态系统服务的政策指向作用，为景观可持续发展提供了工具与理论依据（Wu，2013；Albert et al.，2015）。由于生态系统服务之间存在权衡关系，以某一种生态系统服务增加为目标必然会引起其他生态系统服务的降低，如何尽可能避免生态系统服务权衡关系发生，是目前土地系统设计研究中亟待解决的关键问题（Fürst et al.，2014；Howe et al.，2014）。Porto 等（2014）指出土地系统优化设计往往会涉及存在权衡关系的多个优化目的，在有限自然资源等其他条件的约束下，将土地系统优化目标函数与帕累托效率相结合，能够找到最优设计方案，实现景观服务（landscape services）的最大化。Lester 等（2013）以海洋生态系统为例，在生态系统服务权衡关系的约束条件下，结合帕累托效率实现决策者在不同目的下的土地系统设计最优化。Keller 等（2015）采用 InVEST 模型分析了不同土地利用情景下生物多样性、碳固持、养分循环和传粉四种生态系统服务的空间格局变化，提出多目标分析方法平衡土地政策对多种生态系统服务的影响，进而使得土地系统设计整体最优。Mastrangelo 等

（2014）提出景观多功能性的概念与方法，为实现基于生态系统服务的景观设计优化提供理论依据。Albert 等（2015）提出以生态系统服务为基础实现景观设计的概念框架，这个框架耦合了生态系统服务评估指标，生态系统服务变化驱动力，以及生态系统状态、压力、作用和反馈等多种模型，为生态系统服务与景观规划之间的权衡提供了理论依据。基于生态系统服务的景观设计框架整合生态系统服务相互关系、生态过程和景观多功能性的概念，为局地尺度的土地管理政策提供了有用工具。Lamarque 等（2014）分析了不同气候和土地利用情景下生态系统服务集的空间格局变化，反映了土地系统规划对生态系统服务以及生态系统服务集的影响。Claessens 等（2009）耦合土地利用变化模型（CLUE 模型）和土壤侵蚀模型（LAPSUS 模型）分析了不同土地利用变化情景下土壤侵蚀物质量的变化及其对土地利用变化的反馈作用，加深理解了生态过程对生态系统服务的影响，为景观设计提供了科学依据。Lawler 等（2014）研究了不同经济发展情景下潜在市场驱动力如何影响土地利用变化和碳固持、食物供给、木材供给和生物栖息地四种生态系统服务。研究景观格局对生态系统服务的影响，能够为景观设计提供切实可行的建议。Jones 等（2012）设计了景观连接度由高到低和核心面积由高到低不同组合下共 25 种土地覆盖情景，发现随着林地面积比例增大，氮磷污染的可能性逐渐降低，通过设计景观格局能够实现多种生态系统服务的最大化。De Groot 等（2010）结合生态系统服务价值化与景观规划、生态管理和政策制定，认为理解土地利用/覆盖变化下的生态系统服务权衡关系是优化景观设计的关键步骤。Goldstein 等（2012）以夏威夷最大的私立学校为研究区，采用 InVEST 模型估算了七种土地规划情景下生态系统服务价值量的变化，发现不同情景下生态系统服务价值量均有所增加，通过在农田中建立植被缓冲边界能够增加氮磷输出。Scolozzi 等（2012）采用生态系统服务价值化方法评估了多种土地规划情景的优劣。

从以上研究可以发现，土地系统设计与生态系统服务关系研究往往相辅相成，土地利用/覆盖情景分析常常作为生态系统服务关系研究的一种方法；在生态系统服务关系研究基础上，采用多目标优化等方法平衡多种生态系统服务能够实现土地系统优化设计（Koschke et al.，2012）。

1.6 景观服务与可持续性景观构建

1.6.1 景观服务

人类面对空前紧迫的环境与资源问题，进行了广泛而又深入的思考。可持续科学在这样的背景下蓬勃发展，成为人类探讨和解决环境与资源问题，提高人类福祉的有力工具，显示出强大的生命力。从 1939 年德国地理学家卡尔·特罗尔提出景观生态学的概念开始，景观生态学就强调格局与过程、多尺度与等级理论研究以及空间显式等，尤其近年来生态系统服务成为景观生态学与可持续科学联合研究人类可持续发展的核心议题之一，如何构建可持续性景观成为当前学术界研究的热点与难点问题。气候变化和人类活动是导致景观格局变化和生态系统服务变化的主要驱动力。从景观/区域尺度上加强生态系统服务的优化管理，是合理利用土地资源的重要保证。生态系统服务从概念提出到现在得到了广泛的认可和应用，成为当前促进区域可持续发展和提高人类福祉的重要着眼点。

　　然而，部分学者认为生态系统服务的概念过分侧重生物学范畴，即关注生态系统服务的生物学基础，而对景观结构和配置变化对生态系统服务和人类福祉的影响缺乏考虑，尤其缺乏在区域、局地尺度上考虑人类参与景观管理的能力，进而缺乏制定景观可持续发展政策的可操作性。部分学者认为景观服务采用空间显式的方式阐明景观格局和生态系统服务的关系，可以实现从景观生态学的格局–过程经典范式到可持续科学的生态系统服务–人类福祉范式的精确对接，能够架起景观生态学研究与可持续发展政策制定之间的桥梁（Termorshuizen and Opdam，2009）。

　　当前，景观服务尚无的统一定义，本书认为景观是由生态系统构成的镶嵌体，景观服务是指特定的景观格局提供的满足人类需要或福祉的各类生态产品的能力。景观是人类活动或管理的实践单元，在区域尺度上管理景观，在景观尺度上管理生态系统，在生态系统尺度上设计生物群落是实现景观可持续发展的可操作尺度。景观服务的管理与优化有利于弥补科学家和利益相关者之间的隔阂和鸿沟，可以促进景观生态学和社会、经济科学等多科学的交叉研究，以及跨学科的研究。景观服务的概念并不是对生态系统服务的概念进行替代，而是在景观可持续性的维度上使生态系统服务的概念更加具体和具备可操作性。

1.6.2　人与环境系统耦合研究

　　生态系统服务测量和生态系统服务相互作用关系的研究是为了促进生态系统服务的优化管理。然而，目前生态系统服务的优化管理往往是局部或局地优化（表1-3），需要从多尺度、多维度、多方法角度研究生态系统服务的优化管理对策。

　　大气系统–土地系统–人类系统共同构成人与环境耦合系统（图1-3），存在着复杂的耦合作用，直接影响地球系统提供人类福祉的能力。具体而言，大气系统本身向人类系统提供多种气候调节服务，如清洁的空气、适宜的生存条件等（图1-3过程①）。人类在满足自身福祉的同时，向大气系统释放二氧化碳等温室气体，改变大气的组成成分及理化性质，引起气温、降水、辐射、风速、湿度、显热与潜热等气候要素的变化（图1-3过程②）。气候趋势、波动和极端值变化（以空间范围、频率、强度、持续期等指标表征）引起土地系统生物物理参数和景观格局的改变，影响土地系统向人类提供景观服务的能力（图1-3过程③和⑥）。例如，在未来气候变化情景下，气温、降水、云量（辐射）的平均值及极端值变化对全球生态区的NPP、碳汇、径流、火灾、生境完整性等均可能产生显著影响（Yu et al.，2019）。城市化、农牧业生产、生态建设等人类活动也会改变土地系统的物理、化学和生物物理过程，土地系统主要通过生物地球化学途径和生物地球物理途径影响气候系统，并进一步影响气候系统向人类提供气候调节服务的能力（图1-3过程⑤、④和①）。

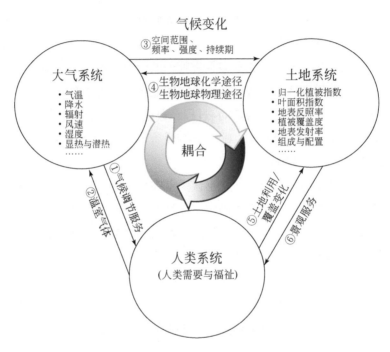

图1-3 大气系统–土地系统–人类系统构成的人与环境耦合系统

资料来源：于德永和郝蕊芳，2020

地球上有1/3～1/2的无冰表面被人类改造过（Vitousek et al.，1997）。大面积的土地利用/覆盖变化通过生物地球化学途径使大气中的化学成分发生变化，从而影响大气系统（IPCC，2000）。土地利用/覆盖变化通过生物地球物理途径改变下垫面的生物物理参数，影响地表能量和水分收支平衡，从而导致区域甚至全球气候要素发生变化，其影响贡献甚至占到气候变化的50%。虽然土地利用/覆盖变化通过生物地球物理途径影响大气系统的相关研究从1975年就开始了（Charney，1975），但相关研究主要集中在城市热环境方面，区域甚至更大尺度的研究仍然不够，主要原因有二：第一，人们重点关注全球尺度的气候变化，忽视了区域尺度的重要性；第二，缺少有效的定量化研究工具。近年的研究表明，人类城市化、生态建设和农牧业生产等人类活动引起的土地利用/覆盖变化通过生物地球物理途径对区域气候要素产生不可忽视的影响，并且直接影响人类福祉（Cao et al.，2016，2018，2019）。

厘清人类活动作用下的土地利用/覆盖变化对区域气候的影响，通过优化土地系统，有效适应气候变化，成为全球变化研究的关键科学问题。国际科学理事会（International Council for Science，ICSU）于 2010 年启动了未来地球计划（Future Earth），突出强调了未来全球变化研究的基本目标是在可持续科学的指导下，有效适应全球变化，实现全球可持续发展。目前的地球系统模式（Earth System Model，ESM）主要关注土地系统–大气系统或人类系统–大气系统的耦合作用，关注的内容也主要是人类活动在多大程度上引起大气系统的改变，还缺乏基于生态系统服务和人类福祉的人与环境耦合系统的研究。基于生态系统服务的人与环境系统耦合的研究目标是维持大气系统、土地系统在自身环境阈值内的前提下，有效改善和提高二者满足人类福祉的能力。先前的研究已经探讨了地球系统边界（Steffen et al.，2015）。这些全球尺度的研究发现，目前地球系统已经超越了几个边界阈值（即气候变化、生物圈完整性、土地系统变化和生物地球化学流等）。尽管地球系统边界的研究框架极大地促进了关于全球可持续性的论述，但由于基础知识与行动之间的尺度不匹配，其潜力尚未得到充分发挥（Anderies et al.，2018）。新一代的地球系统模式应考虑将地球系统边界与生态系统服务和人类福祉耦合，加强大气系统–土地系统–人类系统耦合作用下生态系统提供满足人类福祉需要的生态系统服务能力的模拟。

在气候变化背景下，合理规划和约束人类活动，促进满足人类福祉需要的生态系统服务的载体——土地系统的管理的持续优化，使自然环境能在长时期、大范围不发生明显退化甚至能持续好转，同时满足当地社会经济发展对自然资源和高质量环境的需求，实现人与环境系统整体利益最佳，而非局部利益最佳，即有序人类活动（叶笃正等，2001，2012）。当前全球气候变化适应研究中一个至关重要但一直被忽略的途径是景观/区域途径（Verburg et al.，2015）。加强土地利用–景观格局–生态过程/功能–生态系统服务–人类福祉的相互关系研究是构建可持续性景观的基础。通过景观和区域尺度上的有序人类活动，优化土地利用空间格局，在减缓和适应气候变化的同时长期维持和改善生态系统服务与人类福祉，是实现区域可持续发展的必由之路。

1.6.3　可持续性景观构建

本书建议的可持续性景观构建研究框架如图 1-4 所示，倡导在景观格局–景观服务–人类福祉级联关系框架下研究景观服务的动态变化特征及其维持机理和景观服务与人类福祉的关系，在此基础上对区域土地系统进行优化管理。区域是景观服务管理和优化可操作的尺度，景观按来源及人类影响程度可分为自然景观、半自然景观、农业景观和城市景观。

区域是各种景观构成的镶嵌体,景观组成和配置、各种生物物理参数的时空变化,以及气候趋向性变化、波动性变化和极端气候事件等都会影响景观格局。生态系统是人类直接管理和优化景观服务的尺度。在区域尺度上探讨景观格局优化,在生态系统尺度上探讨植被群落配置合理性,在物种水平上探讨提高生态系统服务供给能力的管理措施。研究气候变化和人类活动影响下景观服务的种类、数量和渐变—累积—突变特征以及各类景观服务的作用关系及特征值,科学地认识景观服务的维持机理和动态变化的驱动力,辨识景观服务的种类、数量和时空分布格局的主导影响因子,进而调整和优化土地利用类型、强度和空间分布,提出自然景观保护、半自然景观修复、农业景观改良、城镇景观合理布局的区域土地系统优化方案,在等级发展目标下改善和提高景观/区域提供满足人类福祉的生态系统服务的能力。

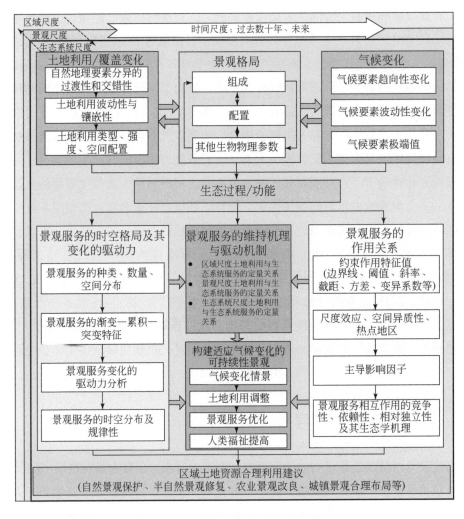

图1-4　可持续性景观构建研究框架

1.7 小 结

从生态系统服务这一术语被正式提出开始,生态系统服务相关研究工作至今已经走过了近40年的历程,正日益显示出强大的生命力,近年来发表的相关论文和出版的相关书籍呈快速增长趋势。生态系统服务的优化管理成为可持续科学和景观可持续科学研究的热点和前沿科学问题,生态学、地理学、景观生态学、大气科学及社会经济科学等交叉学科和跨学科的理论和方法极大地促进了生态系统服务的研究进展。生态学、地理学、大气科学等与大众现实生活相距甚远的传统学科汇聚在生态系统服务的研究框架内,成为推动生态系统服务研究、服务于满足人类福祉的应用学科。以应用为导向的生态系统服务测量、相互作用关系和优化管理研究将大大促进和带动相关学科的发展,甚至产生新的交叉学科。生态系统服务已经成为人类社会可持续发展的核心落脚点,形象化和具体化了人类社会可持续发展面临的问题实质,并明晰了解决方案和途径。

党的十八大提出,大力推进生态文明建设,"以正确处理人与自然关系为核心,以解决生态环境领域突出问题为导向,保障国家生态安全,改善环境质量,提高资源利用效率,推动形成人与自然和谐发展的现代化建设新格局"。习近平总书记提出了"绿水青山就是金山银山""山水林田湖草是生命共同体""人与自然和谐共生""像对待生命一样对待生态环境"等生态文明建设的核心目标。在区域尺度上科学设计土地系统,合理利用土地资源,构建具有等级层次和多功能的特色可持续性景观,在气候变化背景下,使土地系统在整体不退化的前提下不断提供满足人类福祉需求的高质量生态系统服务是落实生态文明建设国家战略的重要抓手。

第2章 自然景观格局与生态系统服务的定量关系

按照人类影响的程度，将景观可分为自然景观、半自然景观、农业景观和城市景观等。自然景观包括森林生态系统、湿地生态系统、草地生态系统等，半自然景观包括人类放牧影响下的草地生态系统、农牧业交错区等，农业景观包括农用地、农业基础设施等，城市景观是人类对各类景观改造最为彻底的一类景观。目前，地球上不受人类影响的景观几乎不存在，因此，本章各类景观类型的划分是相对的。本章主要探讨气候变化和人类土地利用等影响下的自然景观格局与生态系统服务的定量关系。

2.1 气候变化对区域生态系统 NPP 的影响

IPCC 第五次评估报告指出 21 世纪初相比于 19 世纪后半叶（1850~1900 年），全球海陆表面平均温度已经升高了 0.78℃，而在 21 世纪末全球平均温度将再上升 0.3~4.8℃，降水将在热带和寒带地区有所增加而在中纬度地区有所减少（IPCC，2013a）。但 IPCC 第五次报告仅仅强调了气候趋势变化，对气候波动变化未给予总够的重视。实际上气候趋势变化和波动变化均会对生态系统功能和服务产生巨大影响（Knapp et al.，2002）。

在所有气候因子中，温度是限制植被生长的重要因子之一（Lindner et al.，2010），如最低气温决定着各种植被类型的分布范围（Ferrez et al.，2011），在植物生长季末的极端气温往往决定了植被的生长状况（Coops et al.，2009）。根据全球气候模式（global climate model，GCM）预估未来最低温度的增幅将超过最高温度（IPCC，2013a），这预示极端低温与冰冻灾害减少、生长季延长等有利于植被生长的环境条件（Jentsch et al.，2007）也能引发生态系统功能和服务处于较高的火灾风险之下（Tatarinov and Cienciala，2009）。降水是影响生态系统的另一个重要因子，降水在空间格局上的变化将影响森林、农田等生态系统的水分供给（Murray et al.，2012），在植被生长季的变化也能显著改变植被生长态势（Craine et al.，2012）。当某些地区（如热带湿润地区）同时具有充足的温度和水分条件时，光照可能成为该地区植被生长的主要限制因子（Nemani et al.，2003）。温带中纬度地区森林的生长受到温度、降水和光照共同或交替的限制作用，在冬季受温度和光照限制，在春季主要受温度限制，在夏季主要受降水限制（Nemani et al.，2003）。综上所述，气候趋势变化、波动变化以及极端气候事件均会影响生态系统的结构和功能，改变其脆弱性。

气候趋势变化、波动变化和极端气候事件对生态系统的影响机理有待进一步研究。当前研究常常将较长时期内气候变化的平均状况视作气候趋势变化，将波动变化视作气候状况偏离平均状况的变化幅度（Bradford，2011）。仅仅考虑气候趋势变化而忽略气候波动增大和极端气候事件增多，将难以反映气候变化对生态系统的动态影响（Jentsch et al.，2007）。已有研究表明，气候波动增大和极端气候事件增多能够改变物种的分布、种群的构成，影响生态系统的功能和服务，导致生态系统脆弱性增加（Jentsch et al.，2007）。为了区分气候趋势变化和波动变化对生态系统的影响，遥感技术提供了一个有效的手段（Zurlini et al.，2013）。多时相、长周期的植被指数（vegetation index，VI）与温度和降水等气候因子息息相关（Li and Kafatos，2000），植被指数与气候因子的耦合能共同应用于评价气候变化和人类扰动对生态系统的影响幅度和持续时间。

由于气候趋势变化、波动变化以及极端气候事件对生态系统的影响存在非线性关系，如何更加合理地区分它们各自的贡献成为当前研究的热点和难点。本章研究致力于：①提出一个气候趋势、波动信号分解与贡献评价模型用于评价气候趋势变化、波动变化对生态系统关键参数变化的影响程度；②选择气温、降水、光合有效辐射（photosynthetically active radiation，PAR）作为气候变化因子，选择 NPP 作为生态系统关键参数用于模型评价；③选择方差指数评价极端气候事件对生态系统 NPP 的影响。

2.1.1　材料与方法

2.1.1.1　研究区

湖南地处中国中部，位于 108°47′E ~ 114°13′E 和 24°39′N ~ 30°08′N（图 2-1），全省面积约 210 000km²，截至 2013 年人口约 7000 万，地形复杂，多山与丘陵。年降水量在 1200 ~ 1700mm，平均气温 17℃。湖南的气候主要受东亚季风影响，湖南是自然灾害的多发地区，常见灾害包括季节性干旱、洪水、极端低温和冰冻灾害等。2008 年 1 ~ 2 月，湖南发生极端低温与冰冻灾害，对其社会-生态系统产生巨大影响。因此，本节选择湖南省作为研究气候趋势变化、波动变化和极端气候事件对生态系统生产力及其脆弱性影响的研究区。

2.1.1.2　偏最小二乘回归模型

选择月均气温、月总降水量和 PAR 代表气候因子（自变量），NPP 代表生态系统关键参数（因变量）进行最小二乘回归拟合，研究三个气候因子对 NPP 变化的解释率。由于

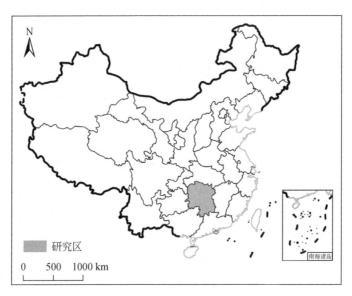

图 2-1　研究区

三个气候因子之间具有较高的相关性（表 2-1），因此选用偏最小二乘法减小由于气候因子间的共线性问题导致的回归拟合误差。

表 2-1　气候因子相关系数

气候因子	气温	降水	PAR
气温	1.00	0.536 **	0.697 **
降水		1.00	0.007
PAR			1.00

** 显著性水平 0.01。

对每个像元，自变量与因变量的多元线性回归方程表示为

$$\hat{Y}_t = b_1 X_{1,t} + b_2 X_{2,t} + b_3 X_{3,t} \tag{2-1}$$

式中，$\hat{Y}_t$ 为标准化的 NPP 在时间 t（$t = 1, \cdots, n$）的值；$X_{1,t}$、$X_{2,t}$ 和 $X_{3,t}$ 为标准化后的气温、降水和 PAR；b_1、b_2 和 b_3 为回归系数。复相关系数 m 与回归系数的关系表示为

$$m^2 = b_1 \rho_1 + b_2 \rho_2 + b_3 \rho_3 \tag{2-2}$$

式中，m 为复相关系数；ρ_1、ρ_2 和 ρ_3 分别为自变量与因变量的相关系数；m^2 为三个自变量对因变量的联合解释率；$b_1\rho_1$、$b_2\rho_2$ 和 $b_3\rho_3$ 分别为自变量 X_1、X_2 和 X_3 对因变量的单独解释率。

2.1.1.3　气候信号分解模型与贡献评价模型

构建气候信号分解模型与贡献评价模型定量评价气候趋势变化和波动变化分别对生态系统生产力的影响程度和贡献率。假设气候因子（气温、降水、PAR 等）包含了线形趋

势组分和非线性波动组分，每个组分均可以处于增加、降低或稳定状态，则可产生九种模态（图2-2）。

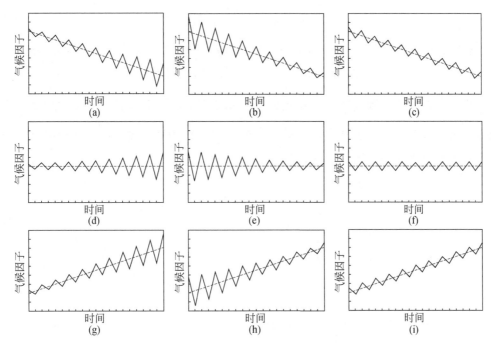

图2-2　气候趋势变化与波动变化模态

图中虚线表示气候趋势变化，实线表示气候波动变化

本研究将气候因子分解为线性趋势组分和非线性波动组分：

$$X_t = x_{\mathrm{T},t} + x_{\mathrm{F},t} \tag{2-3}$$

式中，X_t为气候因子在时间 $t(t=1, \cdots, n)$ 的值；$x_{\mathrm{T},t}$为线性趋势组分；$x_{\mathrm{F},t}$为非线性波动组分并可以进一步分解为规律波动组分和剩余波动组分：

$$x_{\mathrm{F},t} = x_{\mathrm{reg},t} + x_{\mathrm{res},t} \tag{2-4}$$

式中，$x_{\mathrm{reg},t}$为规律波动组分；$x_{\mathrm{res},t}$为剩余波动组分。线性趋势组分 $x_{\mathrm{T},t}$可以由线性方程表示（Verbesselt et al., 2010a）：

$$x_{\mathrm{T},t} = \alpha_i + \beta_i t \tag{2-5}$$

式中，$i=1, \cdots, m$；α_i和β_i为线性方程的截距和斜率。规律波动组分 $x_{\mathrm{reg},t}$可以由谐波方程表示（Verbesselt et al., 2010b）：

$$x_{\mathrm{reg},t} = \sum_{k=1}^{K} \theta_{j,k} \sin\left(\frac{2\pi kt}{f} + \delta_{j,k}\right) \tag{2-6}$$

式中，$\theta_{j,k}$和$\delta_{j,k}$为频率在f/k时的振幅和相位；f为逐月气象数据，取12；k为谐波个数，Geerken（2009）认为k取3能较好地模拟气候因子随季节的波动；剩余波动组分 $x_{\mathrm{res},t}$为原信号去除线性趋势组分和规律波动组分后的剩余项。

线性趋势组分和非线性波动组分对生态系统生产力具有各自的影响和贡献（图2-3），二者的联合影响可表示为

$$y = f(X) = f_T(x_T) + \int_{x_T}^{x_T + x_F} f'_F(x_F)\,\mathrm{d}x \tag{2-7}$$

式中，y 为生态系统生产力；x_T 和 x_F 分别为分解后的线性趋势组分和非线性波动组分（见公式2-3）；$f(X)$ 为气候因子 X 和生态系统生产力 y 间的关系；$f_T(x_T)$ 为生态系统生产力 y 中被气候线性趋势组分 x_T 影响的部分［图2-3（a）］；$\int_{x_T}^{x_T + x_F} f'_F(x_F)\,\mathrm{d}x$ 为生态系统生产力 y 中被气候非线性波动组分 x_F 影响的部分；$f'_F(x_F)$ 为被气候非线性波动组分 x_F 影响的生态系统生产力 y 的变化率［图2-3（b）］。

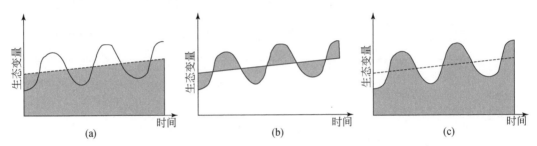

图2-3　气候变化趋向组分（a）与非线性波动组分（b）及联合对生态变量的影响（c）

最终计算气候线性趋势组分 x_T 和非线性波动组分 x_F 对生态系统生产力 y 的贡献率分别为

$$\begin{cases} C_T = f_T(x_T) / \left(|f_T(x_T)| + \left| \int_{x_T}^{x_T + x_F} f'_F(x_F)\,\mathrm{d}x \right| \right) \times 100 \\ C_F = \int_{x_T}^{x_T + x_F} f'_F(x_F)\,\mathrm{d}x / \left(|f_T(x_T)| + \left| \int_{x_T}^{x_T + x_F} f'_F(x_F)\,\mathrm{d}x \right| \right) \times 100 \end{cases} \tag{2-8}$$

式中，C_T 和 C_F 分为线性趋势组分 x_T 和非线性波动组分 x_F 对生态系统生产力 y 的贡献率。

2.1.1.4　CASA 模型

研究通过改进的 CASA 模型（Yu et al., 2009a）模拟生态系统 NPP，经验证模型在局地尺度的模拟精度与实测 NPP 误差较小（Yu et al., 2009a）。CASA 模型是光能利用率模型，它假设生态系统生产力是植被吸收的光合有效辐射（absorbed photosynthetic active radiation, APAR）和光能利用率（light use efficiency, LUE）的函数（Potter et al., 1993）：

$$NPP = APAR \times \varepsilon \tag{2-9}$$

式中，APAR 为归一化植被指数（normalized differential vegetation index, NDVI）和 PAR 的函数，ε 为植被的最大光能利用率和温度以及水分胁迫的函数，因此模型可以进一步改写为（Yu et al., 2009b）：

$$NPP = f(NDVI) \times PAR \times \varepsilon_{max} \times T_{\varepsilon 1} \times T_{\varepsilon 2} \times W_{\varepsilon} \tag{2-10}$$

CASA 模型需要三类参数输入。①遥感反演数据，包括 NDVI 数据和土地覆盖类型数据。逐月 NDVI 数据（空间分辨率 1km）来自 MOD13A3 数据集（第五版，下载于 https://lpdaac.usgs.gov/）。土地覆盖类型数据来自欧盟联合研究中心（Joint Research Centre, JRC）并经过中国科学院遥感应用研究所进一步改进和解译，地表覆盖类型包括森林、灌木、草地、农田、城市和水体，空间分辨率为 1 km。森林包括了常绿和落叶阔叶林、常绿和落叶针叶林；草地包括草场、坡地草原、平原草地和草甸草地；农田包括了水田和旱地；城市包括了不透水面覆盖较高地区；水体包括河流、湖泊和池塘。所有数据均转换到 WGS_84_UTM_Zone_49N 投影下。②气象观测数据，包括气温、降水和 PAR 数据。研究收集了湖南 25 个气象站 2001~2011 年逐月的气温、降水和日照时数（用于估算光合有效辐射），所有数据经过精度检验并进行克里金插值至 1km 空间分辨率。③最大光能利用率 ε_{max}。模型首先计算植被吸收的光合有效辐射（APAR），然后通过土地覆盖类型设定的最大光能利用率（ε_{max}）、温度胁迫因子（$T_{\varepsilon 1}$ 反映在低温和高温时植物内在的生化作用对光合作用的限制而降低净第一性生产力；$T_{\varepsilon 2}$ 表示环境温度从最适温度向高温和低温变化时植物的光合转化率逐渐变小的趋势）和水分胁迫因子（W_t）模拟植被的实际光能利用率 ε，最后通过 APAR 计算得到植被实际的生产力。

综上所述，本研究首先通过偏最小二乘回归模型计算气温、降水和 PAR 对 NPP 变化的单独解释率，然后将这三个气候因子根据气候信号分解模型分解为线性趋势组分和非线性波动组分，根据 NPP-CASA 模型计算气候趋势变化和波动变化对 NPP 变化的贡献大小，最后通过贡献评价模型计算趋势组分和波动组分分别对 NPP 的贡献率。

2.1.2 结果

2.1.2.1 NPP 趋势

湖南省 2001~2011 年平均 NPP 为 575gC/（$m^2 \cdot a$），最小值为 10gC/（$m^2 \cdot a$），最大值为 1255gC/（$m^2 \cdot a$）（表 2-2）。森林在湖南省具有最大的面积和最高的 NPP 均值，其总 NPP 为 79.32TgC/a[①]，占湖南省总 NPP 的 66.78%。灌木总 NPP 为 19.46TgC/a，占湖南省总 NPP 的 16.38%。农田总 NPP 为 17.68TgC/a，占湖南省总 NPP 的 14.89%。草地总 NPP 为 2.05TgC/a，占湖南省总 NPP 的 1.73%。城市具有最低的 NPP 均值和较大的标准差，其总 NPP 为 0.26TgC/a，占湖南省总 NPP 的 0.22%。

---

① 1TgC/a = 1×10^{12} gC/a。

表 2-2 湖南省 2001～2011 年 NPP 统计

土地覆盖 类型	最小值 /[gC/(m²·a)]	最大值 /[gC/(m²·a)]	平均值 /[gC/(m²·a)]	标准差 /[gC/(m²·a)]	面积 /km²	总 NPP /(TgC/a)
森林	324	1255	638	316	124 326	79.32
灌木	382	581	467	42	41 669	19.46
草地	103	700	582	52	3 523	2.05
农田	92	686	521	63	33 941	17.68
城市	10	675	393	128	662	0.26

2.1.2.2 气候因子对 NPP 变化的影响

2001～2011 年，气温、降水和 PAR 变化对湖南省 NPP 变化的联合解释率为 85%，单独解释率分别为 44%、5% 和 36%（表 2-3）。表 2-3 根据不同土地覆盖类型统计了三种气候因子对 NPP 变化的解释率，结果表明三种气候因子对城市地区 NPP 变化的联合解释率低于其他土地覆盖类型。在单因子解释率中，PAR 变化对森林、灌木和草地地区 NPP 变化的解释率较高，而气温变化对农田和城市地区 NPP 变化的解释率较高（图 2-4）。

表 2-3 2001～2011 年湖南省气温、降水、PAR 变化对 NPP 变化的解释率　　　（单位:%）

土地覆被类型	气温	降水	PAR	联合解释率
森林	43.29	4.38	37.52	85.19
灌木	42.57	4.68	39.78	87.03
草地	43.80	4.65	36.85	85.30
农田	48.98	4.24	28.62	81.84
城市	48.96	2.17	19.10	70.23

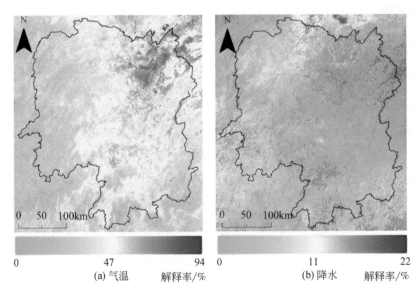

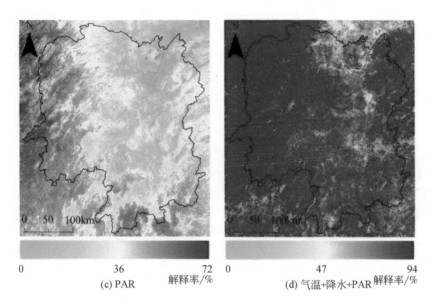

图 2-4 2001~2011 年湖南省气候因子变化对 NPP 变化的解释率

阴影表示未通过显著性水平为 0.01 的检验

2.1.2.3 气候趋势变化、波动变化对 NPP 变化的影响

2001~2011 年,气温、降水和 PAR 趋势变化对湖南地区 NPP 变化的解释率为 68%,单独解释率分别为 34%、4% 和 30%,气温、降水和 PAR 波动变化对湖南地区 NPP 变化的解释率为 17%,单独解释率分别为 10%、1% 和 6%(图 2-5)。气温波动变化对 NPP 变化的解释率自北向南逐渐降低,降水趋势变化和 PAR 波动变化对 NPP 变化的解释率自西向东逐渐降低(图 2-5)。

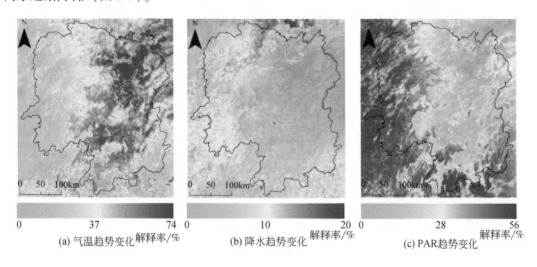

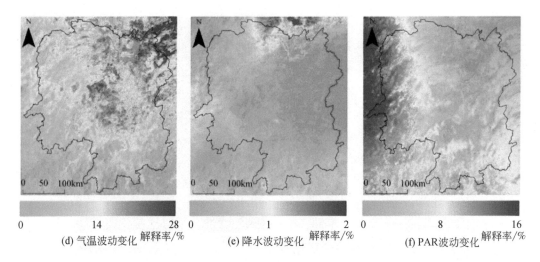

(d) 气温波动变化　解释率/%　　　(e) 降水波动变化　解释率/%　　　(f) PAR波动变化　解释率/%

图 2-5　2001~2011 年湖南地区气候因子趋势变化、波动变化对 NPP 变化的解释率

2.1.2.4　极端低温与冰冻灾害对 NPP 的影响

以 2008 年 1 月发生的极端低温与冰冻灾害为例，研究极端气候事件对湖南地区森林和草地生态系统 NPP 及其脆弱性的影响（图 2-6）。结果表明，极端低温与冰冻灾害引起

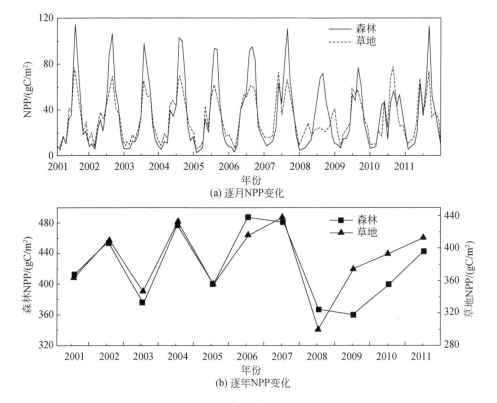

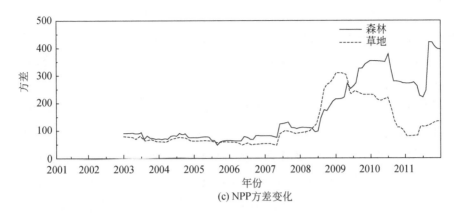

(c) NPP方差变化

图 2-6   极端低温与冰冻灾害对湖南地区森林和草地生态系统 NPP 的影响

了两种生态系统 NPP 大幅降低 [图 2-6（a）]，草地生态系统 NPP 在灾害发生之后迅速恢复，而森林生态系统 NPP 则恢复缓慢至 2011 年仍未恢复至灾前水平 [图 2-6（b）]。选择方差作为生态系统脆弱性/韧性评价指数发现草地生态系统 NPP 方差在 2009 年短暂升高后迅速降低，而森林生态系统 NPP 方差则持续升高 [图 2-6（c）]。

2.1.3   讨论

已有的研究表明气候变化将对社会–生态系统产生巨大影响（Jentsch et al.，2007），如何适应气候变化带来的不利影响已成为当前研究的热点而受到全球科学家、政府和公众的关注。IPCC 在 2013 年发布了《管理极端事件和灾害风险推进气候变化适应特别报告》（Managing the Risks of Extreme Events and Disasters to Advance Climate Change Adaptation，SREX）（IPCC，2013b），特别强调了极端气候事件和灾害频发增加了社会–生态系统所面临的环境风险。本研究将气候变化对生态系统的影响视作气候趋势变化、波动变化和极端气候事件的总和，将气候变化风险（CCR）分解为趋势风险（TR）、波动风险（FR）和极端气候事件风险（ER），有 CCR＝TR+FR+ER。

由于气候趋势变化和波动变化的定义随时间尺度变化而变化，因此研究中常常将气候趋势定义为一段参考时期的均值，这段时期的跨度可以是小时、天、月、年甚至世纪。对于生态学研究，参考时期的选择与研究目标的时间尺度息息相关。本研究主要针对生态系统 NPP 的年际变化，因此将气候变化的趋势组分视作气候因子年均值的变化幅度，将波动组分视作气候因子的季节波动，并将波动组分进一步分解为规律波动组分和剩余组分，其中规律波动组分主要反映了气候因子随季节和气候区（如湖南地区受东亚季风气候影响）变化而发生的变化，研究中应用谐波方程及其振幅、相位和谐波个数能较好地模拟这种变化特征并抑制由观测误差所带来的白噪声（Ronald et al.，2009），其中振幅主要反映波动组分偏离趋势组分的程度，相位主要反映波动的起始时间和持续时间，谐波个数需根据观测数据的时间分辨率或物候特征决定（Geerken，2009），较长的重访周期（较低的时间分辨率）或高频信号需采用较多的谐波数量予以模拟；剩余组分主要模拟观测随机误差、信号噪声、人为或自然的扰动等。

研究结果表明，在湖南省，气候趋势变化和波动变化对生态系统 NPP 变化的解释率分别为 68% 和 17%。在空间格局上，湖南省年降水量自东向西逐渐减少，使得降水在湖南西部地区成为限制植被生长的主要因子 [图 2-5（b）]，表明降水趋势变化对湖南西部地区的影响较大；而湖南省气温的季节波动自南向北逐渐增大导致了湖南北部地区气温波动解释率高于南部 [图 2-5（d）]，表明气温波动变化对湖南北部地区的影响大于南部。

诸如干旱、洪水、热浪、极端低温与冰冻灾害等极端气候事件能够对生态系统产生重大影响甚至引起生态系统状态突变（Ferrez et al.，2011）。图 2-6 中 2008 年 1 月发生的极端低温与冰冻灾害对湖南地区森林生态系统 NPP 和草地生态系统 NPP 的影响至 2011 年仍未完全恢复，表明极端气候事件对湖南地区生态系统 NPP 影响的持续时间远远超过了灾害发生的持续时间，此类极端气候事件频发可能引起当地生态系统演替过程变化甚至引起生态系统状态突变。Craine 等（2012）研究发现在草地生态系统中极端气候事件发生的时间对其影响程度具有关键作用。本研究进一步证明除时间因素之外，相同程度的极端气候事件对不同类型的生态系统的影响程度也不尽相同。方差能够用于监测生态系统脆弱性/稳定性 [图 2-6（c）]。2008 年森林生态系统 NPP 比草地生态系统 NPP 受极端低温与冰冻灾害影响更小（草地生态系统 NPP 下降程度更低）表明森林生态系统具有较高的韧性来抵消极端气候事件所带来的不利影响并减少生态系统功能的损失，但其受灾后恢复速度较慢产生恢复慢化现象 [图 2-6（b）]；与之相比，具有较低韧性的草地生态系统 NPP 在 2008 年大幅降低但在受灾之后迅速恢复 [图 2-6（b）]。

气候趋势变化、波动变化和极端气候事件均会对生态系统结构和功能产生重大影响，因此有必要科学地量化影响程度、影响范围和持续时间来提高我们的认识，并为如何应对并适应气候变化所带来的不利影响提供理论依据。目前，关于气候趋势变化、波动变化和极端气候事件如何影响生态系统功能、改变生态系统脆弱性的研究还有待于进一步完善。本研究以湖南地区为研究区，选择 2001～2011 年的生态系统 NPP 作为生态系统关键参数，气温、降水和 PAR 作为气候因子，提出气候趋势、波动信号分解与贡献评价模型来研究 NPP 对气候变化的响应。研究发现，气候趋势变化、波动变化和极端气候事件均会对生态系统生产力产生巨大影响。同暴露性、敏感性和适应能力的脆弱性评价框架相比，本研究基于生态过程模型动态监测生态系统受气候变化的影响程度和持续时间，能进一步应用于研究气候变化对其他生态系统功能（生物量、生产力、地表径流等）和服务（食物供给、固碳、土壤净化等）的影响及脆弱性评价，帮助政府及其他部门制定出更加合理的管理策略以适应气候变化所带来的不利影响。

2.2 天然林保护背景下森林景观格局与 NPP 动态

森林生态系统具有重要功能，对维持从区域到全球的多尺度的生命支持系统至关重要（Costanza et al.，1997）。碳固持、水源涵养、养分循环、生物多样性和休闲娱乐等是森林生态系统服务的良好例证。未来全球森林生态系统将在全球变化和生物多样性保护等方面备受关注（Schwarz et al.，2010）。

然而，在世界范围内由于快速城市化、工业化和经济发展的影响，森林生态系统服务已发生退化，其中森林砍伐是一个重要影响因素（Sala et al.，2000）。以资源利用为基础的森林开发模式几乎不关注森林在生物多样性维持、碳存储、养分循环和土壤侵蚀控制等方面的价值（Fearnside，1997）。

森林砍伐被认为是全球环境问题的主导因素之一（Sodhi et al.，2004）。森林砍伐明显改变了大气成分，由此造成的碳排放量占人为碳排放总量的 17%～25%，进而引发了人们对于全球变暖问题的持续关注。在区域尺度上，森林砍伐的影响主要表现为生态系统退化（Menaka et al.，2008）、土壤侵蚀和滑坡频率增加以及洪水发生频率和危害性增加。

森林砍伐不仅导致森林面积的减少，还改变了景观结构，这些都会加剧生境退化，影响现存森林植被的生态条件，并对物种运动、物质循环和能量流动产生影响。许多研究表明，从物种保护的角度来看，生境丧失比生境破碎化的影响更为严重（Fahrig，2003），森林砍伐已被视为全球生物多样性的最大威胁（Foley et al.，2005）。世界正面临着前所未有的生物多样性减少问题，这几乎出现在全球的每一个生态系统中（Walt et al.，2009）。当前的物种损失比地质历史时期记录的物种损失要高出两个数量级（Dirzo and Raven，2003）。因此，如何保护现有森林资源，如何恢复受损的森林生态系统对减缓气候变化和保护生物多样性具有深远意义。

森林砍伐的驱动过程是复杂的。森林砍伐的直接原因主要包括农业扩张、木材生产和基础设施建设，这些因素往往与经济、制度、技术、文化和人口因素相关联。社会、经济和地理条件的多样性可能会影响森林砍伐的强度。全球尺度的多项研究表明，一系列复杂的社会经济过程是驱动森林砍伐的直接诱因，这意味着森林砍伐的关键影响因素往往是多重因素而非单一因素。

历史上我国经历过大规模的毁林开荒，造成了地质灾害、洪涝灾害和土壤侵蚀等严重后果（Liu and Min，2010）。森林砍伐和生态系统退化主要是由不合理的经济发展和快速的人口增长导致的。在中国，2/3 的土地由山地和丘陵构成。在过去几十年中，森林砍伐、不良耕作习惯和资源过度开发是造成土壤侵蚀和滑坡的主要原因（Cao et al.，2009）。

1998 年，长江流域和东北地区水灾造成 3000 多人死亡，财产损失和生产损失超过 120 亿美元。为此中国政府启动了两大生态工程，即天然林保护工程和坡地防护工程，以保护国家脆弱的生态环境（Xu et al., 2006）。

天然林保护工程覆盖云南、四川、重庆、贵州、湖北、江西、山西、陕西、甘肃、青海、宁夏、新疆、内蒙古、吉林、黑龙江、海南、河南 17 个省（自治区、直辖市）［图 2-7(a)］，其主要目的是禁止在西南地区伐木，大幅度减少东北和其他地区的木材生产，并加强所有天然林区的管理和保护（Xu et al., 2006）。该项目的重要目标之一是到 2050 年基本恢复天然林资源；木材生产基本利用人工林；国有林区建立相对完整的林业制度和合理的林业工业体系。具体措施包括对天然林资源进行重新分类；调整经营方向，由传统的木材采伐转向森林资源保护；同时满足公众对林产品的需求。天然林保护工程因其规模大、投资多、环境影响深远在国内外引起了广泛关注（Xu et al., 2006）。该工程的顺利实施有利于中国和世界应对当前紧迫的环境问题，如洪涝灾害、土壤侵蚀、滑坡、荒漠化、气候变化以及生物多样性丧失（Xu et al., 2006）。

森林砍伐和植树造林的影响需从森林砍伐过程、历史发展状况等更广泛的视角进行研究，以便制定合理的恢复规划。然而，过去的研究往往更多地介绍相关政策问题。本节选取东北典型林区、天然林保护工程覆盖区域之一的露水河地区作为研究区，研究森林生态系统在人为因素累积影响下的动态变化，并评估 1998 年国家天然林保护工程实施以来的森林生态系统恢复状况。

2.2.1 研究区概况

2.2.1.1 自然环境状况

吉林长白山林区是我国主要林区之一，地带性植被为阔叶红松林。由于历史人为干扰，目前森林生态系统主要由次生林组成，仅有部分残存的阔叶红松林散落分布。长白山是由火山喷发和火山灰堆积形成的，主峰海拔 2691m，植被分布具有明显的垂直地带性，植被类型从温带过渡到寒带。

露水河林业局位于长白山主峰西北部，是长白山地区具有代表性的林区之一（图 2-7）。其占地面积约 122 241hm^2，位于 42.20°N ~ 42.4°N、127.29°E ~ 128.02°E，海拔 600 ~ 800m。研究区气候属温带大陆性气候，气温和降水季节变化明显。1999 ~ 2003 年日平均气温 0.9 ~ 1.5℃，年平均降水量 800 ~ 1040mm。由于气温低、降水丰富、空气湿润，植物生长期限制在 110 天左右，有利于形成茂密的落叶阔叶林和针叶林。

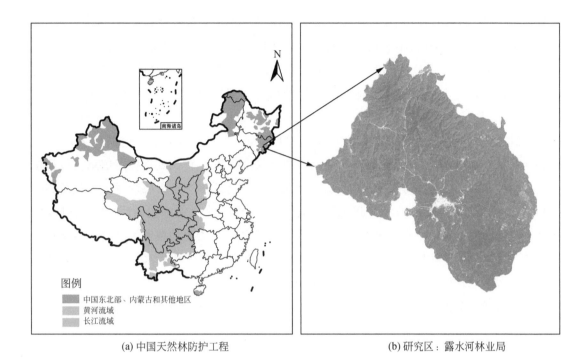

(a) 中国天然林防护工程　　　　　　　　(b) 研究区：露水河林业局

图 2-7　天然林保护工程的空间分布

2.2.1.2　森林经营管理策略的发展

1949 年以来，研究区森林经营管理策略的发展大致可分为三个阶段：1975 年以前、1975～1998 年和 1998 年以后。第一个阶段的特点是小规模选择性树木采伐，并辅之以农业生产。第二阶段前期（1975～1988 年）研究区的采伐方式为大面积皆伐，导致可供采伐的森林资源几近枯竭；后期（1988～1998 年）研究区仅发生小规模零星采伐，森林生态系统实际上进入被动恢复阶段。1998 年以后，研究区森林经营管理进入第三阶段，在中国实施天然林保护工程的背景下，森林经营管理的重点由木材生产转向林木保护。

2.2.2　材料与方法

2.2.2.1　数据处理

基于数据可利用性，本研究选用 1975 年 Landsat MSS 遥感影像（分辨率为 57m）和 1988 年、1999 年和 2007 年 3 期 Landsat TM 遥感影像（分辨率为 30m）制作 4 期土地覆盖分类图，影像采集时间均处于植被生长季。土地覆盖图不仅可以监测土地覆盖变化，还可以用于 NPP 的估算。本研究利用 1975 年 Landsat MSS 遥感影像和 1988 年 Landsat TM 遥感影像对 20 世纪 70 年代末至 80 年代研究区大规模森林砍伐前后的森林资源变化进行了测算。由于 2000 年才具有最早的完整可利用的 MODIS[①] 数据产品，因此本研究利用 1999 年的 Landsat TM 遥感影像分析 1988~1998 年森林被动恢复的效果，并估算研究区 1999 年的 NPP，利用 2007 年 Landsat TM 遥感影像分析 1998 年天然林保护工程实施以来森林主动恢复的效果。

本研究将所用数据的空间分辨率统一转换为 30 m，并采用 WGS_1984_UTM_Zone_52N 投影坐标系。在 2007 年 7 月的野外实地调查中，共采集 361 个 GPS 定位点信息，包括植被类型、土地利用类型和海拔高度等。这些点可作为训练样本用于遥感影像土地覆盖的分类和评估。对 2007 年 Landsat TM 遥感影像进行监督分类，分类结果包括针叶林、阔叶林、水体、建设用地、农田、采伐迹地和幼林 7 类（表 2-4）。7 类土地覆盖类型可进一步划分为 4 类，具体包括针叶林、阔叶林（含幼林）、农田和非林地（包括水体、建设用地和采伐迹地），便于后续对不同土地覆盖类型的 MODIS-NDVI 的计算。以 2007 年分类结果为参考，利用监督分类法对 1975 年、1988 年和 1999 年的遥感影像进行分类，土地覆盖类型与2007 年保持一致。

表 2-4　土地覆盖类型及其分类特征

土地覆盖类型	特征描述
针叶林	由 75% 以上的人工或天然生长的针叶林树冠覆盖的林区。优势种包括红松、冷杉、红皮云杉、长白山落叶松等
阔叶林	由 75% 以上的阔叶林树冠覆盖的林区。优势种包括紫椴、水曲柳、核桃楸、辽东栎、黄檗、枫桦、白桦、榆树、山杨等
水体	河流、水库和小溪
建设用地	居民区、道路和其他供人类使用的建筑设施
农田	用于种植玉米、大豆、蔬菜等的土地
采伐迹地	原始森林采伐后剩余的裸露土地
幼林	在采伐迹地或其他裸地上自然或人工更新的处于早期状态的林分。它们的光谱特征、形状和纹理与其他森林明显不同

本研究将 2000 年和 2007 年的 MODIS-NDVI 数据产品作为计算研究区 1999 年和 2007 年 NPP 的关键输入变量。NDVI 数据下载于地球资源观测系统（Earth Resources Observation System，EROS）数据中心（Data Center，EDC）分布式数据存档中心（Distributed Active Archive Center，DAAC），是已经过大气校正的 16 天最大值合成数据，空间分辨率为 250m。本研究将其处理为 32 天最大值合成的时间序列数据。由于每期数据覆盖 32 天，因

---

① 中分辨率光谱成像仪（Moderate-resolution Imaging Spectroradiometer，MODIS）。

此一年约包括 11 个时间序列的 NDVI 最大值合成产品。

与 Landsat TM 遥感影像的分辨率相比，MODIS- NDVI 影像一个像元相当于约 69 个 Landsat TM 影像像元，因此将 MODIS 影像中同一个像元的 NDVI 值分配给 TM 影像中不同土地覆盖类型的 69 个像元是不合理的。本研究通过建立 NDVI 线性分解模型获取 3 种土地覆盖类型（针叶林、阔叶林、农田）的 NDVI 数据，其分辨率与 TM 影像一致。NDVI 分解模型如下：

$$\begin{cases} M_1 = M_{11}P_{11} + M_{12}P_{12} + M_{13}P_{13} \\ M_2 = M_{21}P_{21} + M_{22}P_{22} + M_{23}P_{23} \\ M_3 = M_{31}P_{31} + M_{32}P_{32} + M_{33}P_{33} \end{cases} \tag{2-11}$$

式中，M_a 为 MODIS-NDVI 影像第 a 个像元的 NDVI 值（$a=1, 2, 3$）；M_{ab} 为 MODIS-NDVI 影像第 a 个像元中所包含的第 b 类土地覆盖类型的 NDVI 值（$b=1, 2, 3$）；P_{ab} 为 MODIS-NDVI 影像第 a 个像元中所包含的第 b 类土地覆盖类型的面积比例。本研究通过在 MODIS-NDVI 影像上移动大小为 3×3 的滑动窗口，计算获取基于不同土地覆盖类型的 MODIS-NDVI 数据。此计算过程在 IDL6.2 软件中执行。非森林类型的 NDVI 值设置为零。

研究证明，与气候因子相比，土地利用变化是短时间尺度内对 NPP 影响更大的因子（Yu et al.，2009a）。但是为滤除气候因子波动对 NPP 的影响，本研究需要获取 1999 ~ 2007 年逐月（32 天）平均气温、总降水量和太阳总辐射量作为 NPP 模型的输入变量。上述三类气象数据由研究区周边 6 个气象站的气象记录获得。之后，采用双线性内插法将这些数据空间插值为 30m 分辨率的栅格影像，并定义投影，使之与 Landsat MSS/TM 影像和 MODIS-NDVI 影像相匹配。

NPP 观测数据由原中国林业部提供，现更名为中国国家林业和草原局。

2.2.2.2 森林采伐合理性评价

坡度是研究区土壤侵蚀过程的主要影响因素。本研究通过数字高程模型（digital elevation model，DEM）提取坡度数据。坡度高低是森林采伐难易程度的主要限制因素，据此可将坡度范围作如下划分：①<15°；②15° ~ 25°；③25° ~ 35°；④≥35°（不适合砍伐）。

在中国，成熟的用材林可供采伐，但应严格控制大规模皆伐。一般来说，采伐面积应小于 5 hm²，在平坦地区采伐面积可达 20 hm²（Shao et al.，2001）。将 1988 年、1999 年和 2007 年的森林采伐面积和造林面积分别与坡度图相叠加，计算上述不同坡度范围的采伐面积和造林面积。

2.2.2.3 景观指数

景观指数是评价景观格局变化的有效手段。本研究选取了 3 个景观水平和 6 个斑块/

类型水平的格局指数（Li and Reynolds，1993）用以评价森林景观格局在景观水平和斑块类型水平上的动态变化。具体指标见表2-5。利用 ERDAS Imagine 8.5 将栅格形式的土地覆盖分类图转换为矢量格式，利用 ArcGIS 8.3 提取每种土地覆盖类型的矢量多边形斑块的属性信息，进而计算景观水平和斑块类型水平的格局指数。

表2-5 景观格局指数

指数	分析尺度	算法
香农多样性指数（SHDI）	景观水平	$SHDI = -\sum_{i=1}^{M} P_i \lg P_i$
优势度（D）	景观水平	$D = H_{max} + \sum_{i=1}^{M} p_i \lg p_i$；$H_{max} = \lg M$
破碎度（F）	景观水平	$F = \dfrac{\sum_{i=i}^{M} n_i}{A}$
斑块密度（PD）	斑块/类型水平	$PD_i = \dfrac{n_i}{A_i}$；$A_i = \dfrac{\sum_{j=1}^{k} a_{ij}}{10\,000}$
平均斑块面积（MPS）	斑块/类型水平	$MPS_i = \dfrac{\sum_{j=1}^{k} a_{ij}}{n_i} \times 10^{-4}$
斑块面积变异系数（PSCV）	斑块/类型水平	$PSCV_i = \dfrac{PSSD_i}{MPS_i}$；$PSSD_i = \sqrt{\dfrac{\sum_{j=1}^{k}\left[a_{ij} - \left(\dfrac{\sum_{j=1}^{k} a_{ij}}{n_i}\right)\right]^2}{n_i}}$ $\times 10^{-4}$
平均斑块形状指数（MSI）	斑块/类型水平	$MSI_i = \dfrac{\sum_{j=1}^{k}\left(\dfrac{0.25 P_{ij}}{\sqrt{a_{ij}}}\right)}{n_i}$
平均斑块分维数（MPFD）	斑块/类型水平	$MPFD_i = \dfrac{\sum_{j=1}^{k}\left[\dfrac{2\ln(0.25 P_{ij})}{\ln(a_{ij})}\right]}{n_i}$
斑块隔离度指数（PI）	斑块/类型水平	$PI_i = \dfrac{D_i}{S_i}$；$D_i = \dfrac{1}{2}\sqrt{\dfrac{n_i}{A}}$；$S_i = \dfrac{A_i}{A}$

注：M 为森林景观类型数量；k 为森林景观斑块数量；n_i 为第 i 类森林景观斑块的数量；A_i 为第 i 类森林景观的总面积（hm^2）；A 为森林总面积（hm^2）；a_{ij} 为第 i 类森林景观第 j 个斑块的面积（m^2）；P_{ij} 为第 i 类森林景观第 j 个斑块的周长（m）；P_i 为第 i 类森林景观面积占森林总面积的比例。

资料来源：McGarigal et al.，2012。

2.2.2.4 NPP 评估模型

CASA 模型是一类基于光能利用率评估的过程模型，适合区域或全球尺度的 NPP 估算，能够获取 NPP 的时空分布格局，被认为是一种稳健的研究方法（Potter et al., 1993）。本研究利用 CASA 模型对森林生态系统 NPP 的变化进行评价。

本研究利用改进的 CASA 模型估算 NPP（Yu et al., 2009b）。改进的 CASA 模型需要输入三类关键变量：①遥感反演数据（土地覆盖类型数据、MODIS-NDVI 数据）；②气象观测数据（月太阳辐射用于计算植物吸收的光合有效辐射（APAR）、月均温度和月总降水量用于计算温度胁迫系数（T_{t_1}，T_{t_2}）和水分胁迫系数（W_t）；③与植被类型相关的数据（NPP 实测数据、光能利用率 ε 和最大光能利用率 ε_{max}）。计算不同植被类型的光能利用率 ε 所需的数据包括土地覆盖类型数据、NPP 实测数据、温度胁迫系数、水分胁迫系数、最大光能利用率 ε_{max}。基于光能利用率 ε 和 APAR 计算获得月 NPP 数据。最后，将一年内的 11 个连续时间序列的 NPP 相加，得到年 NPP 的累积结果。

2.2.3 结果

2.2.3.1 土地覆盖变化

基于地面采样点信息进行 2007 年土地覆盖分类精度评价，总体分类精度为 89.2%。1975 年、1988 年和 1999 年遥感影像的总体分类精度分别为 85.6%、86.9% 和 88.6%。

1975 年、1988 年、1999 年和 2007 年的土地覆盖分类图如图 2-8 所示，7 类土地覆盖类型的面积如表 2-6 所示。1975 年、1988 年、1999 年和 2007 年的森林（包括针叶林、阔

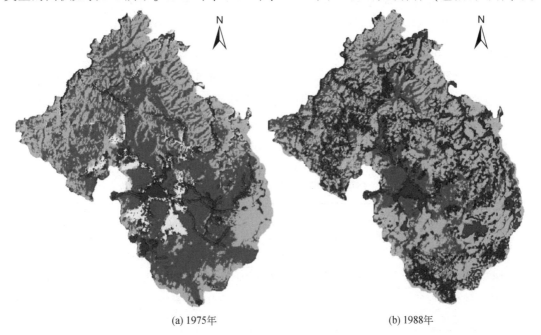

(a) 1975年   (b) 1988年

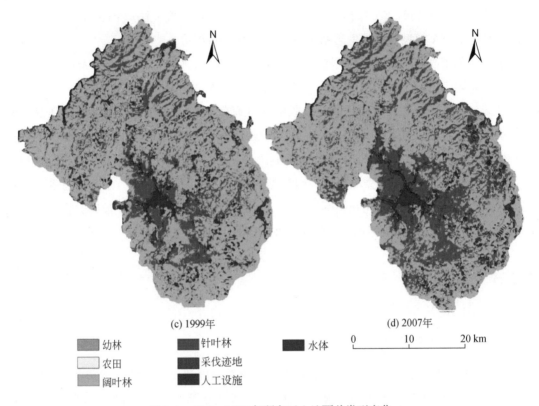

(c) 1999年   (d) 2007年

幼林	针叶林	水体
农田	采伐迹地	
阔叶林	人工设施	

图 2-8　1975～2007 年研究区土地覆盖类型变化

叶林和幼林）覆盖率分别为 86.22%、77.68%、89.56% 和 92.33%（表 2-6）。1975～
1988 年，森林覆盖率下降了 8.54%（约 10 439.39hm²）。在研究期的第二阶段（1988～
1999 年）和第三阶段（1999～2007 年），这一趋势发生了逆转，1988～2007 年森林覆盖
率增加了 18.85%（17 902.67hm²）。总体上，森林覆盖面积和覆盖类型的变化反映了森林
经营和管理方式的转变。20 世纪 70 年代，露水河林业局刚刚建立，当地居民重点进行基
础设施建设。森林经营管理方式以小规模采伐为主，采伐方式主要是择伐。在 1975 年的
MSS 遥感影像中没有发现明显的采伐区。

表 2-6　1975～2007 年不同土地覆盖类型的面积及比例

| 土地覆盖类型 | 1975 年 | | 1988 年 | | 1999 年 | | 2007 年 | | 土地覆盖类型变化比例/% | | | |
	面积/hm²	比例/%	面积/hm²	比例/%	面积/hm²	比例/%	面积/hm²	比例/%	1975～1988 年	1988～1999 年	1999～2007 年	1975～2007 年
针叶林	74 409.66	60.87	50 648.31	41.43	41 633.68	34.06	52 685.30	43.10	-31.93	-17.80	26.54	-29.20
阔叶林	30 982.60	25.35	37 904.58	31.01	64 857.76	53.06	59 459.38	48.64	22.34	71.11	-8.32	91.91
水体	562.09	0.46	758.25	0.62	632.46	0.52	461.89	0.38	34.90	-16.59	-26.97	-17.83

续表

土地覆盖类型	1975 年		1988 年		1999 年		2007 年		土地覆盖类型变化比例/%			
	面积/hm²	比例/%	面积/hm²	比例/%	面积/hm²	比例/%	面积/hm²	比例/%	1975~1988 年	1988~1999 年	1999~2007 年	1975~2007 年
人工设施	9 115.20	7.46	9 986.52	8.17	7 870.90	6.44	7 053.57	5.77	9.56	-21.18	-10.38	-22.62
农田	7 171.59	5.87										
采伐迹地			16 535.04	13.53	4 266.12	3.49	1 861.68	1.52		-74.20	-56.36	
植树造林区			6 408.45	5.24	2 980.24	2.44	719.33	0.59		-53.50	-75.86	

研究区农业生产不是主要的生产经营方式。玉米、大豆、蔬菜等作物的种植仅用来满足农民自身生活的需要。由于当地无霜期短，农作物产量低，当地居民发展农业生产的兴趣不大。自 20 世纪 80 年代以后，当地森林经营管理策略并没有考虑大规模农业用地规划。这一点在 1988 年、1999 年和 2007 年的 TM 遥感影像中得到证实。在 1975 年的遥感影像中，农田主要分布在人口聚居区的周围（图 2-8），此时登记的农业人口不足 5000 人。

20 世纪 70 年代中期，人类活动对露水河森林系统的干扰相对较小，森林生态系统还维持着良好的结构和功能完整性。具体而言，地带性植被中针叶林占研究区总面积的 60.87%，占森林总面积的 70.60%。改革开放以来，伴随着经济的快速发展，国内木材供应和出口的需求迅速增长，许多像露水河林业局一样的国有林场开始大规模采伐森林资源。80 年代初至 90 年代初，大规模木材生产和加工是露水河林业局的主要经营方式。采伐方式由最初的大面积皆伐，转变为采育兼顾伐和径级伐，之后又转变为大面积皆伐。由于大规模皆伐，研究区森林覆盖率从 1975 年的 86.22% 大幅度下降到 1988 年的 77.68%，特别是针叶林面积在 1975~1999 年减少了 44.05%，年均减少 1365.67 hm²（表 2-6）。截至 1988 年，森林采伐面积占研究区总面积的 13.53%，露水河林业局累计生产木材 627 万 m³。由于可供采伐的大直径林木的减少，1988~1999 年森林采伐面积显著下降，减少了 74.20%，森林生态系统进入被动恢复阶段。

1998 年以来，作为天然林保护工程的覆盖区域，露水河林业局已开始减少木材采伐，恢复森林资源，这些措施取得了良好效果。与 1988 年相比，2007 年森林覆盖率增加了 14.65%（表 2-6）。特别是与 1999 年相比，2007 年地带性植被针叶林面积增加了 26.54%。

1988 年研究区建设用地面积达到高峰，之后一直下降（表 2-6）；研究区人口持续增加，从 1988 年的 31 090 人增加到 2005 年的 41 692 人。虽然人口增长可能会侵占林地，但随着大规模采伐的停止，一些原本用于采伐作业、运输和储存的基础设施被弃用，并逐渐被植被覆盖所替代。

1975~2007 年，针叶林转变为其他土地覆盖类型的面积比例为 43.99%，由其他土地覆盖类型转变而来的面积比例为 14.73%，针叶林面积净损失率为 29.26%（表 2-7）。与此相反，1975～2007年，阔叶林未发生变化的面积比例为77.20%，由其他土地覆盖类型转变而来的面积比例为114.75%，转变为其他土地覆盖类型的面积比例为22.8%，阔叶林净增长率为91.95%。须指出的是，针叶林的变化比例可能比阔叶林更能反映林区植被覆盖变化的真实状况。这主要是因为大多数阔叶林的更新演替速率比针叶林快。研究区红松、冷杉、红皮云杉等针叶林通常需要50年或更长的时间成为冠层优势种，而阔叶林仅需20年或更短的时间就可以完成这一过程（Liu，1957）。因此，在TM瞬时成像过程中，针叶林的变化可能无法被检测到，导致其变化率可能被低估。本研究分别提取了1988年、1999年和2007年森林采伐面积和造林面积（不包括建设用地扩展所占据的面积），将它们进行叠加计算，重复的部分只计算一次，计算得到森林采伐总面积为36 672.03 hm²，约为1975年森林面积的34.80%。

表2-7　1975年和2007年主要植被类型转化的面积比例　　　　（单位：%）

土地覆盖类型	1975年土地覆盖类型的面积比例			净增加或减少的面积比例
	2007年未发生变化的面积比例	2007年变化为其他土地覆盖类型的面积比例	2007年从其他土地覆盖类型转变而来的面积比例	
针叶林	56.01	43.99	14.73	-29.26
阔叶林	77.20	22.80	114.75	91.95

2.2.3.2　森林采伐合理性评价

研究区地形平坦，82.10%的地区坡度<15°，坡度范围在15°～25°、25°～35°和≥35°的区域分别占整个区域的12.58%、3.98%和1.34%。1975～2007年，分布在坡度<15°、15°～25°、25°～35°和35°及以上的采伐区面积分别占森林采伐区总面积的80.60%、13.35%、4.22%和1.83%。因此，仅从坡度因素来看，采伐位置基本合理，坡度≥35°的易发生土壤侵蚀的采伐区占采伐区总面积的1.34%。

本研究从1988年、1999年和2007年的土地覆盖图中共提取13 828个采伐区斑块（图2-8）。1975～2007年，单个斑块面积<5hm²的采伐区斑块占采伐区斑块总数91.5%，它们的面积占采伐区总面积的25.52%。单个斑块面积在5～25 hm²的采伐区斑块总面积为10 188.26 hm²，约占整个采伐区总面积的27.8%。单个斑块面积大于20hm²的采伐区斑块仅占采伐区斑块总数的1.27%，但它们的面积占采伐总面积的43.4%，其中最大伐区斑块面积为866.27 hm²，出现在1988年。采伐区中这些超大型斑块的出现并不符合采伐技术规范。事实上，过去的森林采伐的对象往往是优良树种和大直径木材，因此不难推断1975～1988年大范围频繁伐木很有可能破坏了森林生态系统的功能稳定性。

2.2.3.3　森林景观格局变化

与其他三个研究时期相比，1975年香农多样性指数最低，但优势度最高（表2-8），表明 1975 年森林景观在研究区景观中占据主导地位。1975 年，森林植被类型主要为针叶林，约占研究区总面积的 60.87%。随着森林采伐的增加，1999 年针叶林所占比例下降至 34.06%，人为干扰对森林景观的组成和结构产生了显著的影响。1975 年，森林景观的破碎度最低，随着 20 世纪 80 年代林区大规模皆伐，森林景观的破碎度增加。尽管 1999 年森林采伐量大幅减少，但过去采伐区的再生林仍与周围林分相互交错，森林景观的破碎度最高。结果显示，直到 2007 年森林景观的破碎度才有所下降。

表 2-8　1975～2007 年森林景观指数（景观水平）

年份	香农多样性指数	优势度	破碎度
1975	0.874	0.126	0.034
1988	0.985	0.015	0.134
1999	0.965	0.033	0.214
2007	0.997	0.003	0.098

斑块密度、平均斑块面积和斑块隔离度指数均表明，1999 年针叶林的破碎度最高（表 2-9），针叶林占研究区面积比例最低（表 2-6）。1988 年阔叶林占研究区面积比例最低（表 2-6）。斑块面积变异系数表明 2007 年针叶林和阔叶林斑块面积差异最大，1988 年最小。平均斑块形状指数和平均斑块分维数表明 1975 年森林斑块的形状最为复杂，由于此时期人为干扰较少，有利于形成多样的森林景观。

表 2-9　1975～2007 年森林景观格局指数（斑块/类型水平）

森林植被类型	年份	斑块密度	平均斑块面积	斑块隔离度指数	斑块面积变异系数	平均斑块形状指数	平均斑块分维数
针叶林	1975	0.02	52.82	0.08	19.07	1.74	2.00
	1988	0.08	12.83	0.18	14.09	1.45	1.06
	1999	0.29	3.50	0.43	19.78	1.03	1.26
	2007	0.10	9.77	0.23	31.36	0.70	1.53
阔叶林	1975	0.07	14.17	0.24	9.00	1.85	1.63
	1988	0.21	4.81	0.35	7.74	1.35	1.04
	1999	0.17	5.93	0.26	27.68	1.24	1.03
	2007	0.09	10.53	0.21	38.20	1.29	1.04

森林景观破碎化的原因主要有以下三个方面：①随着人类活动（主要是森林采伐）的加强，原来较大的森林斑块被分割成许多较小的斑块或原来较大的同质森林斑块被改变为较小的异质斑块；②气候变化有可能影响森林群落的结构和演替过程，导致森林群落的破碎化，但与人为干扰相比，这通常需要较长时间（Yu et al., 2005）；③在本研究的研究时

期内，树种间较强的竞争也会引发森林群落的演替，特别是对阔叶林来说。总体上，造成研究区森林景观破碎化的主要因素是人为活动，森林群落自身演替也是不可忽视的因素，气候变化只是对森林景观破碎化起促进作用。

研究区位于长白山林区，其地带性植被为阔叶红松林。2007年进行实地调查时发现阔叶红松林所占比例很小。森林生态系统已经偏离了原来的稳定状态，新的演替过程已经开始。因此，在后续的森林经营管理实践中，应严格禁止在剩余天然林和坡度较大的林区进行采伐。对次生林的择伐一定程度上可以改善森林生态系统的健康状况，但必须避免大规模皆伐，以增强森林生态系统的自我恢复和调节能力。

2.2.3.4 NPP变化

利用CASA模型计算研究区NPP总量和平均值，计算结果见表2-10。研究区NPP的计算结果与Zhu（2005）基于NOAA/AVHRR NDVI数据（空间分辨率为8 km）对中国NPP的计算结果相一致。根据朱文泉（2005）的研究结果得出露水河地区阔叶林NPP平均值介于700~850gC/（m² · a），针叶林NPP平均值约为550gC/（m² · a）。

表2-10 1975年、1988年、1999年和2007年研究区NPP总量和平均值

项目		针叶林	阔叶林	幼林	总计
NPP平均值/[gC/（m² · a）]	1999年	562.79	705.96	538.51	
	2007年	572.26	788.40	542.92	
单位NPP的变化比例/%		1.68	11.68	0.82	
NPP总量/GgC	1975年①	425.82	244.27		670.08
	1988年②	285.04	267.59	34.51	587.14
	1999年③	234.31	457.87	16.05	708.23
	2007年④	301.50	468.78	3.91	774.19
NPP总量的变化比例/%	1975~1988年	33.06	9.55		-12.38
	1988~1999年	-17.80	71.11	-53.49	20.62
	1999~2007年	28.68	2.38	-75.64	9.31

①1975年NPP总量是由1975年的森林面积乘以2007年的NPP平均值进行计算的；②1988年NPP总量是由1988年的森林面积乘以1999年的NPP平均值进行计算的；③1999年NPP总量是由1999年的森林面积乘以1999年的NPP平均值进行计算的；④2007年NPP总量是由2007年的森林面积乘以2007年的NPP平均值进行计算的。

注：1Gg=10⁹g。

1999~2007年，针叶林、阔叶林和幼林的NPP平均值呈现增加趋势。其中，阔叶林平均NPP增加最快，增加量约为82.44gC/m²，比1999年增加了11.68%。表明1999~2007年单位面积的森林质量有所改善。

MODIS数据产品最早可利用的时间为2000年，因此无法利用MODIS-NDVI直接计算得到 1975 年和 1988 年不同植被覆盖类型的 NPP。1975 年和 1988 年的 NPP 总量分别利用 2007 年和 1999 年的 NPP 平均值进行估算。这可能会低估 1975 年 NPP 总量,高估 1988 年 的 NPP 总量,因此对 1975~1988 年大规模皆伐所造成的森林生产力损失量的估算可能是 保守的。

1975 年针叶林 NPP 总量最大,约为 425.82 GgC,占当年 NPP 总量的 63.55%。研究 表明,1975 年森林结构和功能较为合理,地带性植被针叶林所占比例较大。

1975~1988 年和 1988~1999 年针叶林 NPP 总量分别下降了 33.06% 和 17.80%,这主 要是由树木采伐导致的,2007 年这种趋势有所逆转,但森林生态系统结构仍不尽合理,其 中阔叶林 NPP 总量为 468.78 GgC,占当年 NPP 总量的 60.55%。

1999~2007 年研究区 NPP 变化的空间分布如图 2-9 所示。NPP 显著增加的区域(深 蓝色区域)主要分布于 1999 年的森林采伐区。NPP 减少的区域主要分布在人类活动较集 中的地区。

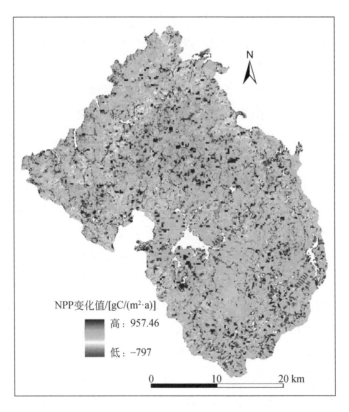

图 2-9 1999~2007 年研究区 NPP 变化的空间分布

根据光合作用和呼吸作用的反应方程,植被吸收 $1.62gCO_2$ 生产 $1g$ 干物质碳,并在此 过程中释放 $1.2gO_2$。1975~1988 年露水河森林生态系统 NPP 损失了 82.94GgC,相当于减少了 134.36GgCO$_2$ 的吸收量和 99.53GgO$_2$ 的释放量。1g 干物质碳所含热量相当于0.00067g 标准煤所含热量,因此 82.94GgC 所含热量相当于燃烧 55.6t 标准煤所释放的热量。NPP 是森林生态系统食物网的物质来源,频繁的人类干扰活动破坏了许多动植物的生存环境。截至 2007 年,NPP 增加了至少 187.04GgC,是 1988 年 NPP 总量的 31.86%,相当于固定 CO$_2$ 303Gg,表明森林生态系统在一定程度上得到了恢复。

2.2.4 小结

生态修复主要是对已发生退化、损伤或破坏的生态系统进行恢复,其目标是使用参考生态系统作为模型来模拟特定生态系统的结构、功能、多样性和动态。生态工程主要是通过构建或恢复可持续的生态系统使人类和自然环境协调发展(Mitsch and Jørgensen,2004),其主要目标包括以下三个方面:①恢复受人类活动干扰的生态系统;②构建人类和自然环境协调发展的可持续的生态系统;③以成本–收益经济可行的方式实现目标①和②。生态系统修复评价应与恢复目标相一致,并选择适当的变量评价某一时间点上生态系统状态与这些恢复目标的接近程度。

本研究阐明了森林生态系统的结构、功能及其自然特征,这些既是实施天然林保护工程的目标,也是采取各项恢复措施力争实现的目标。结果表明露水河森林生态系统的结构和功能遭受了严重的人为干扰,天然林保护工程对森林生态系统恢复发挥了重要作用。

在研究区,天然林保护工程的实施取得了实质性进展。Hu 和 Liu(2006)研究结果显示在 1998~2002 年,通过天然林保护工程增加的碳储量为 21.32TgC。由于木材减产而增加固碳量约为 22.75Tg。天然林保护工程覆盖区域的总固碳量为 44.07Tg,相当于 1998~2002 年全国工业 CO$_2$ 排放量的 1.2%。天然林保护工程使天然林(或混合林)的采伐量从 1997 年的 3200 万 m^3(Stokes et al.,2010)减少到 2009 年的 148 万 m^3(NFB,2010),减少量占 1997 年采伐量的 95.4%。2000~2009 年,累计减少木材采伐量 2.2 亿 m^3,累计增加森林蓄积量 7.25 亿 m^3;森林面积增加 1 亿 hm^2,森林覆盖率增加了 3.7%。截至 2009 年底,中国对天然林保护工程的投资已接近 1 万亿元。天然林保护工程已累计造林 585 万 hm^2,其中人工造林 266 万 hm^2,飞播造林 319 万 hm^2;此外,封山育林 1207 万 hm^2。天然林保护工程的实施实现了天然林禁伐、木材减产和资源保护的多重目标(NFB,2003)。总体上,天然林保护工程覆盖区域的生态条件得到了显著改善,缓解了长江流域和黄河流域的土壤侵蚀和泥沙淤积(NFB,2010)。

1998 年以来,禁止和减少采伐使 62 万伐木工人和林场其他雇员离职,他们转向从事植树造林和其他森林管理活动以完成再就业。生态旅游和商品经营活动已在当地广泛开展,如销售奶制品、养殖牛和鹿、种植一年生作物、蘑菇、水果、蔬菜和人参,以及采集野生草药和坚果（Xu et al., 2006）。

尽管取得了这些成就，天然林保护工程仍然面临着诸多挑战，包括严重依赖国家财政、缺乏部门间合作、对地方利益考虑不足、未采取适当措施、某些政策僵化和前后不一致等问题（Xu et al., 2006）。尽管天然林保护工程成效显著，但一些研究人员认为仍需客观看待所取得的进展，因为很多地方天然林已被外来用材树种所取代（Trac et al., 2007）。中国为天然林保护工程投入巨大，通过植树造林加速自然植被向人工植被的转变，促进景观的快速恢复（Cao et al., 2009）。然而，很少有人考虑如何有效控制土壤侵蚀和滑坡（Stokes et al., 2010）。在国家尺度上，对适宜物种选择不当的情况很普遍（Bennett, 2008）。种植外来用材树种［如桉树（*Eucalyptus sp.*）、柳杉（*Cryptomeria japonica*）和麻风树（*Jatropha curcas*）］可能并不是坡地土壤侵蚀控制的最佳方案（Stokes et al., 2010）。林下植被经常受到破坏或无法在荫凉条件下生长，导致侵蚀率增加（Genet et al., 2008）。目前，中国主要通过从其他国家进口原木来填补木材减产的缺口，这是否会造成环境问题仍未可知（Sun et al., 2004）。尽管中央政府已明确在天然林保护工程中种植的树木种类，但仍应优先选择本地树种，此外还应考虑草本物种在土壤保持方面的作用（Stokes et al., 2010）。

天然林保护工程涉及因素众多，不仅包括技术问题，还包括社会、经济甚至政治问题。尽管很难将所有问题解决，但大多数问题是可以通过技术改进、协商和在利益相关方之间寻求双赢方案而得到妥善处理的。

中国天然林保护工程为解决人地关系矛盾提供了范例。

2.3　气候变化对全球生态区生态系统服务的影响

气温、降水和云量等相关的气候变量正在变化，气候变化包括以下 4 方面（IPCC, 2013a）：①前所未有的大气层和海洋变暖、冰雪覆盖减少、海平面上升和温室气体浓度增加。全球变暖被普遍认为是气候变化的主要特征之一，而人类活动被认为是自 20 世纪中叶以来观测到的全球变暖的主要原因。1880～2012 年，全球陆地和海洋表面综合平均温度升高了约 0.85℃，到 21 世纪末，与 1850～1900 年的平均温度相比，预计将升高超过 1.5℃。②一些更严重的极端气候事件频繁发生。全球变暖可能导致欧洲、亚洲和大洋洲许多地区热浪的频率增加，以及地中海和西非干旱频率和强度的增加。③人为活动引起水循环的全球尺度变化。由于 21 世纪普遍性的全球变暖，干湿地区之间以及干湿季节之间的降水差异将会增加。④人类活动引起辐射强迫和区域云量的变化。

全球变暖对陆地和海洋生态系统的直接和间接影响已经有充分记录（Diffenbaugh and Field, 2013）。气候变化对自然栖息地的破坏是对生物多样性的主要威胁（Pacifici et al., 2015）。动物和植物对全球变暖的反应已被广泛讨论（Pacifici et al., 2015），气候变化预计将成为 21 世纪生物灭绝的最重要驱动因素之一（Thomas et al., 2004）。据估计，到 21 世纪末，地球 49% 的陆地表面上的植物群落将经历气候驱动的变化，而全球 37% 的陆地生态系统将经历生物群系尺度的变化（Bergengren et al., 2011）。此外，越来越多的证据表明，气候变化与生境丧失和破碎化相互作用，会对生物多样性产生负面影响（Mantyka-pringle et al., 2012）。例如，气候变化与土地利用/覆盖变化密切相关，严重影响了发展中国家的生物多样性（Visconti et al., 2011）。随着温度升高，爬行动物最有可能受到栖息地丧失/破碎的负面影响（Mantyka-pringle et al., 2012）。

由于资源分配不平衡和压力变化，生物多样性全球分布的格局和受到的威胁非常不统一（Gaston, 2000）。因此，为了最大限度地减少全球生物多样性的损失并有效地分配有限的资源用于生物多样性保护，生物多样性保护组织已经制定了至少 11 个全球生物多样性保护优先方案（表2-11）。

表 2-11　全球生物多样性保护优先方案

保护方案	优先级	参考文献
生物多样性热点（Biodiversity Hotspots）	特有种	Myers 等（2000）
危机生态区（Crisis Ecoregions）	面临风险的生物群系和生态区	Hoekstra 等（2005）
特有鸟类地区（Endemic Bird Area）	特有鸟类	Stattersfield 等（1998）
植物多样性中心（Centre of Plant Diversity）	植物	WWF（1994）
生物多样性丰富国家（Megadiversity Countries）	特有种	Stattersfield 等（1998）
全球 200 生态区（Global 200 Ecoregions）	优良的生态区	Olson 和 Dinerstein（2002）
世界陆地生态区（Terrestrial Ecoregions of the World）	优良的生态区	Olson 等（2001）
高生物多样性荒野地区（High-biodiversity Wilderness Areas）	高生物多样性荒野地区	Olson 和 Dinerstein（1998）
边缘森林（Frontier Forests）	天然林生态系统	Bryant 等（1997）
荒野之息（Last of the Wild）	荒野地区	Sanderson 等（2002）
世界保护区（World's Protected Areas）	自然环境和生物多样性	IUCN（2014, 2015）

这些生物多样性保护方案中的大多数都高度重视区域的不可替代性和脆弱性，并促进制定反应性（优先考虑高脆弱性）和主动性（优先考虑低脆弱性）的管理措施，以便在多个地理区域更有效、灵活地分配保护资金等资源（Brooks et al., 2006）。生态区划分是最成熟的全球生物多样性保护方案之一，特别强调确定独特的生物多样性及其生物地理分

布（Olson and Dinerstein，2002）。世界野生生物基金会（World Wildlife Fund International，WWF）[①]、世界银行，世界资源研究所、大自然保护协会和其他一些组织已经采用生态区作为基础底图，为全球生物多样性保护分配资金（Olson et al.，2001）。对于世界陆地生态区而言，对生物多样性保护最主要的威胁是栖息地的丧失，其次是栖息地破碎化、退化程度和保护程度（Olson and Dinerstein，2002）。世界自然基金会将生态区分为三大类：关键生态区（CE），在野外灭绝的风险极高；脆弱生态区（VE），面临高危风险；相对稳定的完整生态区（IE）。

本节以陆地生态区为分析单位，并以当前和未来的气温、降水和云量数据作为动态全球植被模型（Dynamic Global Vegetation Model，DGVM）的输入，以实现以下两个研究目标：①比较气候变化影响下 1971~2000 年基准期至 2071~2100 年预测期之间植被类型和 5 个生态功能指标：NPP、碳汇、径流、野火风险和生境面积的变化；②根据气温、降水和云量变化的平均值和极端值来考察 5 个生态功能指标的气候驱动因素。本研究可以加深对气候变化和生态系统功能动态的理解，这些动态变化对制定生态区尺度和气候变化影响下的生物多样性保护措施至关重要。

2.3.1 材料与方法

2.3.1.1 Lund-Potsdam-Jena 动态全球植被模型及生态功能指标模拟

伦德-波茨坦-耶拿（Lund-Potsdam-Jena）动态全球植被模型（LPJ-DGVM）（Sitch et al.，2003）是一类模拟大尺度陆地植被动态和生态系统碳、水循环的过程模型。其主要生物物理过程包括光合作用、蒸散发、植被竞争、生物组织转化、种群动态、土壤有机质和凋落物动态、火灾干扰机制，以及上述过程的相互作用。在 LPJ-DGVM 中，潜在植物功能型（plant functional type，PFT）是根据植物生理、形态、物候、生物气候及对野火的响应特征的多样性确定的。LPJ-DGVM 的输入数据包括月平均气温、月总降水量、月总云量、年平均大气 CO_2 浓度和土壤质地。本研究将气温、降水和云量作为 LPJ-DGVM 3.1 的输入数据集，用于计算植被组成、NPP、碳汇、径流和野火风险。LPJ-DGVM 包含 9 种植物功能型：热带常绿阔叶林、热带阔叶季雨林、温带常绿针叶林、温带常绿阔叶林、温带落叶阔叶林、北方常绿针叶林、北方落叶阔叶林、多年生 C3 草本植物和多年生 C4 草本植物。沙漠和冰原地区由于其植被覆盖度低于 10%，因而不列入本研究分析范围。根据 2000 年全球土地覆被数据集（GLC 2000）中城市和农业用地的分布范围对模拟结果进行

---

① 现已更名为世界自然基金会。

掩膜处理（Bartholome and Belward，2005）。每种植物功能型需要设置的具体参数包括物候、碳循环路径和叶型（如叶、边材和根的 C∶N）。碳储量根据大气和陆地生物圈之间的碳交换净通量进行估算，计算公式为植被碳储量＝NPP−（异养呼吸作用+火灾造成的碳损失），其中碳储量为正值表示陆地生态系统为碳汇，碳储量为负值表示陆地生态系统为碳源。

LPJ-DGVM 模拟时间为 1901～2100 年（预运行和校正时间为 1000 年），模拟空间尺度为 0.5°×0.5°的规则网格。在模型输入数据中，月平均温度（1901～2005 年）、月总降水量（1901～2005 年）和月总云量（1901～2005 年）数据来源于 CRU TS 3.1 数据集（Harris et al.，2014），土壤质地数据来源于 NASA ISLSCP GDSLAM 水文土壤数据集（Webb et al.，1993）。年平均大气 CO_2 浓度（1901～2100 年）、月平均气温（2006～2100 年）、月总降水量（2006～2100 年）和月总云量（2006～2100 年）预测数据来源于 CMIP5。本研究选择了三个代表性浓度路径（RCP 2.6、RCP 4.5 和 RCP 8.5）（Van Vuuren et al.，2011）作为 2071～2100 年的气体排放情景。RCP 2.6 假设全球每年温室气体排放量将在 2020 年左右达到峰值，此后大幅下降。RCP 4.5 假设温室气体排放量将在 2040 年左右达到峰值，此后开始下降；RCP 8.5 假设到 2100 年温室气体排放量将持续增加。因此，与 1986～2005 年相比，预测 2071～2100 年全球地表温度在 RCP 2.6 情景下增加 0.3～1.7℃，在 RCP 4.5 情景下增加 1.1～2.6℃，在 RCP 8.5 情景下增加 2.6～4.8℃（IPCC，2013）。

对于预测不同地区的气候变量而言，气候模式的适用性各不相同。因此，为了避免使用单一气候模式而导致的不确定性，本研究获取来源于 CMIP5 的 14 种大气环流模式（general circulation model，GCM）的预测数据集，使用这些数据集在 RCP 2.6、RCP 4.5 和 RCP 8.5 情景下的月平均温度、月总降水量和月总云量的平均值作为 LPJ-DGVM 的输入数据（表 2-12）。利用平均标准偏差［MSD，见式（2-12）］定量评价 14 种大气环流模式所预测的气温、降水和云量数据的不确定性。MSDs 越高，表明数据的变异性较大。

表 2-12　14 种大气环流模式

大气环流模式	简称	提供者
Community Climate System Model Version 4.0	CCSM4	美国国家大气研究中心
NASA Goddard Institute for Space Studies climate model, Model E2, coupled to the Russell ocean model	GISS-E2-R	美国国家航空航天局戈达德太空研究所
Canadian Earth System Model version 2	CanESM2	加拿大气候模拟与分析中心
Commonwealth Scientific and Industrial Research Organisation-Mark 3.6.0	CSIRO-MK3.6.0	澳大利亚联邦科学与工业研究组织、昆士兰气候变化卓越中心

大气环流模式	简称	提供者
Centre National de Recherches Météorologiques	CNRM-CM5	法国国家气象研究中心、欧洲科学计算进修研究训练中心
Flexible Global Ocean-Atmosphere-Land System Model：Grid-point Version 2	FGOALS-G2	中国科学院大气物理研究所、清华大学地球系统科学研究中心
Hadley Centre Global Environmental Model, version 2, Earth System	HadGEM2-ES	英国气象局哈德利中心（模型实现由巴西国家空间研究院完成）
Institut Pierre-Simon Laplace-CMIP5 with LM-DZ5A	IPSL-CM5A-MR	法国皮埃尔·西蒙·拉普拉斯学院
Model for Interdisciplinary Research on Climate-Earth System Model	MIROC-ESM	日本海洋–地球科技研究所、东京大学大气海洋研究所、日本国立环境研究所
Coupled Max Planck Institute Earth System Model at base resolution	MPI-ESM-MR	德国马克斯–普朗克气象研究所
Meteorological Research Institute-Coupled Global Climate Model version 3	MRI-CGCM3	日本气象研究所
Beijing Normal University-Earth System Model	BNU-ESM	北京师范大学
Beijing Climate Center Climate System Model version 1.1	BCC-CSM1.1	中国气象局国家气候中心
Norwegian Earth System Model	NorESM	挪威气候研究中心

$$\mathrm{MSD} = \frac{1}{n} \sqrt{\frac{1}{m} \sum_{i=1}^{m} (x_i - \mu)^2} \tag{2-12}$$

式中，n 为大气环流模式的数量（$n=14$）；m 为某一气候变量（气温、降水或云量）样本的数量（$m=30$，时间尺度为 2071～2100 年）；x_i 为 2071～2100 年某一气候变量的预测值；μ 为 2071～2100 年某一气候变量的平均值。

1971～2000 年基准情景和 2071～2100 年 RCP 2.6、RCP4.5 和 RCP8.5 情景下的潜在植物功能型全球分布见图 2-10。

2.3.1.2 空间评价单元

陆地生态区被用作基本的空间评价单元，因为它们被公认为是保护全球生物多样性优先考虑的空间单元（Olson and Dinerstein，2002）。生态区被定义为"相对较大的土地单位，包含自然群落和物种的独特集合，并为单位之间的比较以及代表性生境和物种集合的识别提供了框架"（Olson and Dinerstein，2002）。

世界陆地生态区被划分为 867 个生态区（Olson et al.，2001）。在本研究中，面积<5km² 的生态区被排除在分析范围之外，因为它们太小，无法与模拟的空间分辨率（0.5°×

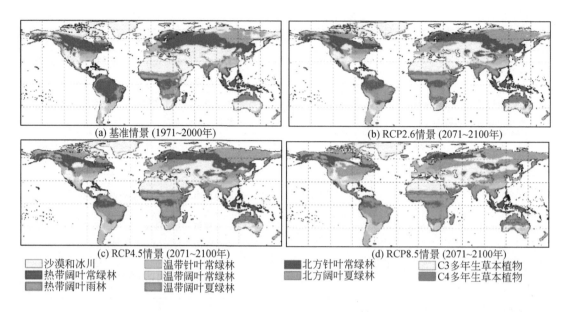

(a) 基准情景 (1971~2000年) (b) RCP2.6情景 (2071~2100年)

(c) RCP4.5情景 (2071~2100年) (d) RCP8.5情景 (2071~2100年)

沙漠和冰川　温带针叶常绿林　北方针叶常绿林　C3多年生草本植物
热带阔叶常绿林　温带阔叶常绿林　北方阔叶夏绿林　C4多年生草本植物
热带阔叶雨林　温带阔叶夏绿林

图 2-10　1971～2000 年基准情景和 2071～2100 年 RCP 2.6、RCP 4.5、
RCP 8.5 情景下的潜在植物功能型

0.5°) 下的地图单元相对应。因此，本研究分析了 852 个陆地生态区（图 2-11），包括
423 个关键生态区，221 个脆弱生态区和 208 个完整生态区。格陵兰和南极洲不包括在本
项研究中。

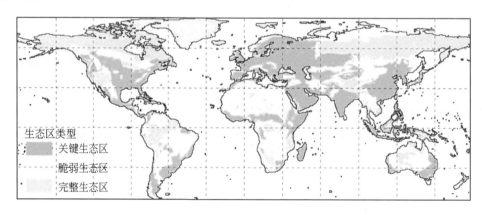

生态区类型
关键生态区
脆弱生态区
完整生态区

图 2-11　世界陆地生态区类型划分

　　世界陆地生态区以及关键生态区、脆弱生态区和完整生态区的矢量多边形文件与模拟
的栅格生态功能指标数据叠加，以便计算平均 NPP、碳汇、径流、野火风险和生境变化，
以检测基准时期（1971～2000 年）和未来时期（2071～2100 年）之间这些生态功能指标
的变化，并考察其变化的气候驱动因素。生境变化定义为在基准时期（1971～2000 年）

和未来（2071～2100 年）之间，生态区单元中的总潜在植物功能型比例变化（图 2-11）。

2.3.1.3 生态功能指标变化的气候驱动因子分析

气候变化一般指气候要素的平均值变化和极端气候事件变化（IPCC，2013a）。气温、降水和云量的平均值变化定义为基准时期（1971～2000 年）和未来时期（2071～2100 年）基于网格的均值之差。极端气温、极端降水和极端云量的频率和强度变化被定义为基准时期（1971～2000 年）和未来（2071～2100 年）极端月平均值（M）的频率和强度的差值超出两倍标准偏差（σ）的距离（D），即通过标准化每个 $0.5° \times 0.5°$ 网格单元在基准时期（1971～2000 年）与未来时期（2071～2100 年）之间的平均值间的差值和来计算月平均气温、降水和云量的距离（D），如式（2-13）：

$$D = \left(M_{2071～2100年} - M_{1971～2000年} \right) / \left(2\sigma_{1971～2000年} \right) \tag{2-13}$$

2 倍标准差（σ）标准适合识别极端气候事件（Beaumont et al.，2011）。本研究计算了极端气候事件的平均频率和平均强度的变化。

对于单个生态区，针对九个气候变化变量和五个生态功能指标中的每一个，计算了基准时期（1971～2000 年）和未来时期（2071～2100 年）之间的平均值差值。9 个气候变量分为三类：温度（T_m）、平均降水（P_m）和平均云量（C_m）；极端气候事件频率，包括极端气温频率（T_f）、极端降水频率（P_f）和极端云量频率（C_f）；极端气候事件强度，包括极端气温强度（T_i）、极端降水强度（P_i）和极端云量强度（C_i）。方差分析（ANOVA）用于检验气温、降水、云量变化及其相互作用对全球生态区尺度上的 NPP、碳汇、径流、野火风险和生境变化的影响，显著性水平设定为 $p < 0.05$（图 2-12）。

2.3.2 结果

2.3.2.1 生态功能指标的变化

852 个陆地生态区的总面积为 1.18 亿 km²，占世界自然基金会世界陆地生态区的 95.57%，脆弱生态区、关键生态区、完整生态区面积占世界自然基金会世界陆地生态区的比例分别为 34.78%、39.44%、21.35%［图 2-13（a）］。从基准情景到 RCP 8.5 情景，四类生态区的 NPP 和径流均增加［图 2-13（b）和（d）］。在 RCP 2.6 情景和 RCP 4.5 情景下，四类生态区的碳汇均小于基准情景下的碳汇，而陆地生态区、脆弱生态区和关键生态区的碳汇在 RCP 8.5 情景下达到最大值［图 2-13（c）］。从基准情景到 RCP 8.5 情景，四类生态区的野火风险均增加［图 2-13（e）］。在 RCP 2.6 情景、RCP 4.5 情景和 RCP 8.5 情景下，预计分别有 40%、42%～48% 和 >50% 的陆地生态区栖息地类型将发生转化，

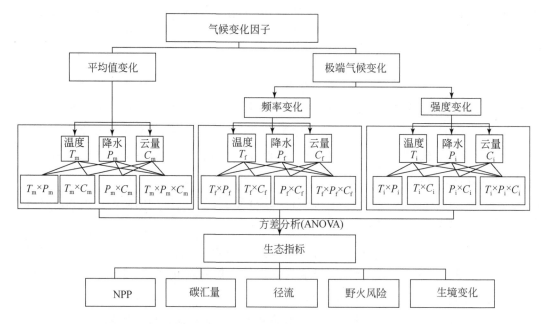

图 2-12　气候变化变量对生态功能指标影响的方差分析（ANOVA）流程图

气候变化表现为气候变量平均值和极端值的变化。平均值包括平均温度（T_m）、平均降水量（P_m）和平均云量（C_m）。极端气候事件包括极端温度频率（T_f）、极端降水频率（P_f）和极端云量频率（C_f），以及极端温度强度（T_i）、极端降水强度（P_i）和极端云量强度（C_i）。×表示气候变化变量的相互作用

因此未来的气候变化可能会对栖息地产生显著影响［图 2-13（f）］。

预计大多数生态区的 NPP 会随着气候变化而增加，而与所考虑的生态区类型或排放情景无关［图 2-14（a）~（c）］。但是，某些热带常绿森林、热带雨林、高山灌木和草甸以及干旱森林的 NPP 预计将遭受损失。全球变暖将增加异养呼吸，因此在 RCP 2.6 情景和 RCP 4.5 情景下，一半以上生态区的碳汇将减少，这些情形在 RCP 8.5 情景下由于 CO_2 施肥作用增强将会略有改善［图 2-14（d）~（f）］。在 RCP 2.6 情景和 RCP 4.5 情景下［图 2-14（d）~（e）］，南美洲、非洲中部、马达加斯加、东亚、新几内亚和北澳大利亚的一些热带常绿森林、雨林、针叶林，北美洲的温带阔叶林，以及中国东部地区的温带森林、草原及高海拔的北方森林碳汇都将减少。在 RCP 8.5 情景下［图 2-14（f）］，预计北美某些温带阔叶林和草原，北方阔叶林，温带阔叶林以及中国东部和俄罗斯的某些草原将可能经历大量的碳汇损失。此外，预计大多数生态区的径流都会增加，而与 RCP 情景无关［图 2-14（g）~（i）］。但是，预计南美洲、马达加斯加、澳大利亚内陆、地中海地区和中国东部的某些生态区将变得更干燥。在这三种 RCP 情景下，预计大多数关键生态区、脆弱生态区和完整生态区将面临更高的野火风险，尤其是热带森林生态区［图 2-14（j）~（1）］。在关键生态区、脆弱生态区和完整生态区，生境类型的转变广泛发生［图 2-14

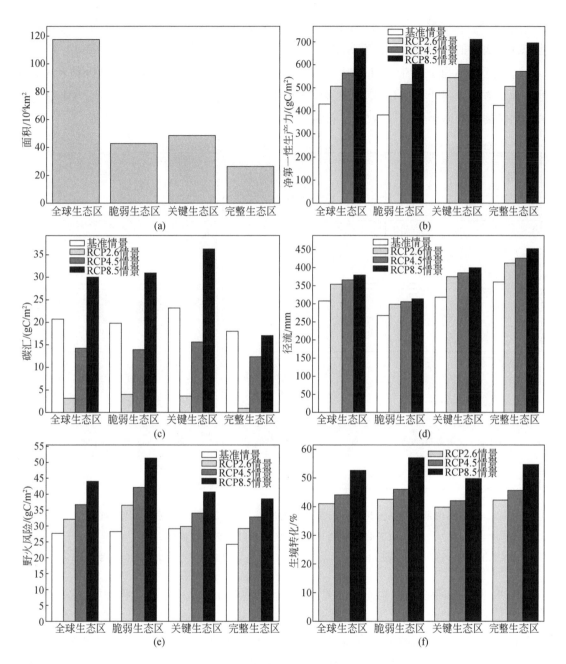

图 2-13 在基准（1971~2000 年）和未来（2071~2100 年）情景下四类生态区指标值变化

陆地生态区（样本量=852）、关键生态区（样本量=423）、脆弱生态区（样本量=221）

和完整生态区（样本量=208）

（m）~（o）］，特别是在南美洲一些生态区，热带阔叶常绿森林将被热带阔叶落叶林所取代；在美国东南部，某些草地将被温带阔叶常绿森林所取代 ［图 2-10 和图 2-14（m）~

（o）］。此外，温带落叶林大大扩展到了美国中部生态区，C3 草原扩展到了加拿大北部的生态区，南非的 C3 草原被 C4 草原和温带常绿针叶林所取代［图 2-10 和图 2-14（m）~（o）］。在欧亚大陆，温带落叶阔叶林将大大扩展，以取代某些北方常绿针叶林和 C3 草原，而北方落叶阔叶林和 C3 草原都将向北扩展至高纬度生态区。在澳大利亚，C4 草原和森林将扩展到沙漠生态区［图 2-10 和图 2-14（m）~（o）］。

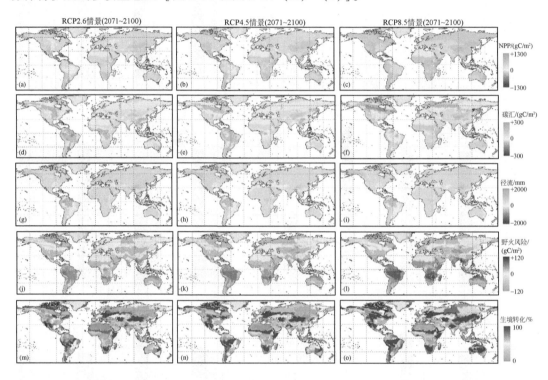

图 2-14　基准时期（1971~2000 年）到未来时期（2071~2100 年）气候变化情景 RCP 2.6、
RCP 4.5 和 RCP 8.5 下各生态区生态功能指标
变化情况 NPP（a）~（c）、碳汇（d）~（f）、径流（g）~（i）、野火风险（j）~（l）和生境类型（m）~（o）

NPP、碳汇和很多脆弱生态区、关键生态区和完整生态区中的径流将增加（图 2-14 和图 2-15）。如图 2-15 所示，完整生态区具有野火风险的面积比例最高，其次是脆弱生态区和关键生态区。不论何种 RCP 情景下，超过 80% 的生态区将经历生境类型转换。此外，在三种气候情景下，超过 40% 的关键生态区、脆弱生态区和完整生态区生境类型转换比例将超过 50%。在 RCP 2.6、RCP 4.5 和 RCP 8.5 气候变化情景下，将分别有 31 个、37 个和 64 个关键生态区，25 个、26 个和 38 个脆弱生态区，20 个、26 个和 39 个完整生态区发生完全的生境类型转换（100%）。

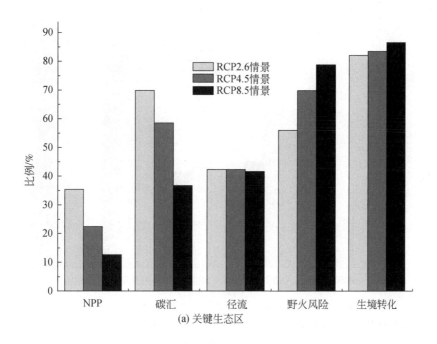

(a) 关键生态区

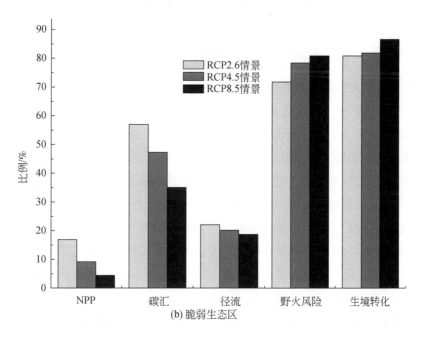

(b) 脆弱生态区

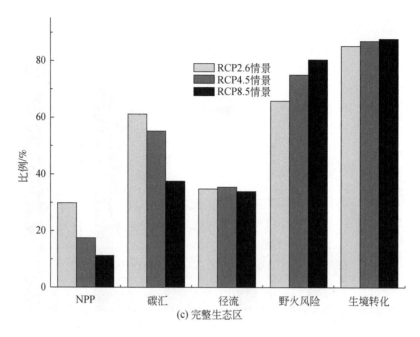

图 2-15　基准时期（1971～2000 年）和未来时期（2071～2100 年）之间关键生态区、脆弱生态区和完整生态区中、碳汇及径流减少和野火风险及生境类型转换增加所占的面积比例

2.3.2.2　生态功能指标变化的气候驱动力

1）气候变化平均值变化对生态功能指标的影响

在三种 RCP 情景下，平均降水和平均云量的变化预计将对 NPP 变化产生重大影响，而在 RCP 2.6 情景和 RCP 8.5 情景下，平均气温预计将对其产生显著影响。在三种 RCP 情景下，平均气温-平均云量，平均降水-平均云量和平均气温-平均降水-平均云量之间的相互作用将显著影响 NPP 的变化，而平均气温-平均降水的相互作用仅对 RCP 2.6 情景下的 NPP 的变化显示出显著影响。在 RCP 2.6 情景和 RCP 4.5 情景下，预计平均气温和平均降水的变化将对碳汇变化产生重大影响。尽管在 RCP 8.5 情景下，预测的平均气温和平均降水均不会显著影响碳汇，但预计这两个变量的相互作用会对碳汇产生影响。在这三种 RCP 情景下，平均云量的变化以及平均气温-平均降水以及平均气温-平均降水-平均云量之间的相互作用预计将对碳汇变化产生重要影响。RCP 4.5 情景下的平均气温-平均云量之间的相互作用，以及 RCP 4.5 情景和 RCP 8.5 情景下的平均降水-平均云量之间的相互作用将对碳汇变化产生重要影响。

除了 RCP 4.5 情景下的平均气温-平均云量之间的相互作用之外，在这三种 RCP 情景下，单个气候变量及多个气候变量之间的相互作用都将对径流变化产生重要影响。在这三种 RCP 情景下，平均气温和平均降水的变化及它们之间的相互作用以及平均降水-平均云量之间的相互作用将对野火风险产生重要影响。RCP 2.6 情景下的平均云量变化以及 RCP 2.6 情景和 RCP 4.5 情景下的平均气温–平均云量以及平均气温–平均降水–平均云量之间的相互作用也会显著影响野火风险的变化。三种 RCP 情景下的平均气温变化以及 RCP 2.6 和 RCP 8.5 情景下的平均降水–平均云量之间的相互作用将在诱导生境类型转换过程中发挥关键作用。

2）极端气候事件强度变化对生态功能指标的影响

RCP 2.6 情景下的极端气温强度，RCP 2.6 情景和 RCP 4.5 情景下的极端降水强度，RCP 2.6 情景和 RCP 8.5 情景下的极端云量强度，以及 RCP 2.6 情景和 RCP 4.5 情景下的极端降水强度–极端云量强度之间相互作用对 NPP 有显著影响。

RCP 2.6 情景和 RCP 8.5 情景下的极端气温强度及 RCP 2.6 情景和 RCP 4.5 情景下的极端降水强度与极端云量强度变化对碳汇变化有重要影响。另外，在这三种 RCP 情景下，极端气温强度–极端云量强度之间的相互作用，RCP 8.5 情景下的极端气温强度–极端降水强度之间的相互作用以及 RCP 2.6 情景和 RCP 4.5 情景下极端气温强度–极端降水强度–极端云量强度之间的相互作用将显著影响碳汇变化。

气候变化还会对径流、野火风险和生境栖息地类型转变产生重要影响。RCP 2.6 情景和 RCP 8.5 情景下的极端气温强度和极端云量强度以及气温、降水、云量 RCP 情景下的极端降水强度和所有三个气候因子之间的相互作用将对径流变化产生显著影响。相比之下，在三种 RCP 情景下，极端降水（即干旱）强度及极端降水强度–极端云量强度之间的相互作用，以及极端云量强度–极端天气之间的相互作用，RCP 2.6 情景下的极端气温强度和极端云量强度，以及 RCP 2.6 情景和 RCP 4.5 情景下三个气候因子的相互作用将对野火风险产生重要影响。三种 RCP 情景下的极端干旱强度，RCP 2.6 情景和 RCP 8.5 情景下的极端云量强度，以及 RCP 8.5 情景下的极端气温强度–极端降水强度–极端云量强度之间的交互作用对于生境栖息地类型转变具有重要影响。

3）极端气候事件频率变化对生态功能指标的影响

在 RCP 2.6 情景下，极端气温频率–极端云量频率–极端降水频率、极端气温频率–极端降水频率之间的相互作用，以及所有 RCP 情景下极端降水频率–极端云量频率之间的相互作用将对 NPP 产生显著影响。RCP 2.6 情景和 RCP 4.5 情景下的极端气温频率–极端云量频率，RCP 4.5 情景和 RCP 8.5 情景下的极端气温频率–极端降水频率–极端云量频率之间的相互作用也将显著影响 NPP。

气候变化也将对径流、野火风险和生境栖息地类型转变产生重要影响。在各种 RCP 情景下，径流都将受极端降水频率–极端云量频率–极端气温频率，以及极端降水频率–极端云量频率之间的相互作用的显著影响。在 RCP 4.5 和 RCP 8.5 情景下，极端气温频率也将对径流产生重大影响；在 RCP 2.6 情景和 RCP 8.5 情景下，极端气温频率、三种极端气候因子频率之间的相互作用将对径流产生显著影响。相比之下，RCP 2.6 情景和 RCP 4.5 情景下的极端气温频率，三种 RCP 情景下的极端降水频率-极端云量频率，RCP 4.5 情景下的极端气温频率-极端云量频率之间的相互作用，以及 RCP 2.6 情景和 RCP 8.5 情景下的极端气温频率-极端降水频率-极端云量频率之间的相互作用都会对野火风险产生重要影响。RCP 4.5 情景下的极端气温频率，RCP 4.5 情景和 RCP 8.5 情景下的极端降水频率，以及 RCP 8.5 情景下的极端气温频率-极端降水频率-极端云量频率之间的相互作用将对生境栖息地类型转变产生显著影响。

2.3.3 讨论

以全球变暖为主要特征的气候变化是推动生物灭绝的最重要因素之一，其将继续在局地、区域和全球尺度上影响生物多样性（Pacifici et al., 2015）。气候变化既可以通过影响物种的行为和生活史而直接影响生物多样性，也可以通过生境丧失和破碎化改变物种的栖息地进而间接地影响生物多样性（Mantyka-pringle et al., 2012）。气候变化和生境退化是目前全球生物多样性面临的两个最重要的威胁，它们的综合影响可能会放大单个因子的负面影响。了解气候变化和与生境相关威胁的综合影响，对决策者更新和改进当前的生态区生物多样性保护措施具有至关重要的意义。迄今为止，人们对这种综合效应知之甚少，这主要是由于这两个过程的潜在复杂性及其各自效应的差异。

本研究根据 1971~2000 年和 2071~2100 年气温、降水和云量变化的均值和极端值以及五个生态功能指标在强度和方向上的变化来量化气候变化。在生态区尺度和三种 RCP 情景下，本研究模拟表明，全球变暖是普遍发生的，尤其是在北半球和 RCP 8.5 情景下，某些地区气温升高可能超过 6℃。

在生态区尺度上，在所有三种 RCP 情景下，完整生态经历了最高幅度的温度升高，而关键生态区和脆弱生态区依次紧随其后。当全球变暖超过 3℃ 时，生物灭绝的风险就会增加 8.5%（Urban, 2005）。尽管局部灭绝和高温之间没有直接的因果证据，但许多研究表明，物种相互作用，尤其是随着气候变化而导致的食物供应减少是物种局部灭绝的重要原因（Cahill et al., 2013）。因此，在全球变暖的情况下，除了考虑种间关系之外，在未来的保护措施中还应考虑对高温耐受性有限的物种，如北半球和完整生态区中的两栖动物。本研究表明，与 1971~2000 年相比，2071~2100 年极端气温、极端降水（干旱）和极端云量发生的频率和强度都增加了。实验证据表明，变暖和降水增加可以促进植物的生长和生态系统的碳存储，而降水减少则会产生不利影响（Wu et al., 2011）。

当干旱伴随热浪时，热胁迫的负面影响会加剧，从而降低植物的生长，甚至导致植物死亡（Teskey et al., 2015）。本研究表明，未来气候情景下南美洲、非洲中部和东南亚的一些热带生态区是气候变化的热点地区，降水强度下降相对较大，生态系统碳汇下降（图 2-14）。须指出的是，南美洲的某些生态区对于保护全球生物多样性至关重要。例如，Neotropics 地区拥有世界上剩余的最大荒野地区，并且是世界上物种丰富度最高的地区（Loyola et al., 2009）。确实，大西洋森林拥有 19 355 个物种，其中 40% 是巴西特有的，并且塞拉多（Cerrado，即巴西大草原）包含世界上最丰富的稀树草原植物区系，共有 12 669 个物种，其中 4215 种是特有种（Forzza et al., 2012）。但是，本研究的结果表明，这些地区承受了来自气候变化的更大压力。南半球的气温升高降低了水的可利用性，并非线性地放大了生态风险，对生物多样性和植被生产力构成了巨大威胁（Zhao and Running, 2010）。相比之下，北半球的变暖将解除低温对植被生长的限制并提高植被生产力，而更高的异养呼吸速率同时会削弱生态系统的碳汇能力（图 2-14）。由于气候变暖，一些通才物种可能会受益于生境范围扩大，而北半球变暖可能会损害某些活动范围有限的物种。先前尚未对北半球变暖在多大程度上使物种受益或遭受什么损害进行研究。此外，本研究结果显示，所有生态区类别（关键生态区、完整生态区和脆弱生态区）的平均云量都减少了，极端云量的频率和强度都增加了。减少的云量可能会增加入射的太阳辐射，与其他压力因素一道，可能会通过增加死亡率、发育异常、疾病易感性和行为变化以及通过提高紫外线 B 辐射（UV-B：280~315nm）水平降低生长来影响两栖动物的持久性（D'Amen and Bombi, 2009）。此外，据报道紫外线 A 辐射（UV-A：315~400nm）可以抑制或刺激常见植物的生物量积累和形态（Verdaguer et al., 2017）。然而，人们几乎不了解太阳辐射的变化将如何影响物种组成以及自然生态系统中各营养级之间生物体之间的相互作用（Haeder et al., 2011）。

　　本研究模拟表明，在气候变化的条件下，进一步的栖息地退化将在整个生态区域中普遍存在，并且气温、降水和云量的平均变化和极端变化是重要的驱动因素。全球变暖可以放大气温、降水、云量和其他气候变量的变化幅度，另外它们可以与生境退化协同作用，从而影响生物多样性。对全球 1319 项研究的元数据分析表明，在影响物种密度和多样性的影响因素（最高气温、最低降水、平均降水、平均气温和栖息地可利用性）中，负面影响生境的最重要的因素是当前的最高气温，紧随其后的是过去 100 年的平均降水变化（Mantyka-pringle et al., 2012）。换句话说，生境的负面影响通常在温度较高的地区更大，但随着平均降水的增加而减轻。随着气候变化强度的增加（从 RCP 2.6 情景到 RCP 8.5 情景），三个生态区类别（即关键生态区、脆弱生态区和完整生态区）中的栖息地类型转变增加（图 2-13）。尽管在大多数情况下，所有三个生态区域类别中的平均降水都增加了，但降水的增加幅度却小于气温上升的幅度。因此，在气候变化加剧的情况下，生境退化和气候变化对全球生物多样性的综合负面影响预计也将恶化。此外，关键生态区中的极端气温值和完整生态区中的平均气温值较高，这表明在这些生态区中生物多样性丧失的风险相对较大。在气温升高和降水减少幅度最大的生态区中，生物多样性丧失的风险最大。气候变化和生境转变的综合负面影响对于活动范围有限的物种影响尤其显著。生物多样性保护工作应优先考虑易受气温升高影响的物种，尤其是在诸如湿地、热带稀树草原、草原和雨林等生境中，这些地区生境变化和气候变化的综合影响特别显著（Mantyka-pringle et al., 2012）。

本研究还模拟了 NPP、碳汇、径流、野火风险和生境转变的动态。作为衡量生态系统生产力的重要指标，NPP 也是衡量能量供应的指标，可用于预测物种的丰度和发生率（Wright，1983）。在区域尺度上，NPP 是植物物种丰富度的良好指标，并且 CO_2 释浓度的升高可通过增加 NPP 来提高生物多样性（Woodward and Kelly，2008）。碳汇表明陆地生物圈具有减轻人为 CO_2 释放的能力，对于逆转全球变暖至关重要。提高人们对生物多样性和碳汇之间关系以及如何促进它们之间双赢的认识越来越重要。然而，在全球范围内，生物多样性与碳固持之间的关系仍然知之甚少（Midgley et al.，2010）。例如，尽管已经报道了全球碳储量和物种丰富度之间存在很强的正相关关系，但两者之间的协同作用却呈高度不均匀分布（Strassburg et al.，2010）。确实，森林生态系统对于保护热带地区的碳储量和生物多样性至关重要，而地下碳储量在物种贫乏的极地和亚极地高纬度地区更为重要（Midgley et al.，2010）。全球变暖可能导致水文循环加剧，从而导致更多的极端降水（Knapp et al.，2008）。本研究结果表明，从基准时期到三个气候变化情景，径流都将增加［图2-13（d）］。径流增加可能会增加局部洪水的强度和频率。极端降水通过增加或减少土壤水分胁迫的持续时间和严重程度，从而对中生生态系统和旱生生态系统产生有利或不利影响（Knapp et al.，2008）。必须了解由全球变暖驱动的径流变化的方向和幅度，以预测如何改变其他生态系统过程、功能和服务。野火对生物多样性有重要影响，火是将生物类群分为耐火和不耐火类型的关键因素（Bond et al.，2005）。野火会大大减少温带和热带地区的生物多样性，但可能会增加某些依赖火的生态系统的生物多样性（Midgley et al.，2010）。本研究表明，气候变化会大大增加野火风险［图2-13 和图2-14（j）~（l）］。在这种情况下，南美洲和非洲的 C4 草原和热带稀树草原的面积将在未来气候情景下扩大，因此这些地区的森林将受到限制（Bond et al.，2005）。本研究结果表明，气候变化极大地导致了生境的转变［图2-13 和图2-14（m）~（o）］。由于全球变暖，一些物种可能会受益于生境范围的扩大，而某些物种可能会受到生境转变的伤害。

气候变化和生境退化对生物多样性的影响是复杂而多样的，但是，当前的大多数研究预测，气候变化对生物多样性将产生严重的不利影响（Bellard et al.，2012）。决策者应在变化的气候条件下进一步评估和更新当前生态区保护方案的边界、保护现状和管理措施。

本研究没有明确考虑人为造成的土地利用/覆盖变化或其他类型的气候变化指标（Garcia et al.，2014）对生态区的影响。因此，叠加人类活动造成的土地利用/覆盖变化可能会增加本研究模拟的气候变化对生态区的影响程度 (Smith et al., 2016), 因此本研究的预测结果是相对保守的。考虑到气候变化的幅度相对较小但影响持续, 因此系统地研究其对生态系统的负面影响的轨迹和过程非常重要。未来的研究应该综合分析气候变化和土地利用/覆盖变化对生态区域动态的协同影响。此外, 植被–气候耦合模型的进展也将提高气候变化预测的可靠性。

2.3.4 小结

本研究发现, 由气温、降水和云量的平均值和极端值变化所定义的气候变化会导致生态系统功能产生重要影响。在未来气候情景下, 预计所有生态区的平均 NPP 以及异养呼吸都会增加, 导致碳汇在 RCP 2.6 情景和 RCP 4.5 情景下减少, 但在 RCP 8.5 情景下有所增加, 这是由于较高浓度的 CO_2 施肥导致。预计所有生态区类型的径流都将增加, 但野火风险和生境转变的风险预计也将增加。气温、降水和云量的平均值和极端值变化以及它们之间的相互作用是影响 NPP、碳汇、径流、野火风险和生境转变的重要驱动力。理解气候变化指标和五个生态功能指标的动态及其组合对于在不断变化的气候中促进生物多样性保护具有重要意义。但是, 由于当前的生态区保护方案仅包含陆地两栖动物、爬行动物、鸟类和哺乳动物在生态区内部存在/不存在的数据, 因此应进一步评估当前的生态区方案在气候变化中保护生物多样性的有效性和适应性, 尤其应包括或更新针对特定物种适应气候变化的措施。

第3章 半自然景观格局与生态系统服务的定量关系

气候变化和人类土地利用变化是影响景观格局和生态系统功能/服务的重要驱动因子，而且这种影响具有时空异质性，理解气候变化和人类活动影响下景观格局和生态系统服务的定量关系，阐明景观变化对生态系统服务影响的过程和区域特征，可为调控生态系统服务的载体–土地系统的结构与功能，进而制定适应气候变化的对策，为维持生态系统服务和不断改善人类福祉提供科学依据。

3.1 中国土地利用/覆盖变化对区域气候调节服务的影响

在区域和全球范围内，土地利用/覆盖变化一直是气候变化的主要驱动力（Foley et al.，2005），因为它通过两种途径影响气候系统：生物地球化学途径和生物地球物理途径（Feddema et al.，2005）。先前的研究表明，改变土地表面特性而产生的生物地球物理效应可导致区域气候变化，其幅度与温室气体排放所产生的生物地球化学效应的影响在数量级上相同（Georgescu et al.，2013）。这是因为土地表面生物物理特性的变化会改变表面能量收支以及土地–大气之间的热量、水分和动量传输，并对温度、空气循环和降水变化产生其他影响（Pielke et al.，2016）。因此，要准确量化人类活动对气候的影响，就需要考虑生物地球物理过程（Mahmood et al.，2016），特别是对于经历了明显土地表面改变的地区。

近几十年来，中国经历了前所未有的社会经济转型，伴随人类活动的加剧（如城市化、农业集约化和植树造林），全国的生态系统和景观格局发生了极大的改变。自2000年城市化进入快速发展阶段，退耕还林还草工程在全国范围内大规模实施（Gao et al.，2016）。越来越多的数值模拟方法应用于估算整个中国景观变化对气候的影响，从而增进了我们对土地–大气相互作用重要性的认识（Xu et al.，2015）。这些研究主要比较潜在的自然植被与当前土地表面状况对区域气候的影响。相反，很少有研究阐明历史景观变化对中国区域气候的可能影响，这部分可归因于当前研究仅将土地利用类型的变化包括在内，可能很难发现跨越几十年的气候影响。

但是，土地管理方式变化（如不同放牧强度对草地特征的影响）对土地表面生物物理特性和区域气候的影响与土地利用类型变化（如从森林到农田的转换）对气候的影响相似或更大。因此，重要的是要认识到土地管理方式可能独立于土地利用类型。迄今为止，仅有有限的研究探讨了土地利用类型不变但土地管理方式改变对气候的影响。尽管土地管理方式的表征受到数据可用性不足和计算需求过多的限制，但如果忽略这种亚像元尺度的景观异质性，则会降低模型性能和低估土地利用变化对气候的影响（Cao et al.，2015）。幸运的是，遥感技术和计算能力的最新发展促进了实时和高质量数据的使用，其可以表征由土地利用类型和土地管理方式引起的景观变化。

本节应用天气研究和预报（Weather Research and Forecast，WRF）模型（Skamarock and Klemp，2008）来量化景观变化对中国夏季气候的影响。本研究集中在夏季（6~8月），因为此期间植被生长旺盛，绿量达到高峰，土地–大气相互作用的影响最大。本研究使用与 2001 年和 2010 年相对应的卫星景观格局数据在 30km 的尺度上对 WRF 模型进行参数化，这些景观格局包括土地利用类型和土地表面生物物理参数（即植被覆盖度、叶面积指数和地表反照率）。本研究试图回答以下问题：①2001~2010 年，土地利用类型、地表生物物理参数变化哪个对中国景观变化的影响更大？②这些景观变化是否对全国区域气候有重要影响？③景观变化对气候的影响在不同地区之间具有哪些差异特征？

3.1.1　材料与方法

3.1.1.1　模型配置和参数化

本研究使用 WRF 模型进行模拟。WRF 模型配置一层模拟域，网格间距均为 30km（图 3-1）。该区域以 36.5°N 和 103°E 为中心，东西方向有 200 个网格单元，南北方向有

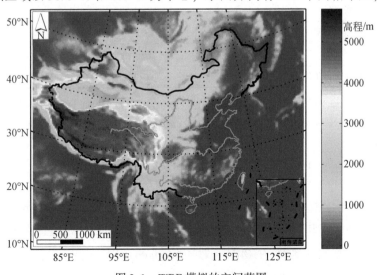

图 3-1　WRF 模拟的空间范围

170 个网格单元，涵盖了整个中国以及印度洋和太平洋的部分地区，总面积为 6000km×5100km，以捕捉东亚季风对中国夏季气候的可能影响（Hu et al.，2015）。模型的水平坐标使用 Lambert 正形圆锥投影，模型的垂直坐标则采用从地表到 50 hPa 的 30 个地形单位（eta）水平。大尺度大气场的初始和侧向边界条件是从美国国家环境预报中心（National Centers for Environmental Prediction，NCEP）维护的 FNL 数据库中获得的，时间分辨率为 6 小时，空间网络间距为 1°。

表 3-1 列出了 WRF 模型用于模拟实验的主要物理参数。为了表征地表过程，将 Noah 陆面模式（Land Surface Model，LSM）（Ekins et al.，2003）与 WRF 模型耦合在一起，用于模拟地面与上层大气之间的能量和动量交换。然而，尽管耦合的 Noah-LSM 模型已被广泛用于区域气候模拟，但其规定的陆地表面生物物理特性仍存在不足（Cao et al.，2015）。因此，本研究采用通过卫星遥感数据获取的更详细的生物地理信息，以改善 Noah-LSM 模型中的景观特征，最重要的是代表土地管理方式变更引起的生物物理特性的变化。

表 3-1　WRF 模型使用的物理参数（WRF 3.6.1）

物理参数	备注
格网间距/km	$\Delta X = \Delta Y = 30$
格点数/个	200（X 方向），170（Y 方向）
垂直水平/层	30
时间步长/s	90
辐射方案	RRTM[a]（长波）；RRTMG[b]（短波）
地表模型	Noah-LSM
积云方案	K-F[c]（打开）
微物理方案	WSM-3[d]
地球系统边界方案	YSU[e]
表层	MM5 相似性[f]
初始和侧向边界条件	NCEP FNL

a RRTM，快速辐射传递模型；b RRTMG，新版本的 RRTM；c K-F，新的 Kain-Fritsch 积云对流方案；d WSM-3，WRF 微物理方案；e YSU，延世大学地球系统边界层方案；f MM5 相似性，修订后的 MM5 Monin-Obukhov 方案。

3.1.1.2　遥感数据

本研究从中国科学院建设的资源环境科学与数据中心（http://www.resdc.cn）获得了土地覆盖数据。2000 年和 2010 年的土地覆盖数据来自 Landsat TM 遥感影像，其空间分辨率为 1km×1km。根据国际地圈–生物圈计划（International Geosphere-Biosphere Programme，IGBP）土地利用分类方案对数据进行分类，总体分类精度为 83.14%（Wu et al.，2013）。

通过计算每个 30km×30km 网格单元中的主要土地覆盖类型，将 1km 数据转换到模拟域分辨率，然后将新开发的数据用于中国，对于外部区域，则使用由 WRF 模拟系统提供的默认 IGBP 体系下的 MODIS 20 类土地覆盖数据。

本研究按照 Gutman 和 Ignatov（1998）的方法，根据 1km、16 天的 MODIS NDVI 数据产品（https://lpdaac.usgs.gov/）计算植被覆盖度：

$$FVC = (N - N_s)/(N_v - N_s) \tag{3-1}$$

式中，FVC 为植被覆盖度，N 为每个像素的 NDVI，N_s 为裸土 NDVI，N_v 为茂密植被的 NDVI。在这里，N_s 和 N_v 分别为模拟域下 5% 和上 5% 分位数的 NDVI 值（Sellers et al.，1996）。叶面积指数（LAI）由全球陆表特征参量（Global Land Surface Satellite，GLASS）产品（http://glass-product.bnu.edu.cn/）提供，每年包括 46 个检索周期（即第 1，9，…，361 天），空间分辨率为 0.05°×0.05°。精度验证结果表明，GLASS LAI 的不确定性小于 MODIS LAI（Xiao et al.，2014）。地表反照率从 30 弧度、周期 8 天的全球无空白、无雪反照率数据库中获得（ftp://rsftp.eeos.umb.edu/）。应用时间插值技术填充没有观测值、质量低或被地球物理现实值覆盖的 MODIS 反照率产品（Moody et al.，2008）。目前的数据集包括白天空和黑天空的反照率，它们在数值上彼此相关，如下式（Liang et al.，2005）：

$$\alpha = f_{dir}\alpha_{dir} + f_{dif}\alpha_{dif} \tag{3-2}$$

$$f_{dir} + f_{dif} = 1 \tag{3-3}$$

式中，α 为蓝空反照率；α_{dir} 为黑空反照率；α_{dif} 为白空反照率；f_{dir} 和 f_{dif} 分别为直接光和漫射光占总入射光中的比例。本研究中，f_{dif} 被估计为太阳天顶角的函数（Long and Gaustad，2004）。然后将 16 天和 8 天的景观数据线性插值到每日间隔，并通过双线性插值汇总到模型域分辨率（即 30km）。

3.1.1.3 数值模拟设计

本研究设计了两个数值模拟实验，以分析景观变化对中国夏季气候的影响。一个通过使用 2000 年的土地覆盖数据（代替 2001 年，因为该年没有数据）和 2001 年的生物物理参数（即植被覆盖度、叶面积指数和地表反照率）来代表 2001 年的景观（简称 LS2001）。另一个通过使用 2010 年土地覆盖数据和 2010 年生物物理参数来表示 2010 年景观（简称 LS2010）。为了更好地区分由景观变化引起的强迫信号，本研究首先基于对东亚夏季风指数的检验，选择了一个正常的季风年份作为气象背景（李建平和曾庆存，2005）。选择 2001 年是因为该年的季风指数的归一化值小于 1σ。然后，每个实验都以三个独立的实现方式进行，分别在 2001 年 1 月 1 日、1 月 8 日和 1 月 15 日初始化，并在 2002 年 3 月 1 日终止（表 3-2）。2002 年 3 月 1 日之前的输出结果用于模型调试，不用于后续的结果分析。

表 3-2　WRF 模拟实验

模拟实验	平衡期	结果分析期
LS2001	2001 年 1 月 1 日~2 月 28 日	2002 年 3 月 1 日~5 月 1 日
	2001 年 1 月 8 日~2 月 28 日	2002 年 3 月 1 日~5 月 1 日
	2001 年 1 月 15 日~2 月 28 日	2002 年 3 月 1 日~5 月 1 日
LS2010	2001 年 1 月 1 日~2 月 28 日	2002 年 3 月 1 日~5 月 1 日
	2001 年 1 月 8 日~2 月 28 日	2002 年 3 月 1 日~5 月 1 日
	2001 年 1 月 15 日~2 月 28 日	2002 年 3 月 1 日~5 月 1 日

当阐明景观变化引起的气候影响时，将模拟实验的三种实现方式取平均值（这种集成方法对于减少内部模型噪声和对初始条件的敏感度具有重要价值）从而增加模拟结果的可信度（Georgescu et al., 2013）。另外，使用成对比较测试方法（Georgescu et al., 2013）来测试模拟的近地表 2m 气温和降水差异的可靠性。如果网格单元中的三对实验（即 LS2010-LS2001）均产生相同信号的趋势（如因景观变化而增温），则本研究认为景观变化具有强大的影响。通过进一步要求气温和降水变化的绝对值分别超过 0.2℃/d 和 0.6mm/d，本研究进一步提高了显著气候影响界定的标准。

3.1.1.4　模型评估数据

以中国国家气候中心（http://www.ncc-cma.net）提供的 CN05.1 观测值数据集评估模型的空间模拟性能。该网格化数据集是基于中国大陆 751 个气象站的观测数据插值而生成的，目的是进行气候模型评估（Xu et al., 2009）。该数据集包含 1961 年至今的每月气候信息（即气温和降水），水平与垂直方向的网格间距均为 0.25°。为了便于模型检验，将分别来自 LS2001 和 LS2010 的三个实验的夏季平均近地表 2m 气温和降水与 2001 年的相应网格观测值进行比较。

此外，我们使用观测减去再分析（Observation Minus Reanalysis，OMR）方法来评估由 WRF 模型模拟的景观变化引起的近地表 2m 气温差值（Kalnay and Cai, 2003）。用于 OMR 分析的数据包括 NCEP-DOE 再分析数据（Kanamitsu et al., 2002）和中国气象数据服务中心提供的基于站点的观测数据（Xu et al., 2009；http://data.cma.cn/）。在应用 OMR 分析之前，使用 Li 和 Yan（2009）提出的方法将基于站点的观测值进行均质化。分别使用基于站点的观测值和网格化的再分析数据，在已确定变化热点的每个站点上计算 1999 ~ 2011 年的夏季温度时间序列的变化趋势。最后，将观测值和再分析得出的近地表 2 m 气温变化趋势之间的差值用于评估景观变化引起的温度变化。

3.1.2 结果

3.1.2.1 WRF 模型评估

在检查模型对景观变化的敏感性之前，分别根据 2001 年的网格观测值对 LS2001 和 LS2010 的模拟值进行评估，以评估模型的模拟性能。结果表明，WRF 模型合理地表达了中国大陆气温和降水的空间格局（图 3-2）。在夏季，该模型很好地捕获了观测到的气温变化，模拟了中国东部和西北部的塔里木盆地的高温，以及青藏高原和塔里木盆地北部的低温。LS2001 的观测与模拟之间的空间相关系数是 0.91。此外，该模型正确再现了夏季降水，长江以北的降水量少，而江南的降水量高，模拟与观测结果的空间相关系数为 0.73。但是，中国西南边界出现了更大的降水量。这主要是由于 WRF 模拟的高海拔地区降水的固有局限性。总体而言，模拟的近地表 2m 气温和降水的空间变异性与网格观测值显示出合理的一致性，因此该模型能够准确地捕获模拟时间段内中国大陆的气候特征。

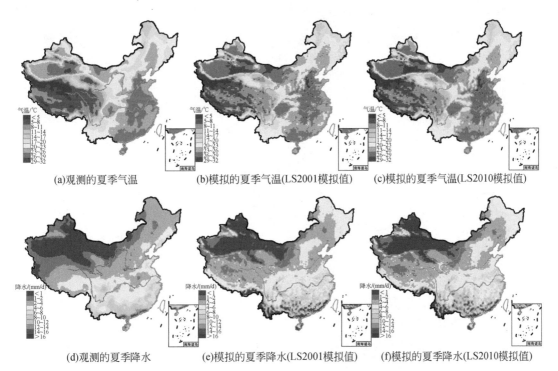

(a)观测的夏季气温　　(b)模拟的夏季气温(LS2001模拟值)　　(c)模拟的夏季气温(LS2010模拟值)

(d)观测的夏季降水　　(e)模拟的夏季降水(LS2001模拟值)　　(f)模拟的夏季降水(LS2010模拟值)

图 3-2　2001 年夏季近地表 2m 气温和降水的观测值，LS2001 实验模拟的夏季近地表 2m 气温和降水，以及 LS2010 实验模拟的夏季近地表 2m 气温和降水

台湾省资料暂缺

3.1.2.2 2001～2010年中国的景观变化

2001～2010年，中国的景观变化主要归因于管理方式变化而非土地利用类型变化。2000～2010年，中国土地利用类型的总体格局发生了两个主要变化（图3-3）。首先，由于退耕还林还草工程，中国中部的耕地和过度放牧的土地（13.5万km²）被转变为林地。其次，由于城市扩张，中国东部的零星农田（3.6万km²）消失，同时，森林面积增加（1.6万km²），而荒地却有所减少（5000km²）。值得注意的是，2001～2010年，城市扩张

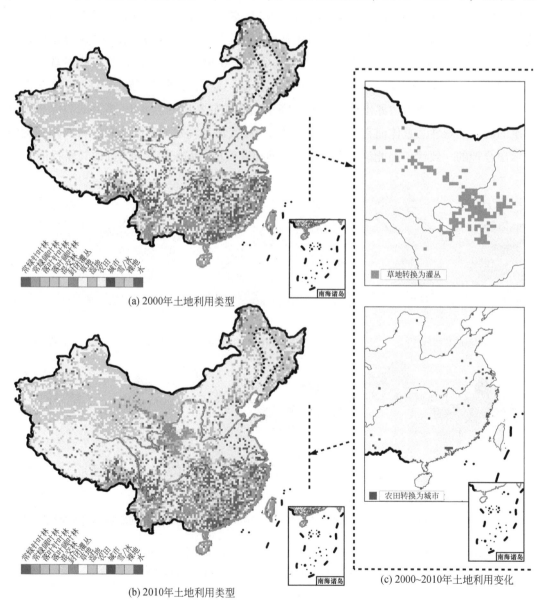

(a) 2000年土地利用类型

(b) 2010年土地利用类型

(c) 2000～2010年土地利用变化

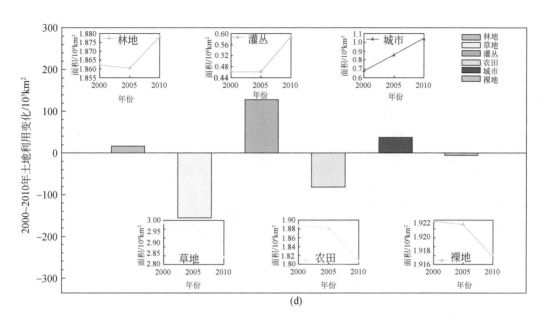

图 3-3 2000 年的土地利用类型、2010 年的土地利用类型、2000～2010 年主要土地利用
类型变化以及 2000～2010 年各类土地利用类型的面积变化（$10^3 \mathrm{km}^2$）

中国东北的农田带以黑色虚线轮廓标记

快速发展，但土地利用类型的变化并没有以相同的速度发生。中国土地利用类型的转变主要发生在 2005 年之后。

与土地利用类型变化相比，土地生物物理参数的变化更为显著［图 3-4（a）～（c）］。夏季，中国北部的植被覆盖度增加，而南部，特别是西南部，植被覆盖度减少。尽管在中国西南部和东部地区仍发现部分下降，但叶面积指数在大多数地区有所增加。与植被覆盖度的变化不同，中国北部的地表反照率有所下降，而南部的地表反照率却有所增加。值得

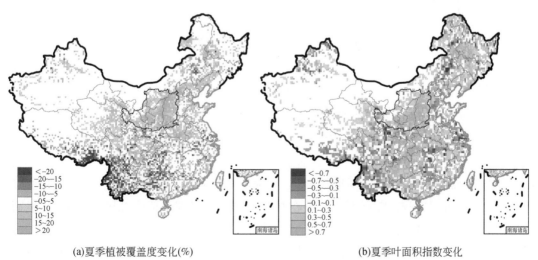

(a)夏季植被覆盖度变化(%)　　　　　　　　　　(b)夏季叶面积指数变化

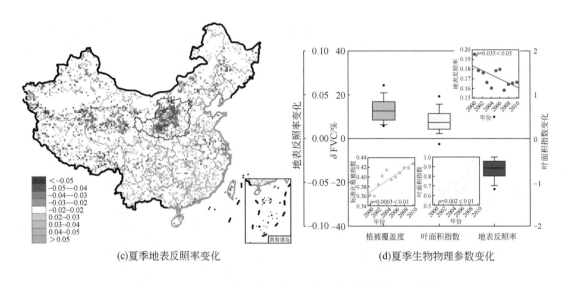

(c)夏季地表反照率变化　　　　　　(d)夏季生物物理参数变化

图 3-4　2001～2010 年夏季地表生物物理参数变化的空间格局

图（d）的插图表示 2001～2010 年黄土高原（标有黑色实心轮廓的区域）三个参数的变化趋势，植被覆
盖度和叶面积指数变化趋势在 0.01 显著性水平、地表反照率在 0.05 显著性水平具有统计学意义

注意的是，生物物理参数的变化在黄土高原（图 3-4 中以黑色实心轮廓标记的区域）最为明显，其中植被覆盖度增加了 8%～17%，叶面积指数增加了 0.2～0.6，而地表反照率减少了 0.03～0.045（图 3-4）。实际上，2000～2010 年，夏季平均植被覆盖度和叶面积指数逐渐增加（$p<0.01$），而地表反照率的时间演变则呈现相反的趋势（$p<0.05$）。本研究还发现，东北农业区与其周围环境相比，植被覆盖度和叶面积指数均显著增加，而地表反照率则下降（图 3-4 中标有黑色虚线的区域）。相反，在云南，植被覆盖度和叶面积指数的大幅度减少，而地表反照率广泛增加（图 3-4）。

3.1.2.3　景观变化对近地表 2m 气温的影响

本研究使用 LS2001 和 LS2010 模拟实验的气候指标差值（LS2010－LS2001）来估计景观变化对中国夏季气候的影响。研究结果表明，陆地表面状况变化对全国近地表 2m 气温有很大的影响［图 3-5（a）］。在夏季，中国北方部分地区近地表 2m 降温明显，最高降低达 1.0℃。同时，青藏高原、西南部以及华北平原的部分地区存在广泛的增温，增温幅度通常不超过 0.8℃。此外，本研究还发现三个温度变化的热点地区：东北农业区、黄土高原和云南［图 3-5（b）～（d）］。

东北农业区夏季平均气温降低 0.5℃，局部最大降温幅度接近 1℃。同样，黄土高原出现了广泛的降温影响，降温幅度范围在 0.6～1.0℃，局部峰值降温接近 1.5℃。然而，该地区的西南部出现了近地表 2m 气温的零散升高，为 0.2～0.4℃。云南，特别是其北部地区，出现了相当大的增温效应，而其南部地区出现了轻微的零散降温。平均而言，东北

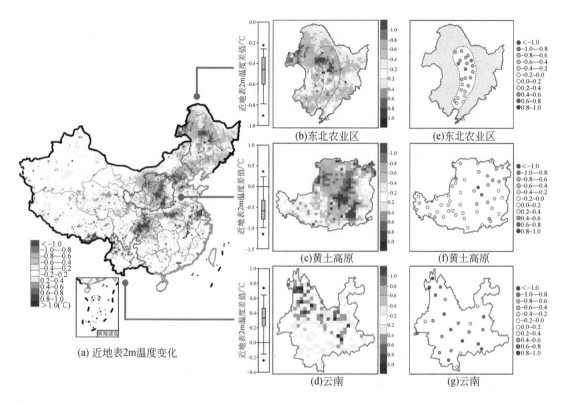

图 3-5　WRF 模拟的 2001～2010 年中国、东北农业区、黄土高原和云南夏季近地表 2m

气温差值（LS2010－LS2001）的空间格局

图（b）～（d）显示 1999～2011 年东北农业区、黄土高原、云南夏季近地表 2m 气温的年代际趋势；图（e）～

（g）表示东北农业区、黄土高原、云南气象站观测值 OMR 数据的差值（℃/10a）

农业区的近地表 2m 气温降低了 0.3～0.6℃，黄土高原区近地表 2m 气温降低了 0.3～
0.8℃，而云南近地表 2m 气温升高了 0.3～0.5℃［图3-5（b）～（d）］。此外，图 3-3（c）
的城市化区域中出现了分散的热点，在这些区域中，近地表增温达到 2℃。

为了验证由 WRF 模型模拟的温度空间变化差异的可靠性，本研究进一步使用 OMR 分
析基于上述三个热点地区气象站的 13 年（1999～2011 年）时间序列计算夏季景观变化引
起的温度变化。WRF 模拟结果在变化幅度和空间格局方面总体上与 OMR 分析结果吻合良
好，这也表明东北农业区和黄土高原的降温效果显著，云南的增温效果不可忽略［图 3-5
（e）～（g）］。在云南，OMR 和 WRF 模拟结果之间的局部差异可能归因于该地区相对较高
的海拔和复杂的地形造成 OMR 数据结果的精度受到一定影响。此外，WRF 模型模拟和
OMR 分析均显示了黄土高原西南部相似的增温幅度，这里耕地和过度放牧的土地变成了
灌丛（图 3-3）。WRF 模拟的近地表 2m 气温与 OMR 分析结果在数量和空间分布格局方面
具有较好的一致性，证明了景观强迫在调节中国夏季热量状况中的重要性。

3.1.2.4 景观变化对地表能量收支的影响

地表净辐射和地表反照率变化的空间格局表现出较好的相似性 [图 3-6（a）]。在地表反照率降低的区域，地表净辐射相应增加，反之亦然。地表净辐射通量的变化进一步导致地表能量收支的变化，从而驱动了前面提到的近地表 2m 气温的变化 [图 3-6（b）和（c）]。在夏季，显热通量和潜热通量会发生明显变化，尤其是对于植被覆盖度和叶面积指数发生较大变化的地区。通常，在经历近地表冷却的区域，显热通量减少而潜热通量增加，反之亦然。例如，黄土高原大部分地区的显热通量减少了约 15W/m²，潜热通量增加了约 25W/m²。然而，黄土高原地区西南部却出现了相反的变化，显热通量增加，而潜热通量平均下降 15W/m²，部分地区显热通量出现增加，达到 30W/m²；部分地区潜热则出现下降，达到 35W/m²。

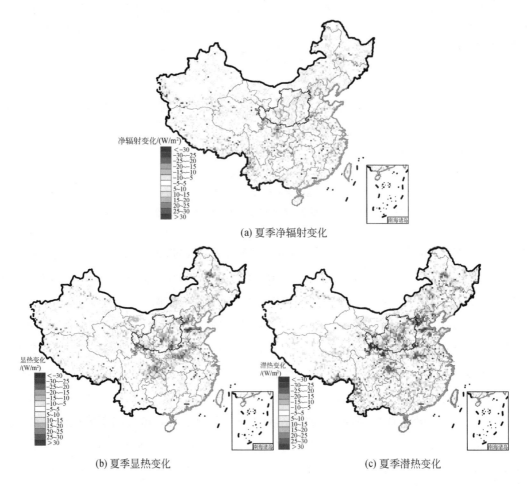

(a) 夏季净辐射变化

(b) 夏季显热变化　　　　　　　　(c) 夏季潜热变化

图 3-6　WRF 模拟的 2001 年、2010 年夏季地表净辐射通量、显热通量和潜热通量
变化（LS2010 –LS2001）的空间格局（W/m²）

3.1.2.5 景观变化对夏季近地表 2m 水分和热容量的影响

本研究进一步分析了近地表 2m 水汽混合比的变化，以评估景观变化对中国低层大气水分含量的影响 ［图 3-7 (a)］。黄土高原及其周围地区的水汽混合比增加 (0.4～0.8g/kg)，且增幅最大。中国东北和东南地区的水汽混合比经历相似数量级的减少。与周围环境相比，黄土高原西南部的水分含量降低，其近地表 2m 水汽混合比平均降低 0.2g/kg。

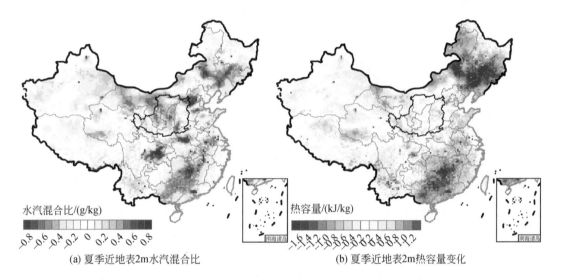

图 3-7　WRF 模拟的 2000 年与 2010 年夏季近地表 2m 水汽混合比和热容量
差值 (LS2010 –LS2001) 的空间格局

近地表热容量表示为 $H=C_pT+L_vq$，其中 C_p 为恒压下空气的比热；T 为空气温度；L_v 为汽化潜热；q 为比湿

正如 Pielke 等 (2004) 所提出的，这些同时变化的近地表 2m 水分含量以及气温可以进一步增强或减弱近地表湿焓，即热容量 ［图 3-7 (b)］。例如，尽管黄土高原地区的近地表 2m 气温已大大降低，但由于比湿增加，近地表热容量几乎没有变化。相反，同时降低的近地表 2m 气温和水分含量导致东北地区近地表热容量显著下降。通常，中国西部的热容量增加，而中国东部的热容量减少。

3.1.2.6 景观变化对降水的影响

2001～2010 年夏季降水的整体差值表明，不同的景观格局影响了中国的水文气象条件。夏季，中国南部和长江下游的降水量大大减少，超过 3.6mm/d ［图 3-8 (a)］。相比之下，在西南部和东南部地区，平均降水量增加了 1.8mm/d。尽管就绝对值而言，南部的降水变化大于北部的降水变化，但降水百分比变化的评估结果 ［(LS2010–LS2001)/LS2001］ 则显示了相反的影响 ［图 3-8 (b)］。对于干旱和半干旱地区 (如黄土高原，尤其如此)，降水百分比变化分别接近90%和50%。因此，我们关注降水百分比变化最大的区域。

具体而言，东北农业区夏季降水减少［图3-8（c）］，通常减少幅度小于1.8mm/d，而黄土高原地区则有所增加［图3-8（d）］，其北部的增幅高达2.4mm/d。东北农业区观测站显示的夏季降水的变化趋势也说明了2000～2010年的干燥效应不可忽略［图3-8（e）］。同样，在黄土高原的北部和最南端发现了降水的上升趋势，而在其东部边界则发现了相反的趋势［图3-8（f）］。应该注意的是，观测记录也显示出黄土高原西南部的干燥趋势。

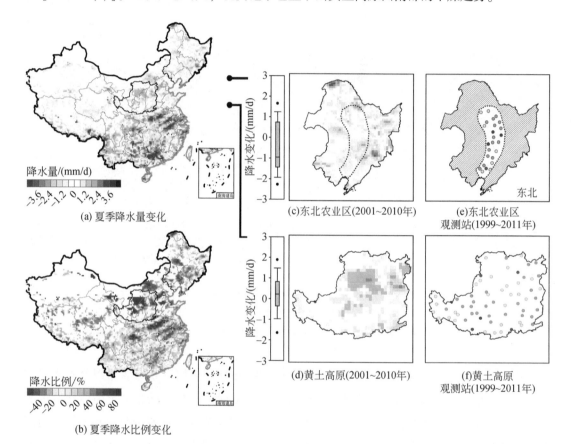

图3-8　WRF模拟的2001～2010年夏季降水和百分比变化差值的空间格局
●表示降水量显著增加（$p<0.1$）；●表示降水量微不足道的增加；
●表示降水量显著减少（$p<0.1$）；●表示降水量微不足道的减少

本研究计算了WRF模拟的夏季累积降水量分布的频率直方图，以评估景观变化对中国降水强度分布的影响［图3-9（a）］。平均而言，2001～2010年的景观变化趋向于使降水的分布格局均匀化，抑制低强度降水（0，600］mm和高强度降水（1500，2000］mm，增加中等强度降水（600，1500］mm。在区域范围内，LS2001和LS2010的累积降水强度的变化表现出相似的格局［图3-9（b）～（c）］。对于黄土高原［图3-9（b）］，极端降水，

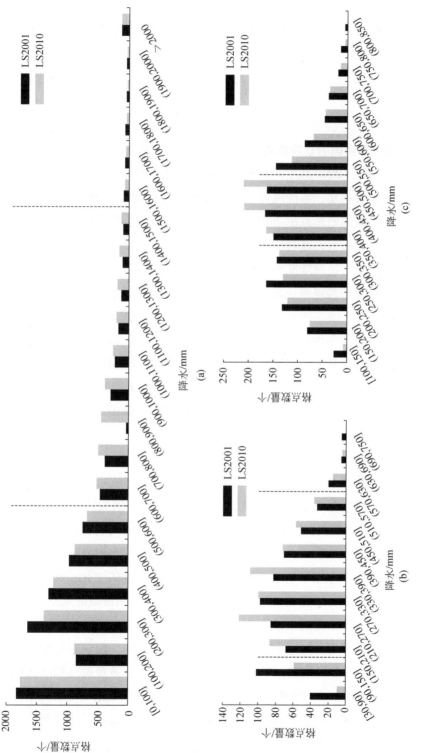

图3-9　WRF模拟的中国(a)、黄土高原(b)和东北农业区(c)夏季累积降水量分布的频率直方图

特别是极低的降水（≤150mm）大大减少，大部分降水强度介于（150，570］mm。同样，东北地区只有（350，500］mm的降水量增加，而相对较低和较高强度的降水量减少了［图3-9（c）］。

3.1.3 讨论

1）2001～2010年中国的景观变化

本研究显示，2001～2010年中国植被覆盖度、叶面积指数和地表反照率发生了很大变化。与先前的研究报告相比，本研究得出的陆地表面特性变化比Peng等（2011）的观测值高几个数量级。本研究结果显示2001～2010年中国发生了明显的景观变化，特别是黄土高原、东北农业区和云南，这与国家土地利用政策密切相关。自21世纪初以来，云南一直在砍伐森林，严重干旱频繁发生（Yu et al., 2013）。同时，中国政府启动了"退耕还林还草"工程，通过将耕地退耕还林和将过度放牧的草场退还给天然草地来恢复退化的生态系统（Peng et al., 2014）。自那时以来，由于政府支持的大规模生态恢复工程的实施，黄土高原和中国北部的许多地区变得更加绿化，生产力更高（Feng et al., 2016）。但是，强制将耕地转变为生态恢复区导致粮食供需之间的不平衡，特别是当城市化侵占了全国相当大的耕地时（Cao et al., 2016）。为了缓解国家层面的冲突，东北肥沃的农田被扩大和集约化经营，导致整个东北农业区的植被覆盖度和叶面积指数增加。这些景观修改反过来在国家气候变化中发挥了重要作用。

2）景观变化对夏季气候的影响

与仅关注土地利用类型变化对气候的影响的先前研究（Hu et al., 2015）相比，本研究的近地表2m气温的变化在空间上与观测结果更为一致。例如，以前的研究通过利用2001年和2008年的土地覆盖状况调查了中国土地利用变化的气候影响，发现黄土高原夏季温度升高最明显（约0.35℃），而我国西南部和东北地区几乎没有变化。造成这些差异的主要原因是，先前研究忽略了地表生物物理参数空间异质性的变化，从而导致不正确地表征地表吸收的太阳辐射，以及将能量分配为显热通量和潜热通量的数量。根据本研究，植被特征的改变很大程度上是通过改变表面能量收支来影响近地表2m的气温差。

尽管本研究的模拟是在30km网格间距的模型域上进行的，但仍很好地模拟了夏季近地表2m气温差的大小和空间格局。部分原因是卫星获取的植被覆盖度和叶面积指数的尺度稳定性（Zheng and Moskal, 2009）。但是，这并不意味着在使用卫星遥感手段获取的景观数据来驱动气候模型时可以忽略尺度效应。在这项工作中，夏季地表反照率的变化通常很小。但是对于地表反照率有较大变化的区域或季节，或者结合其他陆地表面生物物理特性进行模拟时，遥感数据的尺度依赖性需要进一步考虑，以准确评估景观变化对区域气候的影响。本研究聚焦夏季的平均条件,以更好地区分景观变化引起的强迫信号变化,但未来也应针对不同时期的背景气象条件进行研究。

区域降水变化不仅受到蒸散量的影响,还受由景观变化引起的地表强迫变化的影响。WRF 模拟的 2001～2010 年降水差值与观测记录的总体差值具有较好的一致性,表明人类活动在典型区域的水文气象行为中起着重要作用。以前基于气象站观测的研究发现相似的降水变化趋势,尤其是在中国的东北地区和黄土高原地区(Zhai et al., 2015)。尽管通过WRF 模拟和观测揭示的降水变化在这两个区域都相对较小,但降水百分比变化相对较大,这表明降水的单位变化对居住在干旱和半干旱地区的人们具有更大的意义。

3)对缓解和适应气候变化的影响

本研究为缓解和适应气候变化方面的景观管理和政策制定提供了有价值的信息。尽管黄土高原地区的植被恢复增加了生物量,并因此使夏季更加凉爽,但该地区的西南部存在例外,自实施“退耕还林还草”工程以来,耕地和过度放牧的土地已转变为灌木丛。因此,由于显热通量减少,感热通量增加,夏季近地表 2m 空气温度升高。此外,WRF 模拟的夏季降水变化很小,而观测结果则显示夏季降水呈下降趋势。这是因为在水资源有限的地区,用木本植物代替草本植物可能限制了木本植物的生长,从而限制了植被的蒸散,调节了区域气候。因此,在干旱和半干旱地区植树造林应谨慎行事(Feng et al., 2016)。

此外,作为世界上最高的极地,青藏高原对区域和全球气候以及水供应产生了巨大影响。观测和再分析数据均表明,青藏高原的持续变暖趋势高于 20 世纪 80 年代后期以来的全球平均水平(Kang et al., 2010)。这种放大的物理驱动力部分归因于土地表面的改变:草地退化、城市化、森林砍伐和荒漠化(Kang et al., 2010)。基于 OMR 分析,研究人员在青藏高原发现了一个不可忽略的由景观变化引起的夏季变暖的信号(You et al., 2013),这与本研究的模拟结果一致。值得注意的是,作为中国三大河流(黄河、长江和澜沧江)的源头,气候持续变暖在青藏高原造成的冰川消融将可能带来严重的环境影响,其影响远远超出气候变化本身。因此,保护青藏高原广域而脆弱的生态系统对中国及东南亚各国都至关重要。

3.1.4 小结

本研究使用基于过程的陆地-大气耦合模型,对中国 2001～2010 年景观变化对夏季气候的影响进行了综合评估。与先前仅关注土地利用类型变化的气候影响研究(Hu et al., 2015)相比,本研究结合卫星遥感获取的实时和高质量的地表生物物理参数(植被覆盖度、叶面积指数和地表反照率)数据,评估了中国景观变化对气候的影响的大小和空间格局,揭示了全国各地独特的气候变化热点。这些结论对制定国家和区域缓解和适应气候变化的发展战略具有参考价值。

3.2　土地利用/覆盖变化和气候变化对中国北方农牧交错带生态系统功能的影响

人类活动和气候变化是推动陆地生态系统变化的两大主要驱动力。不合理的人类活动促进了生境破碎化等景观格局的改变，引起了生物多样性丧失等问题（Wu, 2013）。气候变化会引起地表生物物理参数的变化，继而通过改变降水、气温等要素影响生态系统过程和功能。中国北方干旱半干旱地区既是对全球气候变化最敏感的区域之一，也是中国中东部地区的重要生态屏障（Zhao et al., 2020）。人口和经济的快速增长导致生态系统承载力可能超过内部结构和功能决定的可持续性发展的阈值，进而导致生态系统的崩溃退化。因此，研究土地利用/覆盖变化和气候变化影响下的中国北方农牧交错带生态系统功能的格局、过程及驱动力，为决策者提供优化的景观格局配置，具有辅助决策的现实意义。

土地利用/覆盖变化通过影响生态系统的类型、面积以及空间配置来影响资源的时空分布，进而影响生态系统过程和功能。20 世纪 50 年代以来，我国实施了一系列生态恢复工程，深刻改变了中国北方农牧交错带的土地利用/覆盖的数量和质量。土地利用/覆盖变化对生态系统碳循环过程的影响主要有两种方式：一是土地利用/覆盖类型的转移导致的区域碳储量的变化；二是土地利用/覆盖变化对土壤呼吸速率的影响。草地碳储量的 90%集中在土壤，气候变化及人类活动既可以通过影响 NPP 直接影响土壤碳储量，也可以通过影响温度来改变土壤呼吸间接影响土壤碳储量。土地利用/覆盖变化也会影响氮循环，从而影响群落的 NPP。已有研究表明，退耕还林还草会使得土壤全氮含量增加。Bai 等（2012）在内蒙古样带内的实验表明，长期放牧减少了地上生物量和凋落物中的碳氮磷含量，并增加了植物体内的氮含量，加速了氮循环过程。韩建国等（2004）分析了农牧交错带退耕还草后的草地土壤氮含量，发现播种后第 2 年，草地表层（0~20cm）土壤全氮含量较对照的耕地有明显改善。苏永中等（2017）对黑河中游边缘区的绿洲农田退耕还草效果的研究表明，退耕 5 年后，土壤的固氮效应明显。虽然不同学者大多通过站点实测等方法在土地利用/覆盖变化对生态系统碳氮循环影响上开展了大量研究，但是在区域尺度，中国北方农牧交错带土地利用/覆盖类型及其转移对生态系统 NPP、土壤有机碳、土壤氮含量等生态系统功能的影响仍需开展系统的研究，以促进区域可持续发展。

生态系统过程和功能受到土地利用/覆盖变化和气候变化的共同驱动。就对产流和土壤侵蚀过程的影响而言，气候变化通过改变流域水循环的各个环节，对产流大小产生直接的影响；土地利用/覆盖变化通过改变入渗、蒸散及地下水补给等过程，对降水进行地表再分配，从而对流域的产水、产沙机制产生深刻影响。2000 年以来，气候变化和土地利用/覆盖变化对我国总体径流变化的平均贡献率分别达到了 53.5% 和 46.5% （刘剑宇等，2016）。气候变化和土地利用/覆被变化对生态系统 NPP 的影响也具有交互作用。气候变化主要表现为降水、气温的变化，这不仅可以直接影响光合作用进而改变生态系统 NPP，还可以通过改变土壤氮的矿化速率和土壤含水量等，间接影响生态系统 NPP （Litton et al. 1989）。Li 等（2012）通过残差分析分离了人类活动和气候驱动因素对内蒙古锡林郭勒盟 NDVI 的影响，结果表明在人类影响下的植被变化区，植被生产力与区域降水紧密耦合，同时应当关注非地带性植被的影响。分离不同因素相对贡献的挑战性主要在于：①中国北方农牧交错带中的植被和降水通常具有较大的年际变化（Li et al.，2012）；②指标多样化；③缺乏完善的分离方法（Gu et al.，2019）。目前主要有三种方法用于研究二者的相对贡献：①基于回归模型的方法；②残差分析法；③基于生物物理模型的方法。统计分析方法虽然难以表达气候变化和土地利用/覆盖变化对生态系统功能影响的复杂非线性关系，但是简单易操作，数据易获取。空间显式的生物物理模型为研究时空异质性景观中的生态系统过程和功能提供了有力工具（Reynolds and Wu，1999）。在生态系统生态学中引入景观生态学强调的空间异质性将增强对生态系统中的库、通量和调节因子的理解，有助于揭示非生物、生物和人为因素的相对重要性（Meyer and Turner，1994）。在中国北方农牧交错带，厘清气候变化和土地利用/覆盖变化对生态系统功能的影响对于深入认识并促进景观可持续性具有重要意义。

本节以中国北方农牧交错带为研究区，基于陆地生态系统模型和统计分析方法，旨在量化土地利用/覆盖变化对生态系统功能（NPP、土壤侵蚀量、土壤有机质含量、土壤氮含量）的影响以及空间显式地区分气候变化和人类活动对植被动态变化的相对贡献。本研究聚焦于以下两个科学问题：①土地利用/覆盖变化如何影响农牧交错带各类生态系统以及整个区域的生态系统功能？②气候变化和土地利用/覆盖变化对农牧交错带生态系统功能影响的相对贡献是多少？

3.2.1　研究区概况

中国北方农牧交错带位于 100°E ~ 125° E 和 35°N ~ 49° N （图 3-10），总面积为 $7.26 \times 10^5 km^2$。地处半湿润大陆性季风气候向干旱典型大陆性气候过渡地区，大致沿 400mm 降水等值线两侧分布，年均降水 392mm。年际降水变化很大，大部分旗、县降水量丰雨年份可达 500 ~ 600mm，干旱年份则低于 250mm。年蒸发量 1600 ~ 2500mm。由于南北跨越 10 多个纬度，区内温度差异很大，平均温度 7.22℃。年均风速 2.46m/s，全年风速 ≥5m/s 的日数为 30 ~ 100 天，≥8 级大风日数为 20 ~ 80 天。区内地形地貌差异较大，东北低，西南高。土壤类型主要包括灰钙土、栗钙土、黑钙土和风沙土。地处森林与草原的过渡地带，原生植被为疏林草原。但由于人类活动的强烈干扰，大部分地区植被退化严重，被次生的沙生植被所代替。景观在自然上表现为由森林草原、灌木草原向荒漠草原过渡，在人文上表现为由农区向牧区过渡。

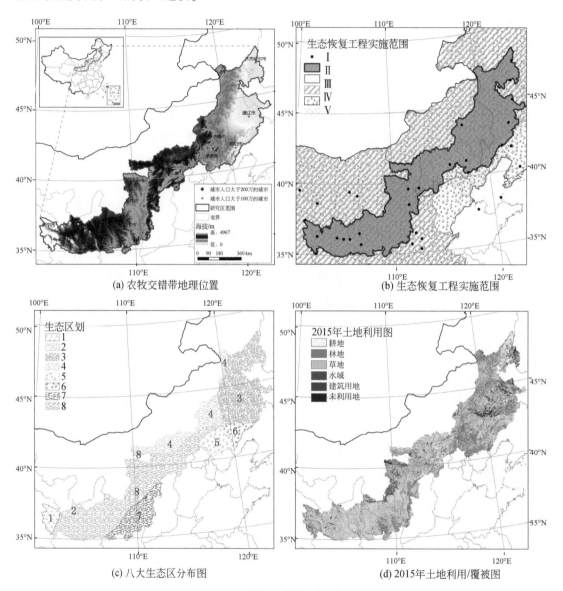

图 3-10　农牧交错带区位示意图

图（b）中，Ⅰ代表野生动植物保护与自然保护区发展工程，Ⅱ代表京津风沙源治理工程，Ⅲ代表自然森林保育项目，Ⅳ代表退耕还林还草工程，Ⅴ代表三北防护林工程；图（c）中，1代表高寒草甸生态区，2代表温带半荒漠半灌木荒漠生态区，3代表温带森林草原生态区，4代表温带森林草原生态区-丛生禾草草原生态区，5代表北暖温带落叶阔叶林生态区-北部山地丘陵区，6代表北暖温带落叶阔叶林生态区-黄淮海平原区，7代表暖温带森林草原丛生禾草草原生态区-东南森林草原区，8代表暖温带森林草原丛生禾草草原生态区-西北丛生禾草草原区

3.2.2 材料和方法

3.2.2.1 数据来源和处理

原始气象资料来源于国家地球系统科学数据中心（http://www.geodata.cn），以资料的连续性和历史记录数据超过 50 年为标准，对数据进行缺测值处理与质量控制，最终选取出 161 个气象站点。土壤数据和植被数据比例尺均为 1∶100 万，来源于资源环境科学与数据中心（http://www.resdc.cn）。

土地利用现状数据使用中国科学院制作的"中国土地利用/覆盖数据集（CLUDs）"，从中提取出中国北方农牧交错带土地利用/覆盖数据集，分辨率为 1km，土地利用类型包括水田、旱地、林地、灌木、草地、水体、建成区和未利用地。

未来土地利用情景数据来源于 Li 等（2017）的研究成果。采用 IPCC 排放情景特别报告中的四种土地利用变化情景，分别模拟到了 2050 年和 2100 年。四种情景分别为强调生态保护优先的情景（A1B 情景和 B1 情景）和强调以经济发展为主导的情景（A2 情景和 B2 情景）（Sleeter et al., 2012）。四种情景可简单描述为 A1B：人口增长缓慢，GDP 增长快，大规模的城市扩张，积极管理资源。A2：人口高速增长，GDP 增长缓慢，大规模的城市扩张，资源保护不足。B1：人口增长缓慢，GDP 增长快，紧凑型城市扩张，保护生物多样性。B2：中等人口增长，GDP 中等增长，紧凑型城市扩张，保护生物多样性。

在分离气候变化和人类活动对 NPP 影响的研究中，采用的数据为 2001~2015 年的 NPP 数据，来源于全球变化科学研究数据出版系统（陈鹏飞，2019），通过加和各月份数据得到年 NPP 数据。该数据集是根据 2001~2015 年的日气象数据，土壤质地数据以及基于 MODIS 和 AVHRR 遥感影像的土地覆盖和植被指数数据，使用 CASA 模型（Potter et al., 1993）估算得到。

3.2.2.2 陆地生态系统过程模拟

陆地生态系统（terrestrial ecosystem simulator, TESim）模型是可以在多个尺度上模拟水分、碳、氮等动态过程的空间显式模型，综合考虑了生态系统过程、景观格局和气候之间的相互作用和制约关系，并已针对研究区进行了相关参数调整（Gao et al., 2007）。模拟的生态系统过程/功能为 NPP、土壤侵蚀、土壤有机质和土壤氮含量等。为聚焦于土地利用/覆被变化对生态系统功能的影响，在不同的土地利用情景下，输入的气象数据均为 1961~2015 年的历史气象数据。

模型的主要假设和处理如下。

（1）某个子区域的植物物种被划分成若干功能型，每个功能型包括种子、叶、茎、根四个子库；

（2）研究区的土壤根据其质地和粒径组成分为 10 类，土壤最多分成 8 层。

（3）模型的状态变量（空间和时间变量）包括植物体和凋落物的生物量以及氮含量、各层土壤体积含水量、土壤有机质含量、NPP、土壤侵蚀量。

（4）模型的时间步长为天，空间分辨率为 8km。

（5）模型总体包括 4 个主要模块，分别为净初级生产力模块、土壤水分运动模块、土壤侵蚀模块、养分循环模块，模型框架如图 3-11 所示。

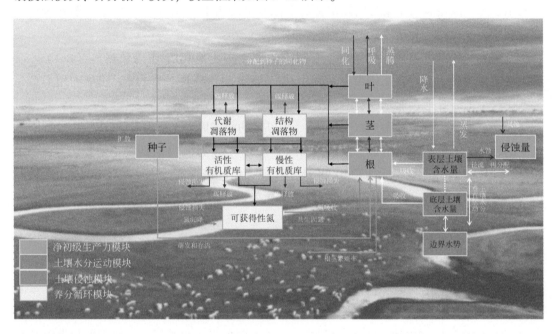

图 3-11　陆地生态系统模型框架图（修改自 Gao et al., 2007）

3.2.2.3　基于相关分析的气候变化和人类活动相对贡献的量化

阈值分段法识别气候变化和人类活动变化对植被动态的影响已成功应用于干旱和半干旱地区（Tian et al., 2015）。该方法主要基于以下假设：①短期的气候变化通常不会导致植被退化，但短期人类活动的增加可能导致植被退化；②如果生态恢复工程是植被恢复的主要驱动力，那么该地区的植被覆盖度应有明显提高，假设此时 NPP 年际变化斜率大于等于整个区域的平均值（3.05gC/a²）。

主要的过程如下（图 3-12）：①输入数据是 2000~2015 年年均 NPP、年均降水量、年均气温和年日照时数；②确定像元尺度 NPP 的线性变化趋势，包括显著增加和显著降低的趋势；③对于 NPP 显著增加的像元，（a）如果 NPP 和某一气候要素（降水、气温或日照时数）呈显著正相关，则定义为"与气候变化相关的显著恢复"；（b）如果 NPP 和某一气

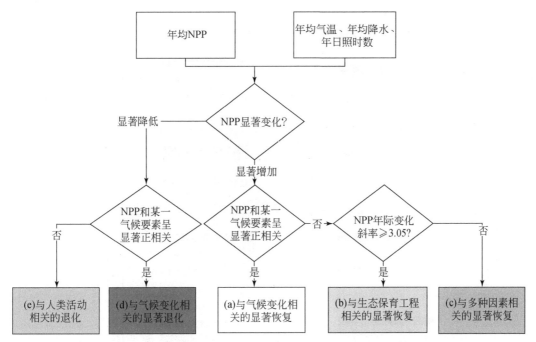

图 3-12　相关分析法识别植被显著恢复和退化的主要驱动力

资料来源：Tian et al.，2015

候要素不呈显著正相关，但是 NPP 年际变化斜率大于等于整个区域的平均值，则定义为"与生态保育工程相关的显著恢复"；（c）如果 NPP 年际变化斜率小于整个区域的平均值，则定义为"与多种因素相关的显著恢复"。④对于 NPP 显著降低的像元，（d）如果 NPP和某一气候要素显著正相关，则定义为"与气候变化相关的显著退化"；（e）如果 NPP 和某一气候要素不呈显著正相关，则定义为"与人类活动相关的退化"。

3.2.3　结果

3.2.3.1　生态系统类型对土地利用情景的响应

在同一种土地利用情景下，不同生态系统类型间的生态系统功能有较大差别（图 3-13）。农田生态系统的 NPP 最低，森林生态系统的 NPP 最高。农田生态系统遭受最严重的土壤侵蚀，草地生态系统仅遭受轻度的土壤侵蚀。森林生态系统的土壤养分（土壤有机质、土壤氮含量）最高，而农田生态系统的最低。

比较 2010 年不同的生态系统类型的生态系统功能，农田生态系统的 NPP 最低，为 72.94gC/（m² · a），森林生态系统的 NPP 最高，为 72.94gC/（m² · a）。草地生态系统的土壤侵蚀最低，为 1028.89g/（m² · a），农田生态系统的土壤侵蚀最高，为 4988.62g/（m² · a）。

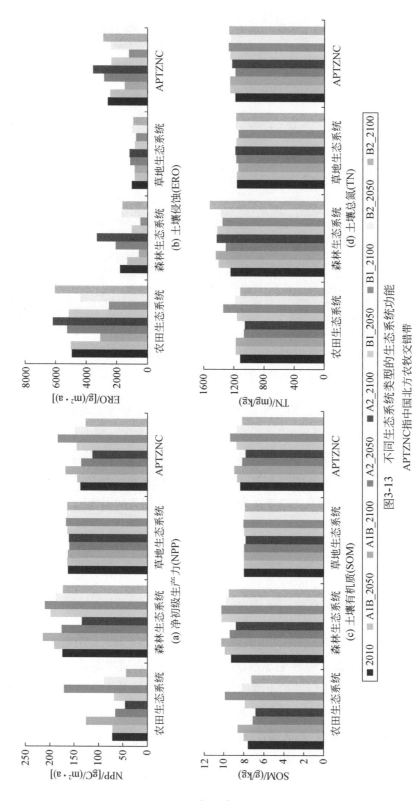

图3-13 不同生态系统类型的生态系统功能

APTZNC指中国北方农牧交错带

农田生态系统的土壤有机质含量最低，为 7.54g/kg，森林生态系统的土壤有机质含量最高，为 9.26g/kg。土壤氮含量从农田生态系统的 1118.97mg/kg，增加到森林生态系统的 1245.92mg/kg。农田生态系统的 NPP、土壤养分（土壤有机质、土壤氮含量）最低，而土壤侵蚀最强烈（图 3-13）。

比较同种生态系统功能对不同土地利用情景的响应。在区域尺度，土壤侵蚀最强烈的情景出现在以经济发展为主导的 A2 情景。土壤养分含量最高的情景出现在生态保护优先的 B1 情景，最低的情景是以经济发展为主导的 A2 情景。在生态系统尺度，草地生态系统的生态系统功能都保持相对稳定，NPP 约为 150gC/（m²·a），土壤侵蚀约为 1000g/（m²·a），土壤有机质含量约为 8g/kg，土壤氮含量约为 1200mg/kg。而农田和森林生态系统的生态功能在不同情景间的差异较大。

3.2.3.2 生态系统类型的转变对土地利用情景的响应

耕地的开垦使得农田生态系统面积增加，NPP 减少，土壤侵蚀加剧和土壤养分流失（图 3-14）。在以经济发展为主导的情景（A2 和 B2）中，农田生态系统的扩张占用草地生态系统，特别是 A2 情景，净初级生产力每 10 年减少 16.7gC/m²，土壤侵蚀每 10 年增加

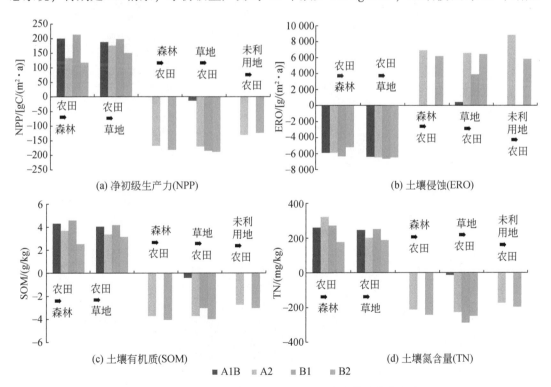

(a) 净初级生产力(NPP) (b) 土壤侵蚀(ERO)

(c) 土壤有机质(SOM) (d) 土壤氮含量(TN)

■ A1B ■ A2 ■ B1 ■ B2

图 3-14　不同生态系统类型的转变对生态系统功能的影响

生态系统功能的变化为 2010~2100 年的增加值

$600g/m^2$，土壤有机质含量每 10 年减少 0.38g/kg，土壤氮含量每 10 年减少 2.36mg/kg。相反，退耕还林还草会增加 NPP，保育土壤，控制土壤侵蚀。在 A1B 情景中，农田生态系统转变为草地生态系统，土壤有机质含量每 10 年增加 0.408g/kg；转变为森林生态系统，土壤有机质含量每 10 年增加 0.445g/kg。

3.2.3.3　气候变化对 NPP 的影响

年降水量对整个区域的植被生长产生最强烈且广泛的影响［图 3-15（a）］。与 NPP 和降水呈显著正相关的区域占 55.53%，所影响的生态系统类型主要是草地生态系统。气温对 NPP 影响显著的区域主要在西部和中部，在西部表现为正相关［图 3-15（g）］，在中部表现为负相关［图 3-15（c）］。日照时间对 NPP 影响显著的地区占 14.33%，主要在东北

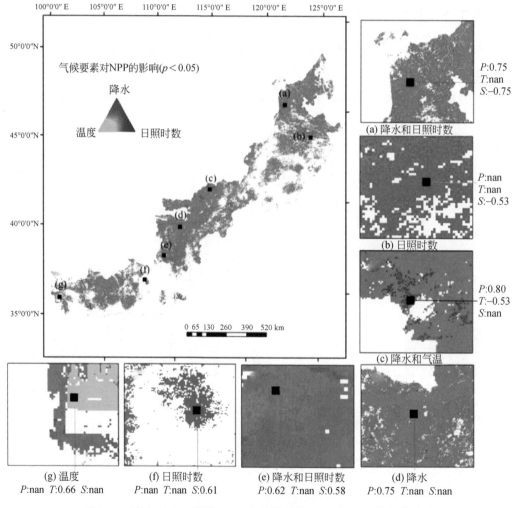

图 3-15　降水（P）、温度（T）和日照时数（S）与 NPP 的相关关系

nan 表示气候变量和 NPP 没有显著的相关性

地区，NPP 与日照时间呈显著负相关 [图 3-15 (b)]。

3.2.3.4 气候变化和人类活动对 NPP 变化的相对贡献

人类活动促进的植被恢复区域主要分布在黄土高原地区、科尔沁沙地和京津冀南缘的周围，这些地区均为裸地或稀疏植被 [图 3-16 (a)和 (c)]。气候变化促进的植被恢复区域主要位于中国北方农牧交错带的东北（温带森林草原生态区）和中南部地区（暖温带森林草原生态区）[图 3-16 (a)]。在中国北方农牧交错带尺度，48.78% 的植被具有明显的恢复趋势，其中 26.93% 是与气候变化相关，19.80% 是与生态保育工程（人类活动）相关，2.05% 是与多种因素相关 [图 3-16 (b)]。0.39% 的植被发生显著退化，其中 0.1% 是与气候变化相关，0.29% 是与人类活动相关 [图 3-16 (b)]。

在中国北方农牧交错带，与人类活动相关的 NPP 的增长主要出现在坡度为 15°~25° 的区域，而在超过 25° 的区域，NPP 的增长主要由气候变化贡献 [图 3-17 (b)]。2001~2015 年，中国北方农牧交错带的耕地面积呈先增加后减少的趋势 [图 3-17 (c)]。通过中国北方农牧交错带历史放牧率的变化趋势，可以发现放牧率在 2001~2010 年呈现快速下降的趋势，而在 2010 年后有增加的趋势。整体来看，2001~2015 年的放牧率呈现降低趋势 [图 3-17 (c)]。

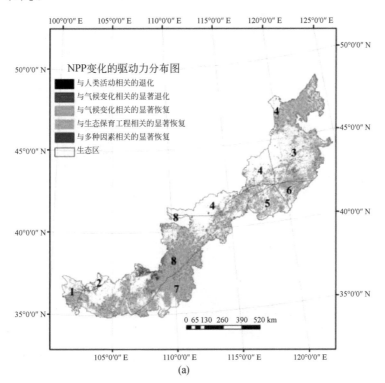

(a)

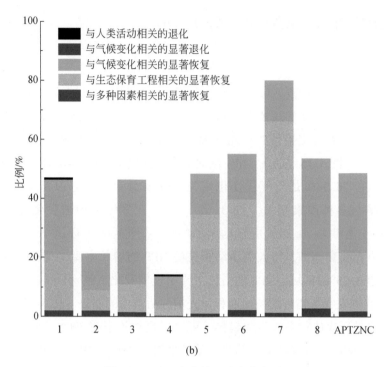

(b)

图 3-16　NPP 变化的驱动力分布图

八大生态区的名称见图 3-10（c）

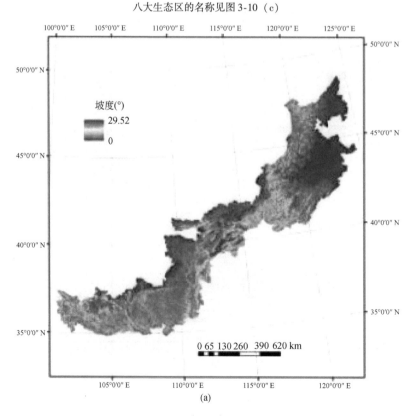

(a)

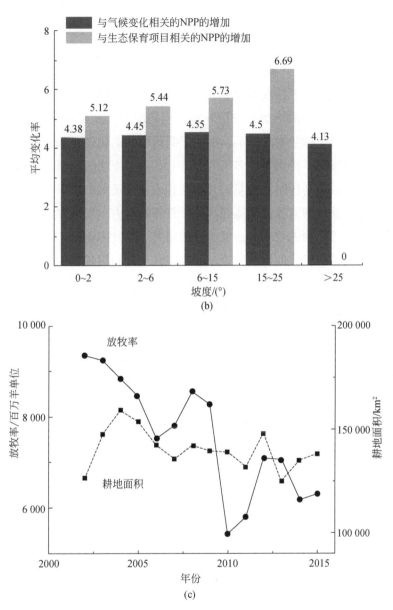

图 3-17 （a）中国北方农牧交错带坡度图；（b）影响不同坡度下 NPP 增加的驱动力；

（c）中国北方农牧交错带耕地面积和放牧率的变化

3.2.4 讨论

3.2.4.1 人类活动对生态系统功能的主要影响

长期的农地开垦和耕作减少了农田生态系统的土壤养分。有研究表明，在中国北方农牧交错带的东南部，土壤有机质含量每 10 年下降 0.248g/kg，土壤氮含量每 10 年降低 2.54mg/kg（Jiao et al.，2014）。在中国北方农牧交错带的东北地区，黑土的土壤有机质含量每 10 年降低 0.31g/kg，在开垦后的 130 年，土壤有机质含量保持在一个稳定水平（Yu et al.，2004）。在 A1B 情景下，农牧交错带未来 80 年的土壤有机质含量的损失率略高，这可能是由于未来土壤侵蚀的增加和农田开垦面积的增加。主要原因有：①农业的开垦、翻耕和播种等活动促进了微生物的活动，加速了凋落物的矿化过程和分解作用；②裸露的耕地地表易遭受土壤侵蚀，特别是在多风的春季；③由于作物的收获，土壤有机质的输入减少。Peterjohn 和 Correll（1984）测量一片小面积农业子流域的农田和河岸森林的养分吸收速率，并比较这些系统的营养流动途径和保持营养的能力，发现农田保留的养分要低于河岸森林，可能是由于作物的收获而造成养分的损失。经过一定时期的耕作，土壤有机质含量较低的农田会面临着更大的退化风险，因此，在土地利用规划中，持续耕作造成的土壤养分流失是需要考虑的重要因素。

在不同土地利用情景下，农田生态系统的 NPP 最低，尤其是以经济发展为主导的情景（A2 情景）。主要由于 A2 情景下的耕地分布在相对干燥、贫瘠的西南荒漠草原，农作物的适应性较草本植物差。在区域尺度，随着森林面积的减少，建成区面积的扩大，A2 情景下整个区域的平均 NPP 最低。草地生态系统的土壤有机质含量在不同土地利用情景下都相对稳定。有学者对草地生态系统土壤有机质含量的研究表明，最活跃和易分解的一氧化碳在草地土壤有机质中含量少，因此草地土壤有机质含量比较稳定（Luo et al.，2019）。草地生态系统稳定的固碳潜力可以为有效缓解全球气候变化做出重要贡献。

退耕还林还草有可能使生态系统恢复到退化之前的水平。通过分析中国北方农牧交错带历史放牧率的变化趋势，可以发现放牧率的降低也是 2001～2015 年 NPP 恢复的主要驱动因素之一。退耕还林还草应当考虑历史土地利用的"遗留效应"（Turner and Cardille，2007）。有学者比较了北美洲和欧洲以前的人工森林与自然森林，发现农业实践的影响可以在农用地弃置后至少一个世纪内发挥作用，改变土壤养分含量和净硝化速率（Jussy et al.，2002）。

3.2.4.2 气候变化对生态系统功能的影响

在干旱半干旱地区，降水是植被生长的主要限制因子。降水对整个区域的植被起到促进作用，同时气温和日照时间也有重要的影响。Shi 等（2014）研究表明，在农牧交错带中东部，过去 50 年来降水和温度呈增加趋势。在将来的几十年，农牧交错带温度的升高会促进水分循环和大气环流，从而导致更多的降水。农牧交错带中部的 NPP 呈现下降趋势，虽然增加的降水有利于减缓干旱胁迫促进植被生长，但是持续的升温导致较强的蒸发，土壤水分缺乏，危害植被生长。

农牧交错带东北地区纬度高、积温低，升高的温度缩短了土壤冻融时间，增加的降水和减少的日照时间使得土壤水分得以保持，植被生长季延长，有利于 NPP 的增加（Oliva et al.，2018）。此外，该地区存在一小部分的针叶林，增加的土壤湿度可能更有益于其生长，因为针叶林不依赖于地下水，而是通过其浅根系统利用降水（Jiang et al.，2017）。

农牧交错带大部分区域的年均降水量不足 400mm，并且积温不足，因此应提出一些适合当地条件的措施来适应气候变化，如选择有益的耐旱牧草或者灌木进行可持续的生态系统保育。

3.2.4.3 气候变化和人类活动对生态系统功能影响的交互效应

气候变化和人类活动对生态系统功能的综合影响可能会大于单独因素的影响（李永宏，2017），也可能相互抵消（王子玉等，2017）。二者的共同作用表现为正向的耦合效应或负向的耦合效应。农牧交错带中西部表现出降水与牲畜数量的耦合作用，降水的增加和放牧率的控制共同促进了植被的显著恢复（王子玉等，2017）。放牧会改变降水与土壤碳氮的关系，使其由线性关系变为非线性关系；割草活动使草地更容易受到气候变化的影响（Zhou et al.，2010）。然而，有研究表明，尽管人工造林、农作物播种会增加局部地区植被覆盖度，但在区域性干旱背景下，人工林可能难以抵御干旱的不利影响，存在过度消耗地下水的风险，反而会导致生态系统的退化（Cao et al.，2016）。同时，过度放牧及人类活动范围的扩大导致的土壤质量和肥力的下降可能因暖干化气候趋势而加剧（Han et al.，2008）。因此，对于可持续的生态系统管理，气候变化和人类活动的交互作用不容忽视，退耕还林还草等政策的制定和实施应当考虑当地未来气候变化的趋势。

3.2.5　小结

本研究通过模型模拟和统计分析的方法探讨了土地利用/覆盖变化和气候变化对中国北方农牧交错带各类生态系统以及整个区域的生态功能的影响，并且量化了土地利用/覆盖变化和气候变化的相对影响。土地利用/覆被变化对中国北方农牧交错带各类生态系统的面积、分布和转化产生了影响，继而影响了整个区域的生态系统功能。长期的农地开垦和耕作实践减少了农田生态系统的土壤养分。草地生态系统的土壤养分在不同土地利用情景下都相对稳定，其稳定的固碳潜力可以为有效缓解全球气候变化做出重要贡献。在气候变化的影响方面，降水对中国北方农牧交错带的植被有广泛而深刻的促进作用，但是考虑到温度和日照时间等因素的作用，不同区域的 NPP 对气候变化的响应更加复杂。对于人类活动和气候变化对生态系统功能的相对贡献，在植被恢复的影响因素中，气候变化的促进作用较大；而在植被退化的影响因素中，人类活动的负面作用更大。

针对本研究的不足，在下一步的工作中应当加强如下几个方面的研究：①在研究土地利用变化对生态系统功能的影响时，不仅要考虑景观组分及其变化的影响，还应当考虑景观配置的影响；②陆地生态系统模型同时考虑了动态的空间格局–动态的横向转移–格局和过程之间的反馈，可以评估外部因素对生态系统过程（如土地利用/覆盖变化和气候变化对 NPP 的影响）的潜在影响（Turner and Cardille，2007）。采用陆地生态系统模型分离气候变化和人类活动的影响，可以同时控制气象要素（降水、气温等）和土地利用/覆盖的变化，与野外实验相比，该模型能够灵活设置多种情景，用于探索一定条件范围内，在给定的过程控制下的多种合理的结果；③土壤–植被–大气连续体的功能的复杂性不仅来自空间变化（土壤和地形）和时间波动（与大气圈、水圈或生物圈的过程有关），而且来自人为引起的土地利用/覆盖变化，因此，对于生态系统功能的响应，要考虑景观的空间、时间和过程的复杂性。下一步可以利用敏感性分析识别生态系统功能异质性的响应，研究在不同的景观中哪种反馈和相互作用在什么时间对生态系统功能的动态起主导作用。

3.3 气候变化下中国北方草地与农牧交错带生态系统服务情景分析

气候变化和人类不合理的开发利用均可能导致生态系统严重退化，进而影响生态系统服务供给。在未来气候变化下，如何实现有序人类活动，使得多种生态系统服务整体最佳，是实现人类适应未来气候变化的关键，对于人类社会的可持续发展具有重要的现实意义。

中国北方草地与农牧交错带生态系统脆弱，生态系统服务对气候变化和人类活动非常敏感。草地是研究区内占地面积最大的土地利用/覆盖类型，几乎占整个研究区面积的60%。放牧活动是人类影响草地生态系统的主要方式之一，自 20 世纪 90 年代以来，由于人类过度放牧，中国北方草地退化、沙化现象严重。在未来气候情景下，如何指导人类活动，制定合理的放牧强度，实现生态系统服务整体最佳是亟须解决的关键科学问题。

3.3.1 研究区概况

中国北方草地与农牧交错带位于干旱和半干旱区，生态环境极其脆弱。划分中国北方草地与农牧交错带范围的标准要素具有多样性，主要分为气候要素、土地利用要素以及其他人文要素。尽管这些界定指标不同，但是它们划定的范围基本相似，主要分布在内蒙古高原的东南边缘和西北边缘以及黄土高原北部。在本研究中，中国北方草地与农牧交错带南部边缘以年降水 400mm 为分界线，北部延伸至中国边界，自西南向东北跨越青海、甘肃、宁夏、陕西、内蒙古、山西、河北、辽宁、吉林、黑龙江10个省（自治区）（图3-18），包含内蒙古大部分区域，位于34°58′N～50°19′N，101°E～124°75′E。本节研究聚焦于中国北方干旱半干旱区生态系统服务关系及驱动力研究，以草地生态系统为主，因此相比其他研究，本研究中的中国北方草地与农牧交错带北部包含了大面积草地。

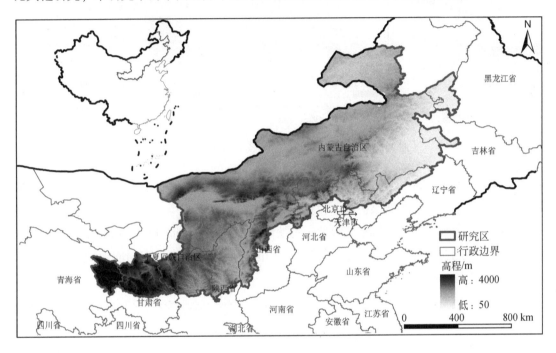

图3-18 中国北方草地与农牧交错带地理位置

3.3.1.1 研究区自然环境概况

中国北方草地与农牧交错带面积约120万km²，主要气候特点为典型的温带干旱半干旱大陆性季风气候，风大、年际降水变化大，且降水量由北向南递增，降水量范围为90～600mm，年平均温度约为6℃。研究区坡度差异较大，坡度范围为0°～26°，地貌复杂多样，主要地形特征为高平原；生态区由南向北依次为落叶阔叶林、草甸草原、典型草原、荒漠草原及荒漠；主要土壤类型为砂质土与壤质土，包含了科尔沁沙地、浑善达克沙地，以及毛乌素沙地和呼伦贝尔沙地的大部分区域（图3-19）。在气候、地形、土壤类型以及人类活动多重因子的影响下，土地利用/覆盖类型主要包括耕地（在2000年约24%）、林地（在2000年约10%）、大面积草地（在2000年约55%）以及三者相互交错的镶嵌体，景观由森林草原与灌木草原向荒漠草原过渡。

中国北方草地与农牧交错带是中国北方退耕还林还草工程实施的主要区域，2000～2010年，整个研究区有效还林面积达到41 257km²，草地面积虽然有所减少，但是整个研

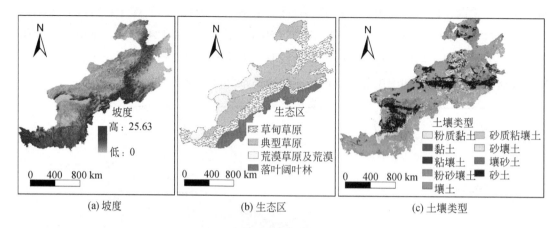

图 3-19　中国北方草地与农牧交错带生态环境概况

究区植被覆盖度由 2000 年的 27.1% 上升到 2010 年的 53.3%。中国北方草地与农牧交错带内有 7 个国家重点生态功能保护区，包括水源涵养的西辽河源生态功能保护区和京津生态功能保护区、洪水调蓄的松嫩平原湿地生态功能保护区、防风固沙的科尔沁沙地生态功能保护区、阴山北麓–浑善达克沙地生态功能保护区和毛乌素沙地生态功能保护区以及水土保持的黄土高原生态功能保护区（图 3-20）。

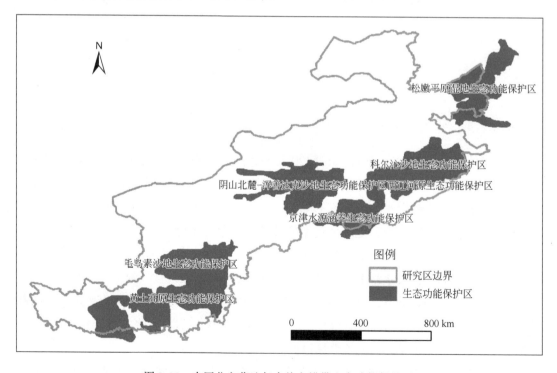

图 3-20　中国北方草地与农牧交错带生态功能保护区

3.3.1.2　研究区社会经济概况

中国北方草地与农牧交错带包含 254 个县级行政单元，其中有 47 个牧业旗，162 个农业县，32 个市以及 13 个少数民族自治县（《内蒙古统计年鉴（2014）》）。研究区内的农区以种植玉米、土豆、荞麦、油菜等农作物为主，牧区以饲养牛、绵羊、山羊为主。中国北方草地与农牧交错带是我国少数民族主要聚集区之一，居住着 48 个少数民族，其中以蒙古族为主，人口由少数民族居住区向汉族集中区过渡。中国北方草地与农牧交错带矿产资源非常丰富，已发现的有 120 多种，其中有 42 种矿储量居全国前 10 位，它还是中国大型露天煤田的集中分布区，储量占全国的 25% 以上，居全国第二位。研究区人口和 GDP 都呈现增长趋势，1995~2010 年，人口从 7000 万增长到 7800 万，2000~2005 年人口增长趋于缓慢，而在 2005 年之后，人口迅速增长；1995~2010 年，GDP 呈现较大增长速度，从 2100 万元增长到 2 亿元，且增长速度随时间越来越大。

中国北方草地与农牧交错带是重要的生态过渡带，同时也是生态脆弱区，蕴含着多样而丰富的生态系统服务，对中国东部农业平原以及华北城市起到生态屏障的作用。在气候变化与人类活动干扰下，中国北方草地与农牧交错带的生态系统承受着巨大压力。

3.3.2　材料与方法

3.3.2.1　中国北方草地与农牧交错带未来气候情景

在现有文献中，IPCC 第五次评估报告已经识别了 4 类 RCP，这 4 类气候情景根据 CO_2 排放范围进行区分。其中，RCP8.5 是高于 CO_2 排放参考范围 90 百分位数的高端路径；RCP6 和 RCP4.5 是中间稳定路径；RCP3-PD 是低于 CO_2 排放参考范围 10 百分位数的低端路径（Stocker et al., 2013）。为了提高气候模拟结果的空间分辨率，更好地呈现区域尺度未来气候变化情景，区域气候降尺度技术得到广泛应用和支持。世界气候研究计划于 2009 年建立了区域气候降尺度特别工作组（Task Force for Regional Climate Downscaling，TFRCD），区域气候降尺度特别工作组创建了国际区域气候降尺度实验（Coordinated Regional Climate Downscaling Experiment，CORDEX）计划，通过对数据降尺度生成全球范围内的气候变化数据集（http://www.cordex.org）。本研究选取 RCP4.5 与 RCP8.5 两种未来气候情景，未来气候数据来自于 CORDEX 采用 HadGEM3-RA 模式生产的东亚日气候数据集。选择 2050 年作为研究年份主要有以下三点原因：①未来气候数据以 2050 年为界，2050 年之后的未来气候模拟结果不确定性增加；②MEA 预测全球未来生态系统服务的截止年份为 2050 年；③中国北方草地与农牧交错带草地退化、沙化现象严重，想要实现草地恢复还需较长时间（Liu et al., 2011），本研究以未来潜在生态系统服务为基础，假设 2050 年研究区草地退化现象已得到遏制。CORDEX 提供的未来气候数据分辨率为 0.44°×0.44°，包含日降水、日照辐射、风速、日最高温、日最低温、相对湿度等气候因子。

2050 年，RCP4.5 气候情景和 RCP8.5 气候情景下中国北方草地与农牧交错带气候因子分布格局相似，年日照辐射在 1800～2700W/m²，空间格局呈现出东北低、西北高的形态；年均气温分布在-5～12℃，空间格局呈现为东北低、东南与西南高的形态；年降水量分布在 170～1600mm，空间格局呈现为由南向北逐渐减少的形态（图 3-21）。整体上，2050 年，中国北方草地与农牧交错带东北部为低日照辐射、低温、降水充沛的区域，西北部为高日照辐射、降水量较少的区域（图 3-21）。在区域尺度上，中国北方草地与农牧交错带在 RCP4.5 气候情景下的日照辐射（均值 2371.42W/m²）、气温（均值 4.27℃）和降水量（均值 577.43mm）相比其在 RCP8.5 气候情景下的日照辐射（均值 2379.23W/m²）、气温（均值 5.60℃）和降水量（均值 621.94mm）都略低。

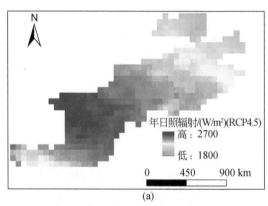

(a)

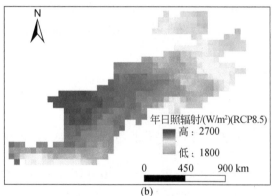

(b)

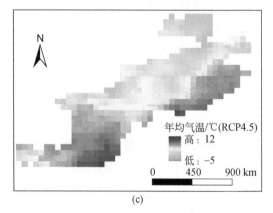

(c)

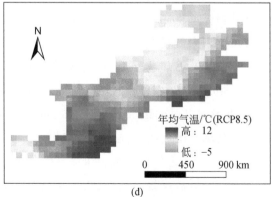

(d)

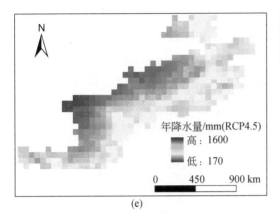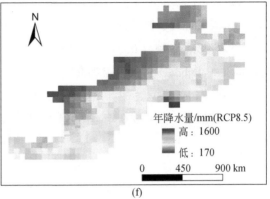

图 3-21　RCP4.5 气候情景和 RCP8.5 气候情景下, 2050 年中国北方草地与农牧交错带气候因子空间分布

3.3.2.2　中国北方草地与农牧交错带放牧强度情景设计

除不同气候情景外, 本研究分别设计了不放牧 (UG)、轻度放牧 (LG)、中度放牧 (MG) 以及重度放牧 (HG) 四种人类活动情景。当中国北方草地地上生物量利用率约为牧草生产潜力的 50% 时, 认为是草畜平衡的适度放牧强度, 不会引起草地严重退化 (林波等, 2008)。基于研究区植被类型 (图 3-22), 本研究设定每种植被类型的 NPP 利用率为不放牧情景下 NPP 的 50% 时为 MG, NPP 利用率为不放牧情景下 NPP 的 25% 时为 LG, NPP 利用率为不放牧情景下 NPP 的 75% 时为 HG。本研究采用反硝化-分解 (denitrification-decompositiond, DNDC) 模型模拟未来不同气候情景下 NPP 的空间分布, DNDC 模型默认一只羊一年自由放牧采食 NPP 为 183kgC (李长生, 2016), 本研究将 NPP 利用率与羊单位采食量相比得到相应植被类型的放牧强度 (表 3-3)。另外, 本研究不考虑 LG、MG 和 HG 放牧情景下农田与林地生态系统服务。

表 3-3　不同草地类型在 LG、MG 和 HG 放牧强度下的单位面积羊单位

植被类型	LG/(羊单位/hm²)		MG/(羊单位/hm²)		HG/(羊单位/hm²)	
	RCP4.5	RCP8.5	RCP4.5	RCP8.5	RCP4.5	RCP8.5
草甸	3.00	2.80	6.10	5.70	9.10	8.50
草原	2.10	2.30	4.30	4.70	6.40	7.00
荒漠	0.44	0.50	0.87	1.00	1.31	1.50
灌丛	3.10	3.30	6.20	6.50	9.30	9.80
栽培植物	2.30	2.30	4.50	4.50	7.00	7.00

中国北方草地与农牧交错带植被类型空间分布图详细反映了植被单位的分布状况 (图 3-22)。草原植被类型主要包括羊草 (*Leymus chinensis*)、大针茅 (*Stipa grandis*)、长芒草 (*Stipa bungeana*)、贝加尔针茅 (*Stipa baicalensis* Roshev.) 等; 草甸包括芨芨草

（*Achnatherum splendens*）、矮蒿（*Artemisia lancea* Van.）等；荒漠包括柠条锦鸡儿（*Caragana Korshinskii* Kom.）、圆头蒿（*Artemisia sphaerocephala* Krasch.）、红砂（*Reaumuria soongorica*）等；灌丛包括沙棘（*Hippophae rhamnoides* Linn.）、荆条（*Vitex negundo L.* var. *heterophylla* (Franch.) Rehder）、小叶锦鸡儿（*Caragana microphylla* Lam.）等；栽培植物以紫花苜蓿（*Medicago sativa* L.）为主。本研究假设未来中国北方草地与农牧交错带植被类型空间分布不变，在此基础上评估 2050 年不同情景下中国北方草地与农牧交错带生态系统服务。

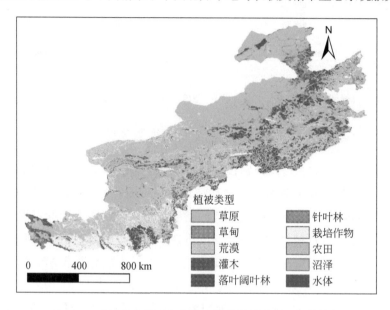

图 3-22　中国北方草地与农牧交错带植被类型空间分布图

资料来源：资源环境科学与数据中心，http://www.resdc.cn

3.3.2.3　未来情景下生态系统服务评估方法

1）未来情景下 NPP 评估方法

准确模拟未来气候情景下 NPP 空间分布是评估放牧活动对生态系统服务影响的基础。DNDC 模型最初的目的是模拟农田土壤氧化亚氮（N_2O）动态变化和追踪其排放过程（Li et al.，1992）。之后，DNDC 模型的功能得到扩展，模拟的生态系统包括农田、森林、草地、湿地和养殖系统（Gao et al.，2014）。在 DNDC 模型中，准确模拟植物生长是模拟土壤生物地球化学场的重要部分（Li et al.，1992）。DNDC 模型是基于生态过程构建的机理模型，通过输入日气候数据、土壤参数、作物参数以及管理措施模拟作物生长，根据日气温和水分条件计算植物的日实际生长量，并将生长量分配到根、茎、叶和籽粒中（Li et al.，1997）。本研究在采用 DNDC 模型模拟时假设牲畜粪便留在地里。在模拟放牧活动对地上生物量的影响时，DNDC 模型首先计算每公顷草地上牲畜每日所需的饲料量，通过比较牲畜所需饲料量和当日草地植物生物量来确定动物每日实际摄入的植物生物量（李长生，2016）。本研究将 2050 年 RCP4.5 和 RCP8.5 未来气候情景下中国北方草地与农牧交错带的日气候数据输入 DNDC 模型中，基于植被类型分布图（图 3-22）确定每个像元的主要植被类型，模拟得到研究区未来 NPP 空间分布结果。

为确保 DNDC 模型模拟 NPP 的准确性，本研究结合模型内置的多年生草地生理参数与研究区相关文献中的作物生理参数（李文达，2015）拟定 DNDC 模型输入参数，同时验证分析了 DNDC 模型模拟的 NPP 结果。NPP 野外实测数据共包括 76 个样本点，涵盖多种草地类型，且分散在研究区内（表 3-4）。经过对比验证，采用相应时间段气象数据得到的 DNDC 模拟结果与实测 NPP 之间的均方根误差为 13%，两者一元线性回归结果（图 3-23）也同样表明，DNDC 模型能够准确模拟研究区内草地 NPP。

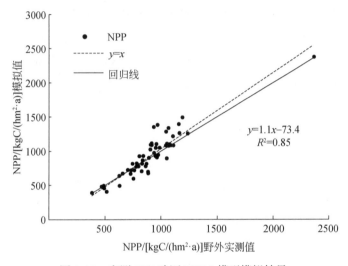

图 3-23　实测 NPP 验证 DNDC 模型模拟结果

表 3-4　NPP 野外实测数据样本点

采样点	经度/ （°E）	纬度/ （°N）	采样时间	样本 数/个	植被名称	来源
鄂托克旗	123	46.1	1981~1990 年	10	羊草、杂类草草甸草原	橡树岭国家实验室
白音锡勒牧场	116.6	43.7	1980~1989 年	10	羊草草原	橡树岭国家实验室
达里诺尔	115.7	43.4	2005 年	1	大针茅草原	高安社（2005）
松嫩草原	123.8	44.6	1991 年	1	羊草草原	王玉辉等（2002）
鄂温克旗	119.8	48.9	1984~1995 年	12	羊草草原	Bai 等（2001）
鄂温克旗	119.7	48.5	2004 年	1	羊草草原	杨殿林等（2006）
西乌珠穆沁旗	117.6	44.5	1984~1995 年	12	大针茅草原	Bai 等（2001）
正蓝旗	116.1	42.3	1984~1995 年	12	羊草草原	Bai 等（2001）
达尔罕茂明安联合旗	110.6	42.1	1984~1995 年	12	荒漠草原	Bai 等（2001）

续表

采样点	经度/ (°E)	纬度/ (°N)	采样时间	样本 数/个	植被名称	来源
四子王旗	111.9	41.8	2002 年	1	克氏针茅草原	毕力格图等（2004）
正镶白旗	115.26	42.15	2009 年	3	羊草草原	毕力格图等（2004）
锡林郭勒盟	116.33	43.13	2005 年	1	羊草草原	耿浩林（2006）

2）未来情景下土壤保持（SC）、产水（WY）和水源涵养（WR）评估方法

本部分研究仍采用 RUSLE 计算 SC（Renard et al., 1991）。为得到未来情景下 SC 计算过程中的 C 因子，首先统计中国北方草地与农牧交错带在 2001～2015 年 0.44°×0.44°分辨率下每个像元内对应的归一化植被指数（NDVI）和叶面积指数（LAI）的平均值；其次，得到研究区 NDVI 与 LAI 的回归关系（图 3-24）；然后，基于此关系，由 DNDC 模型模拟的 LAI（Zhang et al., 2002）计算未来情景下的 NDVI，WY 与 WR 采用 InVEST 模型（Sharp et al., 2016）评估，其中，植被蒸散系数 k_c 采用式（3-4）计算。

$$k_c = \begin{cases} \text{LAI}/3 & \text{LAI} \leqslant 3 \\ 1 & \text{LAI} > 3 \end{cases} \tag{3-4}$$

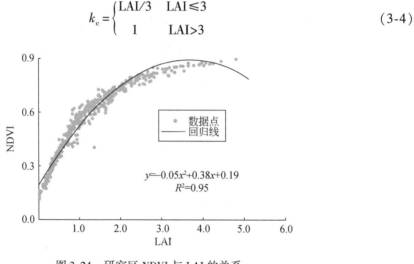

图 3-24 研究区 NDVI 与 LAI 的关系

3.3.3 结果

3.3.3.1 未来情景下生态系统服务大小及空间分布

整体上，RCP4.5 和 RCP8.5 气候情景下生态系统服务大小差异较大，而空间分布格局相似（图 3-25～图 3-28），主要原因是 RCP4.5 和 RCP8.5 气候情景下各气候因子的空间分布格局非常相似（图 3-21）。在同一放牧强度下，不同气候情景下的区域 NPP、WY 和

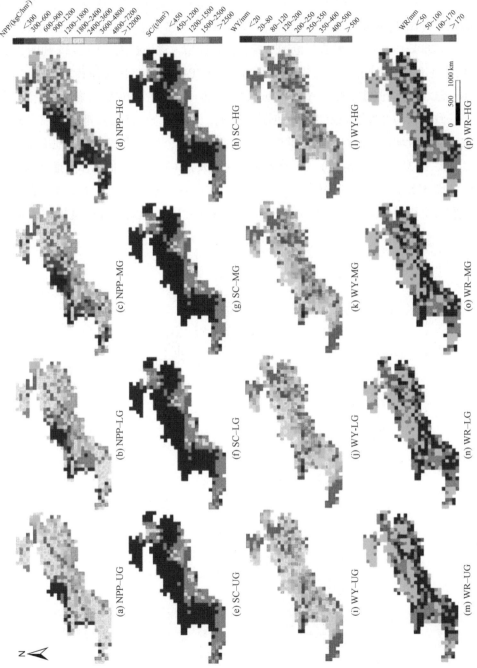

图3-25 RCP4.5气候情景和不同放牧强度情景下各项生态系统服务空间分布

WR 平均值相差不大，而 SC 在不同气候情景下相差较大，表现为 RCP8.5 气候情景下的 SC 平均值几乎为 RCP4.5 气候情景下的 1.7 倍（图 3-26 和图 3-28），主要原因是相比 RCP4.5 情景 RCP8.5 情景下降水强度更大，时间更集中。随着放牧强度增大，NPP 的平均值单调减小（图 3-26 和图 3-28）。中国北方草地与农牧交错带中北部和西北部是 NPP 的低值区（<200kgC/hm²），低值区范围随着放牧强度增大逐渐扩大（图 3-25 和图 3-27）。SC 的平均值在 LG 情景下最高，分别为 681t/hm²（RCP4.5）和 1140t/hm²（RCP8.5），从 LG 到 HG，SC 的平均值逐渐减小（图 3-26 和图 3-28）。SC 在不同放牧情景下的空间分布格局几乎一致，较高的坡度为土壤水蚀创造了条件，因此，SC 高值区都分布在中国北方草地与农牧交错带坡度较高且降水多的中南部和西部边缘，而在大部分的草地上表现为低值（图 3-22、图 3-25 和图 3-27）。随着放牧强度增大，WY 的平均值总体呈逐渐增大趋势（图 3-26 和图 3-28）。WY 空间分布格局在不同放牧情景下略有不同，主要体现在中国北方草地与农牧交错带中南部（RCP4.5）与中部（RCP8.5），随着放牧强度增大，这些区

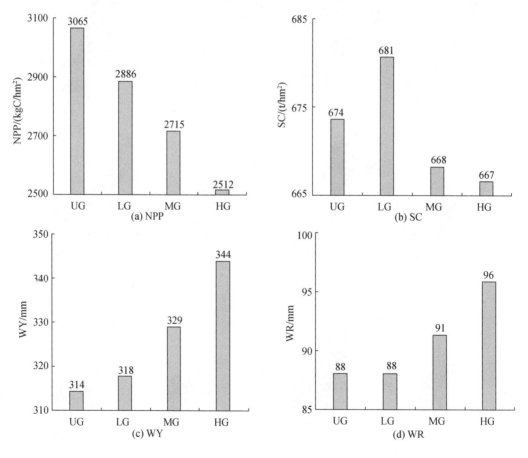

图 3-26　RCP4.5 气候情景和不同放牧强度情景下各项生态系统服务平均值

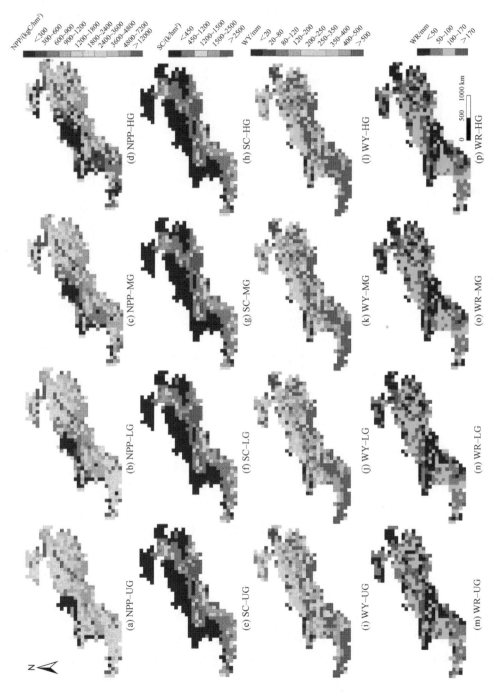

图3-27 RCP8.5气候情景和不同放牧强度情景下各项生态系统服务空间分布

域的 WY 显著增大（图 3-26 和图 3-27）。WR 平均值在 LG 情景下最小，分别为 88mm（RCP4.5）和 91mm（RCP8.5）（图 3-26 和图 3-28）。从 LG 到 HG，WR 空间分布格局相似，而从 UG 到 LG，中国北方草地与农牧交错带中部的 WR 显著增大（图 3-25 和图 3-27）。

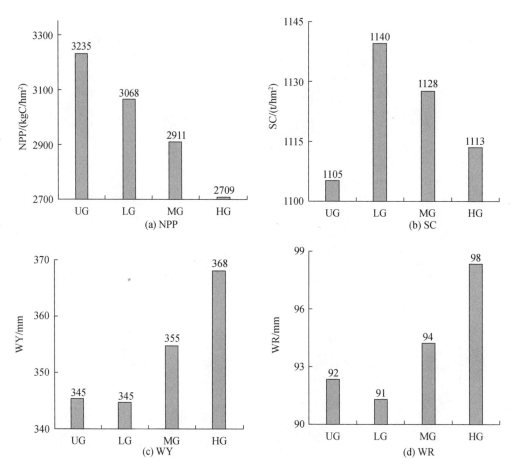

图 3-28　RCP8.5 气候情景和不同放牧强度情景下各项生态系统服务平均值

3.3.3.2　未来组合情景下生态系统服务相对不放牧情景下的变化率

不同气候情景和放牧强度情景下，生态系统服务相对不放牧情景下的变化率有空间异质性（图 3-29 和图 3-30）。整体上，RCP4.5 和 RCP8.5 气候情景下生态系统服务相对不放牧情景下变化率的空间分布格局相似。在中国北方草地与农牧交错带，RCP4.5 情景下的年降水量（577mm）比 RCP8.5 情景下的年降水量（622mm）。降水是影响中国北方干旱半干旱区植物生长最重要的气候因子之一（Bai et al., 2004），也是产生 SC 和 WY 的主要驱动力（Renard et al., 1991）。

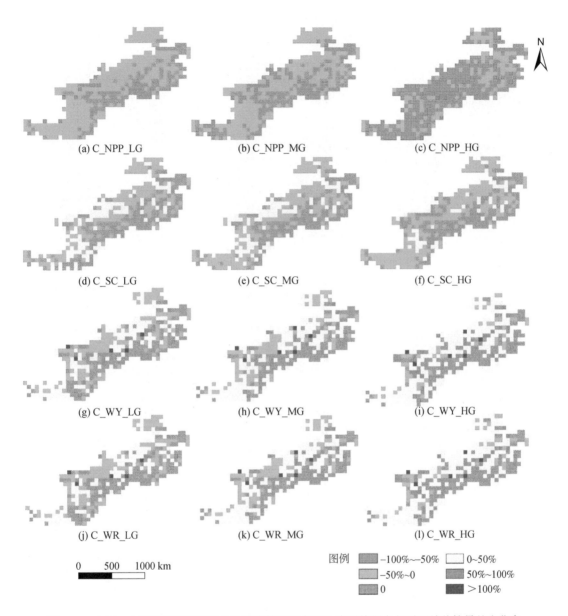

图 3-29　RCP4.5 气候情景和不同放牧强度情景下各项生态系统服务相对不放牧情景的变化率

　　放牧活动通过影响草地地表生物物理参数进而影响生态系统服务供给。随着放牧强度增大，NPP 相对不放牧情景下减少 $180 \sim 380 kgC/hm^2$（RCP4.5）和 $170 \sim 370 kgC/hm^2$（RCP8.5），相应的 SC 变化范围为 $-7 \sim 7 t/hm^2$（RCP4.5）和 $8 \sim 35 kgC/hm^2$（RCP8.5），WY 的变化范围为 $4 \sim 15 mm$（RCP4.5）和 $0 \sim 13 mm$（RCP8.5），以及 WR 的变化范围为 $0 \sim 5 mm$（RCP4.5）和 $-1 \sim 6 mm$（RCP8.5）（图 3-29 和图 3-30）。中国北方草地与农牧交错带西北部和中北部是 NPP、SC、WY 和 WR 四种生态系统服务对气候变化和放牧干扰的

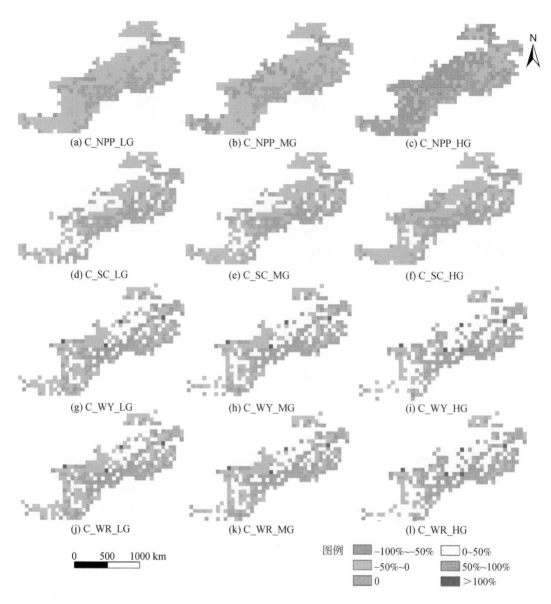

图 3-30　RCP8.5 气候情景和不同放牧强度情景下各项生态系统服务相对不放牧情景的变化率

敏感区。这些区域地处干旱区，生态系统极其脆弱（王静爱等，1999），以荒漠植被为主，耐牧性较低。Xiao 等（1995）也发现相比草甸草原，气候变化对典型草原植被生产力的影响更大。

在不同放牧强度情景下，NPP、SC、WY 和 WR 的相对变化率几乎都分布在 -100% ~ 100%（表 3-5 和表 3-6）。在 LG 和 MG 情景下，四种生态系统服务相对变化率的空间分布格局相似，与 HG 情景下的结果差异明显。在不同放牧强度情景下，草地 NPP 的相对变化率均表现为负值。随着放牧强度增大，NPP 相对变化率在−100%～−50% 的面积迅速增大，在 HG 情景下达到研究区面积的 42%（RCP4.5）和 36%（RCP8.5），主要分布在中国北方草地与农牧交错带中北部和西部（图 3-29 和图 3-30）。LG 和 MG 对 SC 的影响相似，SC 相对变化率为正值的区域主要分布在中国北方草地与农牧交错带中北部和中西部，为负值的区域主要分布在东北部和西部（图 3-29 和图 3-30）。在不同放牧强度情景下，WY 相对变化率主要表现为正值。放牧强度增大对 WY 相对变化率在−50%～0% 和 0%～50% 的区域影响较大，面积占比分别从 31% 下降到 11% 和从 31% 上升到 49%（表 3-5）。WR 是 WY 的一部分（Sharp et al.，2016），同时受到地形、土壤和地表覆盖的影响。在不同放牧强度情景下，WR 相对变化率的空间分布格局上与 WY 非常相似（图 3-29 和图 3-30）。相比 MG 和 HG，在 LG 情景下，WR 相对变化率在−100%～−50% 的面积最大（表 3-5 和表 3-6）。

表 3-5　RCP4.5 气候情景和不同放牧强度情景下各项生态系统服务相对不放牧情景变化率的面积占比　　　　　　　　　　　　　（单位：%）

相对变化率	NPP			SC			WY			WR		
	LG	MG	HG	LG	MG	HG	LG	MG	HG	LG	MG	HG
−100%～−50%	2	10	42	0	0	0	1	0.9	1	1	0.9	1
−50%～0%	66	58	26	42	45	52	31	22	11	32	22	11
0%	32	32	32	37	34	37	30	27	29	29	27	29
0%～50%	0	0	0	21	21	11	31	42	49	31	42	49
50%～100%	0	0	0	0	0	0	6	6.7	8.6	6	6.7	8.7
>100%	0	0	0	0	0	0	1	1.4	1.4	1	1.4	1.4

表 3-6　RCP8.5 气候情景和不同放牧强度下各项生态系统服务相对不放牧情景变化率的面积占比　　　　　　　　　　　　　（单位：%）

相对变化率	NPP			SC			WY			WR		
	LG	MG	HG	LG	MG	HG	LG	MG	HG	LG	MG	HG
−100%～−50%	2	7	36	0	0	0	1	1.8	1.4	2.9	1.9	1.8
−50%～0%	66	61	32	35	43	50	39	29	18	37	29	18
0%	32	32	32	30	28	29	27	27.2	28	27	27	27
0%～50%	0	0	0	35	29	21	25	34	43	25	34	43
50%～100%	0	0	0	0	0	0	7.1	7.1	8.6	7.1	7.1	9
>100%	0	0	0	0	0	0	0.9	0.9	1	1	1	1.2

放牧活动通过改变地表植被覆盖状态直接影响 NPP 和 SC，通过改变植物蒸腾作用间接影响 WY。在中国北方草地与农牧交错带西北部，LG 和 MG 导致 SC 少量增加，WY 减

少（图 3-29 和图 3-30）。主要原因可能是这些区域以砂质土壤为主，植被以短花针茅（*Stipa breviflora* Griseb.）和戈壁针茅（*Stipa gobica* Roshev.）为主，合理的放牧强度能够刺激牧草分蘖，促进优势种生长繁茂（Liu et al.，2011）；另外，LG 和 MG 对植被覆盖度影响较小，但使得叶层高度和数量多度显著下降（陈卫民等，2005），因此，LG 和 MG 对整个研究区的 SC 影响较小。HG 对四种生态系统服务都有较大影响（图 3-29、图 3-30、表 3-5 和表 3-6）。HG 能够显著引起 NPP 和 SC 减小，以及 WY 和 WR 增大。相比其他两种放牧强度，HG 对 SC 影响最大，SC 相对变化率在–50%～0 的面积占整个中国北方草地与农牧交错带面积的 52%（RCP4.5）和 50%（RCP8.5），几乎覆盖研究区所有草地（图 3-22、图 3-29 和图 3-30）。HG 使植物生殖枝几乎全被吃掉，植物生长发育不良，原有牧草逐渐淘汰导致草地退化（Liu et al.，2011）。在 HG 情景下，研究区草地的植被覆盖度极度下降，土壤表面裸露，从而使 SC 减少。由于地表植被完全被破坏，植物蒸腾作用显著减少，因此，几乎整个研究区草地 WY 增大（图 3-29 和图 3-30）；另外，HG 会增加家畜对土壤的践踏，使土壤紧实，通气、透水性变差，从而使降水多集中在土壤表层不能下渗，形成径流（王志强等，2005）。地形和地表覆盖通过影响地表水流速度进而影响地表径流在地面停留的时间，土壤通过影响地表径流渗透量进而影响土壤水源涵养量（Sharp et al.，2016）。

3.3.3.3　未来情景下生态系统服务相关关系

本研究选取斯皮尔曼等级相关系数表征生态系统服务之间的关系。

在 RCP4.5 气候情景下，生态系统服务间的相关关系在不同放牧强度情景下基本相同，而在 RCP8.5 气候情景下，则略有差异。SC 与 WR 的关系容易受到气候变化和放牧活动的影响。在 RCP4.5 气候情景下，SC 与 WR 表现为不显著负相关；而在 RCP8.5 气候情景下，两者在 UG 和 LG 情景下表现为显著正相关，在 MG 和 HG 情景下表现为不显著正相关（表 3-7）。在不同情景下，NPP 与 SC、WY 与 WR、以及 SC 与 WY 为显著正相关；NPP 与 WY 和 WR 为显著负相关，且 NPP 与 WR 的相关系数比 NPP 与 WY 的相关系数小（表 3-7～表 3-10）。

表 3-7　UG 情景和不同气候情景下生态系统服务之间的斯皮尔曼相关系数

生态系统服务	NPP_UG	SC_UG	WY_UG	WR_UG
NPP_UG		0.49 **	–0.30 **	–0.33 **
SC_UG	0.44 **		0.12 **	–0.08
WY_UG	–0.33 **	0.34 **		0.77 **
WR_UG	–0.39 **	0.13 **	0.74 **	

＊＊表示置信度（双侧）为 0.01 时，相关性是显著的。

注：白色部分对应 RCP4.5 气候情景，灰色部分对应 RCP8.5 气候情景。

表 3-8　LG 情景和不同气候情景下生态系统服务之间的斯皮尔曼相关系数

生态系统服务	NPP_LG	SC_LG	WY_LG	WR_LG
NPP_LG		0.49 **	−0.30 **	−0.35 **
SC_LG	0.46 **		0.17 **	−0.05
WY_LG	−0.30 **	0.33 **		0.77 **
WR_LG	−0.36 **	0.14 **	0.75 **	

** 表示置信度（双侧）为 0.01 时，相关性是显著的。

注：白色部分对应 RCP4.5 气候情景，灰色部分对应 RCP8.5 气候情景。

表 3-9　MG 情景和不同气候情景下生态系统服务之间的斯皮尔曼相关系数

生态系统服务	NPP_MG	SC_MG	WY_MG	WR_MG
NPP_MG		0.48 **	−0.29 **	−0.33 **
SC_MG	0.47 **		0.16 **	−0.07
WY_MG	−0.30 **	0.31 **		0.77 **
WR_MG	−0.36 **	0.12	0.75 **	

** 表示置信度（双侧）为 0.01 时，相关性是显著的。

注：白色部分对应 RCP4.5 气候情景，灰色部分对应 RCP8.5 气候情景。

表 3-10　HG 情景和不同气候情景下生态系统服务之间的斯皮尔曼相关系数

生态系统服务	NPP_HG	SC_HG	WY_HG	WR_HG
NPP_HG		0.44 **	−0.32 **	−0.33 **
SC_HG	0.45 **		0.14 **	−0.09
WY_HG	−0.32 **	0.30 **		0.76 **
WR_HG	−0.36 **	0.10	0.75 **	

** 表示置信度（双侧）为 0.01 时，相关性是显著的。

注：白色部分对应 RCP4.5 气候情景，灰色部分对应 RCP8.5 气候情景。

3.3.3.4　未来气候变化下适宜放牧强度

畜牧业是牧民生活的主要经济来源。在未来情景下，草甸和草原是提供牲畜供给服务的主要区域，供给量几乎占整个中国北方草地与农牧交错带牲畜数量的 70%（表 3-11）。不同放牧情景下中国北方草地与农牧交错带的牲畜供给服务在 RCP4.5 气候情景下相比其在 RCP8.5 气候情景下略低，在 LG 下两者相差 51 万羊单位，在 MG 下相差 186 万羊单位，在 HG 下相差 168 万羊单位（表 3-8）。主要原因有以下两点：一方面，本研究基于未来气候情景下的潜在 NPP 空间分布设计放牧情景，在相同放牧强度下，气候因子是影响牲畜供给服务的主要因子。从图 3-21 可以看出，RCP4.5 气候情景和 RCP8.5 气候情景下的气候因子大小和空间分布格局相差不多，在中国北方草地与农牧交错带区域尺度上，未来气候变化在 RCP4.5 和 RCP8.5 情景下差异不明显。另一方面，气候因子和牲畜供给服务都具有空间异质性。降水是影响干旱半干旱区生态系统服务的关键气候因子，尽管 RCP8.5 情景下区域降水平均值比 RCP4.5 情景下的略高，但是，在牲畜供给的主要区域（如草甸、栽培作物），RCP8.5 情景下的降水却比 RCP4.5 情景下的低（图 3-21 和表 3-11）。

表 3-11　未来气候和不同放牧强度情景下牲畜供给服务

植被类型	RCP4.5/百万羊单位			RCP8.5/百万羊单位		
	LG	MG	HG	LG	MG	HG
草甸	6.8	13.7	20.5	6.36	12.8	19.2
草原	8.0	15.8	23.8	8.7	17.4	26
荒漠	0.65	1.3	1.9	0.74	1.5	2.2
灌丛	3.2	6.5	9.8	3.46	3.46	10.3
栽培植物	2.9	5.6	8.7	2.8	5.6	8.68
总计	21.55	42.9	64.7	22.06	40.76	66.38

2000 年，内蒙古牲畜数量为 5800 万羊单位；2010 年，达到 9000 万羊单位（内蒙古统计年鉴，2014）。以经济发展、牧民收益为目标，HG 在不同气候情景下都是最佳选择（表 3-8）。然而，HG 对其他生态系统服务的负面影响很大。虽然放牧强度增大使得 WY 增大，但是这会造成土壤含水量减少，对干旱区植物生长有很大影响，使得草地不能持续提供优良牧草，是不可持续的发展策略（王志强等，2005）。

为实现有序人类活动，从而减缓未来气候变化对多种生态系统服务的影响，本研究基于生态系统服务整体最大化的原则，讨论了"兼顾经济与环境"和"环境保护"目标下中国北方草地与农牧交错带的适宜放牧强度。

1）"兼顾经济与环境"目标下的适宜放牧强度

NPP、SC、WY 和 WR 都是对人类有益的生态系统服务，它们之间存在权衡与协同关系（表 3-7 ~ 表 3-10）。为尽量避免生态系统服务之间的权衡，充分利用不同空间对放牧强度不同的忍受能力，本研究以像元上生态系统服务整体最大化为原则计算适宜放牧强度。在本研究中，"兼顾经济与环境"指以提供适量畜牧产品为前提，使生态系统服务整体最大，不考虑放牧活动导致的相对不放牧情景的生态系统服务的减小。具体计算方法如式（3-5）~式（3-7）所示。

$$\text{sum}_i = \text{C\_NPP}_i + \text{C\_SC}_i + \text{C\_WY}_i + \text{C\_WR}_i \tag{3-5}$$

$$M = \max(\text{sum}_{HG}, \text{sum}_{MG}, \text{sum}_{LG}) \tag{3-6}$$

$$SG = \begin{cases} HG & M = \text{sum}_{HG} \\ MG & M = \text{sum}_{MG} \\ LG & M = \text{sum}_{LG} \end{cases} \tag{3-7}$$

式中，i 为不同的放牧强度（i = HG，MG，LG）；C_NPP、C_SC、C_WY 和 C_WR 为 NPP、SC、WY 和 WR 四种生态系统服务相对不放牧情景的变化率（%）；M 为像元不同放牧强度下生态系统服务相对变化率之和的最大值，正值表示生态系统服务整体相对不放牧情景增大，负值则相反；SG 为像元适宜放牧强度。

在"兼顾经济与环境"目标下，LG 区的空间分布最大，MG 区散布在整个研究区，主要聚集在研究区中西部，放牧活动会使得 SC、WY 和 WR 增大；HG 区较少，主要散布在干旱区紫花苜蓿种植区（图 3-22 和图 3-31）。在适宜放牧强度下，牲畜供给服务分别为 2280 万羊单位（RCP8.5）和 2350 万羊单位（RCP4.5），接近研究区 LG 情景下的牲畜供给服务量（表 3-8）。在"兼顾经济与环境"目标下，RCP4.5 气候情景和 RCP8.5 气候情景下的适宜放牧强度分布格局略有差异（图 3-31），RCP4.5 情景下 MG 区主要分布在研究区中西部和中东部，而 RCP8.5 情景下 MG 区主要分布在西北部、中北部和东北部，这种差异主要取决于研究区植被类型和未来气候因子两者空间分布格局。

2）"环境保护"目标下的适宜放牧强度

在本研究中，"环境保护"指以生态系统服务整体相对不放牧情景不减小为前提，使生态系统服务整体最大。图 3-29 和图 3-30 显示，中国北方草地与农牧交错带中北部和西部是生态系统服务对放牧活动的敏感区，即使轻度放牧也会引起生态系统服务整体减小（$M<0$），在"环境保护"目标下，这些区域应禁止放牧，对应的中国北方草地与农牧交错带适宜放牧强度的空间分布如图 3-32 所示。在"环境保护"目标下，RCP4.5 气候情景

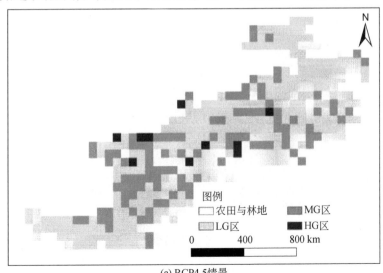

(a) RCP4.5情景

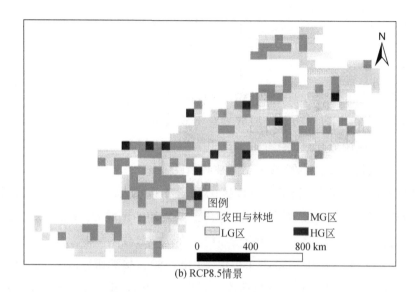

(b) RCP8.5情景

图 3-31   基于"兼顾经济与环境"的中国北方草地与农牧交错带适宜放牧强度

和 RCP8.5 气候情景下的适宜放牧强度分布格局有一定差异（图 3-32），主要体现在研究区中北部和东南部，在这些区域，植被类型以草原为主，RCP8.5 情景下，降水相比RCP4.5 情景下降水略高。HG 区零星分布在研究区西北部干旱区和中部，这些区域以栽培紫花苜蓿为主（图 3-22 和图 3-32），紫花苜蓿是一种优质牧草，主要用作牲畜饲料，采用重度放牧方式不仅能够充分利用其价值，还能够减少水分流失，使当地生态系统服务整体有所提高。

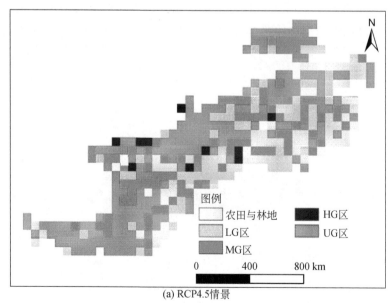

(a) RCP4.5情景

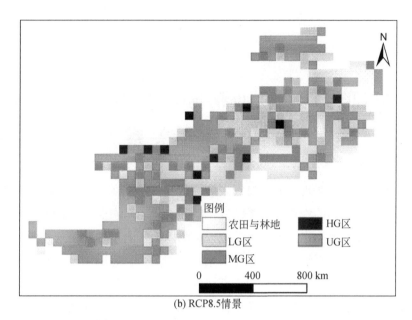

(b) RCP8.5情景

图 3-32   基于"环境保护"的中国北方草地与农牧交错带适宜放牧强度的空间分布

在"环境保护"目标的适宜放牧强度下，牲畜供给服务为 800 万羊单位（RCP4.5）和 8.3 百万羊单位（RCP8.5），几乎为"兼顾经济与环境"目标下羊单位的三分之一，大大少于当前牲畜饲养量，很难保障当地居民对畜牧产品的需求，因此，当地政府必须进行经济发展和环境保护之间的权衡，调整产业结构，使大部分牧民转向其他产业。

3.3.4   小结

本节探讨了未来不同气候情景下，"兼顾经济与环境"和"环境保护"目标下中国北方草地与农牧交错带的适宜放牧强度，同时兼顾多种生态系统服务的需求，对于理解未来气候变化和人类活动对生态系统服务的影响，制定区域适应性措施具有重要的指导意义。

气候变化和放牧活动均会影响中国北方草地与农牧交错带生态系统服务大小及相互关系。除气候因子和人类活动之外，地表覆盖因子、土壤因子以及地形因子等也会显著影响生态系统服务。其中，气候因子与地表覆盖因子随时间变化，是决定生态系统服务变化的重要原因。气候因子一方面是很多生态系统服务变化的直接驱动力；另一方面，通过改变生态系统的结构和空间格局间接影响生态系统服务的供给。土壤因子、地形因子以及其他不易随时间变化的因子，也可能对生态系统服务空间格局产生较大影响，如当降雨强度增加量相同时，坡度较高的区域比平地更易使 SC 增大。因此，基于生态系统服务指导人类活动应充分利用不同空间对人类活动强度不同的忍受能力，以生态系统服务整体最大化为原则，尽可能减少生态系统服务之间不必要的权衡，有效指导区域适应未来气候变化。

第4章 农业景观格局与生态系统服务的定量关系

农业生态系统服务是实现区域可持续发展的重要基础。在过去几十年，由于人类活动和气候变化的影响，中国的农业生态系统发生剧烈变化，对农业生态系统服务产生重要影响，国家粮食安全和农业生态系统的可持续性面临巨大压力。因此，开展农业生态系统服务的评估，厘清农业生态系统服务间作用关系及其驱动力，有助于推动农业生态系统的优化和管理，对于实现粮食安全和农业生态系统的可持续发展具有重要意义。

本章从多尺度、多方法和多维度角度对中国和中国北方农牧交错带农业生态系统服务的时空格局、作用关系和驱动力进行分析。

4.1 中国农业生态系统服务的动态变化与驱动力分析

已有研究表明，气候变化和管理措施是影响农业生态系统服务的主要驱动力，并且两者对农业生态系统服务的影响存在显著的空间异质性。在气候变化背景下，对不同尺度下的农业管理措施进行针对性调整，能够提高农业生态系统的气候适应性，减轻其对环境的负面影响，这对于实现中国的粮食安全和农业生态系统的可持续性至关重要。

中国人口众多，为了促进粮食产量增加以保证粮食安全，农业集约化生产将进一步提高，这将会加剧对脆弱的农业生态系统的影响。已有研究对影响中国粮食产量的气候和管理因子进行了分析，然而，很少有研究在全国尺度上对其他农业生态系统服务的动态变化和驱动力进行探究。在不同尺度下，农业生态系统服务的时空格局、作用关系和主导因子会如何变化？厘清农业生态系统服务间的作用关系以及气候和管理因子对农业生态系统服务的影响机理，能够推动农业生态系统的优化和管理。为了回答上述问题，本研究的目标是：①分析1980~2010年不同尺度下农业生态系统服务的变化趋势；②评价驱动因子在农业生态系统服务变化中的贡献率；③探究不同尺度下农业生态系统服务的主导影响因子。

4.1.1 研究区概况

4.1.1.1 全国尺度

从气候特点来看，1980～2010年中国的平均降水量为573.13mm，空气湿度接近60%，平均风速为2.29m/s，平均最高温度和平均最低温度分别是15.22℃和3.01℃，太阳辐射量达到5657.83MJ/m²。2010年，全国的土地利用类型以草地为主，占全国土地利用面积的31.6%，而耕地的占比为18.8%（图4-1）。中国的平均海拔高度为1841.6m，高值区主要集中在我国的西北部，坡度的高值区分布在我国的西北部和西南部，平均坡度为5.49%。在全国尺度上，灌区占比超过17%，土壤类型以壤土（50.5%）为主。

4.1.1.2 气候区尺度

中国跨越四个气候区，包括热带–亚热带季风区、温带季风区、西北干旱区和青藏高原高寒区（图4-2）。气候区的划分标准是基于区域的温度和年降水量（张家诚和林之光，1985）。在不同的气候区，气候变化显著，会对作物生长产生异质性影响（Zhang et al.，2015）。4个气候区中，青藏高原高寒区海拔最高，太阳辐射量也相对较高，超

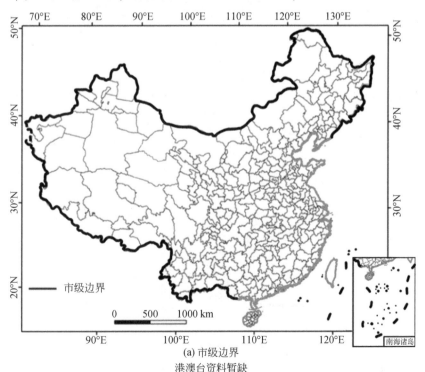

(a) 市级边界

港澳台资料暂缺

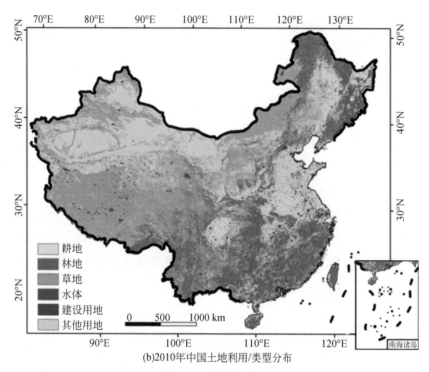

(b)2010年中国土地利用/类型分布

图 4-1　研究区概况

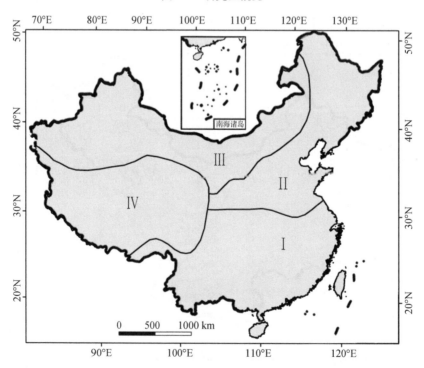

图 4-2　中国气候区的划分

Ⅰ 为热带-亚热带季风区；Ⅱ 为温带季风区；Ⅲ 为西北干旱区；Ⅳ 为青藏高原高寒区

过 6000MJ/m²。热带-亚热带季风区的降水充沛而太阳辐射量较低。从最高温和最低温来看，热带-亚热带季风区的温度最高，青藏高原高寒区的温度最低，多年平均最低温低于 -3℃。空气相对湿度在热带-亚热带季风区较高（76.1%），在西北干旱区和青藏高原高寒区较低。就风速而言，除热带-亚热带季风区较低外（小于 2m/s），其他三个气候区风速差别不大（图4-3）。

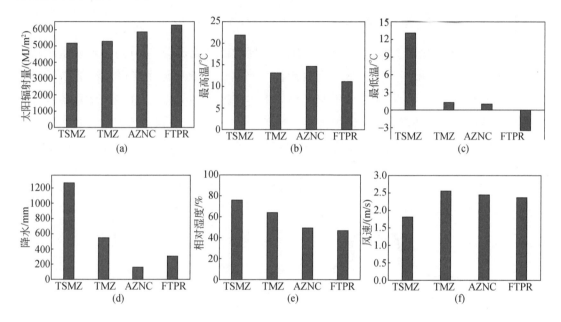

图4-3　不同气候区气候要素的多年平均值（1980~2010 年）

热带-亚热带季风区（TSMZ）、温带季风区（TMZ）、西北干旱区（AZNC）、青藏高原高寒区（FTPR）

从土地利用类型的分布来看，热带-亚热带季风区的主要土地利用类型为林地（52.93%），而温带季风区以耕地（42.29%）为主。西北干旱区以其他用地为主（49.53%），其次是草地（36.83%），两者占整个区域面积的 86.36%。青藏高原高寒区以草地为主，其面积比例超过 60%（表4-1）。在气候区尺度，除青藏高原高寒区以砂壤土为主外，其他区域均以壤土为主。在 4 个气候区，青藏高原高寒区的海拔（4523m）和坡度（8.19%）均最高，灌区主要集中在热带-亚热带季风区和温带季风区，灌区比例均超过 30%。

表4-1　不同气候区对应的土地利用类型面积百分比　　　　　　　（单位:%）

气候区	耕地	林地	草地	水域	建设用地	其他用地
热带-亚热带季风区	28.54	52.93	12.05	2.98	2.65	0.85
温带季风区	42.29	31.04	15.48	2.53	5.49	3.17

续表

气候区	耕地	林地	草地	水域	建设用地	其他用地
西北干旱区	7.1	4.05	36.83	1.86	0.64	49.52
青藏高原高寒区	0.73	6.37	62.03	4.29	0.08	26.50

4.1.1.3 粮食主产区尺度

基于 2010 年《全国主体功能区划》（国家发展和改革委员会，2015），粮食主产区主要包括七个区域：甘肃新疆主产区、河套灌区主产区、东北平原主产区、汾渭平原主产区、黄淮海平原主产区、长江流域主产区和华南主产区（图 4-4）。这些区域具备良好的农业生产条件，主要功能定位是保护耕地，提高作物生产能力，保障国家的粮食生产和粮食安全，因此，在国土空间开发中应限制该区域大规模、高强度的工业化和城市化发展。

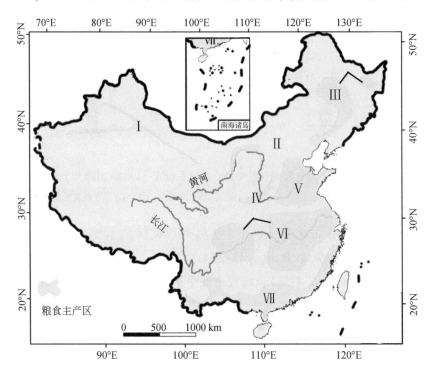

图 4-4 粮食主产区空间分布

Ⅰ 为甘肃–新疆主产区；Ⅱ 为河套平原主产区；Ⅲ 为东北平原主产区；Ⅳ 为汾渭平原主产区；
Ⅴ 为黄淮海平原主产区；Ⅵ 为长江流域主产区；Ⅶ 为华南主产区

2010 年，粮食主产区的耕地面积占全国耕地面积的 48.6%。其中，东北平原主产区、汾渭平原主产区、黄淮海平原主产区和长江流域主产区的土地利用类型以耕地为主，分别占各区域面积的 57%、57.37%、70.76% 和 49.65%。甘肃-新疆主产区以其他用地（60.08%）为主，河套平原以草地（35.54%）为主，而在华南平原主产区，超过一半的区域被林地（60.74%）所覆盖（表 4-2）。

表 4-2 不同主产区对应的土地利用类型面积百分比　　　　（单位：%）

粮食主产区	耕地	林地	草地	水域	建设用地	其他用地
甘肃-新疆主产区	11.72	3.27	22.5	1.71	0.72	60.08
河套平原主产区	25.74	4.04	35.54	3.33	5.29	26.06
东北平原主产区	57.00	17.00	10.00	5.00	5.00	6.00
汾渭平原主产区	57.37	15.95	19.77	1.4	5.34	0.17
黄淮海平原主产区	70.76	4.71	6.24	3.22	14.59	0.48
长江流域主产区	49.65	35.56	4.22	5.66	4.66	0.25
华南主产区	23.05	60.74	10.64	2.36	3.13	0.08

七个粮食主产区的气候特点存在显著空间差异，河套平原主产区的太阳辐射量最高，达到 6115.2MJ/m²，而长江流域主产区太阳辐射量最低，小于 5000MJ/m²。华南平原主产区的温度最高，东北平原的温度最低，其多年平均最低温甚至低于 0℃。各主产区相对湿度差异明显，长江流域主产区和华南平原主产区，相对湿度均超过 75%，河套平原主产区和甘肃-新疆主产区的相对湿度低于 50%。七个主产区的风速均小于 3m/s，其中东北平原主产区的风速最高而长江流域主产区的风速最低（图 4-5）。

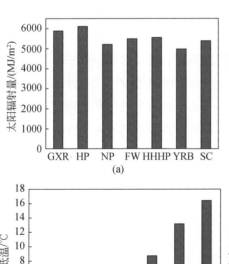
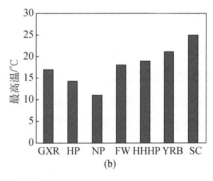
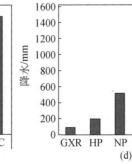

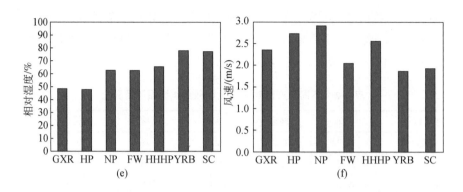

图 4-5　粮食主产区气候要素的多年平均值（1980～2010 年）

甘肃-新疆主产区（GXR）、河套平原主产区（HP）、东北平原主产区（NP）、汾渭平原主产区（FW）、

黄淮海平原主产区（HHHP）、长江流域主产区（YRB）、华南主产区（SC）

在粮食主产区尺度，除华南平原主产区以黏土为主外，其他主产区的土壤类型以壤土为主。对于海拔高度和坡度而言，河套灌区的海拔最高（1252.9m），粮食主产区的平均坡度均小于 6%，其中以黄淮海平原主产区的坡度最小。灌区主要集中在黄淮海平原和长江流域，其中以黄淮海平原灌溉比例最高，达到 78%。

4.1.2　材料与方法

4.1.2.1　数据

本研究主要采用三类数据：站点数据、空间数据和统计数据。其中，站点数据包括气象数据和作物生育期数据；空间数据主要包括中国 DEM 数据、作物种植区和面积数据、灌溉区分布数据、土壤数据、气候区数据、粮食主产区边界数据和基础地理信息数据；统计数据包括施肥数据和作物单产统计数据。本研究所需数据如表 4-3 所示。

表 4-3　本研究所需数据

数据类型		分辨率	数据获取时间	数据源
站点数据	气象数据	天	1980～2010 年	国家气象信息中心
	作物生育期数据		1980～2010 年	国家气象信息中心和中国种植业信息网
空间数据	中国 DEM 数据	90m×90m	2003 年	资源环境科学与数据中心
	作物种植区和面积数据	10km×10km	1980 年、1990 年、2000 年、2010 年	中国农业科学院农业资源与农业区划研究所

续表

数据类型		分辨率	数据获取时间	数据源
空间数据	灌溉区分布数据	10km×10km	2005 年	联合国粮食及农业组织
	土壤数据	10km×10km	2009 年	黑河计划数据管理中心
	气候区数据			张家诚和林之光（1985）
	粮食主产区边界数据		2010 年	中国主体功能区划
	基础地理信息数据			原国家测绘地理信息局
统计数据	施肥数据	市级行政单元尺度	1980～2010 年	省级统计年鉴
	作物单产统计数据	市级行政单元尺度	1980～2010 年	省级统计年鉴

1）气象数据

EPIC 模型运行所需的气象数据主要包括太阳辐射（MJ/m²）、最高温（℃）、最低温（℃）、降水（mm）、相对湿度（%）和风速（m/s）6 个变量。本研究所需的 1980～2010 年的日值气象数据来源于国家气象信息中心的 818 个气象站点（图 4-6）。在所有站点中，由于多数站点缺少太阳辐射量观测值，因此采用 Angstrom（1924）提供的公式，利用日照时数、日期、站点纬度计算太阳辐射量：

$$R_{s} = \left(a_{s} + b_{s}\frac{n}{N} \right)R_{a} \tag{4-1}$$

式中，R_{s} 为太阳辐射量 [MJ/(m²·d)]；n 为日照时数（h）；N 为白昼时间（h）；R_{a} 为地外辐射量 [MJ/(m²·d)]；a_{s} 和 b_{s} 为回归系数，表示地外辐射到达地球表面的比例，晴朗天气下用 $a_{s}+b_{s}$ 表示（$n=N$），多云天气下用 a_{s} 表示（$n=0$）。

$$R_{a} = \frac{24(60)}{\pi}G_{sc}d_{r}\left[\omega_{s}\sin(\varphi)\sin(\delta) + \cos(\varphi)\cos(\delta)\sin(\omega_{s}) \right] \tag{4-2}$$

$$d_{r} = 1 + 0.033\cos\left(\frac{2\pi}{365}J \right) \tag{4-3}$$

$$\delta = 0.409\sin\left(\frac{2\pi}{365}J - 1.39 \right) \tag{4-4}$$

$$\omega_{s} = \arccos\left[-\tan(\varphi)\tan(\delta) \right] \tag{4-5}$$

$$N = \frac{24}{\pi}\omega_{s} \tag{4-6}$$

式中，R_{a} 为地外辐射量 [MJ/(m²·d)]；G_{sc} 为日辐射常数；d_{r} 为太阳–地球相对距离的倒数；ω_{s} 为日落方位角（rad）；φ 为观测站点纬度（rad）；δ 为太阳磁偏角（rad）；J 为一年中的日序数，介于 1～365 或 1～366；N 为白昼时间（h）；a_{s} 和 b_{s} 会随大气条件和太阳赤纬角而发生变化，在本研究中 $a_{s}=0.25$，$b_{s}=0.5$。

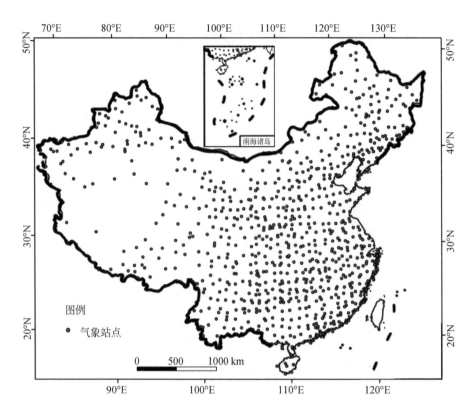

图 4-6　气象站点分布

港澳台资料暂缺

为获取每个栅格像元的气象数据，本研究利用 ArcGIS 软件中的克里金插值法对 818 个气象站点进行空间插值，空间分辨率为 10km×10km。在此基础上，利用 MATLAB 程序建立对应每个像元点的气象数据库 .dly 文件，文件格式如表 4-4 所示。

表 4-4　气象数据示例

日期/年-月-日	太阳辐射 /（MJ/m²）	最高温 /℃	最低温 /℃	降水 /mm	相对湿度 /%	风速 /（m/s）
1980-1-1	4.0	−29.8	−42.3	0.4	65.4	2.1
1980-1-2	4.5	−26.3	−36.1	0.4	63.2	2.0
1980-1-3	2.3	−25.0	−40.9	0.2	68.0	3.0
1980-1-4	4.7	−25.2	−40.4	0.1	61.5	2.8
1980-1-5	4.7	−26.7	−43.1	0	60.6	3.7
1980-1-6	3.2	−23.6	−30.8	0.1	58.6	3.9
1980-1-7	4.8	−21.2	−35.2	0.1	56.5	2.4

续表

日期/年-月-日	太阳辐射 /(MJ/m²)	最高温 /℃	最低温 /℃	降水 /mm	相对湿度 /%	风速 /(m/s)
1980-1-8	5.1	−28.9	−45.1	0	60.3	1.8
1980-1-9	4.0	−25.6	−44.3	0	63.2	2.2
1980-1-10	2.2	−17.4	−25.9	0	65.4	3.0
1980-1-11	4.8	−27.9	−44.0	0	68.9	2.3
1980-1-12	4.5	−35.2	−48.4	0.5	67.4	1.9
1980-1-13	2.7	−20.8	−45.4	0.2	66.5	2.2
1980-1-14	3.8	−19.9	−33.5	0.1	63.2	2.2
1980-1-15	5.3	−25.2	−37.8	0	61.5	2.0
1980-1-16	2.9	−16.5	−25.5	0	65.6	2.8
1980-1-17	5.3	−18.9	−36.2	0	68.7	1.9
1980-1-18	5.4	−21.1	−37.4	1.2	69.8	1.7
1980-1-19	5.6	−21.4	−38.9	0.2	66.3	1.3
1980-1-20	5.9	−15.1	−35.5	0.3	61.5	2.4
1980-1-21	5.8	−15.1	−34.5	0.6	63.5	1.9
1980-1-22	4.1	−15.6	−31.5	0.1	69.4	1.6
1980-1-23	5.9	−13.9	−32.1	0.5	68.9	1.8
1980-1-24	6.1	−16.4	−33.0	0.1	67.4	1.1
1980-1-25	5.8	−20.2	−18.9	0	69.6	1.7
1980-1-26	3.4	−14.5	−29.9	0	81.2	2.2
1980-1-27	3.4	−14.4	−29.7	0	72.3	2.7
1980-1-28	3.0	−15.4	−36.3	0.6	75.4	3.9
1980-1-29	6.3	−15.8	−33.7	0.8	70.9	4.0
1980-1-30	5.1	−16.2	−35.3	0	65.4	3.5
1980-1-31	6.6	−17.1	−34.8	0.5	66.5	2.4
1980-2-1	5.7	−17.5	−31.1	0.3	67.8	4.2
……	……	……	……	……	……	……

2）作物生育期数据

作物生育期数据主要包括作物播种日期和收获日期，它们是作物模型中重要的输入参数。作物生育期数据来源于国家气象信息中心的 589 个农气站点（图4-7），以此获取对应市域范围内小麦、玉米、水稻和大豆四种作物的播种日期和收获日期（图4-8）。由于缺乏像元尺度上的作物生育期数据，本研究假定市域范围内同种作物的生育期一致。

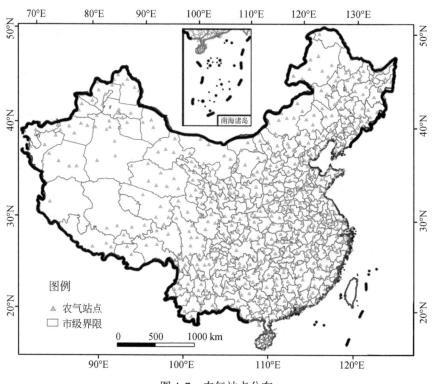

图 4-7 农气站点分布

港澳台资料暂缺

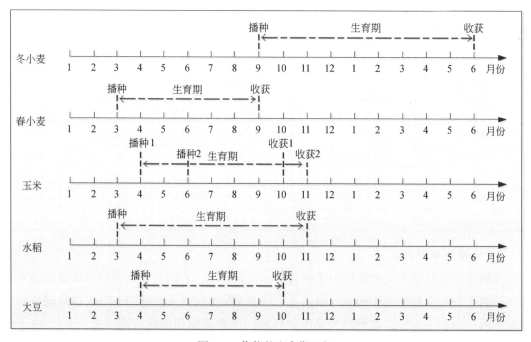

图 4-8 作物的生育期区间

3）土壤数据

土壤数据集来源于黑河计划数据管理中心，空间分辨率为 10km×10km（图 4-9），数据格式为栅格。在 EPIC 模型中，对应每种土壤类型需要建立一个 .sol 格式的文件，主要包含土壤总体参数和土壤剖面属性两套参数。土壤总体参数用来描述土壤的一般属性信息，包含土壤反照率、土层数、田间持水量等 11 个参数；土壤剖面属性数据表示土壤的物理属性和化学属性，包含土层厚度、土壤容重、砂砾含量、黏粒含量等 21 个参数。在本研究中，除土壤反照率、土层厚度、堆积密度、萎蔫系数、田间持水量、砂粒含量、粉粒含量、土壤 pH、盐基饱和度、有机碳浓度、碳酸钙含量、阳离子交换能力、砾石含量外，其他缺乏的土壤参数均采用 EPIC 模型的默认值，详细的土壤参数见表 4-5。

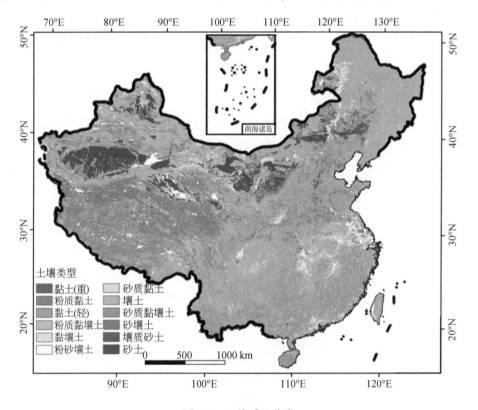

图 4-9　土壤质地分类

表 4-5　土壤属性数据

字段	英文名称	中文名称	单位
SALB	soil albedo	土壤反照率	—
Z	depth to bottom of layer	土壤厚度	m
BD	bulk density	土壤容重	t/m^3

续表

字段	英文名称	中文名称	单位
UW	soil water content at wilting point	萎蔫系数	m/m
FC	field capacity	田间持水量	m/m
SAN	% sand	砂粒含量	%
SIL	% silt	粉粒含量	%
PH	soil pH	土壤 pH	—
SMB	base saturation percentage	盐基饱和度	cmol/kg
WOC	organic carbon concentration	有机碳浓度	%
CAC	calcium carbonate content	碳酸钙含量	%
CEC	cation exchange capacity	阳离子交换能力	cmol/kg
ROK	coarse fragment content	砾石含量（体积）	%

4）地形参数数据

在 EPIC 模型中，需要输入的地表参数主要包括高程（m）和地形坡度（%）。高程和坡度数据由来源于资源环境科学与数据中心的 DEM 数据生成，分辨率为 90m×90m，数据格式为栅格（图 4-10）。在 ArcGIS 中，利用重采样工具将数据重采样为 10km×10km，保证与其他数据分辨率一致。

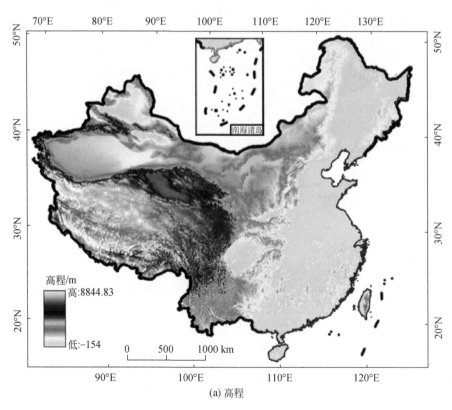

(a) 高程

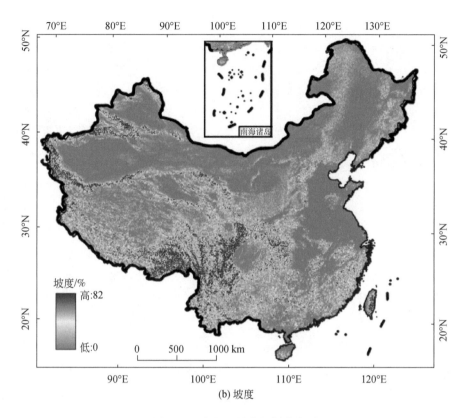

(b) 坡度

图 4-10　高程和坡度空间分布图

5）作物分布数据

作物分布数据来自中国农业科学院农业资源与农业区划研究所（Liu et al., 2015），数据格式为栅格，空间分辨率为 10km×10km，包括 1980 年、1990 年、2000 年和 2010 年四期数据（图 4-11）。作物分布数据表征的是小麦、玉米、水稻和大豆四种作物在区域上的空间分布和每个像元内的种植面积。

6）作物生长管理数据

作物生长管理数据主要包括施肥数据和灌溉数据。施肥数据是指氮肥施用率，可根据氮肥总量和农作物种植面积进行计算，本研究假定每个市域范围内的作物分布区具有相同的施肥率。农田灌区分布数据来源于联合国粮食及农业组织（Siebert et al., 2013），数据分辨率为 10km×10km，数据格式为栅格，包含网格内灌溉区域的比例（图 4-12）。为了减少数据误差，灌溉比例超过 10% 的网格设置为灌区，其他区域则设为雨养区（Neumann et al., 2011）。由于缺乏不同区域的灌溉制度，在 EPIC 模型中，灌区采用自动灌溉选项，雨养区则不进行设定。本研究假定当地农民在灌溉水量和灌溉时间安排上具有良好经验，当水分胁迫低于特定值时，灌溉操作将会自动发生（Sharpley and Williams, 1990）。

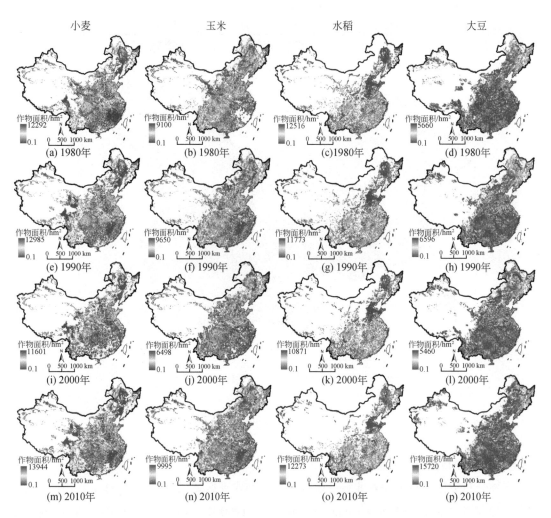

图 4-11　1980～2010 年小麦、玉米、水稻和大豆的空间分布格局

港澳台资料暂缺

7）统计产量数据

作物产量统计数据是指在市级行政单元尺度上小麦、玉米、水稻和大豆的作物单产，数据来源于各省统计年鉴，时间尺度为 1980～2010 年。作物单产统计数据主要用来进行作物模型的校正和验证。通过模型校正，实现作物生长参数的本地化，通过模型验证，确定模型模拟性能的可靠性。

4.1.2.2　EPIC 模型

EPIC 是一个作物系统性模型，在 20 世纪 80 年代由美国得克萨斯农工大学黑土地研究中心和美国农业部草地、土壤和水分研究所共同研究开发而成，最初用来定量评价土壤侵

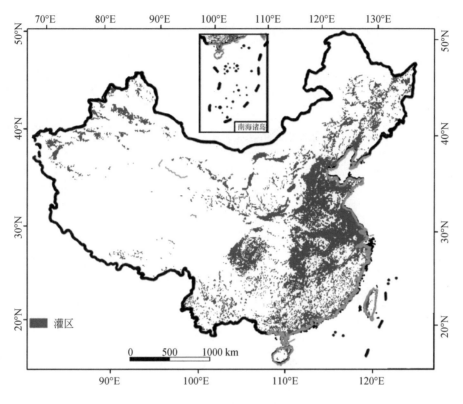

图 4-12 灌区空间分布图

蚀对生产力的影响（Williams，1990）。该模型自首次发表以来，经过广泛验证和多次完善，目前主要包括作物生长、水文、土壤温度、土壤侵蚀、耕作等几个模块（图 4-13），并广泛应用于粮食估产（Qiao et al.，2018）、土壤侵蚀模拟（Putman et al.，1988）、碳–氮循环（Izaurralde et al.，2006）、气候变化影响（Qiao et al.，2017）等多个领域。

EPIC 是一个站点模型，主要在农田、农场或者小流域尺度上开展研究，在模拟过程中，假定气候、土壤、农业管理措施等输入变量在空间上是均一的。将 ArcGIS 和 EPIC 模型结合起来，则可以实现作物模型的区域模拟，反映不同区域气候和农业管理措施的变化对粮食产量、土壤侵蚀、氮淋失等的异质性影响（图 4-14）。在本研究中，EPIC（0509）模型主要用来对粮食产量、土壤有机碳、氮淋失（负向定义为生态系统服务）、土壤风蚀（负向定义为生态系统服务）和土壤水蚀（负向定义为生态系统服务）五种农业生态系统服务进行模拟。

1）作物生长模块

在 EPIC 模型中，作物产量可以通过地上生物量和收获指数进行计算（图 4-15），计算公式如下：

$$YLD = HIA \times B_{AG} \qquad (4-7)$$

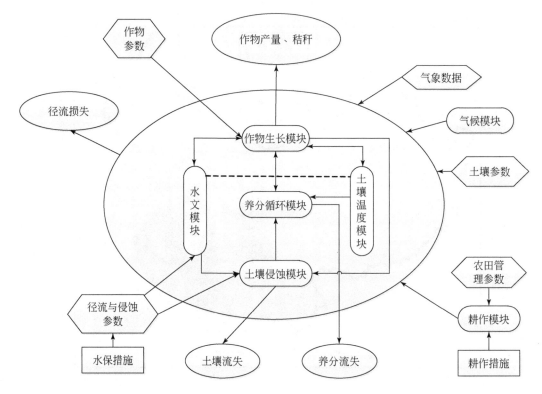

图 4-13　EPIC 模型的组成模块与结构

资料来源：范兰等，2012

式中，YLD 为可以从田间收获的经济产量（kg/hm²）；HIA 为水分胁迫下的收获指数；B_{AG} 为地上生物量（kg/hm²）。在无胁迫状态下，收获指数从 0（播种）开始呈非线性增加，达到成熟期时的潜在最大值。在水分胁迫下，收获指数逐渐下降，可以用以下公式进行计算（Williams et al.，1989）：

$$HIA_i = HIA_{i-1} - H_i \left[1 - \frac{1}{1 + WSYF \times FHU_i(0.9 - WS_i)} \right] \tag{4-8}$$

式中，H_i 为的潜在收获指数；FHU 为作物生长因子，它随作物生长阶段而变化；WSYF 为干旱敏感参数；WS 为水分胁迫因子；i 为天数。

潜在生物量的日增加值利用以下公式进行计算（Monteith and Moss，1977）：

$$\Delta B_{p,i} = 0.001 \times WA \times PAR_i \tag{4-9}$$

式中，$\Delta B_{p,i}$ 为第 i 天潜在增加的生物量（kg/hm²）；WA 为能量-生物能转换系数；PAR_i 为第 i 天截获的光合有效辐射 [MJ/（m²·d）]，可以用以下公式进行计算（Monsi，1953）：

$$PAR_i = 0.5 RA_i (1 - e^{-0.65 LAI_i}) \tag{4-10}$$

式中，RA 为太阳辐射量（MJ/m²）；LAI 为叶面积指数。

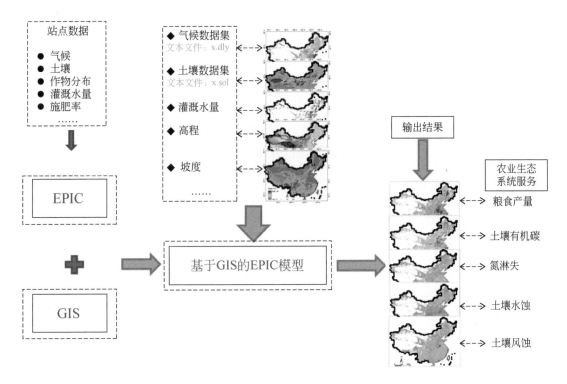

图 4-14　基于 GIS 的 EPIC 模型框架结构

叶面积指数是作物生长阶段、积温和作物胁迫的函数，从出苗到叶面积下降的过程中，叶面积可由下述公式进行计算：

$$\mathrm{LAI}_i = \mathrm{LAI}_{i-1} + \Delta\mathrm{LAI} \tag{4-11}$$

$$\Delta\mathrm{LAI} = (\Delta\mathrm{HUF})(\mathrm{LAI}_{\max})\left[1 - \exp\left[5.0 \times (\mathrm{LAI}_{i-1} - \mathrm{LAI}_{\max})\right]\right]\sqrt{\mathrm{REG}_i} \tag{4-12}$$

$$\mathrm{HUF}_i = \frac{\mathrm{HUI}_i}{\mathrm{HUI}_i + \exp\left[\mathrm{ah}_{j,1} - (\mathrm{ah}_{j,2})(\mathrm{HUI}_i)\right]} \tag{4-13}$$

式中，LAI_i 为第 i 天的叶面积；$\Delta\mathrm{LAI}$ 为每天的叶面积增加值；$\Delta\mathrm{HUF}$ 为积温因子每天的变化；$\mathrm{LAI}_{\max}$ 为叶面积指数的最大值；REG_i 为在第 i 天胁迫因子最小值；$\mathrm{ah}_{j,1}$ 和 $\mathrm{ah}_{j,2}$ 为不同的作物参数。

从叶面积下降到最终生长季结束，叶面积指数计算方法如下：

$$\mathrm{LAI} = \mathrm{LAI}_0 \left(\frac{1 - \mathrm{HUI}_i}{1 - \mathrm{HUI}_0}\right)^{\mathrm{ad}_j} \tag{4-14}$$

式中，HUI_0 为叶面积下降初始对应的积温；ad_j 为调控作物 j 叶面积下降率的参数。

当环境胁迫（温度、水分、氮、磷和通气性）出现时，第 i 天实际增加的生物量（$\Delta B_{\mathrm{a},i}$）为

$$\Delta B_{\mathrm{a},i} = \Delta B_{p,i} \times Y_{\mathrm{reg},i} \tag{4-15}$$

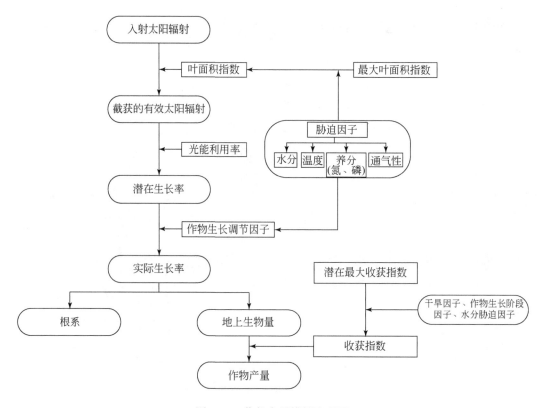

图 4-15　作物产量模拟流程图

式中，$\Delta B_{p,i}$ 为实际增加的生物量（kg/hm²）；γ_{reg} 为最小胁迫因子。

从作物种植到收获期间，总的地上生物量可以通过以下公式进行估算：

$$B_{AG} = \sum_{i=1}^{N} \Delta B_{a,i} \tag{4-16}$$

式中，B_{AG} 为总的地上生物量（kg/hm²）；N 为作物播种日期到收获日期的总天数。

2）土壤水蚀模块

在 EPIC 模型中，土壤水蚀主要由降水、径流和灌溉引起。针对降水和径流引起的土壤水蚀，EPIC 模型提供了三种方法来进行计算：USLE 方程（Wischmeier and Smith，1978）、MUSLE 方程（Williams，1975）和 Onstad-Foster 修正的 USLE 方程（Onstad and Foster，1975）。在这三种计算方法中，除了导致水蚀的侵蚀能量因子不同外，其他部分均一致。USLE 方程中侵蚀能量因子主要取决于降水，并且仅可以预测一年的总产沙量。相比较而言，MUSLE 方程利用径流来模拟土壤水蚀和产沙量，取消了泥沙输移比（在 USLE 中用来计算产沙量）的需求，可计算每次侵蚀发生所产生的泥沙量，提高了模拟精度。Onstad 和 Foster（1975）则将 USLE 和 MUSLE 两种方法结合起来，使得模拟精度更高。土壤水蚀计算公式如下：

$$Y = \chi \times K \times CE \times PE \times LS \times ROKF \tag{4-17}$$

$$\chi = EI \quad USLE \ 方程 \tag{4-18}$$

$$\chi = 11.8 \ (Q^* \cdot q_p)^{0.56} \quad MUSLE \ 方程 \tag{4-19}$$

$$X = 0.646EI + 0.45 \ (Q \cdot q_p^*)^{0.33} \quad Onstad\text{-}Foster \tag{4-20}$$

式中，Y 为产沙量（t/hm²）；K 为土壤可蚀性因子；CE 为作物管理因子；PE 为侵蚀控制因子［稻田 PE = 0.01，其他类型 PE = 0.4（Li et al., 2011）］；LS 为坡长和坡度因子；ROKF 为粗糙度因子；EI 为降雨动能因子；Q^* 为径流量（m³）；Q 为径流量（mm）；q_p 为峰值径流率（m³/s）；q_p^* 为峰值径流流量（mm/h）。其中，LS 计算方法如下（Wischmeier and Smith, 1978）：

$$LS = \left(\frac{\lambda}{22.1}\right)^{\zeta} (65.41S^2 + 4.56S + 0.065) \tag{4-21}$$

式中，S 为地面坡度（m/m）；λ 为坡长；ζ 为基于坡度的一个参数，随坡度而变化，可由以下方程进行计算：

$$\zeta = 0.3S/[S + \exp(-1.47 - 61.09S)] + 0.2 \tag{4-22}$$

径流发生时，作物管理因子（CE）可由以下公式进行计算：

$$CE = \exp[(\ln 0.8 - \ln CE_{mn,j}) \exp(-1.15CV) + \ln CE_{mn,j}] \tag{4-23}$$

式中，$CE_{mn,j}$ 为作物 j 的最小管理因子［本研究中 $CE_{mn,j}$ 最小值为 0.47（Zhang et al., 2008）］；CV 为土壤覆被（地上生物量和作物残留的总和）（t/hm²）。

土壤可蚀性因子（K）由表层土壤计算得到：

$$K = [0.2 + 0.3\exp[-0.0256SAN(1 - SIL/100)]] \left(\frac{SIL}{CLA + SIL}\right)^{0.3}$$

$$\cdots\cdots \left(1.0 - \frac{0.25C}{C + \exp(3.72 - 2.95C)}\right) \tag{4-24}$$

$$\cdots\cdots \left(1.0 - \frac{0.7SN_1}{SN_1 + \exp(-5.51 + 22.9SN_1)}\right)$$

$$SN_1 = 1 - SAN/100 \tag{4-25}$$

式中，SAN、SIL、CLA 和 C 分别为砂粒、粉粒、黏粒和土壤有机碳含量（%）。K 只能在 0.1～0.5 变化，粗砂含量越高，K 越低；砂粒含量越低，K 越高。

在降水量的时间分布缺乏的条件下，Q 和 q_p 可以基于径流模型来进行计算，它假定降水量随时间呈指数形式变化（Sharpley and Williams, 1990）。粗糙度因子（ROKF）计算公式如下（Simanton et al., 1984）：

$$ROKF = \exp(-0.03ROK) \tag{4-26}$$

式中，ROK 为表层土壤中粗碎屑的比例。

农田灌溉引起的土壤水蚀主要利用 MUSLE 方程（Williams, 1975）计算：

$$Y = 11.8 \times (Q^* q_p)^{0.56} K \times CE \times PE \times LS \tag{4-27}$$

式中，CE 为常数 0.5，径流量可通过灌溉水量和灌溉–径流比例计算，每一条田沟的径流量峰值通过 Manning 方程来进行计算，假定灌溉水深是田垄高度的 75%，田沟是三角形的。如果农田中无沟和垄，则每米宽的区域径流量峰值设为 0.001 89m³/s。

3）土壤风蚀模块

在 EPIC 模型中，土壤风蚀方程由 Cole 等（1983）修正而来，其最初形式如下：

$$WE = f(I, WC, WK, WL, VE) \tag{4-28}$$

式中，WE 为土壤风蚀量（t/hm²）；I 为土壤可蚀性指数（t/hm²）；WC 为气候因子；WK 为田脊粗糙度因子；WL 为盛行风向的地块长度（mm）；VE 为植被覆盖量（kg/hm²）。土壤风蚀方程最初用来预测年平均风蚀量，经过修正后，它使得 EPIC 模型可以模拟每天的土壤风蚀量。土壤可蚀性因子和气候因子在一年中保持固定不变。土壤可蚀性指数可通过土壤质地参数来进行计算，它反映由耕作和侵蚀导致的土壤表面质地的变化。气候因子可由 Thronthwaite 降水–蒸散发指数（Thornthwaite，1931）进行计算：

$$WC = \frac{386V^3}{\left[\sum\limits_{i=1}^{12} 10 (R-E)_i\right]^2} \tag{4-29}$$

$$10(R-E) = 115 \left(\frac{R/25.4}{1.8T+22}\right)^{10/9} \quad R \geqslant 12.7 \text{ mm}, T \geqslant -1.7℃ \tag{4-30}$$

式中，V 为年均风速（m/s）；R、E、T 分别为第 i 月降水（mm）、蒸散发（mm）、温度（℃）的平均值。

田垄粗糙度是垄高和垄宽的函数，具体公式如下：

$$KR = \frac{4000HR^2}{IR} \tag{4-31}$$

式中，KR 为田垄粗糙度（mm）；HR 为垄高（m）；IR 为垄宽（m）。田垄粗糙度因子可由田垄粗糙度计算而来：

$$WK = 1 \quad KR < 2.27 \tag{4-32}$$

$$WK = 1.125 - 0.153\ln(KR) \quad 2.27 \leqslant KR < 89 \tag{4-33}$$

$$WK = 0.336\exp(0.00324KR) \quad KR \geqslant 89 \tag{4-34}$$

由于缺乏瞬时风向、田块长度和方向数据，本研究不考虑风向与田块方向所呈夹角，统一将沿盛行风向的田块长度设为 100m（Guo et al.，2013）。

每天的植被覆盖因子是直立的绿色植被、直立的枯萎植被和倒下的作物残茬的函数，计算方法如下：

$$VE = 0.2533 (g_1 \times B_{AG} + g_2 \times SR + g_3 \times FR)^{1.363} \tag{4-35}$$

式中，VE 为植被覆盖因子；g_1、g_2 和 g_3 为作物系数；B_{AG} 为活的作物的地上生物量（t/hm²）；SR 和 FR 分别为前茬作物直立和平铺的作物残留（t/hm²）。

土壤风蚀量 WE 可由下述公式进行计算：

$$E_2 = WK \times I \tag{4-36}$$

$$E_3 = WK \times I \times WC \tag{4-37}$$

$$WL_0 = 1.56 \times 10^6 (E_2)^{-1.26} \exp(-0.001\,56 \times E_2) \tag{4-38}$$

$$WF = E_2 \times [1 - 0.1218 (WL/WL_0)^{-0.3829} \exp(-3.33WL/WL_0)] \tag{4-39}$$

$$E_4 = (WF^{0.3484} + E_3^{0.3484} - E_2^{0.3484})^{2.87} \tag{4-40}$$

$$E_5 = \varphi_1 \times E_4^{\varphi_2} \tag{4-41}$$

$$\varphi_2 = 1 + 8.93 \times 10^{-5} VE + 8.51 \times 10^{-9} VE^2 - 1.59 \times 10^{-13} VE^3 \tag{4-42}$$

$$\varphi_1 = \exp(-7.59 \times 10^{-4} VE - 4.74 \times 10^{-8} VE^2 + 2.95 \times 10^{-13} VE^3) \tag{4-43}$$

$$DE = 193 \exp\left[1.103 \left(\frac{V-30}{V+1}\right)\right] \tag{4-44}$$

$$AE = 30.4 \sum_{K=1}^{12} \left(\frac{\int_{V_L}^{V_U} (DE)_k (\chi)_k dv}{\int_{V_L}^{V_U} \chi_k dv} \right) \tag{4-45}$$

$$WE = (E_5 \times DE)/AE \tag{4-46}$$

式中，WF 为田块长度因子；φ_1 和 φ_2 为参数；DE 为每日的风能（kW·h/m²）；V 为日平均风速（m/s）；V_U 为最大风速（m/s）；V_L 为风蚀发生时的风速下限（m/s），在本研究中，设为 5m/s（Guo et al., 2013）。χ 为风速 V 的出现频率；AE 为年平均风能（kW·h/m²）。

4）氮淋失模块

农业生态系统中氮循环主要包括氮流失（氮淋失、地表径流、地下水平流），随土壤水分蒸发流失，泥沙中有机氮的运移、反硝化、氮的矿化和硝化，以及氮固定和挥发（李军等，2005）（图 4-16）。其中，农田氮淋失受到广泛关注，它会造成施肥利用率的下降、水体富营养化和农业生产成本的增加（张国梁和章申，1998）。氮淋失量可由以下公式进行计算：

$$QNO_3 = QR \times CNO_3 \tag{4-47}$$

式中，QNO_3 为氮淋失量；QR 为向下渗透的水体积；CNO_3 为 $NO_3\text{-}N$ 的浓度。

5）土壤有机模块

在 EPIC 模型中，土壤有机质模块采用了 CENTURY 模型（Parton et al., 1994）中的方法。根据木质素（L）的含量，地上和地下的立枯体生物量被分为了结构库和代谢库。植物凋落物中木质素与氮含量的比值决定了凋落物在结构库和代谢库中的比例。比值越大，进入结构库中的植物凋落物越多。土壤中的有机质又被分成三个组分库：活性库、慢性库和惰性库。活性库中有机质代谢时间短（1~5 年），主要由微生物及其代谢物组成；慢性库中有机质代谢时间较长（20~40 年），主要包括难分解的土壤有机质及微生物产

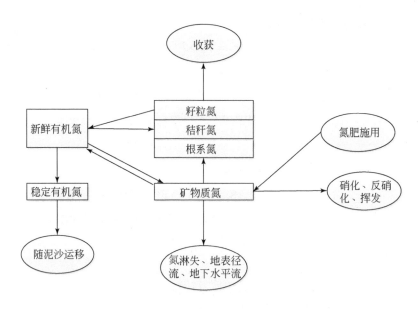

图 4-16　EPIC 模型中的氮循环过程

资料来源：李军等，2005

物；惰性库中有机质性质稳定，极难分解（200～1500 年，甚至更长）　（于沙沙等，2014）。三个组分库之间可进行转化，温度（X_T）、湿度（X_W）、土壤质地函数（粉土 SIF 和黏土 CLF 的含量）是控制它们之间转化的主要影响因子。

农业生态系统中碳循环过程如图 4-17 所示。其中，结构库和代谢库的比例可基于植物凋落物中木质素含量与氮的比值来进行计算，公式如下所示：

$$LMF = \begin{cases} 0.85 - 0.018 \times \dfrac{STDL}{STDNE} & \dfrac{STDL}{STDNE} < 47.22 \\ 0.0 & \dfrac{STDL}{STDNE} = 47.22 \end{cases} \tag{4-48}$$

$$LSF = 1 - LMF \tag{4-49}$$

式中，STDL 为植物凋落物中木质素含量；STDNE 为氮含量；LMF 为代谢库的比例；LSF 为结构库的比例。

结构库（LS）和代谢库（LM）的质量可由以下公式进行计算：

$$LM = LMF \times STD \tag{4-50}$$

$$LS = LSF \times STD \tag{4-51}$$

式中，STD 为地上或者地下的植物凋落物生物量。

植物凋落物中的木质素全部进入结构库中，因此木质素的质量（LSL）以及木质素在结构库中的比例（LSLF）可由式（4-52）和式（4-53）进行计算：

$$LSL = STDL \tag{4-52}$$

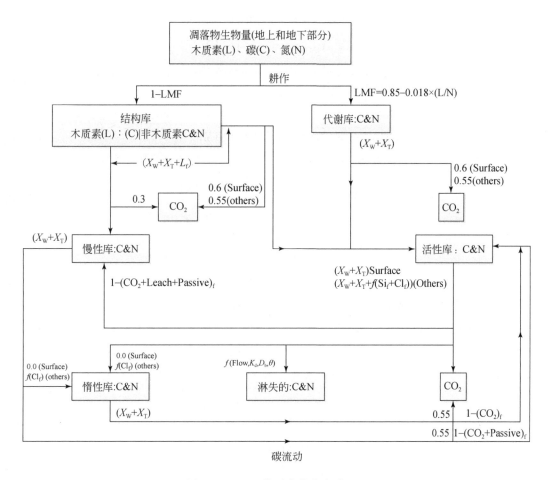

图 4-17　EPIC 模型中的碳流动

LMF：凋落物中新陈代谢的部分；X_W 和 X_T：分别指湿度和温度对土壤生物过程的控制因子；L_f：木质素结构凋落物的比例；Surface 和 Others：分别指地表层和其他层；f（下标）：代表百分数；Si_f：土壤矿物质中是壤土的比例；Cl_f：土壤矿物质中是黏土的比例；Passive：惰性库；Flow：流动系数；K_d：有机化合物在土壤固、液相间的分布系数；D_b：土壤容重；θ：壤体积含水量；Leach：淋失；流程图中的数字表征 C 流转化为二氧化碳的部分

资料来源：Izaurralde et al.，2006

$$LSLF = \frac{LSL}{LS} \tag{4-53}$$

在结构库中，C：N = 150（Parton et al.，1987），因此结构库中碳质量（LSC）可用下式计算：

$$LSC = C_f \times LSF \times STD \tag{4-54}$$

同样地，代谢库中碳质量（LMC）可用下式进行计算：

$$LMC = C_f \times LM \tag{4-55}$$

在结构库中，碳的潜在转换量（LSCTP）可通过下式进行计算：

$$\mathrm{LSCTP=LSC\times LSR\times} X_{\mathrm{LSLF}}\times \mathrm{CS} \tag{4-56}$$

$$X_{\mathrm{LSLF}}=\exp\left(-3\times \mathrm{LSLF}\right) \tag{4-57}$$

$$\mathrm{CS}=\begin{cases} \mathrm{sqrt}\left(\mathrm{CDG}\times \mathrm{SUT}\right)\times 0.8\times \mathrm{OX}\times X_1 & \mathrm{CS}<10 \\ 10 & \mathrm{CS}\geqslant 10 \end{cases} \tag{4-58}$$

$$\mathrm{CDG}=\begin{cases} \dfrac{\mathrm{STMP}}{\mathrm{STMP}+\exp\left(5.058-0.2504\right)\times \mathrm{STMP}} & \mathrm{STMP}\leqslant 35.0 \\ 1.0-0.04\times \mathrm{STMP} & \mathrm{STMP}>35.0 \end{cases} \tag{4-59}$$

$$\mathrm{SUT}=\begin{cases} \mathrm{sqrt}\left(\dfrac{X_1}{\mathrm{FC}-S_{15}}\right) & \mathrm{SUT}<1 \\ 1 & \mathrm{SUT}\geqslant 1 \end{cases} \tag{4-60}$$

$$\mathrm{OX}=1-\dfrac{0.9\times Z_5}{Z_5+\exp\left(16.79-0.0196\times Z_5\right)} \tag{4-61}$$

$$X_1=\exp\left[6.0\times \left(\mathrm{DB}-\mathrm{DBP}\right)\right] \tag{4-62}$$

式中，LSR 为在理想条件下，结构库中碳的潜在转换率；S_{15} 为萎点体积含水量；Z_5 为土壤表面到土层中心的深度；DB 为土壤容量；DBP 为耕层的土壤容重；CS 为温度（CDG）、土壤水含量（SUT）、氧气（OX）、耕作（X_1）对生物过程的影响。结构库中木质素组分中碳的潜在转换量（LSLCTP）和非木质素组分中碳的转换量（LSLNCTP）的计算方法如下：

$$\mathrm{LSLCTP=LSCTP\times LSLF} \tag{4-63}$$

$$\mathrm{LSLNCTP=LSCTP\times \left(1-LSLF\right)} \tag{4-64}$$

代谢库中碳的潜在转换量（LMCTP）也受到温度、土壤水含量等多个因子的综合影响，其计算公式为

$$\mathrm{LMCTP=CS\times LMR\times LMC} \tag{4-65}$$

在 EPIC 模型中，活性库的主要作用是进行碳、氮的结算和再分配，其中碳主要来自结构库中非木质素组分、代谢库、慢性库和惰性库。生物量的周转和植被死亡再分配的碳主要来自 CO_2、慢性库、惰性库和淋失的碳。活性库中碳的潜在转换量（BMCTP）是活性库中的碳含量（BMC）、理想条件下的转换速率（BMR）、温度和水分等的控制因子（CS）、转换率控制因子（X_{BMT}）的函数：

$$\mathrm{BMCTP=BMC\times BMR\times CS\times} X_{\mathrm{BMT}} \tag{4-66}$$

式中，X_{BMT} 由土壤质地和结构所决定。在枯枝落叶层的表面，$X_{\mathrm{BMT}}=1$；在其他层，$X_{\mathrm{BMT}}=1-0.75\times$（SILF+CLAF）（Parton et al.，1994），SILF 为土壤中壤土的比例，CLAF 为土壤中黏土的比例。

慢性库中腐殖质是由耐分解的植物残余和微生物代谢物组成的（Vitousek et al.，1994）。慢性库中碳的潜在转换量（HSCTP）是由慢性库中碳（HSC）、理想条件下的转换

率（HSR）和控制因子（CS）所决定的：

$$HSCTP = HSC \times HSR \times CS \tag{4-67}$$

惰性库中腐殖质很难被转换，部分原因归结于黏土的吸附作用。惰性库中碳的潜在转换量（HPCTP）是惰性库中碳（HPC）、理想条件下的转换速率（HPR）和控制因子（CS）的函数：

$$HPCTP = HPC \times HPR \times CS \tag{4-68}$$

4.1.2.3　EPIC 模型校验

由于研究区空间范围大，区域内的农业实验站点比较少，使得模型的校正不能在像元尺度上进行。本研究借鉴 Liu 等（2007b）和 Xiong 等（2008）在区域尺度上评价模型模拟结果的方法，选取市级行政区作为统计单元，通过模拟获得市级行政区的作物产量均值，并与市级行政区的作物单产统计数据进行比较，进而对模型中作物生长参数进行校正。

基于 Huang 等（2006）的研究，本研究选取对作物产量影响最大的 5 个参数进行校正：能量转化率（WA）、收获指数（HI）、最大潜在叶面积指数（DLMA）、叶面积下降阶段占整个生长季的比例（DLAI）和最低收获指数（WSYF）（表 4-6）。作物模型的精度验证中，最常用的指标是均方根误差（RMSE）和相对均方根误差（RRMSE）。其中，RMSE 与观测值单位（t/hm^2）相同，更容易被理解，它表示的是模拟结果与统计结果的差异，其值越小，表示模拟结果和观测结果的一致性越好，因而模型模拟精度越高。RMSE 的计算公式为

$$RMSE = \sqrt{\frac{\sum_{i=1}^{n} (OBS_i - SIM_i)^2}{n}} \tag{4-69}$$

式中，OBS_i 为观测值，SIM_i 为模拟值；n 为样本数。

RRMSE 也是衡量模型模拟精度的一个重要指标，它可以不受观测值单位的限制，无论结果是 t/hm^2 或者 kg/hm^2，RRMSE 的值都保持不变，属于无量纲统计量。RRMSE 的公式为

$$RRMSE = \frac{RMSE}{\frac{1}{n} \sum_{i=1}^{n} OBS_i} \tag{4-70}$$

RRMSE ≤ 10%，表示模型预测表现非常好；10% < RRMSE < 20%，表示模型表现较好；20% < RRMSE < 30%，表示模型表现一般；RRMSE > 30%，表示模型表现较差（Saltelli，2009）。

表 4-6 EPIC 模型中的参数默认值和取值区间

参数	小麦		大豆		玉米		水稻	
	默认值	区间	默认值	区间	默认值	区间	默认值	区间
WA	35	$30 \sim 45^{1}$	25	$10 \sim 50^{3,4}$	40	$10 \sim 50^{3,4}$	20	$10 \sim 50^{3,4}$
HI	0.42	$0.31 \sim 0.53^{2}$	0.31	$0.01 \sim 0.95^{3,4}$	0.5	$0.25 \sim 0.58^{5}$	0.5	$0.17 \sim 0.56^{7}$
DMLA	8	$0.5 \sim 10^{3,4}$	5	$0.5 \sim 10^{3,4}$	5	$4.8 \sim 7.8^{6}$	6.5	$0.5 \sim 10^{3,4}$
DLAI	0.8	$0.4 \sim 0.99^{3}$	0.9	$0.4 \sim 0.99^{3,4}$	0.8	$0.4 \sim 0.99^{3,4}$	0.78	$0.4 \sim 0.99^{3,4}$
WSYF	0.01	$0 \sim 0.2^{4}$	0.01	$0 \sim 0.2^{4}$	0.05	$0 \sim 0.2^{4}$	0.01	$0 \sim 0.2^{4}$

1，Wang 等（2005）；2，Yang 和 Zhang（2010）；3，Sun 等（2015）；4，李军等（2004）；5，郭庆法等（2004）；6，Lindquist 等（2005）；7，Bueno 和 Lafarge（2009）。

2001 ~ 2010 年市级行政单位尺度上的四种作物统计产量和模拟产量如图 4-18 所示。从空间上来看，小麦、玉米、水稻和大豆四种作物的模拟与统计产量具有相似的空间格局，两者差异较小。对于小麦而言，作物产量的高值区主要分布在黄淮海平原和中国的西北部。与其他区域相比，小麦在长江流域和华南地区的产量相对偏低，玉米在黄淮海平原和中国西北部的产量相对较高。在大多数区域，水稻的模拟产量低于其统计产量，尤其是在我国的西南和东北部。从作物单产来看，大豆要低于小麦、玉米和水稻。

作物统计产量与模拟产量的结果比较吻合，拟合 R^2 均大于等于 0.6，尤其对于小麦而言，拟合 R^2 甚至达到 0.73。对于小麦、玉米、水稻和大豆四种主要作物而言，作物统计产量与模拟产量的 RRMSE 均低于 25%，证明 EPIC 模型能够实现作物产量的准确模拟（图 4-19）。

4.1.2.4 气候与管理因子对农业生态系统服务影响的评价方法

为了分析气候因子（太阳辐射、最高温、最低温、降水、相对湿度和风速）和管理因子（施肥率、灌溉水量和作物种植面积）对农业生态系统服务（粮食产量、土壤有机碳、氮淋失、土壤水蚀和土壤风蚀）的影响，本研究采用偏最小二乘回归模型对驱动因子的贡献率进行评价。

对每个像元而言，自变量（驱动因子）和因变量（农业生态系统服务，以作物产量为例）之间的函数关系可用下式进行表达：

$$y = k_1 X_{1,t} + k_2 X_{2,t} + k_3 X_{3,t} + k_4 X_{4,t} + k_5 X_{5,t} + k_6 X_{6,t} + k_7 X_{7,t} + k_8 X_{8,t} + k_9 X_{9,t} \tag{4-71}$$

式中，y 为在时间 t 内标准化后的作物产量序列；X_1，…，X_9 分别为在时间 t 内标准化的太阳辐射、最高温、最低温、降水、相对湿度、风速、施肥率、灌溉水量和作物种植面积序列；k_1，…，k_9 为对应驱动因子的回归系数。

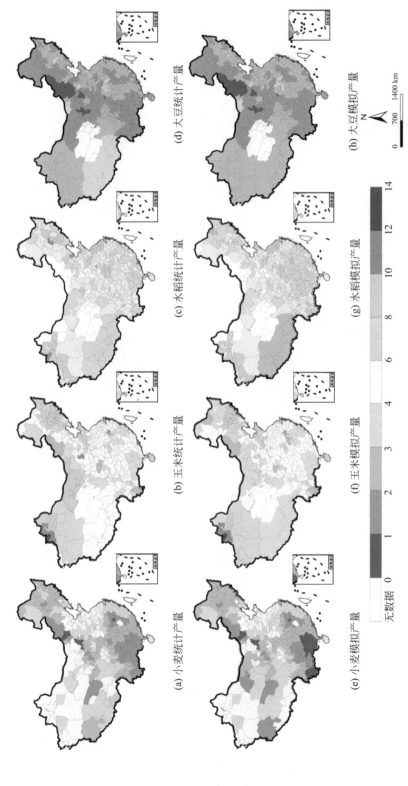

图4-18 2001~2010年四种主要作物的统计产量与模拟产量的空间分布格局

港澳台资料暂缺

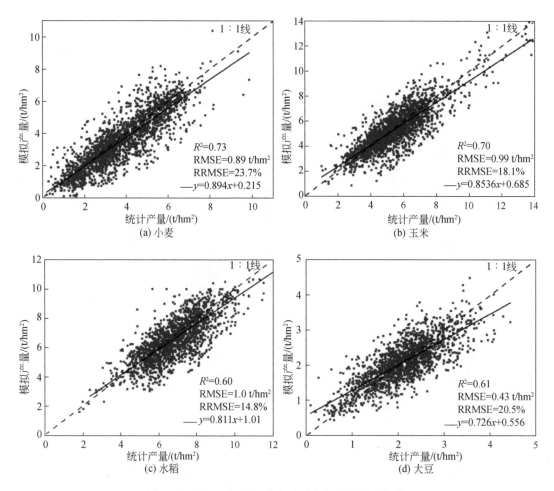

图 4-19　2001～2010 年作物统计与模拟产量的比较

$$CR^2 = k_1 r_1 + k_2 r_2 + k_3 r_3 + k_4 r_4 + k_5 r_5 + k_6 r_6 + k_7 r_7 + k_8 r_8 + k_9 r_9 \tag{4-72}$$

式中，CR 为复相关系数；r_1，…，r_9 为偏相关系数；$k_1 r_1$，…，$k_9 r_9$ 为驱动因子对于作物产量变化的贡献率。

4.1.3　结果

4.1.3.1　不同类型作物分布的时空格局变化

1980～2010 年，小麦主要集中分布在黄淮海平原主产区，空间分布格局没有明显变化。玉米种植区集中在黄淮海平原和东北平原主产区，而水稻主要分布在华南平原主产区和长江流域主产区。对于大豆而言，其空间分布格局与玉米相似（图 4-11）。

1980～2010年，小麦、玉米、水稻和大豆四种作物的种植面积发生了显著变化，并且主导的作物类型也存在差异（图4-20）。在全国尺度，积温不同会导致区域稻作制度存在差异，由于双季稻和三季稻的种植，1980～2000年我国水稻种植面积最大，而随着玉米种植面积的增加，2000～2010年我国的主导作物类型变为玉米。在气候区尺度上，青藏高原高寒区以小麦种植为主，而热带-亚热带的主要作物类型为水稻。对于温带季风区和西北干旱区而言，它们的主导作物类型由小麦变为玉米。在粮食主产区尺度上，甘肃-新疆主产区、黄淮海平原主产区和汾渭平原主产区主要的作物类型是小麦，东北平原主产区以玉米为主而长江流域主产区和华南平原主产区以水稻种植为主。在河套平原，1980～2000年以小麦种植为主，随着玉米种植面积的增加，到2010年该区域的主要作物类型转变为玉米。

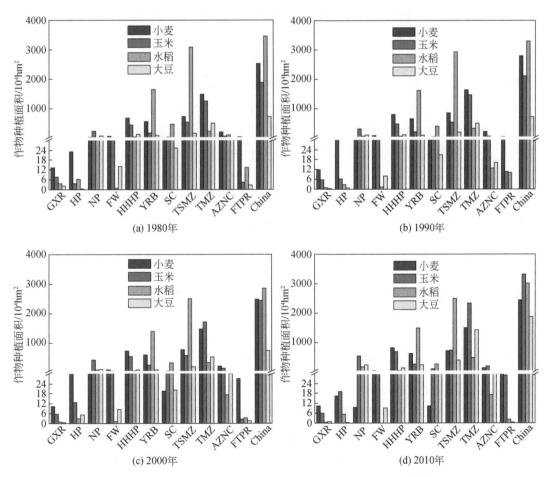

图4-20　1980～2010年不同尺度下小麦、玉米、水稻和大豆的种植面积

甘肃-新疆主产区（GXR）、河套平原主产区（HP）、东北平原主产区（NP）、汾渭平原主产区（FW）、黄淮海平原主产区（HHHP）、长江流域主产区（YRB）、华南平原主产区（SC）、热带-亚热带季风区（TSMZ）、温带季风区（TMZ）、西北干旱区（AZNC）、青藏高原高寒区（FTPR）、全国尺度（China）。

港澳台资料暂缺

4.1.3.2 气候和管理因子的变化趋势

在小麦、玉米、水稻和大豆四种作物的分布区,1980~2010 年作物生育期内气候因子(太阳辐射、最高温、最低温、降水、相对湿度和风速)和管理因子(施肥率、灌溉水量和作物种植面积)变化趋势的空间分布格局如图 4-21 所示。在全国尺度和气候区尺度,太阳辐射量均显著下降趋势。在粮食主产区尺度,太阳辐射量在多数区域均呈下降趋势,尤其是在黄淮海平原主产区,太阳辐射量显著下降,达到 $-13.1\mathrm{MJ/(m^2 \cdot a)}$(表 4-7),而在汾渭平原主产区,小麦、玉米和水稻种植区的太阳辐射量呈上升趋势。在这三个尺度上,除零星区域外,最高温和最低温均呈上升趋势(图 4-21 和表 4-7)。

在全国尺度,作物生育期内的降水均有所下降;在气候区尺度,降水在大多数区域呈下降趋势,而在高寒区有所增加;在粮食主产区尺度,降水的趋势变化存在显著空间差异,其中降水增加的区域主要集中在甘肃-新疆主产区、河套平原主产区、黄淮海平原主产区和华南平原主产区,而降水下降的区域集中在长江流域主产区、汾渭平原主产区和东北平原主产区。在三个尺度上,相对湿度的变化趋势均小于或等于 0,而风速的下降趋势明显。总体而言,1980~2010 年中国的最高温和最低温升温显著($p<0.01$)。在中国的大多数区域,降水变化呈非显著下降趋势,而太阳辐射量、空气湿度和风速等气候变量呈显著下降趋势(表 4-7)。

在大多数作物种植区,1980~2010 年的农业灌溉水量有所增加,但是在黄淮海平原主产区,由于该区域降水的增加,农业所需的灌溉水量有所下降。为了进一步提高粮食产量,小麦、玉米、水稻和大豆的施肥率均有显著增加(表 4-7)。对于四种作物而言,作物种植面积的趋势变化均具有很高的空间异质性。在不同尺度下,小麦和水稻的种植面积以减少为主,并且种植面积减少的区域主要集中在中国南部。相反,玉米和水稻的种植面积以增加为主,热点区主要出现在东北平原地区。

4.1.3.3 不同类型农业生态系统服务的变化趋势

五种农业生态系统服务的变化趋势具有很高的空间异质性(图 4-22)。在全国、气候区和粮食主产区尺度,粮食产量均有显著增加。在所有的粮食主产区,粮食产量增加的区域占 76.7%[图 4-22(f)],热点区主要集中在东北平原主产区、黄淮海平原主产区和长江流域主产区[图 4-22(a),表 4-8]。土壤有机碳变化趋势的空间格局与粮食产量类似[图 4-22(b)],不同的是,土壤有机碳在 45.5% 的作物种植区呈下降趋势[图 4-22(f)],尤其在东北平原主产区,农业土壤有机碳下降最为明显[图 4-22(b)]。除华南平原主产区外,氮淋失在其他区域均呈上升趋势,并且热点区主要集中在长江流域[图 4-22(c),表 4-8]。

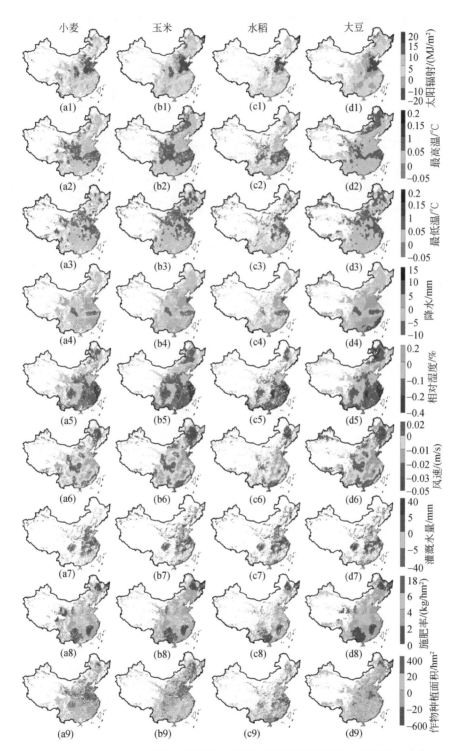

图 4-21　1980～2010 年作物生育期内气候和管理因子变化趋势的空间格局分布

港澳台资料暂缺

表 4-7 1980~2010 年作物生育期内驱动因子在不同尺度下的线性变化趋势

作物类型	尺度	区域	SR /(MJ/m²)	T_{max} /℃	T_{min} /℃	PPT /mm	RH /%	WS /s	IWA /mm	FAR /(kg/hm²)	CA /hm²
小麦	粮食主产区	GXR	-0.5*	0.04*	0.05**	0.7	0.0	-0.01**	-2.5**	4.8**	-3.3*
		HP	-3.3**	0.05**	0.07**	0.5	-0.1	-0.02**	-2.6**	5.6**	-0.1
		NP	-1.7	0.03**	0.04**	-2.0	-0.1*	-0.03**	-0.7**	2.0**	-3.9**
		FW	0.5	0.06**	0.05**	-2.3	-0.1**	-0.01**	-0.8**	4.2**	-7.5*
		HHHP	-13.1**	0.02**	0.06**	2.5	-0.1*	-0.01**	-0.03	3.6**	7.6*
		YRB	-3.0*	0.05**	0.04**	-2.6	-0.2**	-0.01**	1.5**	3.1**	0.9
		SC	-1.8	0.03**	0.03**	0.7	-0.1**	-0.01	0.1	3.0**	-2.9**
	气候区	TSMZ	-2.0**	0.04**	0.03**	-1.3	-0.1**	-0.01**	0.69**	3.1**	-0.6*
		TMZ	-3.6**	0.03**	0.04**	-0.6	-0.1**	-0.02**	-0.26	3.1**	-1.5
		FTPR	-5.3**	0.05**	0.05**	0.5	-0.1*	-0.01**	0.10**	2.2**	-1.6*
		AZNC	-1.1**	0.05**	0.06**	-0.3	-0.1**	-0.01**	-0.44**	4.4**	-2.6**
	中国		-3.0**	0.04**	0.05**	-0.5	-0.1**	-0.01**	0.0	3.2**	-1.6**
玉米	粮食主产区	GXR	-0.1	0.04*	0.05**	0.4	0.0	-0.01**	2.9*	4.7**	-1.0*
		HP	-3.2**	0.05**	0.07**	0.5	-0.1	-0.02**	-1.3**	5.2**	12.5**
		NP	-1.4	0.04*	0.05**	-2.1	-0.1*	-0.03**	0.9*	2.0**	27.3**
		FW	0.6	0.06**	0.05**	-2.3	-0.1**	-0.01**	1.5*	4.2**	13.1**
		HHHP	-11.8**	0.02	0.06**	2.5	-0.1*	-0.01**	-1.0	3.6**	19.0**
		YRB	-2.1	0.06**	0.04**	-3.1	-0.2**	-0.01**	2.6**	3.1**	3.9**
		SC	-1.7*	0.03*	0.03**	0.8	-0.1**	-0.01	0.7**	3.0**	5.8**
	气候区	TSMZ	-1.6*	0.05**	0.04**	-1.3	-0.1**	-0.01**	1.27**	3.1**	2.2**
		TMZ	-3.2**	0.04**	0.05**	-0.8	-0.1**	-0.02**	0.41	3.0**	14.2**
		FTPR	-4.0**	0.05**	0.05**	0.1	-0.1**	-0.02**	-0.05	2.7**	1.7**
		AZNC	-1.2**	0.05**	0.06**	-0.3	-0.1*	-0.01**	0.86**	4.3**	4.3**
	中国		-2.5*	0.03*	0.05**	-0.6	-0.1**	-0.01**	0.6**	3.3**	5.6**
水稻	粮食主产区	GXR	-0.3	0.04*	0.05**	0.4	0.0	-0.01**	-0.9	4.7**	-2.6**
		HP	-2.8**	0.05**	0.07**	0.5	-0.1	-0.02**	2.1**	6.3**	-1.3**
		NP	-1.4	0.04*	0.05**	-3.11	-0.1**	-0.03**	1.6**	2.0**	14.6**
		FW	1.7	0.06**	0.06**	-2.6	-0.1**	-0.01**	-1.0	4.4**	-0.7*
		HHHP	-11.9**	0.02	0.06**	2.5	-0.1*	-0.01**	-0.2	3.6**	0.5**
		YRB	-2.1	0.06**	0.05**	-3.2	-0.2**	-0.01**	2.4**	3.1**	-11.7**
		SC	-1.7	0.03*	0.03**	1.0	-0.1**	-0.01	0.4	2.9**	-21.8**
	气候区	TSMZ	-1.7**	0.05**	0.04**	-1.2	-0.2**	-0.01**	1.2**	3.0**	-12.2**
		TMZ	-4.3**	0.04**	0.05**	-0.5	-0.1**	-0.02**	0.7	3.0**	4.6**
		FTPR	-3.0**	0.04**	0.06**	0.8	-0.1**	-0.02**	0.3	2.6**	-3.5**
		AZNC	-0.5*	0.05**	0.06**	0.5	0.0	-0.01**	1.0*	4.9**	-7.2**
	中国		-2.4**	0.04**	0.05**	-0.1	-0.1**	-0.01**	0.8**	34**	-4.6**

续表

作物类型	尺度	区域	SR /(MJ/m²)	T_{max} /℃	T_{min} /℃	PPT /mm	RH /%	WS /s	IWA /mm	FAR /(kg/hm²)	CA /hm²
大豆	粮食主产区	GXR	-0.5*	0.04	0.04**	0.2	0.0	-0.01	-0.1	4.8**	-0.7*
		HP	-2.7**	0.04**	0.06**	0.4	0.0	-0.02	-0.4	5.8**	2.8*
		NP	-0.1	0.05**	0.05**	-2.4	0.0**	-0.03	0.4	2.1**	11.1**
		FW	-1.9	0.05*	0.04**	-1.8	0.0	-0.01	-0.2	4.2**	-2.3**
		HHHP	-11.0**	0.02	0.05**	2.2	0.0	-0.01	-0.7	3.5**	-1.5
		YRB	-4.2**	0.05**	0.04**	-2.9	0.0**	-0.01	1.5**	3.1**	3.9**
		SC	-3.3**	0.02	0.02*	3.4	0.0**	-0.01	0.5*	2.9**	0.3
	气候区	TSMZ	-3.4**	0.04**	0.03**	-0.4	0.0**	-0.01	0.7**	3.0**	2.1*
		TMZ	-2.8**	0.04**	0.05**	-1.0	0.0**	-0.02	0.0	3.0**	9.6**
		FTPR	-3.8**	0.04*	0.05**	0.7	-0.1*	-0.02	0.0	2.6**	0.7
		AZNC	-0.9**	0.05**	0.06**	-0.5	0.0	-0.02	0.3**	4.5**	0.3*
	中国		-2.7**	0.04**	0.05**	-0.3	0.0**	-0.01	0.3**	3.3**	3.2**

*表示在 0.05 水平上显著；**表示在 0.01 水平上显著。

注：甘肃-新疆主产区（GXR）、河套平原（HP）、东北平原主产区（NP）、汾渭平原主产区（FW）、黄淮海平原主产区（HHHP）、长江流域主产区（YRB）、华南平原主产区（SC）、热带-亚热带季风区（TSMZ）、温带季风区（TMZ）、西北干旱区（AZNC）、青藏高原高寒区（FTPR）、太阳辐射量（SR）、最高温（T_{max}）、最低温（T_{min}）、降水（PPT）、相对湿度（RH）、风速（WS）、灌溉水量（IWA）、施肥率（FAR）和作物面积（CA）。

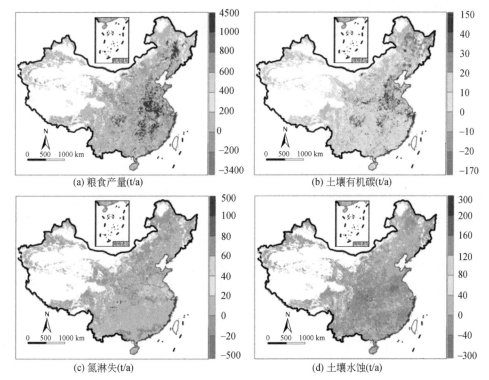

(a) 粮食产量(t/a)　　(b) 土壤有机碳(t/a)　　(c) 氮淋失(t/a)　　(d) 土壤水蚀(t/a)

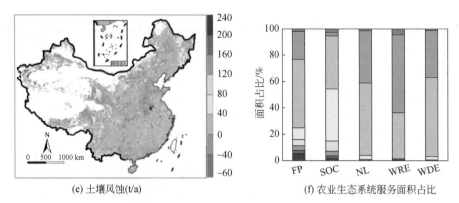

(e) 土壤风蚀(t/a)　　　　　　(f) 农业生态系统服务面积占比

图 4-22　1980～2010 年农业生态系统服务的趋势变化的空间分布

粮食产量（FP）、土壤有机碳（SOC）、氮淋失（NL）、土壤水蚀（WRE）、土壤风蚀（WDE）。

图（f）为五种农业生态系统服务在对应的不同取值区间内的面积比例

港澳台资料暂缺

从空间上看，土壤水蚀在 63.9% 的作物分布区有所下降［图 4-22（d）和（f）］。在粮食主产区尺度，土壤水蚀在七个主产区均有所下降，其中在长江流域主产区下降最大（−9.935×10⁴ t/a），然而在 1980～2010 年，其占全国土壤水蚀总量的比例有大幅增加，从 19.10% 上升到 31.30%。在气候区尺度，土壤水蚀在青藏高原高寒区（1.0×10³ t/a）和干旱半干旱区（2.57×10³ t/a）均有所增加。对于土壤风蚀而言，在粮食主产区尺度上，甘肃-新疆主产区和华南平原主产区的土壤风蚀量有所下降，其他主产区的风蚀均有所增加。在气候区尺度上，温带季风区和西北干旱区的土壤风蚀同样有所下降（表 4-8）。在全国尺度上，土壤风蚀在多数区域呈增加趋势，比例达 63.2%［图 4-22（e）和（f）］。总的来说，在全国尺度上，除土壤水蚀（−3.8039×10⁵ t/a）有所下降外，粮食产量（1.507×10⁴ t/a）、土壤有机碳（2.2226×10⁵ t/a）、氮淋失（1.7521×10⁵ t/a）和风蚀（4.074×10⁴ t/a）均有所增加。

4.1.3.4　不同类型农业生态系统服务的作用关系

从空间上看，农业生态系统服务在大多数区域呈增加趋势，其中，至少三种生态系统服务增加的区域占全国的比例超过 52.5%（图 4-23）。生态系统服务增加的热点区主要集中在黄淮海平原主产区，而生态系统服务减少的冷点区主要分布在长江流域主产区和华南平原主产区。研究发现，生态系统服务之间的相关系数会随尺度而变化（表 4-9）。在不同尺度下，粮食产量与土壤有机碳、氮淋失呈正相关关系，而对于粮食产量与土壤水蚀，两者仅在华南平原主产区存在显著正相关关系。除甘肃-新疆主产区外，粮食产量与土壤风蚀均呈正相关关系。在三个研究尺度上，氮淋失与土壤水蚀间无显著相关关系，而氮淋失与土壤风蚀在河套平原主产区、黄淮海平原主产区、长江流域主产区、热带-亚热带季风区、温带季风区和全国尺度上均呈现显著正相关关系。

表4-8 1980～2010年五种农业生态系统服务在不同尺度下的线性变化趋势

尺度	区域	粮食产量/10^6 t	土壤有机碳/10^3 t	氮淋失/10^3 t	水蚀/10^3 t	风蚀/10^3 t
粮食主产区	GXR	0.03** (0.1%→0.2%)	0.14 (0.1%→0.1%)	0.17** (0%→0.1%)	-0.07 (0%→0%)	-12.45* (3.5%→1.1%)
	HP	0.15** (0.6%→0.7%)	1.78* (0.9%→0.9%)	2.81** (0.8%→1.1%)	-0.07 (0%→0%)	1.14** (0.1%→0.1%)
	NP	2.18** (5.2%→12.5%)	-30.18 (15.0%→14.7%)	12.74** (0.1%→5.4%)	-0.98 (0.3%→0.2%)	10.08* (0.1%→3.1%)
	FW	0.07** (1.1%→0.7%)	4.60 (1.1%→1.2%)	0.21 (3.0%→0.6%)	-0.73 (0.1%→0.1%)	0.88 (0.1%→0.7%)
	HHHP	1.88** (20.0%→16.1%)	73.40 (14.5%→14.8%)	21.3 (15.0%→19.2%)	-16.08 (5.5%→1.3%)	33.91 (3.7%→19.4%)
	YRB	5.26** (27.8%→29.9%)	113.52 (23.3%→23.2%)	101.03** (29.4%→37.6%)	-99.35 (19.1%→31.3%)	161.43** (3.0%→35%)
	SC	0.41** (7.7%→4.3%)	17.89 (3.4%→3.4%)	-10.35 (2.1%→4.3%)	-10.73 (12.0%→10.8%)	-7.14 (3.1%→1.4%)
气候区	TSMZ	7.00** (51.7%→44.3%)	188.6 (36.9%→37.0%)	94.15** (44.3%→52.8%)	-293.1 (84.3%→93.5%)	217.67** (7.5%→66.3%)
	TMZ	7.32** (43.9%→51.4%)	31.4 (57.8%→57.7%)	76.28** (48.9%→44.2%)	-91.4 (15.4%→6.0%)	-83.16 (9.0%→11.6%)
	FTPR	0.06** (0.5%→0.5%)	2.19 (0.4%→0.4%)	0.31 (0.1%→0.1%)	1.0 (0.2%→0.3%)	1.41 (0.9%→2.0%)
	AZNC	0.68** (3.9%→3.7%)	0.11 (4.9%→4.8%)	4.47** (6.7%→2.8%)	2.57 (0.1%→0.1%)	-95.18* (82.6%→20.1%)
中国		15.07**	222.26	175.21**	-380.89	40.74

* 代表在0.05水平上显著；** 代表在0.01水平上显著。

注: 括号内的值代表1980年和2010年区域农业生态系统服务占全国的比例。港澳台资料暂缺。

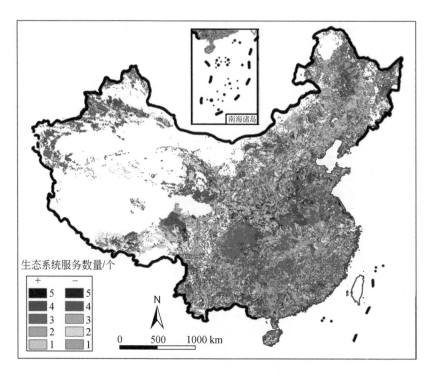

图 4-23　农业生态系统服务之间的空间关系

正值（+）代表在粮食产量增加的基础上，土壤有机碳增加，氮淋失、土壤水蚀和土壤风蚀减少的服务数量；

负值（−）代表在粮食产量减少的基础上，土壤有机碳减少，氮淋失、土壤水蚀和土壤风蚀增加的服务数量。

港澳台资料暂缺

生态系统服务间关系主要包括两种：协同和权衡关系（Bennett et al., 2009）。在本研究的 10 对农业生态系统服务中，两种关系类型均存在。在甘肃–新疆主产区所有显著相关的生态系统服务中（$p<0.05$），粮食产量与土壤风蚀存在权衡关系，而其他成对的生态系统服务呈协同关系（表 4-9）。甘肃–新疆主产区位于我国西北部干旱区，气候特点为低温、强风和干旱少雨（Li et al., 2017），水分是该区域作物生长过程中重要的限制因子。由于土壤风蚀常在干旱条件下发生（Hao et al., 2017），因此风蚀越强、降水越少，粮食产量越低。土壤有机碳是衡量土壤肥力的重要指标，它可以提供作物生长所必需的营养（Lal, 2006），因此在这三个尺度上，粮食产量会随土壤有机碳的增加而提高。高施肥率可以提供作物生长所必要的氮元素，有利于粮食产量的增加，然而施肥的增加同样会造成氮淋失升高。在这种情况下，粮食产量和氮淋失在大多数区域呈协同增加（表 4-9）。前人的研究表明，在华南平原主产区，粮食产量与降水呈显著正相关关系（Zhang et al., 2015）。然而，降水越多意味着土壤水蚀发生的可能性越高，因此粮食产量与土壤水蚀之间存在显著正相关关系。

表 4-9 不同尺度下农业生态系统服务之间的斯皮尔曼相关系数

生态系统服务	粮食主产区							气候区				中国
	GXR	HP	NP	FW	HHHP	YRB	SC	TSMZ	TMZ	FTPR	AZNC	
FP-SOC	0.52**	0.39*	−0.25	0.33	0.43*	0.53**	0.63**	0.56**	0.18	0.001	0.06	0.43*
FP-NL	0.78**	0.72**	0.66**	0.26	0.27	0.7**	−0.12	0.45**	0.54**	0.27	0.66**	0.69**
FP-WRE	−0.08	−0.13	−0.04	0.02	−0.25	0.03	0.43*	0.15	−0.2	0.22	0.33	0.06
FP-WDE	−0.54**	0.48*	0.5**	0.03	0.29	0.43*	0.37*	0.42*	0.5**	0.5**	−0.3	0.32
SOC-NL	0.55**	0.33	−0.2	0.28	−0.14	−0.006	−0.22	−0.19	0.4*	0.6**	−0.05	−0.04
SOC-WRE	−0.22	−0.13	0.17	0.65**	−0.05	0.52**	0.53**	0.65**	0.59**	0.5**	−0.14	0.68**
SOC-WDE	−0.26	0.14	0.19	−0.04	−0.29	−0.21	−0.2	−0.2	−0.19	−0.1	0.28	0.68**
NL-WRE	−0.08	−0.2	0.04	0.21	0.27	−0.26	−0.02	−0.33	0.22	0.32	0.03	−0.12
NL-WDE	−0.24	0.39*	0.32	−0.05	0.44*	0.49**	−0.02	0.44*	0.37*	−0.09	−0.003	0.42*
WRE-WDE	−0.07	−0.16	−0.22	−0.12	−0.28	−0.06	−0.07	−0.1	−0.3	−0.1	−0.28	−0.18

* 代表在 0.05 水平上显著；** 代表在 0.01 水平上显著。

注：甘肃-新疆主产区（GXR）、河套平原（HP）、东北平原主产区（NP）、汾渭平原主产区（FW）、黄淮海平原主产区（HHHP）、长江流域主产区（YRB）、华南平原主产区（SC）、热带-亚热带季风区（TSMZ）、温带季风区（TMZ）、西北干旱区（AZNC）、青藏高原高寒区（FTPR）；粮食产量（FP）、土壤有机碳（SOC）、氮淋失（NL）、水蚀（WRE）和风蚀（WDE）；港澳台资料暂缺。

在三个尺度上，存在显著相关关系的生态系统服务对中，土壤有机碳和氮淋失、土壤水蚀呈正相关关系。原因主要在于降水可以促进作物的生长，从而有利于土壤有机碳的固定，而降水同样是土壤水蚀和氮淋失的重要驱动力。

4.1.3.5 气候和管理因子对农业生态系统服务的影响

量化气候和管理因子对不同类型农业生态系统服务的影响，厘清其对应的主导影响因子，有利于农业生态系统服务的优化。图 4-24 表示气候和管理因子在 1980～2010 年农业生态系统服务变化中的累积贡献率。

研究发现，气候和管理因子的贡献率会随作物类型、研究尺度和农业生态系统服务的类型而发生变化。在粮食主产区、气候区和全国尺度上，气候和管理因子对粮食产量和土壤有机碳变化的解释率比氮淋失、土壤风蚀和土壤水蚀更高。与气候因子相比，管理因子在粮食产量和土壤有机碳变化中起主导作用。在长江流域主产区和热带-亚热带季风区，施肥对水稻产量的影响更大，而在其他区域，水稻种植面积的贡献率最高。同样，除汾渭平原的玉米种植区和热带-亚热带季风区的水稻种植区之外，作物种植面积在土壤有机碳的变化中起主导作用，贡献率最高。

在氮淋失的变化中，其主要影响因子随尺度和作物类型而变化。对于小麦和玉米而言，作物种植面积和施肥率是影响作物种植区氮淋失的主导因子。在甘肃–新疆主产区，施肥率对小麦种植区氮淋失的影响最大，贡献率为25.4%。在汾渭平原，作物种植面积是玉米种植区氮淋失的主要驱动因子，解释率为49.7%。与小麦和玉米相比，在大多数水稻种植区，气候因子对氮淋失影响最大，其中以最高温和最低温的贡献率最高。在大豆种植区，氮淋失的主导影响因子存在显著空间差异。在青藏高原高寒区，空气湿度是影响大豆种植区氮淋失的主要气候因子，贡献率高达22.4%；在长江流域主产区，作物种植面积是大豆种植区氮淋失的主要驱动因子。总的来说，在三个尺度上，影响大豆种植区氮淋失的主要因子包括作物种植面积、施肥率和空气湿度（图4-24）。

对于小麦和玉米而言，作物种植区土壤水蚀的变化很大程度上取决于施肥率。但是在大多数大豆种植区，作物种植面积对土壤水蚀的贡献率最高。区别于小麦、玉米和大豆，水稻种植区土壤水蚀的主要影响因子是最高温或最低温。

1）全国尺度上影响农业生态系统服务的主导因子

在全国尺度上，尽管粮食产量增加显著，但是氮淋失和土壤风蚀同样有大幅增加，农业生态系统的可持续性面临严重威胁。与气候因子相比，管理因子对粮食产量和土壤有机碳的影响更大，尤其是作物种植面积（图4-25、表4-10）。1980~2010年，由于中国食品需求的转变、农业政策的调整和生态工程的建设（退耕还林、还草）等原因，小麦、玉米、水稻和大豆等主要作物的种植结构发生了显著变化（刘珍环等，2016），对粮食产量和农业土壤有机碳总量产生了直接影响。氮肥的施肥率决定了氮淋失量的多少。一方面，施肥可以提供作物生长所需的养分，促进粮食产量的增加；另一方面，过量施肥会导致氮淋失的增加，造成土壤环境恶化。1980~2010年，小麦、玉米、大豆和水稻的氮肥利用率分别是30.2%、40.7%、79.7%和65.9%（图4-26）。对于小麦、玉米、大豆和水稻种植区的土壤水蚀而言，其主要影响因子分别是施肥率、施肥率、作物种植面积和施肥率。在小麦和大豆种植区，管理因子对土壤风蚀的影响最大，而在玉米种植区，气候因子中的最高温在风蚀变化中起决定作用（表4-10）。

2）气候区尺度上影响农业生态系统服务的主导因子

在气候区尺度上，粮食产量和土壤有机碳主要受管理因子的影响，包括作物种植面积和施肥率，而气候因子对农业生态系统服务的影响具有显著空间异质性。在热带–亚热带季风区，最高温是影响粮食产量的主导气候因子，而在温带季风区、西北干旱区和青藏高原高寒区，作物产量的主导气候因子变为最低温，这一发现与气候区的农业特点一致（Smit and Cai，1996）。温度过高或过低都会对作物生长产生胁迫作用（图4-25）。温度高于作物生长的适宜温度会加速作物生长并缩短作物充填期的时间；温度低于适宜温度会降低作物生长速率，导致作物产量下降（Tao et al.，2008）。在青藏高原高寒区的玉米和大豆分布区，相对湿度是影响氮淋失的主导因子。空气湿度过高会抑制作物的蒸腾作用，而

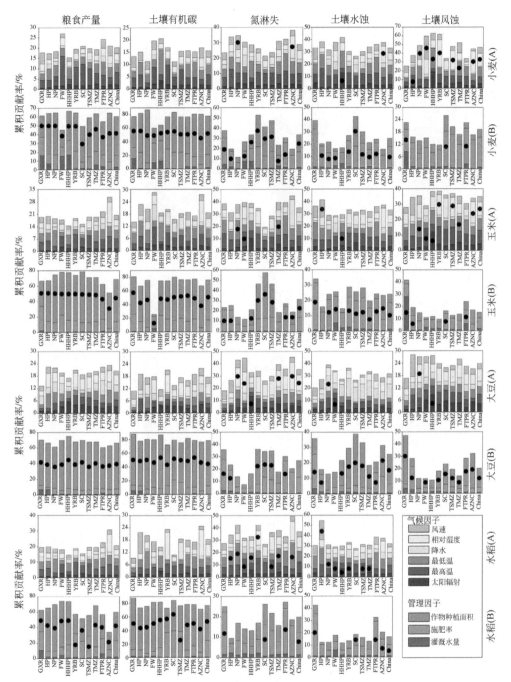

图 4-24　不同尺度下气候和管理因子对农业生态系统服务变化的累积贡献率

黑色的点表示其对生态系统服务的贡献率最高；A 代表气候因子，B 代表管理因子；甘肃–新疆主产区（GXR）、河套平原（HP）、东北平原主产区（NP）、汾渭平原主产区（FW）、黄淮海平原主产区（HHHP）、长江流域主产区（YRB）、华南平原主产区（SC）、热带–亚热带季风区（TSMZ）、温带季风区（TMZ）、西北干旱区（AZNC）、青藏高原高寒区（FTPR）和中国（China）。

港澳台资料暂缺

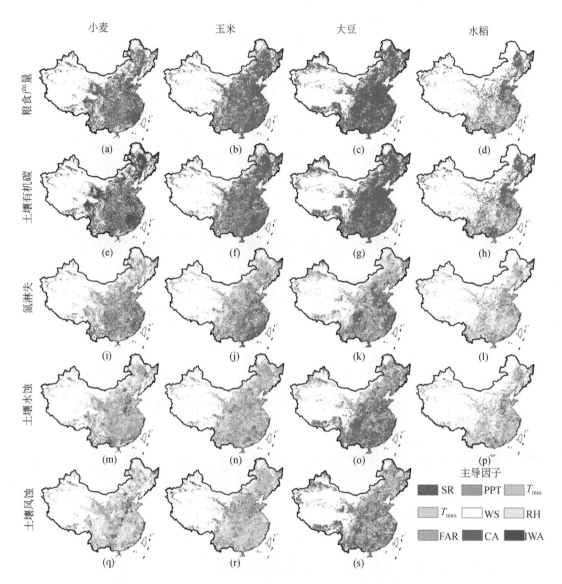

图 4-25　农业生态系统服务主导因子的空间分布格局

太阳辐射（SR）、最高温（T_{max}）、最低温（T_{min}）、降水（PPT）、相对湿度（RH）、

风速（WS）、灌溉水量（IWA）、施肥率（FAR）和作物面积（CA）。

港澳台资料暂缺

湿度的下降则有利于作物的蒸散发，从而促进养分的吸收（Mahajan et al., 2008），导致氮淋失下降。除温度外，降水也是决定土壤水蚀的重要气候因子，尤其是对于大豆种植区而言。大豆生育期主要是 5～10 月，该时期亦是降水比较集中的时期，因此降水的变化会对土壤水蚀产生重要影响。在热带-亚热带季风区的小麦种植区，相对湿度是影响土壤风蚀的主导因子（表4-10），主要原因在于空气湿度与土壤表面的水分含量具有很强的相关性，空气湿度越高，土壤风蚀发生的可能性越低（Ravi et al., 2006）。

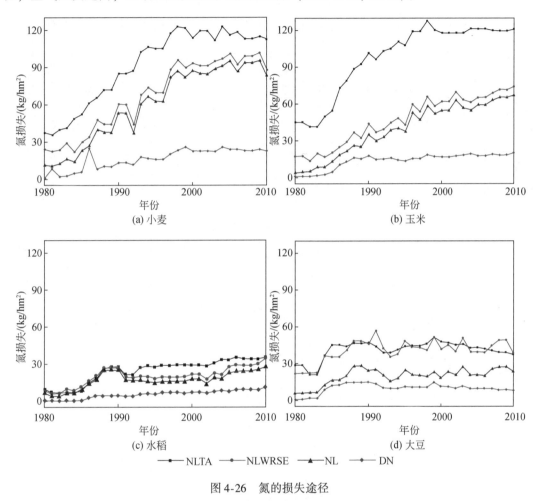

图 4-26　氮的损失途径

氮挥发到大气中（NLTA），氮随地表径流、地下流和侵蚀所流失（NLWRSE），氮淋失（NL），反硝化作用（DN）

3）粮食主产区尺度上影响农业生态系统服务的主导因子

在粮食主产区尺度上，由于该区域自然条件优越，有利于农业生产，因此其主要功能是提供农产品供给和保证国家粮食安全（国家发展和改革委员会，2015）。研究发现，1980～2010年，粮食主产区的粮食产量有显著增加，并且占全国粮食产量的60%以上。其中，仅黄淮海平原和长江流域两个主产区就贡献了全国40%以上的粮食产量。尽管粮食产量有显著增加，但由于气候变化会给农业生产带来不利影响，人口的急剧增加会引起粮食需求的增加，因此我国仍然面临严重的粮食安全问题（Ye et al., 2014）。为了提高粮食安全的水平，降低农业生产对环境的负面影响，实现农业生态系统的可持续性，有必要量化气候和管理因子对农业生态系统服务的影响，并探究其主导影响因子。

表4-10 不同尺度下小麦、玉米、水稻和大豆分布区农业生态系统服务主导因子的面积比例

尺度	区域	粮食产量				土壤有机碳				氮淋失				水蚀				风蚀		
		小麦	玉米	水稻	大豆	小麦	玉米	水稻	大豆	小麦	玉米	水稻	大豆	小麦	玉米	水稻	大豆	小麦	玉米	大豆
粮食主产区	甘肃-新疆主产区	CA(36)	CA(42)	CA(50)	CA(87)	CA(57)	CA(72)	CA(87)	CA(93)	FAR(55)	T_{max}(38)	FAR(36)	FAR(51)	FAR(59)	FAR(56)	FAR(61)	FAR(45)	FAR(26)	IWA(50)	CA(72)
	河套平原主产区	CA(79)	CA(71)	FAR(76)	CA(85)	CA(83)	CA(75)	CA(91)	FAR(31)	FAR(31)	FAR(39)	T_{min}(46)	FAR(27)	T_{min}(32)	FAR(28)	T_{min}(29)	T_{max}(21)	T_{min}(28)	FAR(24)	FAR(31)
	东北平原主产区	CA(78)	CA(79)	CA(80)	CA(78)	CA(98)	CA(94)	CA(93)	CA(96)	T_{max}(19)	T_{min}(33)	T_{min}(33)	T_{max}(29)	FAR(23)	FAR(41)	T_{min}(22)	PPT(30)	WS(33)	T_{min}(23)	CA(23)
	汾渭平原主产区	CA(27)	CA(68)	CA(94)	CA(96)	FAR(38)	CA(80)	CA(100)	CA(99)	FAR(21)	T_{max}(34)	T_{max}(38)	RH(36)	FAR(29)	T_{max}(34)	T_{max}(44)	RH(26)	WS(41)	T_{max}(39)	RH(19)
	黄淮海平原主产区	CA(44)	CA(80)	CA(78)	CA(90)	FAR(36)	CA(68)	CA(90)	CA(98)	FAR(22)	CA(23)	T_{min}(25)	SR(31)	FAR(24)	T_{min}(32)	SR(19)	CA(39)	T_{min}(34)	FAR(23)	SR(29)
	长江流域主产区	CA(67)	CA(81)	FAR(43)	CA(91)	CA(60)	CA(79)	CA(44)	CA(88)	CA(44)	CA(49)	T_{max}(28)	CA(48)	FAR(52)	CA(41)	T_{max}(36)	CA(48)	RH(49)	T_{min}(42)	CA(36)
	华南平原主产区	CA(76)	CA(87)	CA(46)	CA(91)	CA(76)	CA(85)	CA(54)	CA(82)	CA(52)	CA(64)	CA(31)	CA(34)	CA(43)	FAR(39)	T_{max}(24)	CA(62)	FAR(31)	FAR(34)	CA(36)
气候区	热带-亚热带季风区	CA(76)	CA(80)	FAR(40)	CA(90)	CA(76)	CA(76)	CA(46)	CA(84)	CA(52)	CA(47)	T_{max}(25)	CA(39)	CA(43)	FAR(43)	T_{max}(29)	CA(55)	RH(34)	T_{max}(36)	CA(35)
	温带季风区	CA(76)	CA(78)	CA(75)	CA(86)	CA(76)	CA(82)	CA(90)	CA(96)	CA(52)	FAR(16)	T_{min}(24)	CA(22)	CA(43)	CA(31)	T_{min}(17)	CA(32)	FAR(31)	T_{min}(22)	CA(27)
	青藏高原高寒区	CA(76)	CA(72)	CA(37)	CA(87)	CA(76)	CA(83)	CA(83)	CA(98)	CA(52)	RH(33)	T_{min}(37)	RH(36)	CA(43)	CA(33)	FAR(21)	CA(47)	FAR(31)	CA(32)	CA(71)
	西北干旱区	CA(76)	CA(69)	CA(49)	CA(83)	CA(76)	CA(79)	CA(77)	CA(92)	CA(52)	FAR(40)	CA(38)	FAR(43)	FAR(43)	FAR(37)	FAR(45)	FAR(23)	FAR(31)	FAR(22)	FAR(48)
中国		CA(70)	CA(77)	CA(53)	CA(87)	CA(74)	CA(79)	CA(66)	CA(91)	FAR(28)	FAR(27)	FAR(20)	FAR(24)	FAR(38)	FAR(36)	T_{max}(22)	CA(39)	FAR(25)	T_{max}(25)	CA(37)

注: 太阳辐射 (SR)，最高温 (T_{max})，最低温 (T_{min})，降水 (PPT)，相对湿度 (RH)，风速 (WS)，灌溉水量 (IWA)，施肥率 (FAR)，和作物面积 (CA)；港澳台资料暂缺。

从主导因子的空间格局来看，施肥率是影响长江流域作物产量的主导因子，而在其他主产区，作物面积是影响作物产量的主导因子（图 4-25、表 4-10）。在太阳辐射、最高温、最低温、降水、相对湿度和风速等气候因子中，最低温对黄淮海平原地区小麦、玉米和水稻产量的影响最大，而最高温在长江流域的作物产量变化中起主导作用，本研究与 Tao 等（2008）的研究结果一致。小麦、玉米、水稻和大豆四种作物都有其最佳的生长温度（T_o）。当温度低于 T_o 时，低温胁迫会发生，而当温度高于 T_o 时，高温胁迫将会出现（Tao et al.，2008）。黄淮海平原地区的主要作物类型是冬小麦，它容易受到低温胁迫的影响，而气候变暖的趋势会降低低温胁迫的影响并促进小麦产量的增加 [图 4-27（e1）]。长江流域是水稻的主要种植区，已有研究表明，温度变暖的趋势会加剧该区域作物生长过程中的高温胁迫作用，对水稻生长产生负面影响（Zhang et al.，2014）[图 4-27（f3）]。在黄淮海平原地区，除作物种植面积外，太阳辐射是影响农业生态系统服务的主导因子。1980～2010 年，该区域的太阳辐射量呈现大幅下降，对作物生长率和地表作物生物量的积累产生重要影响。地上生物量越少，意味着作物生长吸收的氮元素越少，因此在氮肥施用量一定的情况下，氮淋失量会随之增加。同样，地表覆盖的减少增加了土壤水蚀和土壤风蚀发生的可能性。

对于汾渭平原主产区（38%）和黄淮海平原主产区（36%）的小麦种植区而言，施肥率是影响土壤有机碳的主导因子，而在其他区域，作物面积起主导作用（图 4-25、表 4-10）。氮淋失总量易受作物种植面积、施肥率、最低温和最高温的影响，在大多数区域，最低温升高有利于氮淋失的增加，而最高温的升高则会导致氮淋失的下降。在汾渭平原主产区的大豆种植区，空气湿度是影响氮淋失的主导因子，其在氮淋失变化中起消极作用，而在黄淮海平原主产区的大豆种植区，太阳辐射是导致氮淋失增加的主因（图 4-25、表 4-10）。与氮淋失相似，土壤水蚀和土壤风蚀的主导因子包括作物面积、施肥率、最低温、最高温、相对湿度和太阳辐射。除此之外，降水是影响东北平原主产区的大豆种植区（30%）土壤水蚀变化的主导因子，而在甘肃-新疆主产区的玉米种植区（50%），灌溉水量对土壤风蚀具有更高的抑制影响（图 4-25、表 4-10）。

4.1.4　小结

本研究表明，气候和管理因子能够很好地解释农业生态系统服务的变化，并且可以为生态系统服务的优化和管理提供具体的指导措施。在气候和管理因子中，作物种植面积是影响粮食产量的主导因子。为了增加粮食产量，确保粮食安全，最直接有效的方式是增加小麦、玉米、水稻和大豆的种植面积。此外，施肥率的增加也可以促进粮食产量提高，但是在大多数区域，施肥的增加同样会加剧氮的淋失。为了实现农业生态系统可持续性，有

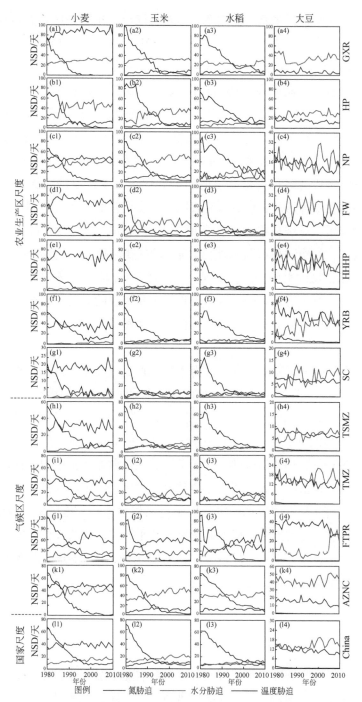

图 4-27　1980～2010 年作物生育期内受水分、氮和温度胁迫的天数

胁迫天数（NSD）；甘肃-新疆主产区（GXR）、河套平原（HP）、东北平原主产区（NP）、汾渭平原主产区（FW）、黄淮海平原主产区（HHHP）、长江流域主产区（YRB）、华南平原主产区（SC）、热带-亚热带季风区（TSMZ）、温带季风区（TMZ）、西北干旱区（AZNC）、青藏高原高寒区（FTPR）和中国（China）。港澳台资料暂缺

必要综合考虑粮食产量与肥料流失所带来的负面环境影响之间的关系。到 2010 年，在全国、气候区和粮食主产区尺度上，氮胁迫对作物生长的实际影响已经很小。在这种情况下，通过调整农业管理措施，降低水分和温度胁迫对作物生长所带来的影响，对于提高农业生态系统服务，降低农业生产对环境的负面影响更加有效。

此外，研究发现最高温是影响热带-亚热带季风区粮食产量的主导气候因子，而在温带季风区、西北干旱区和青藏高原高寒区，最低温是影响粮食产量的主导气候因子。因此，在热带-亚热带季风区应该培育和种植耐热作物品种，而在其他气候区应种植耐寒作物品种，并采用塑料薄膜覆盖技术来提高地表温度，以减少低温胁迫对作物生长的影响。另外，提高作物残茬的高度，实行保护性耕作等农业管理措施可以有效减少土壤水蚀和土壤风蚀的发生。

4.2 中国北方农牧交错带农业生态系统服务的动态变化与驱动力

中国北方农牧交错带位于干旱半干旱区，生态环境极其脆弱，除了是我国重要的生态安全屏障外，也是重要的粮食供给区，在 2010 年，其粮食产量占我国粮食总产量的 7.7%。为了满足日益增长的粮食生产需求，农业土地利用强度和化肥、灌溉用水等的施用量都有明显增加，这些管理措施的变化均会对农业生态系统产生重要影响，虽有利于粮食产量增加，但也会对环境产生严重的负面影响，如土壤侵蚀、氮淋失、生境恶化等。此外，农业生产对气候变化敏感，剧烈的气候变化可能进一步加剧土壤侵蚀和氮淋失等负面环境效应，使原本脆弱的生态系统面临严重威胁。因此，以中国北方农牧交错带为典型区开展研究，厘清其农业生态系统服务的时空格局变化，量化影响农业生态系统服务的主导因子，有利于在保证粮食产量增加的同时，减少农业生产对该区域环境的负面影响，提高气候变化的适应性，促进区域农业生态系统可持续性的实现，对于保障我国生态和粮食安全具有重要意义。

目前，大多数研究侧重于单一因子影响分析，很少考虑气候和管理措施变化对农业生态系统服务的综合影响，厘清驱动因子对农业生态系统服务的影响机理有助于管理措施的调整和农业生态系统的优化。本节研究利用基于 GIS 的 EPIC 模型对农业生态系统服务进行模拟，并采用偏最小二乘回归模型探究农业生态系统服务的主导影响因子。在此基础上，利用 BFAST 模型进一步量化气候趋势组分和波动组分在作物产量变化中的贡献，目标包括：①分析 1980～2010 年气候和管理因子的趋势变化；②探究中国北方农牧交错带农业生态系统服务的时空格局变化；③量化驱动因子在农业生态系统服务变化中的贡献率，并进一步分析气候趋势组分和波动组分在作物产量变化中的贡献。

4.2.1 材料与方法

4.2.1.1 研究区概况

中国北方农牧交错带位于干旱半干旱区，它包含 38 个地级市，跨越黑龙江、吉林、辽宁、内蒙古、河北、甘肃、山西、陕西、青海、宁夏 10 个省（自治区）（图 4-28）。主要的土地利用类型为草地和耕地，耕地面积仅次于草地面积，其中 2010 年耕地面积为 $3.58 \times 10^5 km^2$，约占整个区域的 49%。

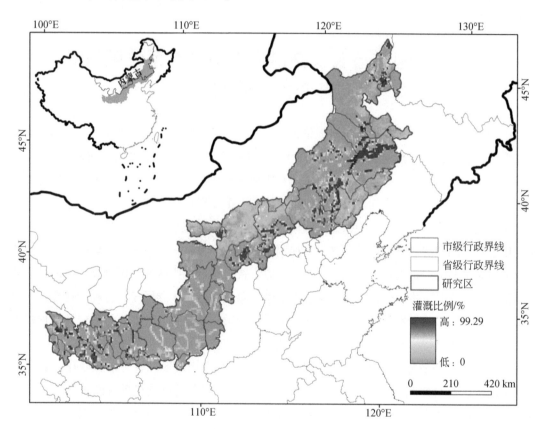

图 4-28　中国北方农牧交错带的地理位置

中国北方农牧交错带的气候呈季节性变化，其中最高温、最低温和降水的高值主要集中在 6~8 月（图 4-29 和图 4-30），太阳辐射量在 7~9 月较高（图 4-29），空气相对湿度在春季较低而夏季较高，相反，风速在春季较高而夏季较低（图 4-31）。

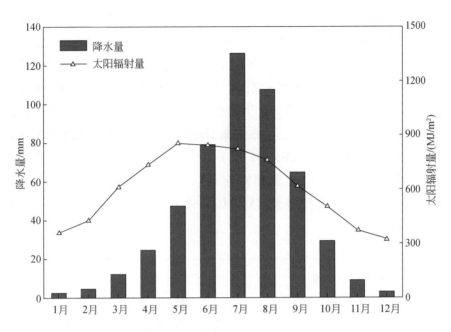

图 4-29 中国北方农牧交错带各月多年降水量和太阳辐射量均值（1980～2010 年）

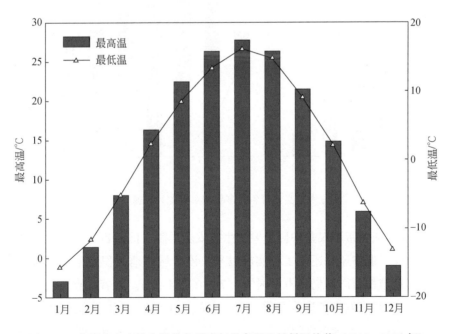

图 4-30 中国北方农牧交错带各月多年最高温和最低温均值（1980～2010 年）

研究区海拔差异明显（61～4371m）［图 4-32（a）］，坡度介于 0～38%［图 4-32（b）］。就农业管理措施而言，东北部区域施肥率比较高，最大值为 781kg/hm²［图 4-32

（c）］。中国北方农牧交错带灌溉设施较少，主要集中分布在东北部，2010年灌溉水量的最低值为0mm，最高为718.4mm［图4-32（d）］。与小麦、水稻和大豆相比，本区域的主要作物类型为玉米，玉米种植区主要分布在东北部［图4-32（e）］。土壤类型以壤土和砂土为主［图4-32（f）］，集中分布在东北部，占研究区面积的74.9%。从空间上看，2010年降水的分布从东北向西南逐渐减少，年降水量低于600mm［图4-32（g）］。区域平均风速高于1.9m/s［图4-32（h）］，呈东北高西南低的分布特点。该区域温度较低，呈现西南部高而东北部低的特点［图4-32（i）和（j）］，2010年年平均气温为7.21℃。由于本区域降水比较少，所以光照相对充足［图4-32（k）］，最小太阳辐射量为5214MJ/m²，空气相对湿度变化不大（51.3%~61.9%）［图4-32（l）］，是典型的温带大陆性季风气候。

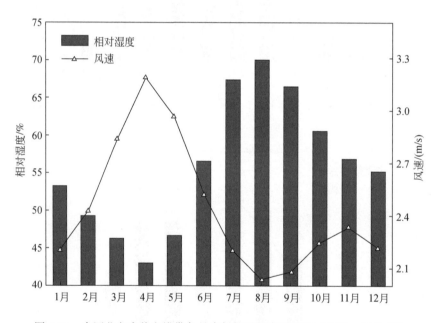

图4-31　中国北方农牧交错带各月多年相对湿度和风速（1980~2010年）

　　中国北方农牧交错带不仅是中国重要的生态安全屏障，同时也是中国重要的粮食生产区。尽管自1999年退耕还林还草工程实施以来，该区域耕地面积发生了显著变化，然而在2010年，本区域粮食产量仍然占全国的7.7%（图4-33）。随着人类活动和气候变化的加剧，这一地区的景观发生了显著变化（Wu et al., 2015c），环境压力越来越严重。为了响应国家的政策调整，实现本区域农业生态系统的可持续性，关键是要确定生态系统服务间作用关系及其主要驱动因素，并在此基础上进行农业生态系统服务的优化管理。

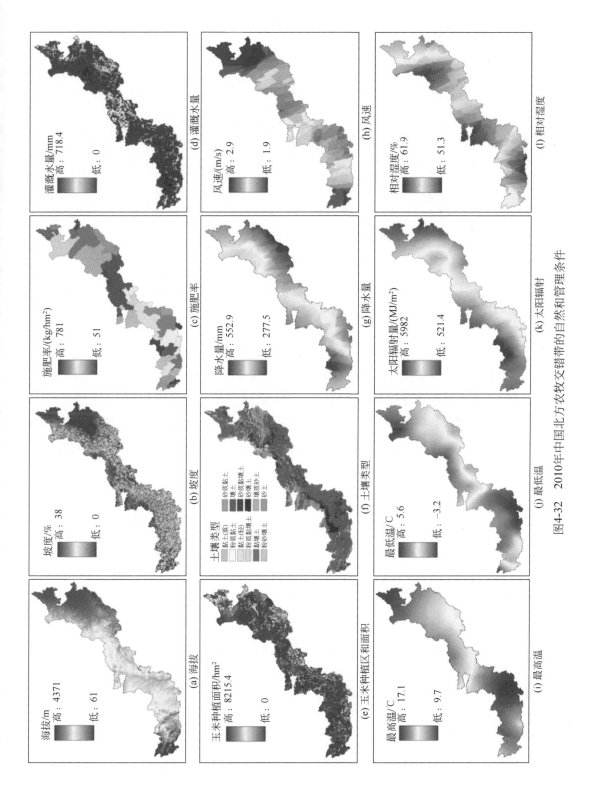

图4-32　2010年中国北方农牧交错带的自然和管理条件

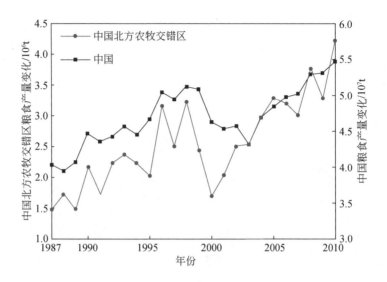

图 4-33　1987～2010 年中国北方农牧交错带和中国的粮食产量变化

4.2.1.2　气候因子对农业生态系统服务变化的贡献率分析

考虑到粮食供给服务在中国北方农牧交错带的重要性（图 4-33）以及该区域气候的剧烈变化，本研究采用 BFAST 模型（Verbesselt et al., 2010a）将气候数据分解为趋势组分和波动组分（以降水数据的分解为例，图 4-34），并结合 EPIC 模型进一步评价了气候趋势变化和波动变化对作物产量的影响，以期为减缓或适应气候变化提供理论和决策依据。

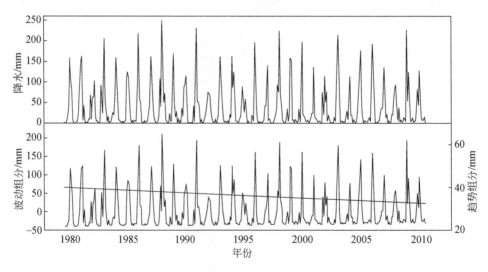

图 4-34　气候趋势组分和波动组分的分解

以降水数据为例，单位是 mm

以降水为例，降水的时间序列数据可用以下公式进行表达：

$$X_t = T_t + F_t \tag{4-73}$$

式中，t 为时间序列；X_t 为降水；T_t 为降水的趋势组分；F_t 为降水的波动组分，它是两个趋势断点之间的线性函数，可以进一步分解为常规波动组分（reg_t）和残余波动组分（res_t）：

$$F_t = reg_t + res_t \tag{4-74}$$

降水趋势组分和波动组分对作物产量的影响如图 4-35 所示。其中，图 4-35（a）灰色区域表示降水趋势组分对作物产量的影响，图 4-35（b）灰色区域表示降水波动组分对作物产量的影响，图 4-35（c）灰色区域表示降水对作物产量的影响。降水趋势组分和波动组分对于作物产量变化的贡献率可通过以下四步进行计算：

（1）作物产量（Yield）= 模拟产量（降水、太阳辐射、最高温、最低温、相对湿度和风速的观测值）；

（2）作物产量 $[Yield_t]$ = 模拟产量（降水的趋势组分和其他气候变量的观测值）；

（3）降水的趋势贡献率 = $[Yield_t/Yield] \times R^2$ ；

（4）降水的波动贡献率 = $[1 - Yield_t/Yield] \times R^2$ 。

其中，R^2 为降水因子的贡献率，其计算方法如式（4-71）和式（4-72）。

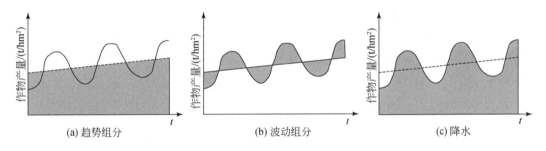

图 4-35　降水的趋势组分和波动组分对作物产量的影响

虚线代表线性趋势组分，实线代表非线性波动组分

4.2.1.3　EPIC 模型验证

小麦、玉米和水稻三种作物的模拟和统计产量差异如图 4-36 所示。对 2001～2010 年的作物统计产量和模拟产量进行比较，结果表明模拟产量与统计产量吻合度较高。对于小麦、玉米和水稻而言，RMSE 均小于 1.1t/hm²，小麦模拟产量与统计产量间的 RMSE 甚至低于 0.7t/hm²。在所有情况下，三种作物统计产量和模拟产量的拟合 R^2 均大于 0.6，并且 RRMSE 均小于 25%，证明作物模型能够实现作物产量的精确模拟。

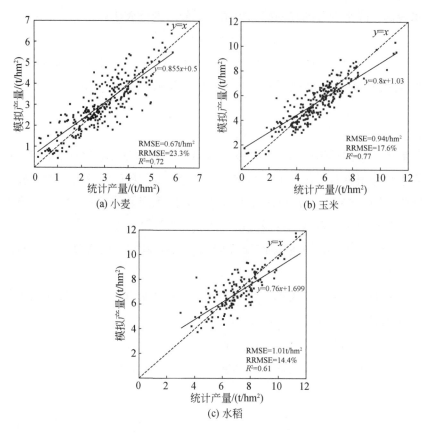

图 4-36　小麦、玉米、水稻统计产量和模拟产量的比较

小麦样本点个数为 274；玉米样本点个数为 254；水稻样本点个数为 146

4.2.2　结果

4.2.2.1　作物分布的时空格局变化

在中国北方农牧交错带，1980～2010 年小麦、玉米和水稻三种作物的空间分布格局变化如图 4-37 所示。其中，小麦的空间格局没有明显变化，主要分布在研究区的西南部。尽管玉米在研究区西南部的种植面积有所增加，但玉米种植区仍集中分布在东北部。相对于小麦和玉米而言，水稻种植区的空间分布变化尤为明显。在 1980 年，水稻主要分布在农牧交错区的西南部，然而从 1980～2010 年，水稻种植面积在西南部有明显下降，在东北部有显著增加。到 2010 年，水稻主要分布在研究区的东北部。总的来说，1980～1990 年，研究区以小麦种植为主，而 2000～2010 年，研究区的主要作物类型以玉米为主。就

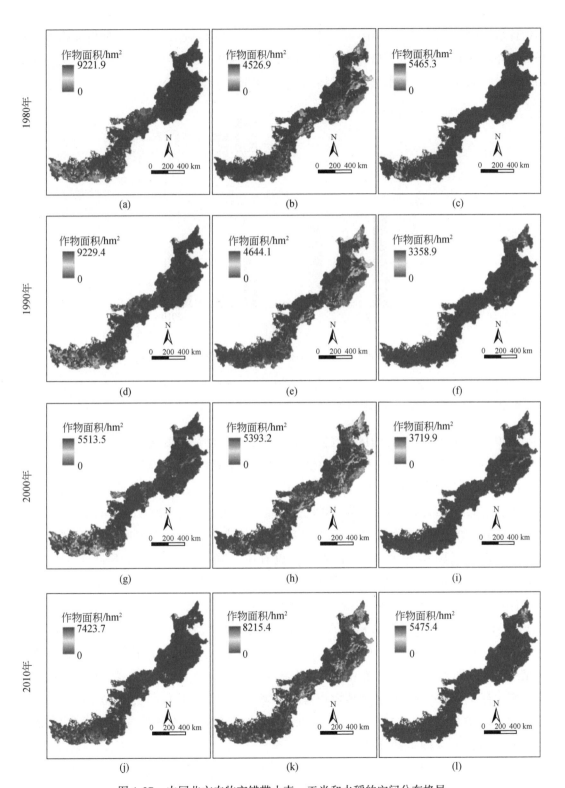

图 4-37　中国北方农牧交错带小麦、玉米和水稻的空间分布格局

作物种植面积而言，1980～2010 年，小麦种植面积下降了 34.2%；玉米种植面积有显著增加，并且从 $1.49×10^6 hm^2$ 增加为 $4.52×10^6 hm^2$。1980～1990 年，水稻种植面积下降了 70.9%，而 1990～2010，水稻面积又增加了 $3×10^5 hm^2$（图 4-38）。

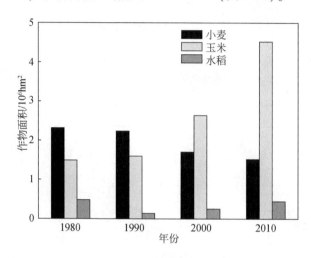

图 4-38　1980～2010 年小麦、玉米和水稻种植面积的变化

4.2.2.2　气候和管理因子的变化趋势

1980～2010 年，作物种植区内气候和管理因子的线性趋势变化如图 4-39 所示，结果表明：在小麦、玉米和水稻三种作物种植区，作物生育期内的太阳辐射量没有明显的变化 ［图 4-39（a）］，降水呈现轻微下降趋势 ［图 4-39（b）］。与太阳辐射量和降水的变化趋势相比，最低温和最高温变化显著，并且呈持续上升趋势 ［图 4-39（c）（d）］，区域暖干化现象明显。在三种作物种植区，风速呈显著下降趋势，尤其在水稻种植区，年平均风速下降 0.015m/s ［图 4-39（e）］。相对湿度也有所下降，但变化趋势不明显 ［图 4-39（f）］。1980～2010 年，小麦、玉米和水稻三种作物的氮肥施用量均有显著增加。1980 年，三种作物的施肥率均小于 100kg/hm²，然而到 2010 年，施肥率接近 300kg/hm² ［图 4-39（g）］。对于小麦而言，作物种植区的灌溉用水量呈下降趋势（–0.072 mm/a；$p=0.75$），然而玉米（4.579mm/a；$p<0.01$）和水稻（2.437 mm/a；$p<0.05$）种植区的灌溉用水量呈增加趋势 ［图 4-39（h）］。在中国北方农牧交错带，小麦、玉米和水稻三种作物的种植面积变化存在明显差异，小麦种植面积有所下降（–3.26 ×10⁴ hm²/a；$p<0.01$），玉米种植面积有所增加（1.03 ×10⁵ hm²/a；$p<0.01$），而水稻种植面积没有明显变化（20.16 hm²/a；$p=0.99$）［图 4-39（i）］。

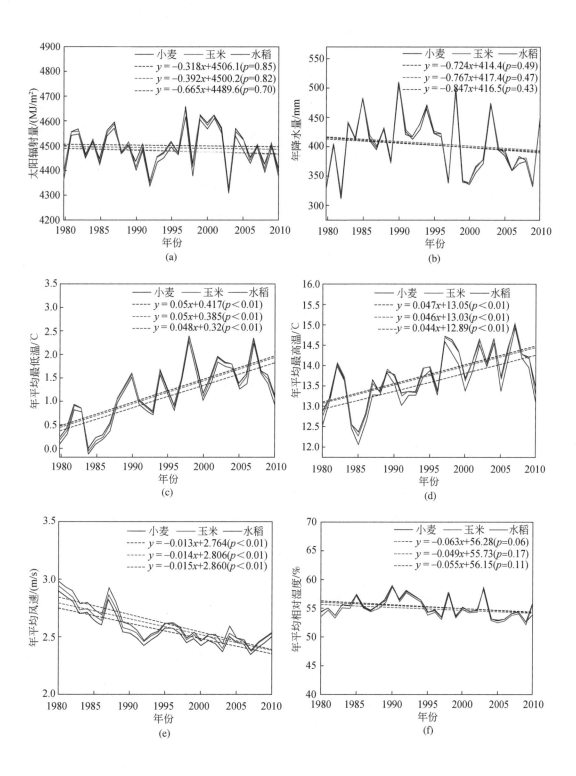

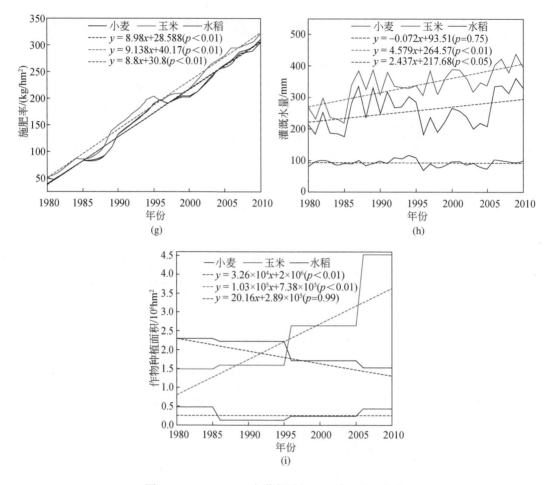

图 4-39　1980~2010 年作物种植区驱动因子的变化

4.2.2.3　不同类型农业生态系统服务的变化趋势

1980~2010 年，粮食产量、土壤侵蚀和氮淋失均有明显变化（图 4-40 和表 4-11）。总的来说，中国北方农牧交错带的粮食产量（3×10^6 t/a；$p<0.01$）和氮淋失（0.27×10^{-2} t/a；$p<0.01$）呈显著增加趋势，土壤侵蚀呈下降趋势（-0.13 t/a；$p=0.1$）（表 4-11）。在整个区域，72.9% 的作物种植区的产量呈增加趋势，东北部是作物产量增加的热点区，达到 1780t/a。作物产量下降的区域面积很小，主要集中在研究区的西南部。土壤侵蚀在 56.9% 的作物种植区呈现下降趋势，并且显著减少的地区主要集中在农牧交错区的东北部。对于氮淋失而言，73.1% 的区域呈增加趋势，但空间异质性较低。氮淋失增加的热点区集中分布在农牧交错区的东北部和西南部。研究结果表明，存在作物产量增加同时土壤侵蚀和氮淋失减少的协同区，并且主要分布在东北部的小范围区域内；存在作物产量增加

同时土壤侵蚀减少的协同区，集中分布在研究区的东北部，而作物产量增加同时和氮淋失减少的协同区域则零散分布于西南部（图4-40）。

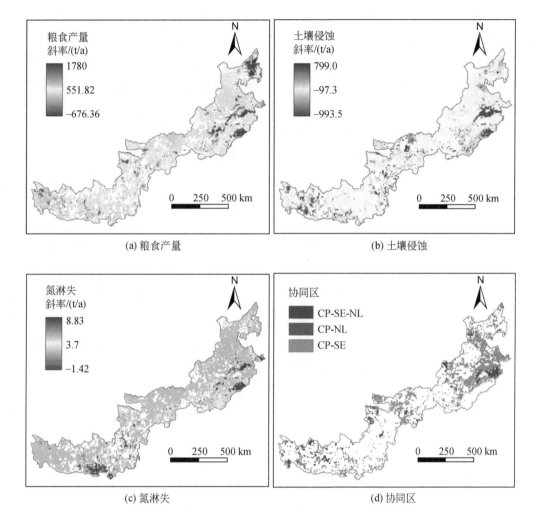

图 4-40　中国北方农牧交错带农业生态系统服务的线性趋势和协同区

CP 代表粮食产量；SE 代表土壤侵蚀；NL 代表氮淋失；CP-SE-NL 代表粮食产量增加的同时土壤侵蚀和
氮淋失减少；CP-NL 代表粮食产量增加同时氮淋失减少；CP-SE 代表作物产量增加同时土壤侵蚀减少

表 4-11　1980~2010 年中国北方农牧交错带农业生态系统服务的变化

农业生态系统服务	最小值/10^6t	最大值/10^6t	标准差/10^6t	线性趋势斜率/(10^6t/a)
作物产量	5.26	26.15	7.03	3
土壤侵蚀	4.87	16.99	3.85	−0.13
氮淋失	0.2×10^{-2}	8.9×10^{-2}	2.76×10^{-2}	0.27×10^{-2}

4.2.2.4 气候和管理因子对作物产量的影响

本研究对影响作物产量变化的太阳辐射、降水、最低温、最高温、相对湿度和风速6个气候因子的贡献率进行了分析。同时，考虑到太阳辐射、降水、最低温和最高温4个气候因子的剧烈变化，为了进一步探究气候变化对作物产量的影响机理，本研究将气候因子拆分为趋势组分和波动组分，并对气候趋势组分和波动组分在作物产量变化中的贡献率进行评价。

1）气候因子在作物产量变化中的贡献率

1980~2010年，气候因子在小麦、玉米和水稻产量变化中的总贡献率分别是15.36%、12.39%和11.54%[图4-41（d）]。在太阳辐射、降水、最低温、最高温、平均风速和相对湿度6个气候因子中，最低温对作物产量的影响最大，其在小麦、玉米和水稻产量变化中的贡献率分别是4.2%、3.7%和2.5%[图4-41（a）]；其次为最高温。1980~2010年，中国北方农牧交错带气候变化显著，尤其是最低温和最高温均有大幅度升高。温度升高会加速作物的生长，但可能导致谷物充填期的缩短（Tao et al.，2008），使得作物产量下降。总的来说，气候变暖会对作物生产产生积极或消极的影响，而这取决于当地的气候状况和作物的抗性。当气温低于作物生长的基底温度时，作物的生长将会受到抑制；相反，气候变暖将会减少温度胁迫，增加农作物产量（Sharpley and Williams，1990）。本研究区气候特点为干旱少雨和低温，干旱和低温是作物生长的主要限制因子。1980~2010年，气温上升明显[图4-39（c）和（d）]而降水变化比较小[图4-39（b）]。因此，与其他气候因子相比，温度对小麦（7.32%）、玉米（6.1%）和水稻（4.5%）作物产量的影响最大[图4-41（a）]。1980~2010年，玉米和水稻受温度胁迫影响的天数有所增加，而小麦受温度胁迫影响的天数有所下降（图4-42），这表明温度变化对小麦生产有利，但对玉米和水稻是不利的。此外，由于该区域水分严重缺乏，当植物水资源利用率低于潜在的水资源利用率时，水分胁迫将会发生。1980~2010年，该区域的降水量在某种程度上有所下降[图4-39（b）]，水分胁迫有所加剧。尽管农业灌溉可以降低水分胁迫的影响，然而具备农田灌溉条件的区域有限，因此，从整个区域来看，小麦、玉米和水稻在生育期内面临水分胁迫的天数均有所增加（图4-42），降水减少会对作物产量产生负面影响。从空间上看，气候因子对作物产量影响大的区域面积较小（红色），并且零散分布在整个研究区（图4-43）。

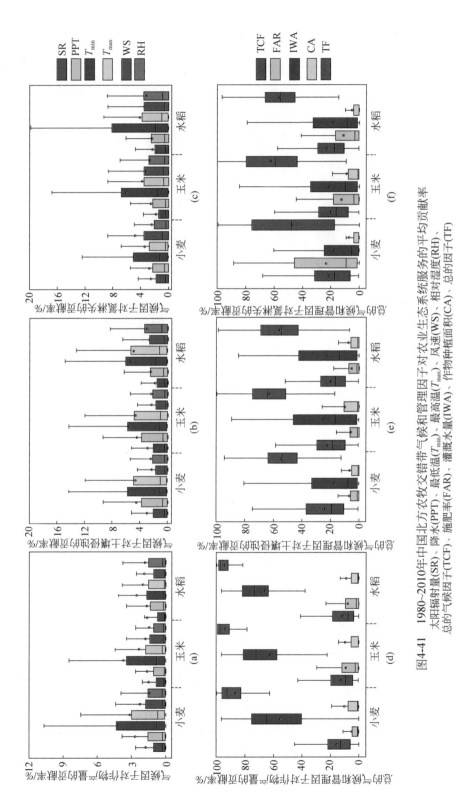

图 4-41　1980~2010 年中国北方农牧交错带气候和管理因子对农业生态系统服务的平均贡献率

太阳辐射量(SR)、降水(PPT)、最低温(T_{min})、最高温(T_{max})、风速(WS)、相对湿度(RH)、
总的气候因子(TCF)、施肥率(FAR)、灌溉水量(IWA)、作物种植面积(CA)、总的因子(TF)

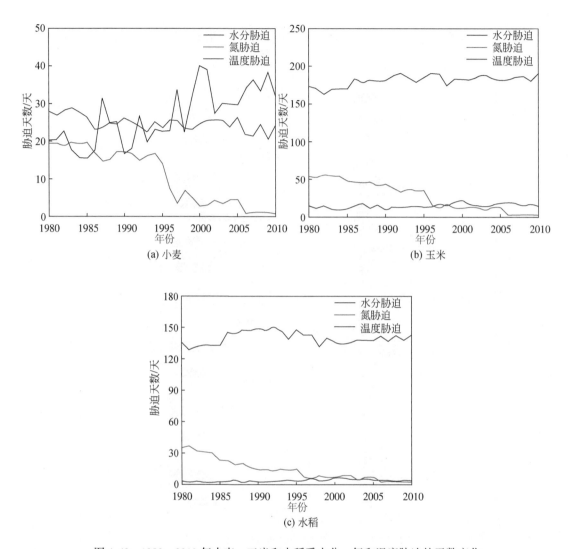

图 4-42 1980～2010 年小麦、玉米和水稻受水分、氮和温度胁迫的天数变化

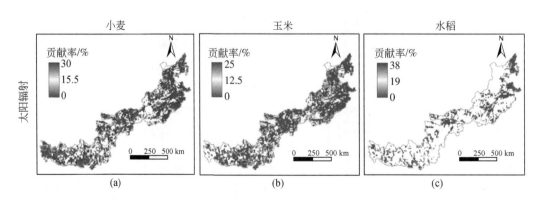

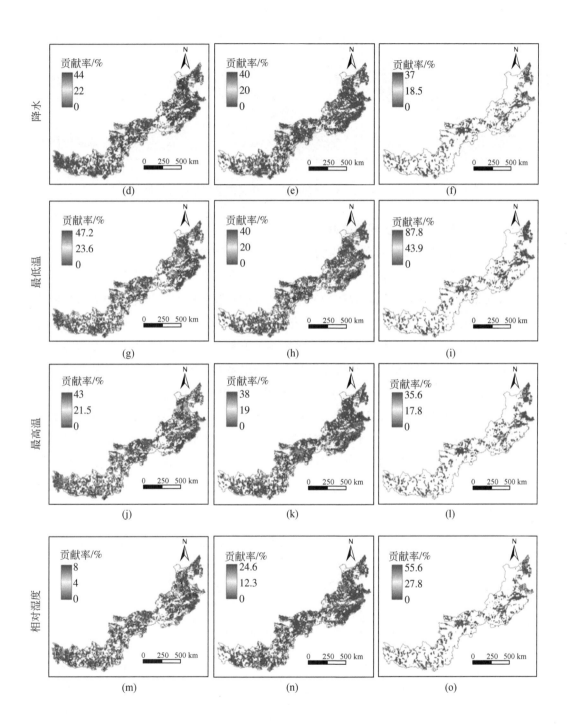

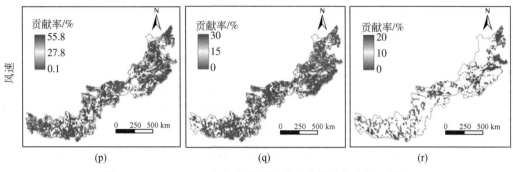

图 4-43　1980～2010 年气候因子在作物产量变化中的贡献率

2）气候因子与作物产量间的关系

对于小麦、玉米和水稻而言，作物产量与作物生育期内的降水、太阳辐射、最高温和最低温之间存在显著相关（$p<0.05$）关系（图 4-44 和表 4-12）。本研究表明，由于中国北方农牧交错带水分缺乏，大多数区域的作物产量在湿润年份比干旱年份更高。作物产量与降水呈显著正相关的区域主要分布在研究区的中西部和东北部［图 4-44（a）～（c）］。在研究区的东北部，降水与作物产量呈显著负相关关系，该区域水分条件不是限制作物生长的主要因子，因此降水的进一步增加不利于作物根系的呼吸，反而会导致作物产量的下降（表 4-12）。相比而言，在更多的作物种植区，作物产量与降水间存在显著正相关关系。在大多数作物种植区，太阳辐射与作物产量间关系不显著，关系显著的区域分布比较零散［图 4-44（d）～（f）］。对于农牧交错带东北部的大多数区域而言，作物产量与最低温呈显著正相关关系［图 4-44（g）～（i）］，与最高温呈显著负相关关系［图 4-44（j）～（l）］。总的来说，凉爽和湿润的区域更适宜小麦生长，而湿润和温暖的区域更利于水稻和玉米产量的增加。

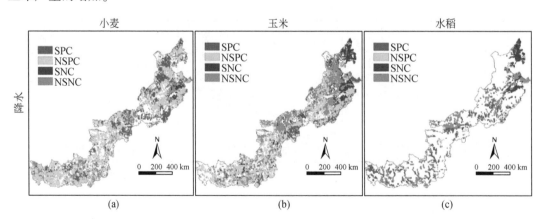

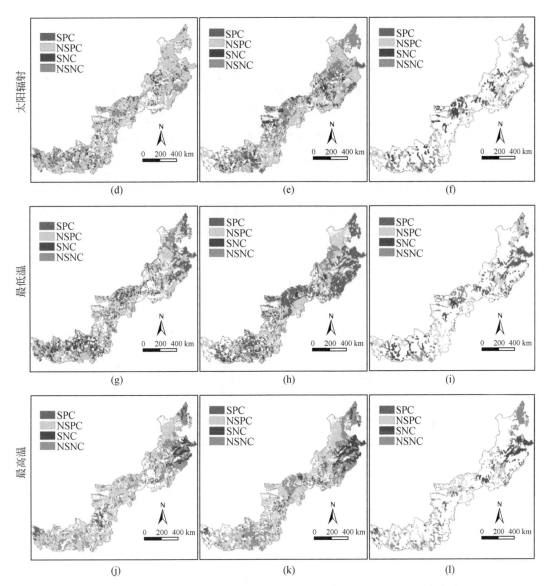

图 4-44　1980～2010 年作物生育期内气候因子与作物产量间的相关关系

SPC 代表显著正相关，NSPC 代表非显著正相关，SNC 代表显著负相关，NSNC 代表非显著负相关，

显著性水平为 0.05；表 4-12 同

表 4-12　作物产量与气候因子间呈显著相关的面积比例　　　　　（单位：%）

作物产量	降水		太阳辐射		最低温		最高温	
	SPC	SNC	SPC	SNC	SPC	SNC	SPC	SNC
小麦	24.3	1.9	8.3	3.6	3.6	7.8	4.2	6.3
玉米	11.5	10	11.1	6.1	6.1	3.7	2.6	9.6
水稻	30	15.1	13.2	16.6	16.6	2.2	6	14.5

3） 管理因子在作物产量变化中的贡献

与气候因子相比，管理因子对作物产量的影响更大。在施肥率、灌溉水量和作物种植面积三个管理因子中，作物种植面积是影响作物产量的最直接和主要的因子。施肥可以提供作物生长所需的养分（氮、磷、钾），促进作物产量增加，然而当土壤中氮元素含量低于作物生长所需时，氮胁迫将会发生，进而限制作物生长（Walburg et al.，1982）。1980～2010 年，施肥率有明显增加，这使得作物生育期内氮胁迫天数减少（图 4-42），促进了作物产量的增加。到 2010 年，氮胁迫天数接近 0 天，氮不再是作物生长的主要限制因子。在这种情况下，施肥率的进一步增加将会导致土壤退化，并对作物产量产生负面影响（Tilman et al.，2011）。在该区域，施肥率对作物产量的影响最小，它在小麦、玉米和水稻产量变化中的贡献率分别是 4.69%、8.96% 和 7.78%（图 4-41）。对于小麦产量而言，施肥率的贡献率高值区主要集中在研究区的西南部，然而在玉米和水稻产量的变化中，施肥率的贡献率高值区主要分布在东北部（图 4-45）。

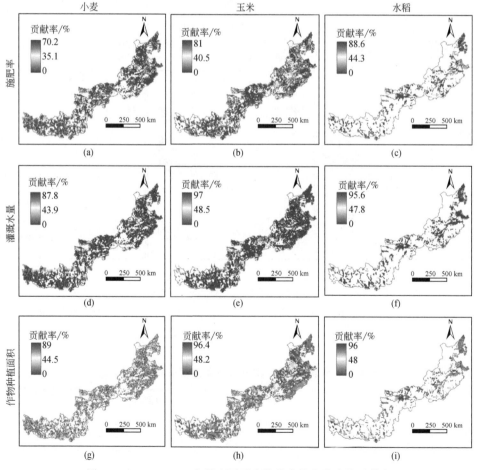

图 4-45 1980～2010 年管理因子在作物产量变化中的贡献率

4）气候趋势组分和波动组分对作物产量的影响

气候变量是随季节而波动变化的时间序列数据，可以分解为趋势组分和波动组分。为了更好地了解气候变化的影响机制，本研究对气候趋势组分和波动组分在小麦、玉米和水稻产量变化中的贡献率进行了评估。分析气候趋势组分和波动组分变化对作物产量的影响，发现在降水、太阳辐射、最低温和最高温四个气候因子中，除了降水的波动下降会导致水稻产量下降外，其他变量的趋势组分和波动组分变化均有利于小麦、玉米和水稻产量的增加（图4-46）。在作物产量变化中，最低温的趋势组分对小麦产量变化的贡献率为8.6%，而对玉米和水稻产量变化的贡献率分别是11.5%和9%。中国北方农牧交错带位于干旱半干旱区，降水较少，降水的变化会对作物生长产生显著影响。此外，中国北方农牧交错带光照充足，太阳辐射的波动变化很小，因此它对作物生长没有明显的影响，在作物产量变化中的贡献率很小。研究区的自然条件差异可能是研究结果存在明显差异的主要原因。

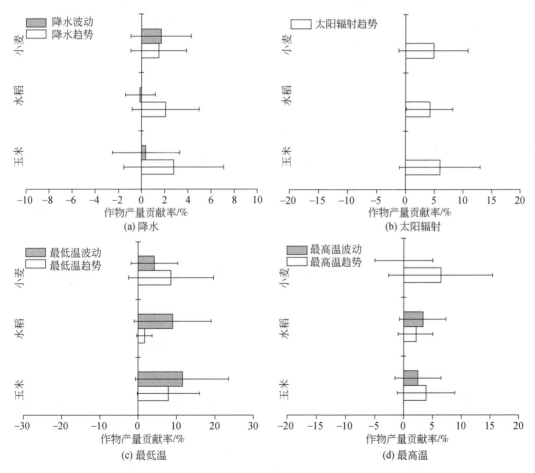

图 4-46　1980～2010 年气候趋势组分和波动组分在作物产量变化中的贡献率

在空间上，降水、太阳辐射、最低温和最高温的趋势组分变化均有利于小麦、玉米和水稻产量的增加，而气候的波动变化对作物产量的影响存在明显的空间异质性，既有正面影响，也有负面影响（图 4-47）。1980～2010 年，对于降水趋势而言，其贡献率的高值区主要分布在农牧交错带的东北部 [图 4-47（a）~（c）]。降水的波动变化导致小麦减产的区域（0.3%）主要分布在研究区的西南部，其导致玉米和水稻减产的区域分布比较零散 [图 4-47（d）~（f）]。小麦、玉米和水稻均有其最佳的生长温度（Conroy et al.，1994）。当实际温度低于作物生长的最优温度（T_0）时，温度的波动升高会促进作物生长。然而，当温度接近 T_0 时，温度的波动升高会对作物生长产生消极影响（Baker and Allen Jr，1993）。对于最低温趋势组分和波动组分的贡献而言，高值区主要分布在中东部而低值区分布在西南部。最高温的趋势组分对小麦、玉米和水稻三种作物产量的影响存在明显差异：对于小麦和玉米而言，其高值区主要分布在研究区的东北部和西南部；而水稻的高值区主要分布在东北部。对于小麦、玉米和水稻而言，最高温的波动组分导致作物产量下降的区域主要分布在研究区的西南部。此外，本研究发现气候波动对小麦、玉米和水稻产量的影响存在差异。例如，在研究区的东北部，最低温的波动组分有利于小麦产量的增加，然而它会对玉米和水稻产量产生负面影响 [图 4-47（j）~（l）]，说明玉米和水稻更容易受到低温胁迫的影响。当气候变量值超出了适宜作物生长的区间时，作物产量将会下降（Chen et al.，2016b）。

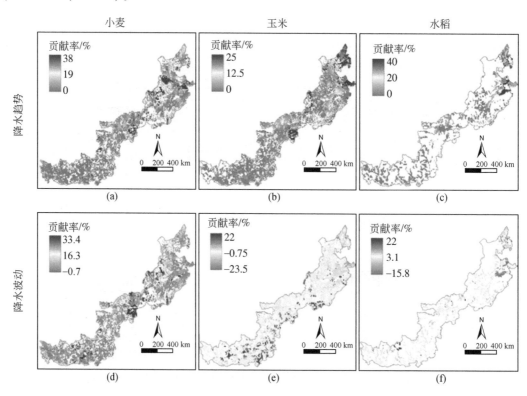

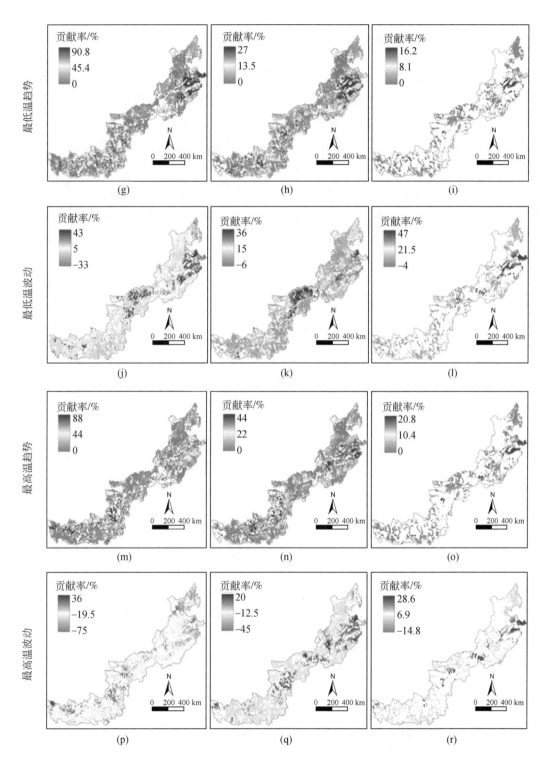

图 4-47　1980～2010 年气候趋势组分和波动组分对作物产量变化的空间贡献率

4.2.2.5　气候和管理因子对土壤侵蚀的影响

1980～2010年，对于小麦、玉米和水稻而言，气候和管理因子在土壤侵蚀变化中的总贡献率分别是54.2%、62.8%和55.7%（图4-41）。与太阳辐射、降水、最高温、风速和相对湿度等因子相比，最低温是影响土壤侵蚀最重要的气候因子，它通过影响作物生长而改变地表植被覆盖，进而对土壤侵蚀产生重要影响，其在小麦、玉米和水稻种植区，土壤侵蚀变化中的贡献率分别是6.2%、5.63%和5.36%［图4-48（g）～（i）］。尽管降水也会对土壤侵蚀产生重要影响，但由于该区域位于我国干旱半干旱区，干旱少雨，年平均降水量仅为399.37mm，并且降水主要发生在作物生长和土壤表面植被覆盖状况良好的夏季，因此土壤侵蚀很难发生。在气候和管理因子中，作物种植面积的增加会直接导致土壤侵蚀的增加，是影响玉米和水稻分布区土壤侵蚀变化的最主要因子，而气候因子是影响小麦分布区土壤侵蚀变化的主要因子［图4-49（a）］。施肥会改善作物生长状况，提高土壤表面植被覆盖，进而减少土壤侵蚀的发生，并且土壤侵蚀会随着施肥率的增加而有所下降。从气候和管理因子贡献率的空间分布格局来看，高值区（红色）零散分布在整个研究区内，没有明显的分布规律（图4-48和图4-49），并且作物种植面积是影响土壤侵蚀的最主要因子［图4-49（g）～（l）］。

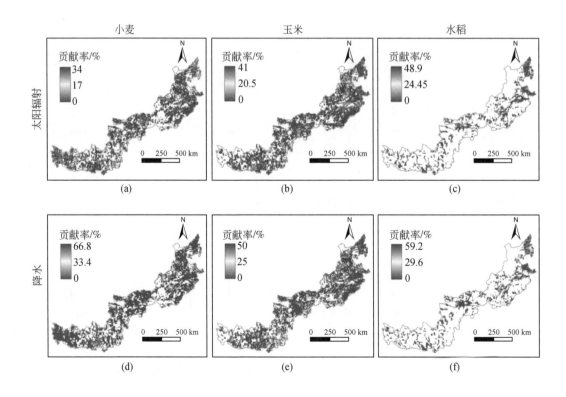

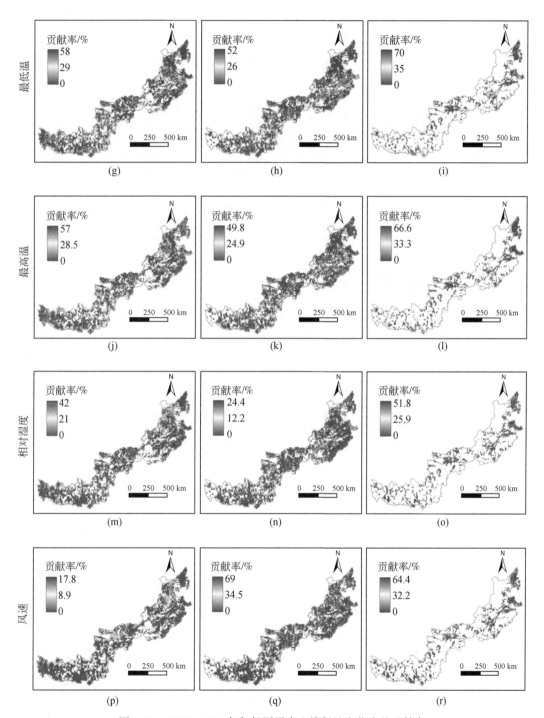

图 4-48 1980~2010 年气候因子在土壤侵蚀变化中的贡献率

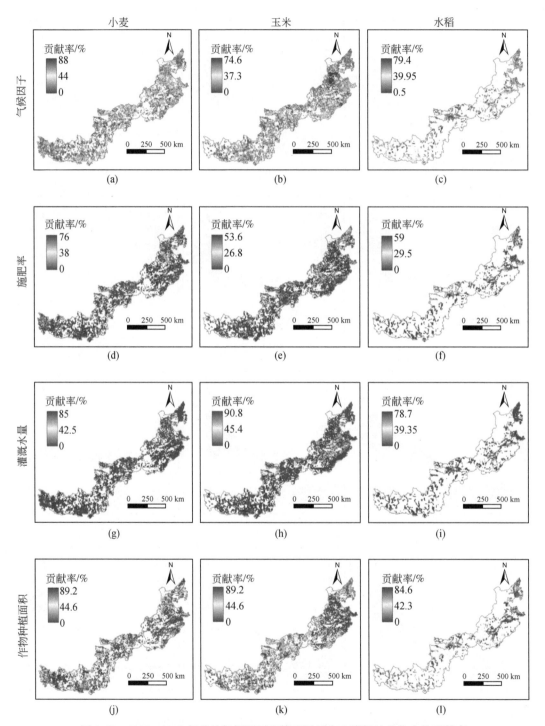

图 4-49　1980~2010 年总的气候因子和管理因子在土壤侵蚀变化中的贡献率

4.2.2.6 气候和管理因子对氮淋失的影响

在中国北方农牧交错带，气候和管理因子对于小麦、玉米和水稻种植区氮淋失变化的总贡献率分别是 47.1%、62.0% 和 55.8% [图 4-41（f）]。施肥率是影响土壤氮淋失的主要因子，尤其对于小麦而言，其贡献率可达 22.8%。氮肥的输入可直接改变土壤中 $N\text{-}NO_3^-$ 的浓度，进而影响土壤氮淋失量，Yang 等（2015）的研究同样发现氮淋失与施肥量间存在显著正相关关系。在玉米种植区作物种植面积对氮淋失量的影响最大，贡献率为 20.9%。对于水稻而言，气候因子在氮淋失变化中起主要作用，总的贡献率为 21.9% [图 4-50（c）]。在太阳辐射、降水、最低温、最高温、风速和相对湿度 6 个气候因子中，最低温是影响氮淋失的最主要变量 [图 4-41（c）]。在氮的迁移和转化过程中，氮的流动主要包括被作物生长所吸收、淋失、随土壤水分蒸散发流失三个重要过程。温度通过影响作物生长和土壤水分蒸散

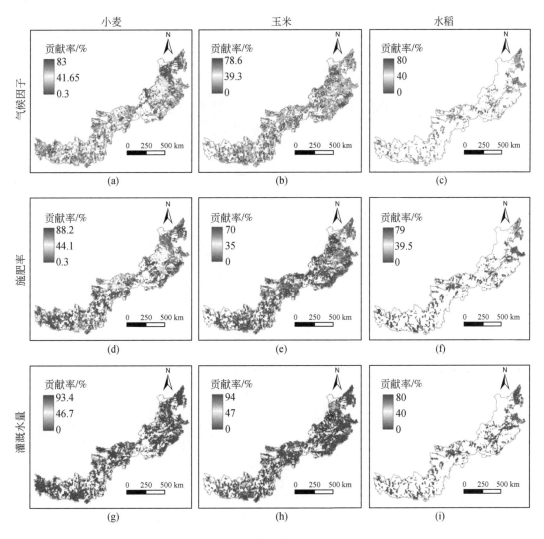

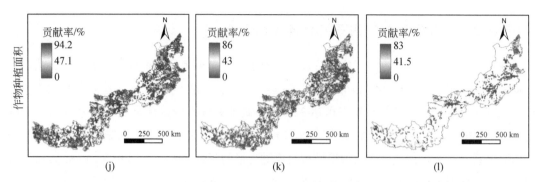

图 4-50 1980~2010 年总的气候因子和管理因子在氮淋失变化中的贡献率

发，间接对氮淋失产生影响。从空间上来看，研究区的东北部和西南部是小麦、玉米和水稻三种作物的主要分布区，该区域的灌溉条件较好，灌溉水量对氮淋失的影响相对更大 [图 4-50（g）~（i）]。除施肥率外，其他因子的贡献率高值区分布相对分散（图 4-50 和图 4-51）。

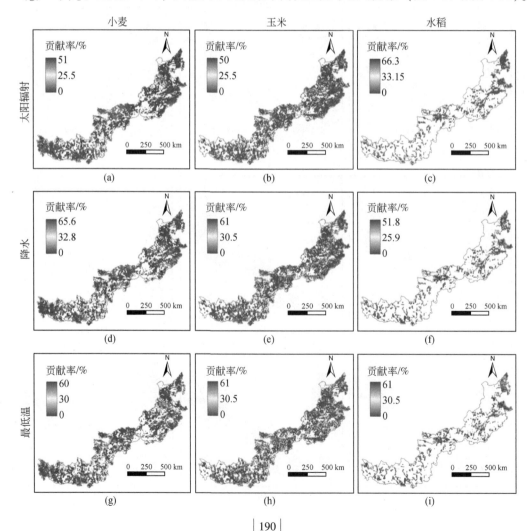

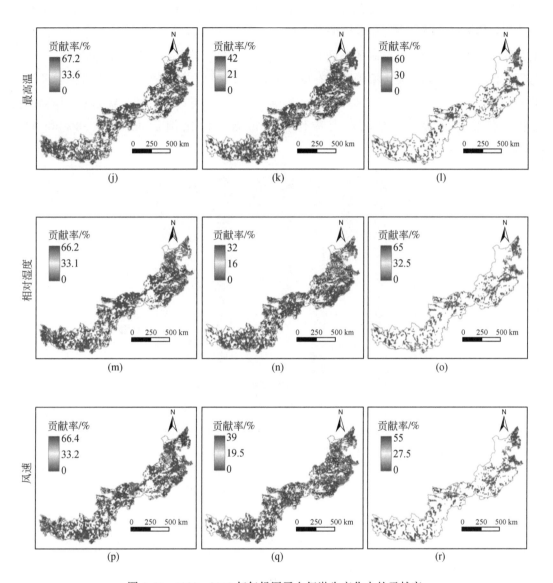

图 4-51　1980～2010 年气候因子在氮淋失变化中的贡献率

4.2.2.7　不同类型农业生态系统服务的主导影响因子评价

1980～2010 年，受农业政策调整和人类活动（退耕还林还草、城市化等）的影响，中国北方农牧交错带农业用地发生了显著变化（Wu et al.，2015c），小麦、玉米和水稻等主要农作物的种植结构和面积变化尤为明显，对农业生态系统服务产生显著影响。

在中国北方农牧交错带，作物种植面积是决定作物产量的主导因子。从主导因子的空间分布格局来看，以作物种植面积为主导的区域分别占小麦、玉米和水稻面积的 80.9%、

83.4%和86.9%（图4-52）。除作物种植面积之外，影响作物产量的主导因子是灌溉水量，其主导区域主要集中在研究区的东北部和西南部（图4-53）。与作物产量相比，影响土壤侵蚀的主导因子呈现更高的空间异质性（图4-53）。除作物种植面积和气候因子外，施肥率和灌溉水量同样对土壤侵蚀具有重要影响，以它们为主的区域至少占作物种植区的8.25%。对于小麦、玉米和水稻而言，影响氮淋失的主导因子分别是施肥率、作物种植面积和作物种植面积，它们占对应作物种植面积的比例是40.1%、38%和42%（图4-52）。

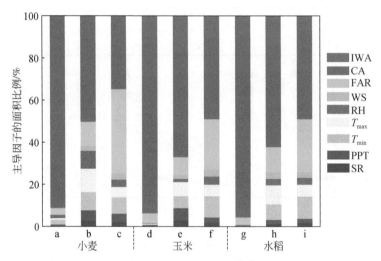

图4-52　1980～2010年影响农业生态系统服务的主导因子面积比例

太阳辐射（SR）、降水（PPT）、最低温（T_{min}）、最高温（T_{max}）、风速（WS）、

相对湿度（RH）、施肥率（FAR）、灌溉水量（IWA）、作物种植面积（CA），图4-53同；a、d、g代表产量，

b、e、h代表土壤侵蚀，c、f、i代表氮淋失

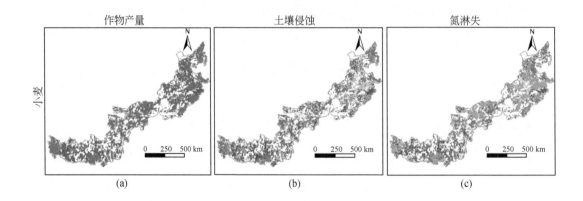

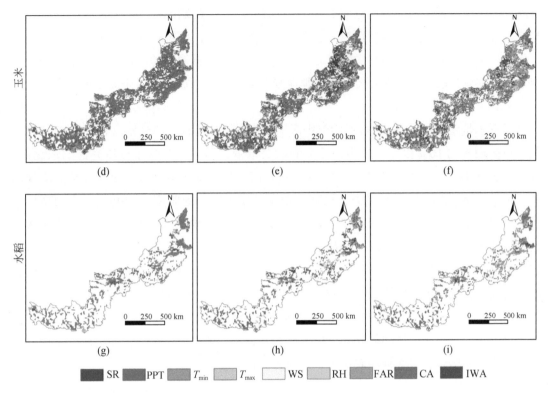

图 4-53　1980 ~ 2010 年影响农业生态系统服务的主导因子空间分布格局

4.2.3　小结

本研究发现，气候和管理因子对农业生态系统服务具有显著影响。作物种植面积是影响作物产量的主导因子，它决定了 80% 以上作物分布区的产量变化。1980 ~ 2010 年，玉米和水稻种植面积的变化导致它们产量的增加，而小麦种植面积的减少是其产量下降的主因。因此，调整作物种植面积和结构是增加作物产量的有效措施。此外，由于北方农牧交错带处于我国干旱半干旱区，水分是限制该区域作物生长的主要因子，因此农田灌溉也会对作物产量产生有利影响。为了增加作物产量，减缓干旱带来的影响，有必要在该区域大力发展农业灌溉设施。气候变化也会对作物生产产生显著影响，气候的趋势变化有利于作物产量的增加，而气候的波动变化对作物产量的影响存在空间异质性。因此，缓解气候变化影响的适应性措施应侧重于那些气候波动对作物生产有负面影响的地区。首先，为了缓解研究区东北部降水的波动下降对作物产量的消极影响，除了在该区域种植耐旱作物品种外，也应该充分利用灌溉设施来减缓干旱对作物生产造成的不利影响。其次，在研究区的西南部，最高温的波动变化会导致作物产量的下降。该区域温度相对较高，最高温的波动升高会进一步加速作物生长，造成谷物充填期的缩短，导致作物产量下降（Lobell et al.，2011）。因此，西南部区域适宜种植耐热作物品种。最后，在所有气候因子中，最低温对于作物产量的影响最大。研究区的东北部温度较低，易受低温胁迫的影响，为了减缓低温胁迫对作物生长的影响，有必要采用塑料薄膜覆盖技术，以提高土壤表面温度，并且应该在该区域多种植耐寒作物品种。

灌溉水量是影响土壤侵蚀的主导因子，其起主导作用的区域分别占小麦、玉米和水稻种植区面积的 10% 以上。在中国北方农牧交错带，灌区主要分布在研究区的东北部，该区域土壤类型以砂壤土为主，土壤可蚀性较高，易造成土壤流失。因此，应该采用滴灌而不是漫灌，以减少土壤流失，提高水资源利用效率。施肥率是影响氮淋失的主导因子，分别占小麦、玉米和水稻种植区面积的 24% 以上。氮淋失的多少取决于土壤中 $N\text{-}NO_3^-$ 的含量和水的径流量，因此减少施肥量是减少氮淋失最直接的措施。但需要注意的是，施肥量的减少同样会导致作物产量的下降。已有研究表明，作物产量与氮淋失之间存在明显的权衡关系，然而本研究发现，作物产量与氮淋失在一些区域存在协同的可能。Fang 等（2006）和 Yang 等（2015）的研究同样证明，在合理的灌溉水量和适宜的氮肥施用条件下，可以实现作物产量增加的同时，减少氮的淋失量。未来需要进一步开展研究来探究合理的农业管理措施，以此推动农业生态系统的优化。

第5章 城市景观格局与生态系统服务的定量关系

2008 年世界城市人口首次超过农村人口，城市化成为当前世界发展的必然趋势。我国是快速城市化的发展中国家，城市化的规模与速度是世界罕见的，城市化一方面极大地促进了我国的社会经济发展，另一方面带来了一些环境问题，如空气污染、水环境污染等。本章试图探讨城市景观格局与空气质量和水环境质量的关系，为如何通过合理城市布局和城市景观设计改善空气质量和水环境质量提供对策与建议。

5.1 中国空气污染物的多尺度时空格局特征

中国是世界上人口最多的国家，且已有超过半数的居民居住在城市中（Wu et al.,2014）。中国在经济及城市规模快速增长（Wu et al., 2014）的同时也面临越来越严峻的环境问题，空气污染便是其中之一（Huang，2015）。空气污染物主要通过呼吸系统进入人体，进而引发呼吸和心肺系统疾病来影响人类健康（Cox，2013），特别是 $PM_{2.5}$ 等粒径较小的污染物能直接进入人体呼吸和心肺深处并显著增加相关疾病的发病率和死亡率（Lelieveld et al., 2015）。中国近期的一项研究表明，长期生活在总悬浮微粒（TSP）浓度超过 $100\mu g/m^3$ 地区的居民，其期望寿命平均会缩短约 3 年（Chen et al., 2013），对老年人其风险更甚（Schwartz et al., 1996）。

根据世界卫生组织（World Health Organization，WHO）2005 年制定的空气质量标准，$PM_{2.5}$ 日均浓度高于 $75\mu g/m^3$ 即为雾霾日。2012 年，中华人民共和国环境保护部（现为生态环境部）更新了《环境空气质量标准》，首次将 $PM_{2.5}$ 纳入了环境质量监测指标体系。2013 年，中国气象局更新了空气污染预警标准，将 $PM_{2.5}$ 浓度、水平能见度和相对湿度作为雾霾的预警指标，雾霾日阈值为在相对湿度大于等于 80%、水平能见度小于 3km 的情况下，日均 $PM_{2.5}$ 浓度高于 $115\mu g/m^3$ 为雾霾日；而在水平能见度小于 5km 的情况下，日均 $PM_{2.5}$ 浓度高于 $150\mu g/m^3$ 为雾霾日（CMA，2013）。根据该标准，2013 年中国大部分城市，包括北京、天津、上海、广州、深圳和其他十几个人口稠密的城市在内，全年雾霾日数已到达甚至超过 70 天（MEP，2013）。有研究表明，这种严重的空气污染态势与人类活动和经济发展息息相关（Xu et al., 2016），如工业排放、燃煤取暖、秸秆焚烧等过程都会加剧空气污染的强度和范围。此外，快速城市化和城市格局变化也对城市空气质量产生显著影响（Bereitschaft and Debbage，2013），如有关研究表明，与土地混合利用程度较高的紧凑型城市相比，无序蔓延型城市往往会产生更多的交通污染排放（Martins，2012）。

在阐明空气污染与人类健康关系之前，首先需要对空气污染的时空格局进行准确的监测和量化，在此基础上才能进一步深入理解污染的扩散过程及其主要驱动机制（Yuan et al.，2014）。为此，在已经建立大量的空气质量监测站、提供具有较高时间分辨率的实时观测的基础上（Cheng et al.，2013），需辅以大规模、全覆盖的大尺度观测才能够准确理解空气污染的时空格局（Pope and Wu，2014）。为此，近几十年来通过卫星和航空遥感观测数据监测空气污染受到了广泛关注（Tao et al.，2012）。已有研究表明，卫星观测的气溶胶光学厚度（AOD）和地面站监测的 $PM_{10}/PM_{2.5}$ 浓度高度相关（Lee et al.，2011）。基于这种相关性，Van Donkelaar 等（2010）对中国东部年均 $PM_{2.5}$ 浓度的空间格局进行研究，结果表明该地区年均 $PM_{2.5}$ 浓度超过 $80\mu g/m^3$。另外，遥感和化学迁移模型也同时被用于开展空气污染时空格局及其传输和消散过程的模拟研究。此类模型的模拟结果表明，当地污染物排放、区域传输（Lue et al.，2010）、二次气溶胶生成（Huang et al.，2014）等都是诱发空气污染的重要过程，而高湿度和低风速等天气条件则是关键的环境要素（Zhang et al.，2009）。

在此基础上，本节研究的主要目标有两个：①利用景观指数在多个时间尺度（年、日、小时）上量化空气污染的时空格局；②在区域尺度上确定空气污染的潜在源/汇区域，解析其主要驱动因素。

5.1.1 材料与方法

5.1.1.1 PM$_{2.5}$数据

研究人员在中分辨率成像光谱仪（MODIS）和多角度成像光谱仪（multi-angle imaging spectro radiometer，MISR）观测的 AOD 产品的基础上，通过进一步反演得到了中国 1999 ~ 2011 年年均 $PM_{2.5}$ 浓度数据（Van Donkelaar et al.，2015）。在反演过程中，考虑了气溶胶颗粒粒径、类型、日较差、相对湿度和气溶胶消光垂直结构等影响因子，并通过 GEOS-Chem 模拟气溶胶的光学吸收和散射特性进而得到年均 $PM_{2.5}$ 浓度（Van Donkelaar et al.，2010）。研究人员还通过三年滑动中值法来抑制年均 $PM_{2.5}$ 浓度反演结果中的噪声，其不确定性水平约为 $\pm 6.7\mu g/m^3$（Van Donkelaar et al.，2015）。

5.1.1.2 空气质量指数

从生态环境部的官网下载 2014 年 10 月 6 ~ 12 日中国 161 个城市空气质量监测站的空

气质量指数（air quality index, AQI）数据（图 5-1），并使用 ArcGIS 10.0 软件集成的克里金插值法进行空间插值。空气质量指数与居民健康的关系见表 5-1。六种空气污染物（SO_2、NO_2、CO、O_3、PM_{10} 和 $PM_{2.5}$）的浓度用于计算空气质量指数（MEP，2012）：

$$IAQI_n = (IAQI_{Hi} - IAQI_{Lo}) \times \frac{C_p - BP_{Lo}}{BP_{Hi} - BP_{Lo}} + IAQI_{Lo} \tag{5-1}$$

$$AQI = \max\{IAQI_1, IAQI_2, IAQI_3, IAQI_4, IAQI_5, IAQI_6\} \tag{5-2}$$

式中，$IAQI_n (n = 1, 2, 3, \cdots, 6)$ 分别为 SO_2、NO_2、CO、O_3、PM_{10}、$PM_{2.5}$ 的空气质量分指数；BP_{Lo} 为空气质量指数对应的空气污染物浓度下限；BP_{Hi} 为空气质量指数对应的空气污染物浓度上限；$IAQI_{Lo}$ 为空气质量分指数下限；$IAQI_{Hi}$ 为空气质量分指数上限（表 5-2）；AQI 为所有空气质量分指数的最大值。

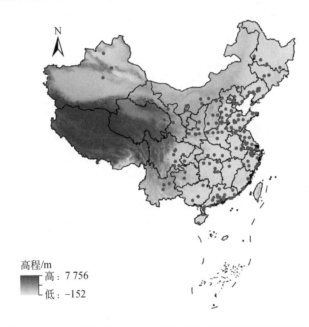

图 5-1　2014 年中国 161 个城市空气质量监测站空间分布图

表 5-1　空气质量及其潜在影响

AQI	污染等级	潜在影响
0 ~ 50	优	对人体无害
51 ~ 100	良	敏感人群适宜于市内活动
101 ~ 150	轻度污染	婴幼儿、老人和患有呼吸、心脏类疾病的患者应减少户外活动
151 ~ 200	中度污染	婴幼儿、老人和患有呼吸、心脏类疾病的患者应避免户外活动
201 ~ 300	重度污染	婴幼儿、老人和患有呼吸、心脏类疾病的患者应停止户外活动
>300	严重污染	婴幼儿、老人和患有呼吸、心脏类疾病的患者应待在家中、不外出

资料来源：MEP，2012。

表 5-2　空气质量指数计算标准

IAQI	$SO_2/(\mu g/m^3)$	$NO_2/(\mu g/m^3)$	$CO/(mg/m^3)$	$O_3/(mg/m^3)$	$PM_{10}/(\mu g/m^3)$	$PM_{2.5}/(\mu g/m^3)$
0	0	0	0	0	0	0
50	50	40	2	100	50	35
100	150	80	4	160	150	75
150	475	180	14	215	250	115
200	800	280	24	265	350	150
300	1600	565	36	800	420	250
400	2100	750	48	—	500	350
500	2620	940	60	—	600	500

资料来源：MEP, 2012。

5.1.1.3　空气污染的时空格局与过程

本研究分别从年、日、小时三个时间尺度分析空气污染的时空格局。在年尺度上，基于世界卫生组织中期目标（WHO，2005）和中国环境空气质量标准（MEP，2012），如果一个地区的年均 $PM_{2.5}$ 浓度高于 $35\mu g/m^3$ 则被定义为污染区；在日和小时的尺度上，AQI 高于 150 的地区被定义为污染区（MEP，2012）。

在生态学和地理学中，景观指数经常用于表征各种景观的时空动态变化。近年来，诸多景观指数相继用于研究城市空间格局与空气污染（Bereitschaft and Debbage，2013）、生物多样性、NPP 和城市热岛间的关系（Wu，2004）等。本研究共选择五个景观指数量化空气污染的空间格局，包括污染总面积（TA）、最大斑块指数（LPI）、斑块密度（PD）、景观形状指数（LSI）和聚集度指数（AI）（表 5-3）。污染总面积（TA）是指所有空气污染斑块面积的总和。最大斑块指数（LPI）是相对于整个研究区域（即中国），最大污染斑块面积占比。斑块密度（PD）是单位面积内存在的空气污染斑块个数，用于表征污染区域的破碎化或离散化程度。景观形状指数（LSI）是经过归一化的污染斑块周长/面积比，是对空气污染斑块形状复杂度的度量。聚集度指数（AI）用于衡量污染斑块的毗邻关系和聚集程度（He et al.，2000）。上述指数均由 FRAGSTATS 软件计算得到（McGarigal et al.，2012）。

本研究采用两种方法探讨空气污染的传输过程：①使用 ArcGIS 10.0 软件研究最大空气污染斑块（AQI＞200 或 150）几何中心的转移过程；②基于过程 HYSPLIT 模型来模拟 $PM_{2.5}$ 的传输过程（Rolph，2016）。

5.1.2 结果

5.1.2.1 空气污染的年际尺度格局特征

1999~2011 年，中国 PM 污染物在空间范围和强度上都有所增加（图 5-2）。污染较为严重的地区在南北方向上覆盖内蒙古南部到广东，在东西方向上覆盖东海岸到四川中部，还包括新疆南部这一广泛的区域（图 5-2），其中污染最重的区域主要位于华北平原和长江中下游平原（即北京、天津、河北、山东、河南、江苏北部和安徽北部）。

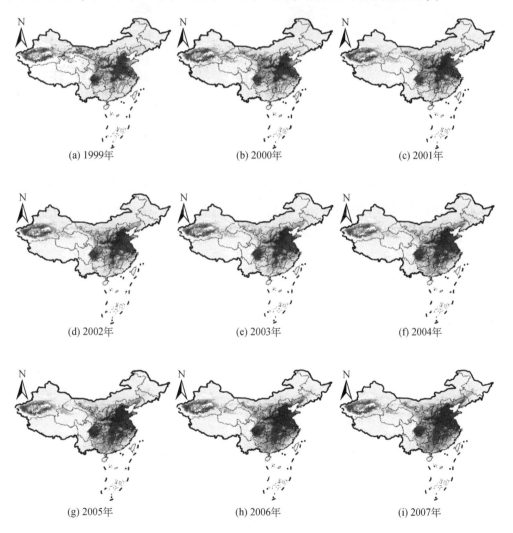

(a) 1999年 　　　 (b) 2000年 　　　 (c) 2001年

(d) 2002年 　　　 (e) 2003年 　　　 (f) 2004年

(g) 2005年 　　　 (h) 2006年 　　　 (i) 2007年

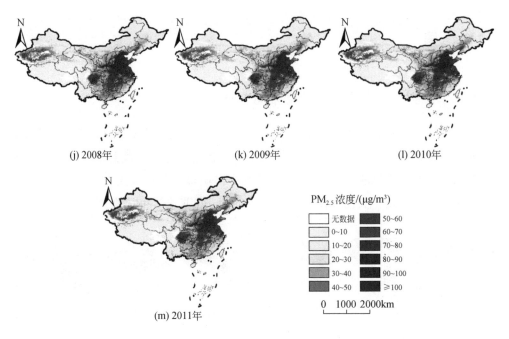

(j) 2008年　　　　　　　(k) 2009年　　　　　　　(l) 2010年

PM$_{2.5}$浓度/(μg/m^3)

无数据	50~60
0~10	60~70
10~20	70~80
20~30	80~90
30~40	90~100
40~50	≥100

0　1000　2000km

(m) 2011年

图 5-2　1999~2011 年中国 PM$_{2.5}$浓度时空分布图

空气污染区（即年均 PM$_{2.5}$浓度高于 35μg/m^3 的地区）面积从 1999 年的约 200 万 km^{2}迅速增加到 2006 年的约 280 万 km^2，然后在 2006 年后开始略微降低 ［图 5-3（a）］。2010 年，生活在空气污染区的总人口约为 9.75 亿，约占中国人口的 70%［人口数据来自 LandScan2010 数据集（Bright et al.，2011）］。最大的空气污染区位于华北平原和长

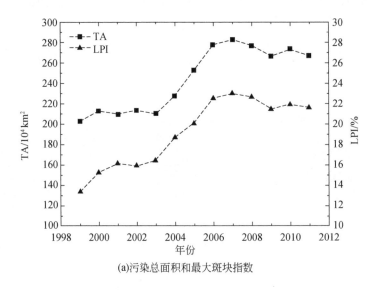

(a)污染总面积和最大斑块指数

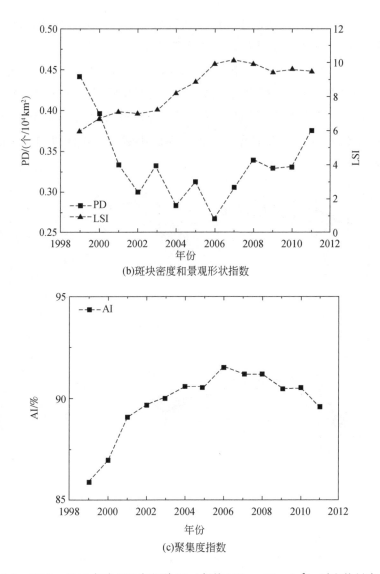

(b)斑块密度和景观形状指数

(c)聚集度指数

图 5-3　1999～2011 年中国空气污染区（年均 $PM_{2.5}>35\mu g/m^3$）时空格局变化

江中下游，1999 年该区域覆盖了中国约 14% 的土地面积，而至 2011 年这一比例已至 22% 左右 ［图 5-3（a）］。污染区的景观形状指数（LSI）与污染总面积（TA）呈现出相同的升降变化趋势 ［图 5-3（a）～（b）］。污染区的斑块密度（PD）在 1999～2006 年波动下降，然后在 2006～2011 年快速增长 ［图 5-3（b）］。聚集度指数自 1999 年起逐年增长，至 2006 年达到峰值后开始逐渐下降 ［图 5-3（c）］。

5.1.2.2　空气污染的日尺度格局特征

为了在更精细的时间尺度上理解空气污染的时空格局变化特征，本研究详细探究了

2014 年 10 月 6～12 日发生在华北平原的一次区域性空气污染事件从显现、蔓延到消散的全过程（图 5-4）。本研究通过景观指数详细地刻画了此次空气污染事件全貌和关键节点特征（图 5-5）。结果显示，空气污染区的污染总面积（TA）、最大斑块指数（LPI）、景观形状指数（LSI）和聚集度指数在污染开始阶段（10 月 7～9 日）均呈上升趋势，其数值在 9 日与污染同步达到顶峰，然后在消散阶段（10 月 9～12 日）逐渐下降［图 5-5（a）（c）（e）］，呈现单峰特征；而斑块密度在 8 日和 11 日两次达到峰值，呈现双峰特征［图 5-5（c）］。

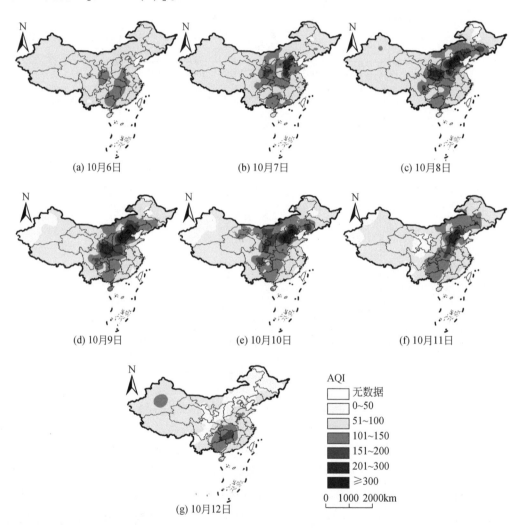

图 5-4　2014 年 10 月 6～12 日逐日空气质量时空分布图

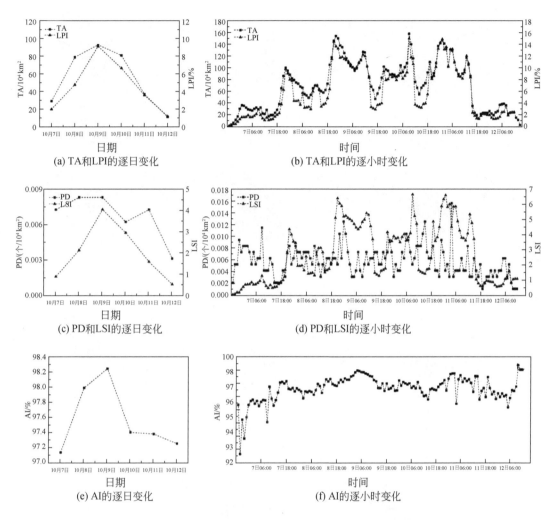

图 5-5　2014 年 10 月 7~12 日空气污染区（AQI>100）时空格局变化

5.1.2.3　空气污染的小时尺度格局特征

在小时尺度上，上述空气污染事件呈现出如下的时空格局特征：从 10 月 6 日 18：00 污染产生后到 10 月 8 日 00：00，污染范围不断扩大 [图 5-6（a）~（k）]，在 10 月 8 日 00：00 到 10 月 11 日 15：00 一直维持在重污染水平，然后从 10 月 11 日 15：00 起污染水平开始减弱，直至 10 月 12 日 12：00 彻底消散 [图 5-6（l）~（s）]。在此期间，空气污染区的污染总面积（TA）、最大斑块指数（LPI）、景观形状指数（LSI）和聚集度指数（AI）往往在夜间达到峰值，而在白天略有下降 [图 5-5（b）、（d）、（f）]。

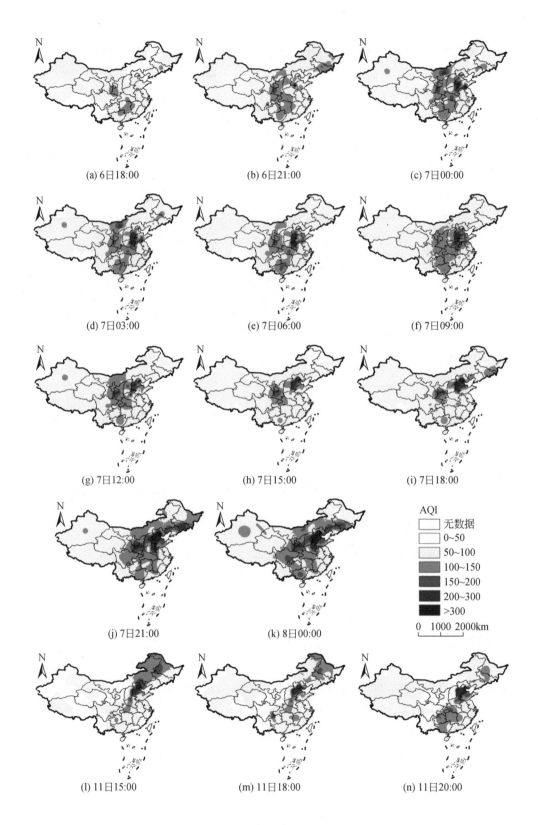

(a) 6日18:00

(b) 6日21:00

(c) 7日00:00

(d) 7日03:00

(e) 7日06:00

(f) 7日09:00

(g) 7日12:00

(h) 7日15:00

(i) 7日18:00

(j) 7日21:00

(k) 8日00:00

AQI
- 无数据
- 0~50
- 50~100
- 100~150
- 150~200
- 200~300
- >300

0 1000 2000km

(l) 11日15:00

(m) 11日18:00

(n) 11日20:00

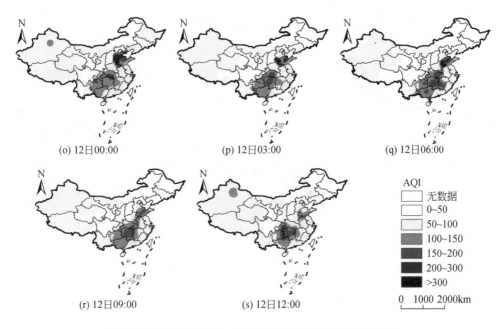

(o) 12日00:00   (p) 12日03:00   (q) 12日06:00

(r) 12日09:00   (s) 12日12:00

图 5-6   2014 年 10 月 6～12 日逐小时空气质量时空分布图

在此次空气污染事件中，最大污染斑块的几何中心首先于 10 月 7 日出现在河北、河南和山东的交界处，随后于 10 月 7～11 日自南向北移动至京津冀地区，10 月 12 日向南移动并在山东地区消失（图 5-7）。而通过 HYSPLIT 模型模拟得到的 $PM_{2.5}$ 传输轨迹显示，2014 年 10 月 7～8 日，空气污染物主要从河南和山东向北传输至北京、天津和石家庄

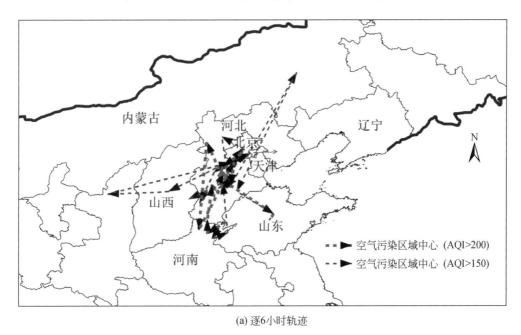

(a) 逐6小时轨迹

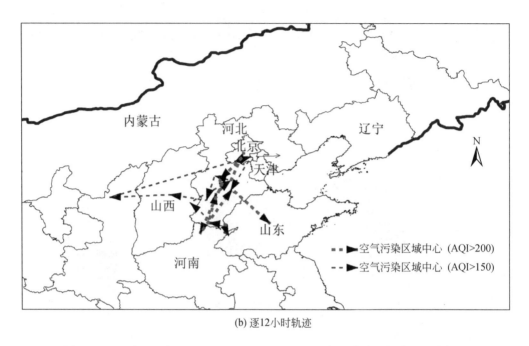

(b) 逐12小时轨迹

图5-7　2014年10月6日21：00至12日12：00空气污染区几何中心迁移轨迹

（图5-8），而根据中国环境保护部秸秆焚烧报告显示，这段时期内观测到的秸秆焚烧位置与模型模拟的$PM_{2.5}$轨迹相重合（图5-8）。

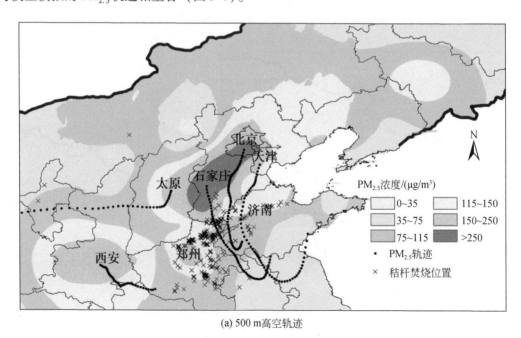

(a) 500 m高空轨迹

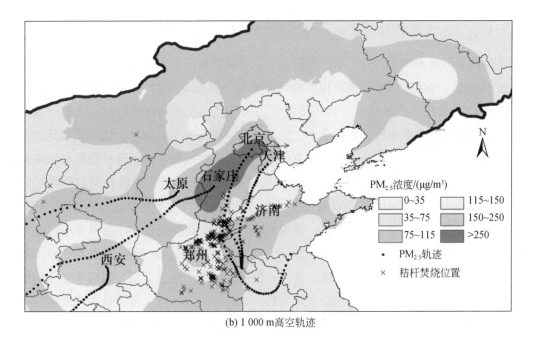

(b) 1 000 m 高空轨迹

图 5-8　2014 年 10 月 6 日 0:00 至 8 日 12:00PM$_{2.5}$轨迹图

5.1.3　讨论

5.1.3.1　利用景观指数在全国尺度上量化空气污染时空格局

利用景观指数量化中国空气污染时空格局，结果表明 1999～2011 年中国空气污染覆盖范围迅速扩大 [图 5-3 （a）]，可能与同时期中国快速的城市化、经济发展和能源消费息息相关（Wu et al., 2014）。1999～2006 年，污染区聚集度指数上升和污染斑块密度下降等现象表明众多小规模的空气污染斑块正逐步聚合成更大规模的污染斑块，而这一大规模污染斑块主要覆盖着华北平原、长江流域中下游平原、粤港澳大湾区和四川盆地等地区，而上述区域坐落着北京、天津、郑州、上海、广州、成都等十几个人口稠密的大城市。然而，2006～2011 年，污染区聚集度指数下降、污染斑块密度增加等现象表明大规模的空气污染斑块已逐步分裂成更小规模的斑块，同时污染区的污染总面积、最大斑块指数和景观形状指数均呈下降趋势表明在此期间空气质量恶化的势头有所减缓甚至停止。根据《中国统计年鉴》（http://www.stats.gov.cn/tjsj/ndsj/）数据显示，这段时期，受中国政府要求，相关电厂采用烟气脱硫等措施降低了 SO$_2$ 排放量（Li et al., 2010）；此外，中国城市集中供热系统效率的提高也降低了城市家庭能耗和 PM$_{2.5}$ 排放（Guan et al., 2014）。

5.1.3.2 利用景观指数在区域尺度上量化空气污染时空格局

通过污染区最大斑块指数，本研究找到了京津冀和长江中下游平原这一全国最严重的空气污染地区。为了进一步了解该地区的污染过程及其驱动机制，本研究选择了2014年10月6~12日发生在该地区的一次重度空气污染事件，在更精细的时空尺度下开展了研究。本研究通过五个景观指数刻画了本次空气污染事件从发生、发展、达到顶峰后直至消散的全过程。结果显示，污染区的污染总面积、最大斑块指数、景观形状指数和聚集度指数均呈现出先增加后降低的单峰特征；而污染区的斑块密度则在发展和消散阶段达到峰值，其余阶段为低值，因此形成双峰特征［图5-5（b）］。与上述日尺度时空特征相比，污染区的污染总面积、最大斑块指数、景观形状指数和聚集度指数在小时尺度中往往呈现出在夜间达到峰值、在白天略有下降的特征。这种日变化特征与陆地–大气相互作用息息相关。日落后，由于地表冷却速度快于大气，低层大气中产生逆温层，阻碍了空气污染物在垂直方向的扩散进而导致夜间污染加剧（Pope and Wu，2014）。虽然这种重度空气污染事件的整个流程可以通过日常对 $PM_{2.5}$ 浓度进行观测予以判定，但景观指数有助于我们了解污染范围和强度，以及刻画其形态特征。

5.1.3.3 空气污染源/汇区域识别

本研究通过追踪空气污染区的中心运动轨迹，识别了发生于2014年10月6~12日的空气污染事件的潜在源/汇区域。研究发现，本次污染的中心首先出现在河南北部、山东西部和河北南部交界处（图5-7），表明该地区是潜在的污染源中心，而后污染中心逐步转移到京津冀地区，最后向南移动消散于山东东部。

华北平原是一个人口密集且高度城市化的地区，也是在过去的几十年中雾霾事件发生频率较高的地区之一（Hu and Zhou，2009）。本研究表明，河北、河南和山东的工业和机动车排放以及农作物秸秆焚烧可能是诱发该区域秋冬季重度空气污染事件的主要诱因。特别是季节性的秸秆焚烧会额外向大气中排放大量 PM 污染物，这些污染物在南风的作用下会进一步传输至京津冀地区，并在燕山山脉的阻碍下滞留在该区域并不断累积（图5-8）。在一次污染的基础上，$PM_{2.5}$ 还可以由二次有机气溶胶和无机气溶胶形成，形成二次污染（BJEPB，2014；Huang et al.，2014），并且在低风速、高湿度的气象条件下诱发大规模、高强度的区域性空气污染事件。

5.1.3.4 研究结果的可靠性与展望

中国东部已建有较为密集的空气质量监测站，为该地区空气质量指数的空间插值提供了较为充足的样本数据。然而，中国西部的地形更加复杂多样且空气质量监测站数量较少，导致该区域 AQI 的插值结果精度较低，特别是新疆、西藏、青海、甘肃和四川等省（自治区）的插值结果具有较高的不确定性。为了进一步提高国家尺度空气污染格局评估的准确性，除了需在西部布局更多的空气质量监测站之外（Pope and Wu，2014），还可以通过对遥感监测的空气质量数据开展数据同化分析等方式，加强空气污染的监管。

5.1.4　小结

本研究结合遥感数据和空气质量监测数据，通过景观指数和空间分析等方法在多个尺度上量化了中国空气污染的时空格局。结果表明，1999～2011 年中国空气污染区的总面积、污染强度、聚集度和形状复杂性显著增加。空气污染最严重的地区是华北平原和长江中下游平原，而其中又以京津冀地区为最。通过追踪空气污染斑块的动态变化能够辨析污染的潜在源/汇区。由于长期暴露在高浓度的空气污染物中会对人体健康产生严重的危害，因此中国需要采取更严格的环境管控措施来改善其空气质量。

5.2　中国城市景观格局与空气质量的定量关系

改革开放以来，中国在经历前所未有的城市化速度和规模的同时（Wu et al.，2014），也引发了包括空气质量恶化在内的一系列环境问题（Liu et al.，2017）。截至 2016 年，全国只剩下不到四分之一的城市能够做到空气质量达标（AQI<100，达到良好以上）。而城市空气污染物的排放源包括城市内部的排放和区域间的转移，从排放源头可划分为工业源（如工业废气）、交通源（如汽车尾气）（BJEPB，2014）、农业源（如作物秸秆焚烧）和自然源（如沙尘）（Lue et al.，2010）等。以北京为例，其大部分的 $PM_{2.5}$ 污染（64%～72%）来自当地工业源、交通源和燃煤供热所产生的本地排放（BJEPB，2014），其余部分则来自区域传输和二次污染（Huang et al.，2014）。

已有研究表明，城市格局（包括组成和配置特征）能够影响空气污染物的排放和传输两个重要过程。例如，在一项针对中国城市的研究中，研究人员发现人工地表比例（组成特征）与城市 $PM_{2.5}$ 浓度呈显著正相关（Feng et al.，2017）；针对南京（Chen et al.，2016）的研究发现城市绿地总面积与 $PM_{2.5}$ 浓度呈现出显著的负相关关系；而在韩国的 17个城市中，城市绿地面积呈现出与 SO_2 浓度的显著负相关关系（Cho and Choi，2014）。与城市的组成特征在不同区域均呈现出与空气污染程度较为一致的特征不同，城市的配置特征（如紧凑程度/蔓延形态）对空气质量的影响则存在一定的争议。一方面，研究人员通过统计分析发现紧凑型城市可以增强城市连接度、减少交通能源消耗，进而减少城市通勤

导致的 NO_2 排放；而基于过程的模型模拟结果也表明紧凑型城市往往比蔓延型城市具有更好的空气质量（Martins，2012）。另一方面，紧凑型城市由于建筑密集等原因，污染物的扩散速度受到限制，从而导致更多人口暴露于高浓度污染之下。

然而，上述研究往往在单一时空尺度上开展，缺乏在多时空尺度上对城市格局和区域气候特征与空气污染水平间关系的系统性考量，特别是城市格局与空气污染水平间的关系往往受到城市规模和季节变化的影响。因此，本节研究的主要目标包括：①研究城市格局的组成和配置特征如何影响空气污染水平；②探讨季节变化如何改变城市格局与空气污染间的关系；③探究城市格局与空气污染间的统计关系是否随城市规模的变化而变化。

5.2.1 材料与方法

5.2.1.1 研究区

研究选择了中国 83 个城市作为研究区（图 5-9）。从气候特征来看，这些城市包括了多个气候区，从东部沿海的湿润气候区到西部的干旱半干旱气候区，从南部的热带和亚热带气候区到北部的温带和寒温带气候区；从城市规模（基于人口划分）来看，研究区共包含了 10 个超大型城市、30 个特大型城市、24 个大型城市、19 个中型城市和小型城市；从建成区面积来看，研究区 5 个城市的建成区面积已超过 15 万 hm^2、21 个城市的建成区面积在 5 万 ~ 15 万 hm^2。这些城市快速的城市化和工业化进程使得其空气质量不断恶化，因此研究收集了上述 83 个城市的土地利用/覆盖数据和空气污染数据 [$PM_{2.5}$ 浓度、空气污染指数（air pollution index，API）和超标日数] 并在多时空尺度上探究其相关关系及其显著性水平。

5.2.1.2 $PM_{2.5}$ 浓度数据

基于遥感数据反演得到区域（He and Huang，2018）、国家（Xiao et al.，2018）乃至全球尺度的 $PM_{2.5}$ 浓度（Van Donkelaar et al.，2015）已越来越受到广泛关注。本研究使用在中分辨率成像光谱仪（MODIS）和多角度成像光谱仪（MISR）观测的 AOD 产品的基础上进一步反演得到的 2010 年中国 83 个城市的年均 $PM_{2.5}$ 浓度数据（Van Donkelaar et al.，2015）。在反演过程中，模型考虑了气溶胶颗粒粒径、类型、日较差、相对湿度和气溶胶消光垂直结构等影响因子（Van Donkelaar et al.，2010），并通过 GEOS-Chem 模拟气溶胶的光学吸收和散射特性进而得到年均 $PM_{2.5}$ 浓度（Van Donkelaar et al.，2010）。本研究还通过三年滑动中值法来抑制年均 $PM_{2.5}$ 浓度反演结果中的噪声，其不确定性水平约为±6.7μg/

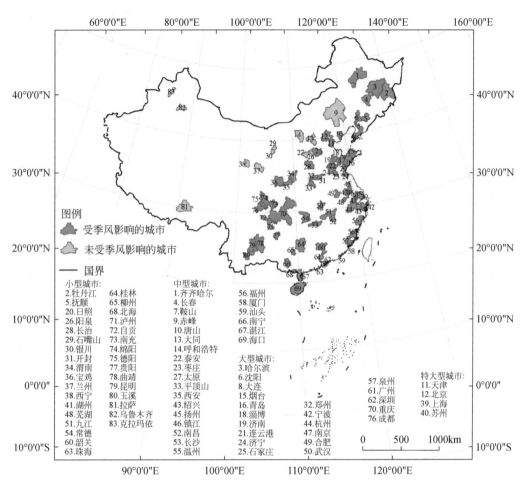

图 5-9　研究区位置

m^3（Van Donkelaar et al.，2015）。由于该数据集的原始空间分辨率为 10km×10km，本研究在此基础上依据城市行政边界的范围计算了城市内部的 $PM_{2.5}$ 平均浓度。

5.2.1.3　空气污染指数与超标日数

本研究从中国环境保护部网站下载了 83 个城市 2010 年的空气污染指数（API），该指数表示的是由城市空气质量监测站测定的 SO_2、NO_2 和 PM_{10} 三种大气污染物的浓度加权值：

$$IAPI_n = (IAPI_{Hi} - IAPI_{Lo}) \times \frac{C_p - BP_{Lo}}{BP_{Hi} - BP_{Lo}} + IAPI_{Lo} \tag{5-3}$$

$$API = \max\{IAPI_1, IAPI_2, IAPI_3\} \tag{5-4}$$

式中，$IAPI_n(n = 1, 2, 3)$ 分别为 SO_2、NO_2、PM_{10} 的空气污染分指数；BP_{Lo} 为空气污染指数

对应的空气污染物浓度下限；BP_{Hi}为空气污染指数对应的空气污染物浓度上限；$IAPI_{Lo}$为空气污染分指数下限值；$IAPI_{Hi}$为空气污染分指数上限值。最终 API 的取值为所有空气污染分指数中的最大值。年度（或季节）超标日数是指在中国空气质量标准下空气污染指数 API 日均值大于 100 的空气污染总天数（MEP，1996）。

5.2.1.4　土地利用/覆盖数据

本研究采用国家地球系统科学数据中心（http://www.geodata.cn/）提供的 2010 年全国土地利用/覆盖数据集，数据集中共包含 6 种土地覆盖类型数据，包括森林、耕地、草地、荒地、水体和建成区。

5.2.1.5　城市格局指数

研究采用 10 个景观指数来表征城市格局特征，包括建成区总面积（TA）、斑块密度（PD）、平均斑块面积（MPA）、景观百分比（PLAND）、最大斑块指数（LPI）、面积加权平均分维数（AWMFD）、边缘密度（ED）、景观形状指数（LSI）、丛生度指数（CLUMPY）和聚集度指数（AI）（表 5-3）。这些指数已广泛应用于表征城市景观元素的空间范围、破碎度、形状复杂度和连接度等特征（Sutton，2003），且已被证明能够显著影响空气质量。

本研究基于土地利用/覆盖数据计算上述城市格局指数，其中原土地利用/覆盖类型被重新分类为两类：建成区和非建成区。建成区是以人为因素（如住宅、建筑、道路和工业设施）为主导的非植被区域。在对土地利用/覆盖数据重分类的基础上，本研究使用 FRAGSTATS（v4.2）软件针对建成区部分计算了上述景观指数（McGarigal et al.，2012）。其中，建成区总面积及景观百分比分别用于表征建成区面总面积及其所占比例；斑块密度、平均斑块面积和最大斑块指数则用于测量建成区的破碎化程度；边缘密度表示建成区的边界长度；景观形状指数和面积加权平均分维数测量建成区的形状复杂度；丛生度指数和聚集度指数测量建成区的连接度（表 5-3）。

表 5-3　城市格局指数与空气污染指数

	指数	定义	参考文献
城市格局指数	建成区总面积（TA）	城市建成区总面积	Cárdenas Rodríguez 等（2016）
	景观百分比（PLAND）	城市建成区面积占比	Cho 和 Choi（2014）；Cárdenas Rodríguez 等（2016）
	平均斑块面积（MPA）	城市建成区平均斑块面积	Irwin 和 Bockstael（2007）

续表

指数		定义	参考文献
城市格局指数	斑块密度（PD）	城市建成区斑块密度	Irwin 和 Bockstael（2007）
	最大斑块指数（LPI）	城市建成区最大斑块指数	Bereitschaft 等（2013）
	边缘密度（ED）	城市建成区斑块边缘密度	Bereitschaft 等（2013）
	景观形状指数（LSI）	城市建成区斑块景观形状指数	Bereitschaft 等（2013）
	面积加权平均分维数（AWMFD）	城市建成区斑块分维数	Bereitschaft 等（2013）
	丛生度指数（CLUMPY）	城市建成区斑块丛生度指数	Bereitschaft 等（2013）
	聚集度指数（AI）	城市建成区斑块聚集度指数	—
空气污染指数	$PM_{2.5}$	年均 $PM_{2.5}$ 浓度	Van Donkelaar 等（2015）
	空气污染指数（API）	SO_2、NO_2、PM_{10} 分指数中的最大值	MEP（2012）
	超标日数	年内 API>100 总日数	Stone 等（2008）

5.2.1.6 相关分析

本研究对中国 83 个城市的十个城市格局指数与其 2010 年的三个空气污染指数开展了相关分析。由于空气污染指数不遵循正态分布，因此本研究采用了 Spearman 秩相关系数来表征其相关性。统计分析均采用 SPSS 软件（18.0 版）进行。

为了检验季节变化对城市格局–空气污染关系的影响，本研究进一步在春季（3～5月）、夏季（6～8月）、秋季（9～11月）和冬季（12月至次年2月）四个季节尺度上开展了城市格局指数与空气污染指数的相关分析。此外，由于季风可能导致影响污染扩散的大气条件的季节性变化（Jiang et al., 2015），研究还对受季风影响的城市和未受季风影响的城市进行了区分。

为了检验城市规模对城市格局–空气污染关系的影响，本研究将 83 个城市根据其建成区总面积分为特大型城市（>150 000hm²）、大型城市（60 000～150 000hm²）、中型城市（30 000～60 000hm²）和小型城市（≤30 000hm²）。

5.2.2 结果

5.2.2.1 中国城市格局与空气污染特征

中国 83 个城市存在较大的规模和形态差异（表5-4）。从规模上，城市的建成区总面积从 5800hm²（克拉玛依）到 278 800hm²（北京）不等；从建成区占城市总面积的比例上，深圳具有最大的景观百分比（53.215%）、平均斑块面积（3915.4hm²）和最大斑块指数（50.131%），而拉萨具有最低的景观百分比（0.225%）和斑块密度（0.0019个/hm²）；从建成区的形状复杂度上，赤峰的景观形状指数（15.956）最高，乌鲁木齐丛生度指数（0.7734）最高，而深圳聚集度指数（83.87%）最高（表5-4）。综上所述，沿海城市相较于内陆城市往往具有更大的建成区规模和形状复杂度。

表5-4　中国83个城市格局特征

城市格局指数	均值	标准差	最小值	最大值
建成区总面积/hm²	56 170	51 980	5800	278 80
景观百分比/%	7.136	8.896	0.225	53.215
平均斑块面积/hm²	550.9	453.2	165.3	3915.4
斑块密度/（个/hm²）	0.012 217	0.009 463	0.001 900	0.039 300
最大斑块指数/%	3.287	6.713	0.067	50.131
边缘密度/（m/hm²）	0.9961	0.8643	0.0364	3.8220
景观形状指数	9.188	3.428	3.118	15.956
面积加权平均分维数	1.056	0.025	1.013	1.145
丛生度指数	0.5483	0.1107	0.2256	0.7734
聚集度指数/%	57.82	11.96	25.78	83.87

中国83个城市的空气污染水平表现出明显的区域性差异。华北平原、长江中下游平原和四川盆地具有较高的PM$_{2.5}$、API和较多的超标日数（图5-10）。此外，API和超标日数在秋季和冬季往往高于春季和夏季，呈现出季节性变化趋势（图5-11）。

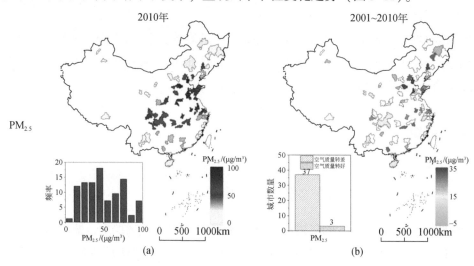

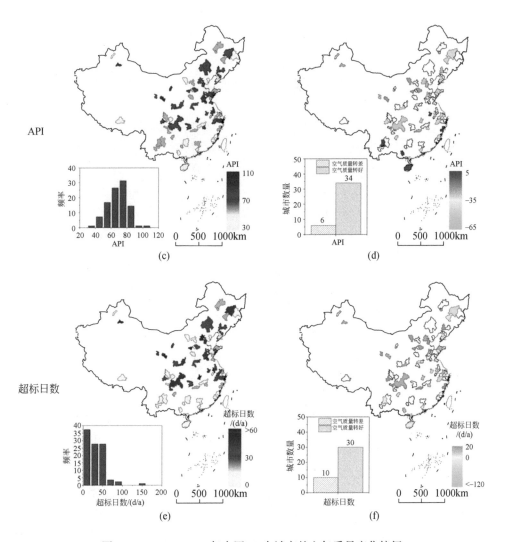

图 5-10　2001~2010 年中国 83 个城市的空气质量变化特征

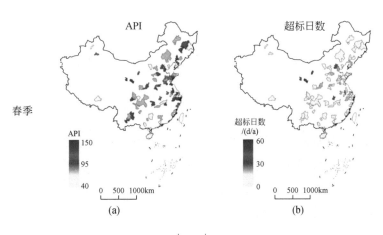

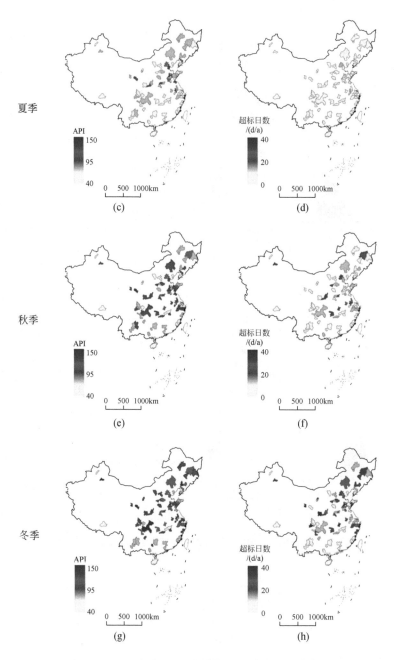

图 5-11　2010 年中国 83 个城市空气质量的季节特征

通过比较城市的格局和空气污染水平发现，具有较大建成区面积和比例的城市往往具有更高的 $PM_{2.5}$、API 和更多的超标日数（图 5-12）。同时，建成区破碎度高、边缘细碎且形状复杂度高的城市也往往具有更高的 $PM_{2.5}$、API 和更多的超标日数（图 5-12）。为此，本研究通过相关分析量化上述关系的相关性及其显著性水平。

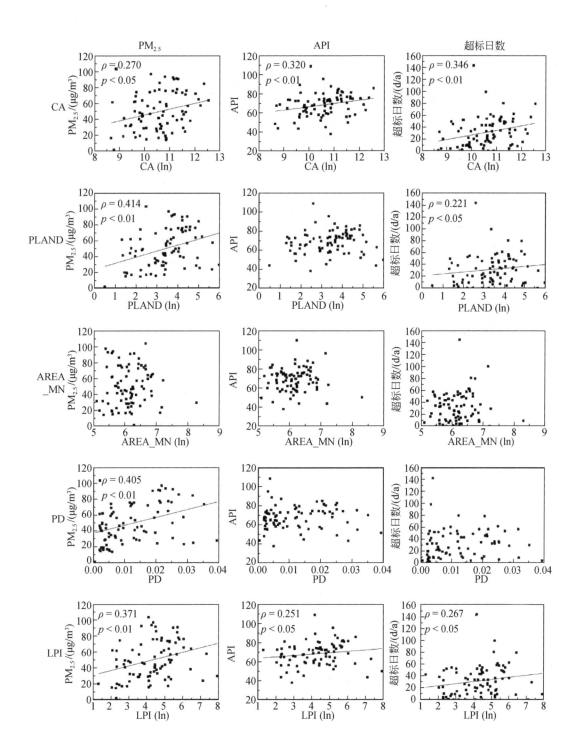

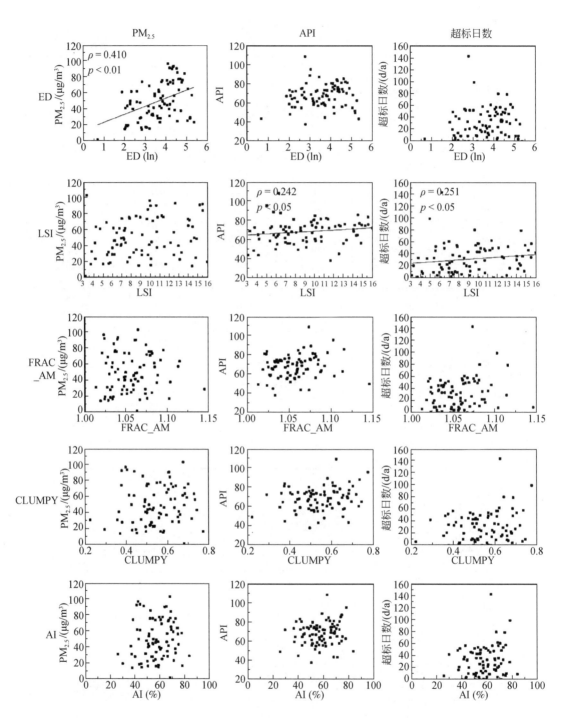

图 5-12 城市格局指数与空气污染指数的关系

5.2.2.2 城市格局与空气污染水平的相关性及其显著性水平

本研究结果表明，城市格局与空气污染水平显著相关，且表征空间组成特征的指数比表征空间配置特征的指数与空气污染的相关性更显著（图5-12）。其中，$PM_{2.5}$ 与景观百分比（PLAND）相关系数最高（$\rho=0.414$，$p<0.01$），其次为边缘密度（ED）（$\rho=0.410$，$p<0.01$）、斑块密度（PD）（$\rho=0.405$，$p<0.01$）和最大斑块指数（LPI）（$\rho=0.371$，$p<0.01$）（图5-12）。API（$\rho=0.320$，$p<0.01$）和超标日数（$\rho=0.346$，$p<0.01$）则与总面积的相关系数最高。最大斑块指数（LPI）与API（$\rho=0.251$，$p<0.05$）和超标日数高度相关（$\rho=0.267$，$p<0.05$）。景观形状指数（LSI）与API（$\rho=0.242$，$p<0.05$）和超标日数（$\rho=0.251$，$p<0.05$）高度相关。综上所述，在所有城市格局指数中，表征城市空间组成特征的指数往往与三个空气污染指数均显著相关，与之相比，表征空间配置特征的指数仅景观形状指数（LSI）与两个空气污染指数显著相关，斑块密度（PD）和边缘密度（ED）仅与 $PM_{2.5}$ 显著相关（图5-12）。

5.2.2.3 季节变化对城市格局–空气污染关系的影响

季节变化对城市格局–空气污染关系的影响有三个主要特征：①在受季风影响的城市中，城市格局指数往往与空气污染指数显著相关，呈现出 26 对显著相关关系，而不受季风影响的城市中只出现了一对显著相关（表略）；②城市格局指数与超标日数往往呈现出更多的显著相关关系（18 对），而与 API 则略少（9 对）；③城市格局指数与 API 和超标日数的显著相关关系往往在春季和夏季更明显（21 对），而在秋季和冬季不明显（6 对）。具体来说，在受季风影响的城市中，总面积、景观百分比、平均斑块面积、斑块密度、最大斑块指数和边缘密度都与春季的 API 和超标日数以及夏季的超标日数显著正相关。春季面积加权平均分维数与超标日数显著正相关。景观百分比、平均斑块面积、斑块密度和最大斑块指数都与夏季的超标日数显著正相关。城市的建成区总面积和边缘密度则在夏季与 API、在秋季和冬季与超标日数显著相关。对于不受季风影响的城市，只有建成区总面积与秋季的超标日数显著相关。

5.2.2.4 城市规模对城市格局–空气污染关系的影响

在限定城市规模的前提下，表征城市空间配置特征的指数与空气污染指数呈现出更多的显著相关关系（与 $PM_{2.5}$ 有 8 对，与超标日数有 2 对）（表略）。对于超大型城市，最大斑块指数、面积加权平均分维数及聚集度指数与 $PM_{2.5}$ 显著负相关，而景观形状指数与 API 显著正相关，总面积与超标日数显著正相关；对于大城市，斑块密度与 $PM_{2.5}$ 显著正相关，但未发现其他城市格局指数与这三种空气污染指数中的任何一种显著相关；对于中等城市，斑块密度、景观百分比、最大斑块指数和边缘密度与 $PM_{2.5}$ 显著正相关，但与 API 和超标日数的关系不显著；对于小城市，未发现城市格局指数和空气污染指数间的显著相关关系。

5.2.3 讨论

5.2.3.1 城市规模和格局对空气污染水平的影响

本研究结果表明，在中国具有更大建成区总面积的城市往往具有更严重的空气污染水平（图 5-12），因为更大规模的建成区往往会排放更多的空气污染物，产生更多由化石燃料燃烧和工业排放产生的 NO_2 和 SO_2，因此对于中国城市而言，控制城市的建成区规模对控制空气污染至关重要。

在此基础上，本研究进一步将所有城市按城市规模分成四类，以便能够检验在同一城市规模下城市格局对空气污染的影响。结果表明，在特大城市中，$PM_{2.5}$ 与城市邻近性（LPI）、紧凑度（AI）和城市斑块形状复杂性（AWMFD）显著负相关（表略）；大型城市和中型城市的城市破碎度（PD 和 ED）和邻近度（LPI）与 $PM_{2.5}$ 正相关（表略）；而小型城市的三个空气污染指数与任何城市格局指数均未呈现出显著相关关系。上述结果表明，在大城市中，连续而紧凑的城市格局有助于提高连接度，降低对交通工具的需求和对汽车的依赖，进而促进自行车或步行等方式以减少污染物排放并减轻空气污染水平（Martins，2012）；而小城市往往本地排放少、污染轻，除非受到区域性污染影响否则其城市格局对空气污染水平的影响并不显著。

5.2.3.2 季节变化对城市格局-空气污染关系的影响

一般而言，季节变化通过改变风速（Elminir，2005）、降水（Luo et al.，2017）、相对湿度（Yuan et al.，2014）、大气边界层（Georgescu，2014）、季风（Hien et al.，2011）等相关途径影响空气污染水平。本研究突出了城市格局与空气污染关系的两个依赖特征：①季节依赖性，表现在城市格局-空气污染的统计关系（显著性水平以及相关系数等）随着季节的变化而发生较大变化；②季风依赖性，即城市格局-空气污染间的显著相关关系几乎只存在于受季风影响的城市中。

总的来说，城市格局指数往往更加能够解释春季和夏季的空气污染水平，而在秋季和冬季，其与空气污染水平的相关性不显著。这种现象可部分归咎于亚洲季风的影响——季风为中国的城市在春季和夏季带来了充足的降水，导致空气中的污染物沉降并促进了城市地区大气污染的缓解（Jiang et al.，2014），而其中建成区占比较低、斑块密度较低的中小型城市往往具有更好的外部环境条件来稀释其空气污染物；但在秋季和冬季，逆温层的频繁出现阻碍了城市中空气污染物的垂直扩散过程（Pope and Wu，2014），与此同时秋季和冬季的水平风速通常低于春季和夏季，这进一步减慢了污染物在水平方向上的扩散（Hess et al.，2015）。在上述因素的共同作用下，城市上空往往会产生一个均质的、具有高污染水平的"穹顶"，导致污染物浓度不再随城市格局的变化而变化。

5.2.4 小结

本研究在针对中国 83 个城市的城市格局-空气污染关系的研究得到了以下 4 个重要结论：①城市空气污染指数（包括 $PM_{2.5}$、API 和超标日数）普遍随城市规模增大而增长；②城市格局指数与空气污染指数间的相关关系受季节和季风影响很大；③城市空气污染指数与表征城市空间组成特征的格局指数（如建成区总面积及其占比）的相关性往往比表征空间配置特征的形态指数（如城市破碎化、离散化水平和斑块形状复杂度）的相关性更显著；④城市格局的组成特征（尤其是建成区总面积）能够显著影响 $PM_{2.5}$、API 和超标日数，而城市格局的配置特征仅与中等城市和特大型城市的 $PM_{2.5}$ 显著相关。本研究通过阐明城市规模和季节变化对城市格局-空气污染的影响途径和机制，有助于更好地理解城市格局对空气污染的影响机理。为缓解日益加剧的城市空气污染问题，中国需要限制特大城市的数量并遏制其水平扩张规模。在此基础上，还应重视减少城市蔓延度、增加紧凑性（Forman and Wu，2016），从而改善空气质量，特别是降低 $PM_{2.5}$ 浓度。

5.3 解耦中国社会经济、气候和城市格局对空气污染的复杂影响

改革开放以来，中国快速城市化使得全国一半以上的人口居住在城市之中（Wu et al.，2014）。然而，这一巨大成就也引发了诸多环境问题，特别是空气质量持续恶化（Huang，2015），可能诱发儿童、老年人以及心肺疾病患者的发病和死亡（Wu et al.，2014）。

20 世纪末以来，城市化导致中国许多地区 $PM_{2.5}$ 污染逐渐加剧，大规模的工业生产导致 SO_2 排放增长，越来越多的汽车及其尾气排放导致氮氧化物（NO_x）和 CO 的排放增加以及 O_3 的浓度增长（Fritze，2004），此外还排放出大量的温室气体（如 CO_2）（Mendoza et al.，2013）。最近已有研究开始探究这些空气污染物的时空格局并分析其影响因素及其作用机制（Bereitschaft and Debbage，2013）。例如，有研究发现在环境要素中，风既能帮助驱散城市中的空气污染物，也能将污染物从工业区引入城市地区。在城市格局因素中，紧凑型城市由于较高的土地利用效率和较低的交通需求导致交通污染物排放较低

（Martins，2012），但其城市格局也可能阻碍空气污染物的正常扩散，导致更高的人群暴露度。而 Bechle 等（2011）从经济角度开展的研究发现，空气污染水平首先随着 GDP 的上升而上升，然后在 GDP 超过 30 000 美元时开始下降，这一结果与环境库兹涅茨曲线假设相一致（Grossman and Krueger，1991）。

总的来说，空气污染及其时空格局受到诸多社会经济和环境因素的共同影响（Cárdenas Rodríguez et al.，2016）。但基于多视角（空气污染物排放量和浓度）和多尺度（年和季节）研究中国城市空气污染的潜在驱动因素的研究仍显不足。为此，本节研究主要尝试：①探究影响城市空气污染物排放的主导因素；②理解气候、社会经济和城市格局等因素如何共同影响中国城市空气污染物的时空格局。

5.3.1　材料与方法

5.3.1.1　研究区

1999 年以来，中国广大地区（南北方向上从内蒙古南部到广东省，东西方向上从东海岸到四川中部，再加上新疆南部地区）均出现了较为严重的 $PM_{2.5}$ 污染，其年均浓度值远高于世界卫生组织（WHO）制订的空气质量指南推荐值——$10\mu g/m^3$（Liu et al.，2017）。为此本研究选取了遍布在全国各个地区的共 69 个城市为研究区，收集相关空气污染、社会经济、气候和城市格局数据（图 5-13）。

5.3.1.2　空气污染、社会经济、气候和城市格局要素

有研究显示，城市化、工业化和经济发展都会导致空气污染在较长的时间尺度上（如年际尺度）逐渐加剧（Jiang et al.，2014），春季的沙尘暴（Lue et al.，2010）、夏季的光化学污染反应（Huang et al.，2014）、秋季的秸秆焚烧和冬季的燃煤取暖则是季节性空气污染发生的主要驱动因素，而高湿度和低风速等气候条件则是在更短的时间尺度上（如日、小时尺度）影响空气污染物扩散的关键环境因素（Zhang et al.，2009）。鉴于上述影响空气污染的主要驱动因素及其作用的时空尺度特征，本研究收集了中国 69 个城市的相关空气污染、社会经济、气候和城市格局数据（图 5-13）用以研究空气污染和其驱动要素间的复杂关系及其影响机制。

1）空气污染数据

研究选取 API 和 $PM_{2.5}$、PM_{10}、NO_x、SO_2 在工业、电力、生活和交通部门的排放量来表征空气污染物的浓度和排放水平（表 5-5）。其中，API 基于 PM_{10}、NO_x、SO_2 三种大气污染物的浓度通过加权计算得到。城市 API 下载自中国环境保护部网站；空气污染物排放

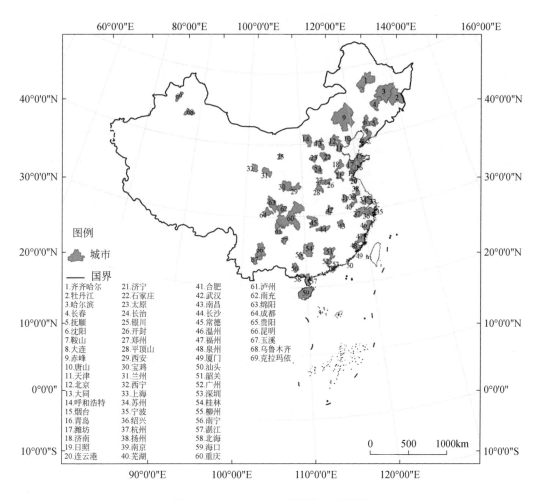

图 5-13　中国 69 个城市研究区示意图

数据源自清华大学开发并维护的大气污染物排放清单 MEIC 数据库（Li et al., 2015）。数据库中共包括了 700 多种人为排放源，这些排放源被归纳为四个排放部门：电力、工业、生活和交通（Li et al., 2015）。例如，由用于发电的煤、油、气、生物质和固废燃烧引发的污染物排放被归入电力部门；工业生产使用的煤、油、气、固废、生物质燃烧和非燃烧过程（如制砖和铁烧结）产生的排放被归入工业部门；汽车燃烧石油和天然气等燃料产生的排放被归入交通部门；日常生活、取暖使用的煤和生物质以及用于烹饪的天然气燃烧所产生的排放被归入生活部门。

2）社会经济数据

本研究从统计年鉴收集了城市 GDP、第二产业 GDP 和常住人口数据，并计算了人均 GDP、人均第二产业 GDP 和城市人口密度用于分析（表 5-5）。

表 5-5　空气污染、社会经济、气候和城市格局数据

数据类型	指标	参考文献
空气污染	$PM_{2.5}$、PM_{10}、NO_x、SO_2 排放量	Li 等（2015）；Stone（2008）
	API	Clark 等（2011）；Lue 等（2010）
社会经济	GDP	Bechle 等（2011）
	人均 GDP	Cárdenas Rodríguez 等（2016）
	第二产业 GDP	—
	人均第二产业 GDP	—
	人口规模	Bechle 等（2011）；Ewing 等（2003）
	人口密度	Cárdenas Rodríguez 等（2016）
气候	气温	Cárdenas Rodríguez 等（2016）
	降水	Jiang 等（2014）
	风速	Bechle 等（2011）；Elminir（2005）；Jiang 等（2014）
	相对湿度	Elminir（2005）；Jiang 等（2014）
	日照时数	Jiang 等（2014）
城市格局	总面积（TA）	Cárdenas Rodríguez 等（2016）
	平均斑块面积（MPA）	Cárdenas Rodríguez 等（2016）；Cho 和 Choi（2014）
	景观百分比（PLAND）	Irwin 和 Bockstael（2007）
	斑块密度（PD）	Irwin 和 Bockstael（2007）
	最大斑块指数（LPI）	Bereitschaft 和 Debbage（2013）
	边缘密度（ED）	Bereitschaft 和 Debbage（2013）
	景观形状指数（LSI）	Bereitschaft 和 Debbage（2013）
	面积加权平均分维数（AWMFD）	Bereitschaft 和 Debbage（2013）
	丛生度指数（CLUMPY）	Bereitschaft 和 Debbage（2013）
	聚集度指数（AI）	—

3）气候数据

气温、降水、风速、相对湿度、日照时数数据来自国家气象数据共享服务系统（http://cdc.nmic.cn/）（表 5-5）。每个气候因子的年平均值和季节平均值是对每日的数据进行求均值计算得到的。

4）城市格局数据

本研究使用了 10 个景观指数来表征城市格局，包括总面积、斑块密度、平均斑块面积、景观百分比、最大斑块指数、面积加权平均分维数、边缘密度、景观形状指数、丛生度指数和聚集度指数。其中，总面积和景观百分比表征建成区总面积及其所占比例；斑块密度、平均斑块面积和最大斑块指数则用于测量建成区的破碎化程度；边缘密度表示建成

区的边界长度；景观形状指数和面积加权平均分维数测量建成区的形状复杂度；丛生度指数和聚集度指数测量建成区的连接度（表5-5）。

上述城市格局指数均是基于 2010 年土地利用/覆盖数据，使用 FRAGSTATS 软件计算得到的。土地利用/覆盖数据来自国家地球系统科学数据中心。原始数据有六种土地覆盖类型（森林、耕地、草地、荒地、水体和建成区），为了便于分析，研究将其重新分为两类：建成区和非建成区，其中建成区主要指以人为因素（如居住区、建筑、道路和工业设施）为主导的非植被区域。

5.3.1.3　相关分析

本研究采用两组逐步回归模型开展相关分析。第一组逐步回归模型（共 16 个）用于研究影响空气污染物排放的主导因素，模型自变量包括 6 个社会经济因子和 10 个城市格局因子，因变量分别是工业、电力、生活和交通部门的 $PM_{2.5}$、PM_{10}、NO_x 和 SO_2 排放量。第二组逐步回归模型（共 5 个）用于检验影响空气污染水平的主要影响因素，模型自变量包括 5 个气候因子、6 个社会经济因子和 10 个城市格局因子，而因变量分别是春季、夏季、秋季、冬季和全年平均的 AQI。上述分析均采用 SPSS 软件进行计算。

5.3.2　结果

5.3.2.1　中国城市空气污染时空格局

2010 年，中国 69 个城市中的大部分城市空气质量较差，较严重的污染区域主要集中在东北、京津冀、四川中部以及新疆地区 ［图 5-14（a）］。$PM_{2.5}$、PM_{10}、NO_x 和 SO_2 的主要排放区域则集中在华北平原和长江中下游平原 ［图 5-14（b）~（e）］，而四川盆地的 SO_2 排放也较为集中 ［图 5-14（e）］。

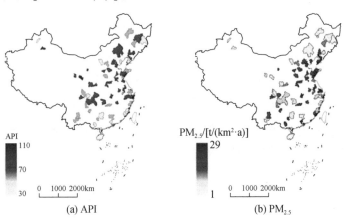

(a) API　　　　　　　　(b) $PM_{2.5}$

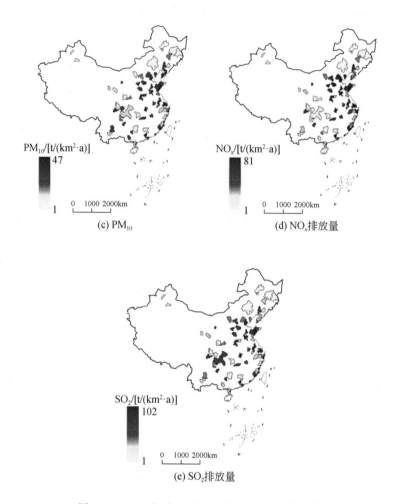

图 5-14　2010 年中国 69 个城市的空气质量指标

5.3.2.2　空气污染物排放量与社会经济和城市格局因子间的关系

1）工业部门排放

工业部门的污染物排放量与社会经济因子和城市格局因子呈显著的正相关关系。回归模型在预测工业部门 $PM_{2.5}$、PM_{10}、NO_x 和 SO_2 排放量上的解释率分别达到 0.685、0.707、0.771 和 0.631（表 5-6）。其中，人口密度、人均第二产业 GDP 以及聚集度指数显著影响 $PM_{2.5}$ 和 PM_{10} 排放量；人口密度和人均 GDP 显著影响 NO_x 排放量；人口密度和第二产业 GDP 显著影响 SO_2 排放量 [图 5-15（a）]。

表 5-6　中国 69 个城市空气污染物排放量的逐步回归分析结果

排放部门	污染物类型	回归系数	调整 R^2	F	p
工业	PM$_{2.5}$	0.836	0.685	50.349	<0.001
	PM$_{10}$	0.849	0.707	55.733	<0.001
	NO$_x$	0.884	0.771	77.102	<0.001
	SO$_2$	0.801	0.631	59.222	<0.001
电力	PM$_{2.5}$	0.546	0.277	14.022	<0.001
	PM$_{10}$	0.544	0.275	13.873	<0.001
	NO$_x$	0.572	0.307	16.079	<0.001
	SO$_2$	0.5	0.227	10.981	<0.001
生活	PM$_{2.5}$	0.683	0.441	18.894	<0.001
	PM$_{10}$	0.676	0.432	18.255	<0.001
	NO$_x$	0.768	0.564	23.004	<0.001
	SO$_2$	0.439	0.181	15.983	<0.001
交通	PM$_{2.5}$	0.875	0.755	70.815	<0.001
	PM$_{10}$	0.875	0.754	70.536	<0.001
	NO$_x$	0.874	0.757	107.001	<0.001
	SO$_2$	0.867	0.744	99.606	<0.001

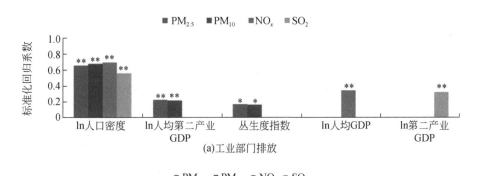

(a)工业部门排放

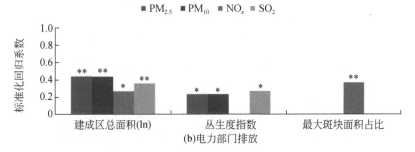

(b)电力部门排放

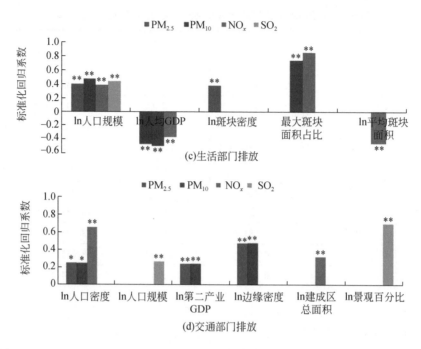

图 5-15　$PM_{2.5}$、PM_{10}、NO_x、SO_2 与社会经济因子和城市格局因子的回归系数

＊表示 $p<0.05$；＊＊表示 $p<0.01$

2）电力部门排放

城市规模和格局对电力部门产生的污染物排放具有重要影响。回归模型在预测电力部门 $PM_{2.5}$、PM_{10}、NO_x 和 SO_2 排放量上的解释率分别达到 0.277、0.275、0.307 和 0.227（表5-6）。城市建成区总面积和丛生度指数能够显著影响 $PM_{2.5}$、PM_{10} 和 SO_2 的排放量[图 5-15（b）]。建成区总面积和最大斑块面积占比能够显著影响 NO_x 排放量[图 5-15（b）]。

3）生活部门排放

生活部门的污染物排放量与城市规模和形态指数正相关，但与经济因子负相关。回归模型在预测生活部门 $PM_{2.5}$、PM_{10}、NO_x 和 SO_2 排放量上的解释率分别达到 0.441、0.432、0.564 和 0.181（表5-6）。其中，$PM_{2.5}$ 排放量与人口规模和斑块密度正相关，与人均 GDP 负相关。PM_{10} 和 NO_x 排放量与人口规模和最大斑块面积占比正相关，与人均 GDP 负相关[图 5-15（c）]。SO_2 排放量与人口规模显著正相关[图 5-15（c）]。

4）交通部门排放

交通部门的空气污染物排放量与社会经济因子和城市格局因子正相关。回归模型在预测交通部门 $PM_{2.5}$、PM_{10}、NO_x 和 SO_2 排放量上的解释率分别达到 0.755、0.754、0.757 和 0.744（表5-6）。其中，$PM_{2.5}$ 和 PM_{10} 排放量与人口密度、第二产业 GDP 和边缘密度显著正相关[图 5-15（d）]。NO_x 排放量与人口密度和建成区总面积显著正相关[图 5-15（d）]。

SO_2 排放量与人口规模和景观百分比显著正相关 [图 5-15 （d）]。

5.3.2.3 AQI 与气象、社会经济和城市格局因子间的关系

总体上，AQI 与社会经济因子（如人口规模、人口密度）和城市格局因子（如面积加权平均分维数）正相关，与气候因子（如相对湿度、降水、气温和风速）负相关。年均 AQI 回归模型的综合解释率为 0.408 （$p<0.001$）（表 5-7），模型中 AQI 与常住人口显著正相关，与相对湿度和气温显著负相关 [图 5-16 （a）]。季节 AQI 回归模型的综合解释率在为春季为 0.309 （$p<0.001$），在夏季为 0.269 （$p<0.001$），在秋季为 0.124 （$p=0.005$），在冬季为 0.359 （$p<0.001$）（表 5-7）。春季 AQI 与人口密度正相关，与相对湿度负相关 [图 5-16 （b）]；夏季 AQI 与常住人口正相关，与相对湿度和气温负相关 [图 5-16 （c）]；秋季 AQI 与常住人口正相关，与降水负相关 [图 5-16 （d）]；冬季 AQI 与面积加权平均分维数正相关，与相对湿度、气温和风速负相关 [图 5-16 （e）]。

表 5-7　中国 69 个城市 AQI 与影响因子的逐步回归分析结果

因变量	相关系数 r	调整 R^2	F	p
年均 API	0.665	0.408	12.704	<0.001
春季 API	0.574	0.309	16.181	<0.001
夏季 API	0.549	0.269	9.348	<0.001
秋季 API	0.387	0.124	5.825	0.005
冬季 API	0.63	0.359	10.512	<0.001

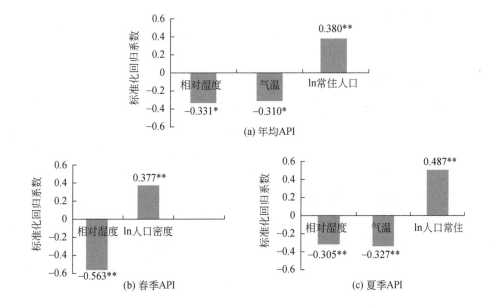

(a) 年均API

(b) 春季API

(c) 夏季API

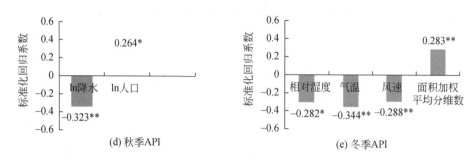

图 5-16 空气污染指数与气象、社会经济和城市格局因子的回归系数

* 表示 $p<0.05$；** 表示 $p<0.01$

5.3.3 讨论

5.3.3.1 空气污染物排放的主要影响因素

研究结果表明，工业部门和生活部门是空气污染物排放的主要来源。其中，社会因子中的人口密度、经济因子中的第二产业 GDP 或人均 GDP 都是预测上述指标的关键因子。这种现象可能是由于在人口密集的城市当中，工业生产主导了城市的经济发展并排放了大量的空气污染物；与此同时，具有较大规模且居住密度较高的城市往往会产生更多的生活和交通部门排放。另外，通过回归分析发现，高收入城市的生活部门排放往往较低，可能是由于这些城市制定了更加严格的环境法规并付出了更多用于降低空气污染物排放的治理成本（Cárdenas Rodríguez et al., 2016）。此外，蔓延增长型城市（斑块密度大、平均斑块面积较小、最大斑块指数较小）的能源利用率往往低于紧凑发展型城市，导致更多的空气污染物排放。

与工业和生活部门排放主要受社会经济因子影响不同，城市格局因子主要影响电力和交通部门排放。这是由于大型城市的建成区规模更大进而产生更多的电力需求，而电能的供应既可能来本地也可能来自外地输送，导致电力部门污染物排放量与本地城市格局的相关性略低于其他部门。此外，具有高度复杂、不规则边界（较高边缘密度）的蔓延增长型城市往往具有较多的非点源排放（主要来自交通运输和汽车尾气）（Bereitschaft and Debbage, 2013）和较高的二次气溶胶（如 NO_2 和 SO_2 产生 $PM_{2.5}$）贡献（Huang et al., 2014）。此外，较高的第二产业 GDP 和人口规模（或人口密度）往往对城市通勤和货物运输有较高的需求，由此导致当地交通部门空气污染物排放量较高。

5.3.3.2 空气污染水平的主要影响因素

研究结果表明，气候、社会经济和城市格局因子均能显著影响城市的空气污染水平。

其中，AQI 往往与社会经济和城市格局因子正相关，而与气候因子负相关。前者的影响途径和机制在 5.2 节中已有所探讨，本节特别讨论气候因子的影响途径和作用机制：①降水能够通过湿沉降的方式降低大气污染物浓度（Elminir，2005）；②较低的风速和较高的城市形状复杂度能够阻碍大气污染物的扩散（Hess et al.，2015），进而增加大气污染物浓度；③在冬季，更长的日照时长可以提高地表温度、增强垂直方向的温度梯度，进而有利于大气污染物的扩散（Pope and Wu，2014）。

5.3.3.3　研究成果对城市规划的启示

研究结果表明，中国是能够通过实施一系列经济、技术和产业措施，以及改善能源效率和结构，进而改善其空气质量的。例如，北京已经通过关停相关的高污染行业来改善其空气质量（Gao et al.，2016b），但仍需通过控制煤炭用量、提高能源效率和推广清洁能源等举措进一步减少空气污染。此外，更加严格的环境法规不但有利于减少 NO_2 和 SO_2 等大气污染物的一次排放，还能间接防止二次颗粒物污染的生成（Huang et al.，2014）。从城市格局的角度来说，本研究发现城市空气污染（包括污染物排放和污染水平）首先随着城市和经济规模的增长而加剧；而在一定规模下，城市格局的组成和配置也同时影响着空气质量。这一结果表明，中国城市的空气污染问题可以通过限制城市规模扩张、改变城市增长模式的方式予以缓解，如打造紧凑且连接度较高的城市格局能够显著降低居民对私家车的依赖并促进如自行车和步行等绿色交通方式的发展（Martins，2012）。另外，通过降低建筑高度、规划风道等方式加强城市景观格局设计，能够加速污染物扩散，防止空气污染事件的发生。

5.3.4　小结

本研究探讨了社会经济、气候和城市格局因子对中国城市空气污染的综合影响。研究结果表明，中国可以通过提高城市连接度、降低城市人口密度、采取更加严格的环境管控措施等方式来改善其空气质量并指导其城市规划。

第6章 | 生态系统服务约束作用关系及机理

当我们研究两个与复杂生态过程有关的变量之间的相互关系时，最常用的方法是控制变量法，即首先假定其他因子不变并对两变量不造成约束，然后进行回归分析或者相关分析。然而这一假设在复杂生态过程中常常难以满足，一方面，生态学相关研究往往以野外采样数据为基础，很难控制其他因子处于理想状态；另一方面，在野外采样过程中，研究者一般不对其他因子进行测量记录，因此在分析两变量之间关系时，有时难以得到正确的结论。除此之外，野外调查数据的分布常常呈现出散点云（Thomson et al., 1996）的形态。在这种情况下，我们更关注响应变量在测量因子的限制作用下，散点云边界的变化率。约束线（包络）分析是可以准确刻画数据边界规律，寻找变量之间限制作用的有效方法。

6.1 约束线方法在生态学研究中的应用

6.1.1 约束线概念

约束线（boundary line）的概念最早由 Webb（1972）提出，当时约束线被称为边界线。他认为约束线出现在有因果关系的两个变量间，落在数据的边界，代表种群生长的最好状态。因此，约束线最早在生态学中应用，主要指限制因子将响应因子约束在一个范围内。此时，约束线强调边界性与因果关系。Schnug 等（1996）沿用边界线的概念，认为它对应散点云的上边界。Blackburn 等（1992）发现，由于种内竞争，物种多度与生物体大小的约束关系呈现斜率为 –0.75 的直线，与自疏法则非常吻合，他将约束线称为散点上边界。在 Blackburn 等（1992）的理论基础上，Thomson 等（1996）将约束线方法应用到物种空间分布的研究中，认为植物的空间分布与多种环境因子有关，数据点广泛地分布在某一个限制范围内，表现为有信息点云，其将这种现象称为因子天花板分布。直到 1998 年，Guo 等（1998）整合"boundary line"与"factor-ceiling"的概念，在研究种群分布（响应变量）与环境因子（限制变量）的关系时发现，数据分布的边界线可以排除其他因子对响应变量的影响，能够更好地代表限制变量与响应变量之间的关系，响应变量的分布一般不超越"constraint line"，即约束线。Mills 等（2009）与 Medinski 等（2010）沿用

Webb（1972）提出的"boundary line"的概念，在研究土壤属性对植物丰富度的影响时指出，随着某种土壤属性的梯度变化，植物丰富度分布在某一数值范围内，称为生态位（niche），约束线代表植物丰富度能够达到的最大值。

在复杂的生态过程中，两个变量之间除相互作用外，还可能受到其他很多因素的影响，进而这两个变量关系往往呈现类似散点云的分布特征（Pittman and Turnblom，2003）。之所以会出现这种现象，是由于限制变量不能够完全控制响应变量的变化，而是对响应变量有限制作用，从而使响应变量的分布不能超过某个范围（Thomson et al.，1996）。传统的回归分析和相关分析并不适用于此类呈散点云分布的两个变量之间相互关系的研究，因为传统的统计方法着眼于变量均值的关系，要求数据分布在均值周围，而散点云并不是围绕某一均值或中值线分布，这与回归分析和相关分析的基本假设相违背。尽管多元回归能够分析多个自变量对因变量的贡献，但很难从生态学机理上进行解释。相比于传统的线性回归和相关分析方法，约束线方法能够更好地刻画受多因素影响的复杂生态系统中限制变量对响应变量的限制作用（Guo et al.，1998）。

如图 6-1 所示，散点云的不同部分能够代表不同的生态过程（Cade and Noon，2003）。

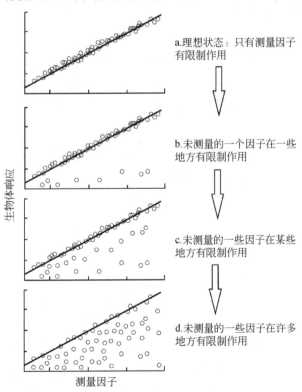

图 6-1　理想状态和现实情况下测量因子与生物体响应的散点分布图

修改自 Cade 和 Noon（2003）

在理想状态下，生物体响应主要受到测量因子的作用，其他的潜在影响因子都处在自由水平，即不会对生物体造成限制作用［图6-1（a）］。例如，假设某种生物的生长速率由单一限制因子（食物密度）决定，且两者呈现线性关系，如果其他所有因子（如温度）的潜在影响是最小的或者并未达到能够对生物体生长起限制作用的水平，那么生物的生长速率与食物密度将会围绕某条直线分布，采用简单的线性回归或者相关分析就能够得到两者之间的关系。但是，在现实采样过程中，除食物密度之外的其他因子（如温度）也会对生物的生长速率造成影响，那么这些点将会分布在直线下［图6-1（b）~（d）］。在这种情况下，如果仍然用相关分析，得到的结果可能显示生物生长速率和食物密度之间并无关系，然而，如果采用约束线方法，即使采样点数据受到其他因子的影响，散点的上边界仍然能够表征生物的生长速率与食物密度之间的关系（Cade and Noon，2003）。因此，如果数据分布呈现散点云特征时，约束线方法是表征两个变量关系的较好选择（Cade and Noon，2003），约束线表征响应变量在限制变量作用下的分布范围或者能够达到的潜在最大值（Kaiser et al.，1994）。

6.1.2　约束线的绘制方法

最初，约束线是通过视觉观察散点云的分布形态人为绘制（Scharf et al.，1998）。随着相关研究越来越多，约束线绘制的方法也逐渐增多，并趋于成熟。目前，主要有以下四种绘制方法：参数法、散点云网格法、分位数回归法和分位数分割法。

（1）参数法。例如，基于Yoda自疏法则，植株生物量大小与种群密度之间的关系已经相对明确，只需要针对不同的研究群体确定自疏法则中的参数即可得到约束线（Lessin et al.，2001）。这种方法的优点是，以生态学理论为基础，能够对生态过程的动态进行全面解析，缺点是应用范围较小。

（2）散点云网格法。首先将散点云的限制变量与响应变量划分为若干区间，进而将散点云划分为网格，通过计算每个网格中数据点的特征值（包括最大值、最小值、平均值、密度等）来确定边界点的位置，最后对边界点拟合得到约束线。在此类方法中，网格的划分又包括根据点密度划分和根据点数值大小划分两种。这种方法的优点是能够实现约束线的完美展示，缺点是网格的划分较为主观，不同的划分数目对结果有较大影响。Blackburn等（1992）最早将限制变量每一区间中点数最多的网格作为约束线边界网格，进而提取约束线。Thomson等（1996）将限制变量按照数值大小等分为若干区间，取每个区间中响应变量的最大值作为边界点，称这种方法为逻辑切片法。Roberts和Angermeier（2007）也采用类似的方法，用0和1来表征物种出现和不出现两种状态，将观测数据分为5个区间，并保证所有区间中采样点的数量相同，将每一区间中最大的两个观测值取平均值作为边界点，最后使用逻辑斯谛回归得到约束线。

（3）分位数回归法。这种方法以加权最小一乘法为算法，以不同的分位数为基准，设法使各数据点到回归线的纵向距离的绝对值之和为最小，这种方法应用较为普遍，但是它的缺点是不能较好地表征曲线或者非线性的分布形态（Strong，2011）。Anderson 和 Jetz （2005）采用极端分位数回归绘制恒温动物能量支出边界线。Chassot 等（2010）通过连续取不同的分位数理解海洋初级生产力对渔业的限制作用。Cade 和 Noon（2003）以分位数回归为基础总结了约束线方法在生态学问题研究中的应用，并指出不同分位数得到的结果对理解生态过程有重要意义。

（4）分位数分割法。Medinski 等（2007，2010）将逻辑切片法与分位数回归相结合，首先将限制变量按照数值大小分区，然后取每个区间中所有点的95%分位数和10%分位数分别作为上边界点和下边界点，最后对上边界点进行拟合得到约束线，他称这种方法为分位数分割法。在此基础上，Mills 等（2009）采用分位数分割法获得边界点，对边界点进行最小二乘法拟合，从直线、二次函数、对数函数、指数函数四类函数中取拟合决定系数最大的类型作为约束线的拟合结果，相比前三种方法，这种方法更具有统计学基础。

6.1.3 约束线方法在分析生态学问题中的应用

目前，约束线方法主要用于分析物种分布、物种行为对环境因子的响应和作物产量优化三个方面。在物种分布的相关研究中，研究者往往以自疏法则为基础，使用约束线定量刻画生态系统结构及生物个体动态生长过程中影响物种分布的主要生态过程（Austin，2007）；在物种行为对环境因子的响应的相关研究中，往往以散点云的信息边界为基础，只关注散点云的约束线，而不在意边界内部采样点的变化趋势（Schneider et al.，2012）；在作物产量优化问题的相关研究中，限制变量对作物产量的影响具有空间异质性和尺度效应，约束线方法得到的结果只代表作物产量在某个限制变量作用下能够达到的最大值（Medinski，2007）。

6.1.3.1 约束线方法用于研究种内竞争对物种分布的影响

Blackburn 等（1992）在研究动物个体大小与分布密度之间的关系时，采用约束线方法与最小二乘法进行对比分析，他认为虽然自然资源因子不能单独决定物种的多度，但仍然能够决定物种在某个资源状态下可以达到的最大多度。研究人员选取一系列靠近约束线的数据点，发现约束线的斜率趋近于−0.75，符合 Yoda 自疏法则。在此基础上，Guo 等（1998）用约束线方法研究沙漠植物种群密度与植株生物量之间的关系，以及由种内竞争导致的植物死亡率。由于植物生长过程受到许多生物和非生物因素的影响，引起植株个体大小呈现较大的差异，因此，根据自疏法则，植株个体大小与植株密度之间应该呈现一个上边界，如图 6-2 所示，上边界表征自疏线，种内竞争非常激烈，箭头线表征植株生长过程的轨迹，1、2、3 代表三种不同种群密度情形。在无种内竞争的环境下，植株生长沿着 R_1 轨迹进行，直到植株大小到达自疏线，此时，生长资源（空间、养分等）受到限制，种内竞争发生。在自疏线上，一些植株的生长一定要以其他植株的死亡为代价，因此植株个体生长沿着 R_2 轨迹进行。在整个过程中，种群 3 由于种内竞争，植株死亡数最多，而种群 1 并没有经历自疏过程，植株死亡数最少。同样，Lessin 等（2001）使用散点云上边界的约束线定量研究沙漠一年生植物种群的竞争行为，其将所有个体数据作为研究对象，采用回归分析发现沙漠一年生植物大小和种群密度均与其邻近种群地上生物量无关，但是邻近种群地上生物量对目标种群植株大小的潜在最大值有显著影响。Guo 和 Rundel（1998）结合回归分析与约束线方法研究火烧丛林在演替中的自疏过程，发现自疏过程随着物种生物量的累积越来越明显。以 Yoda 自疏法则为基础，研究种内竞争引起的物种分布规律成为约束线方法的主要应用之一（Guo et al., 2000）。

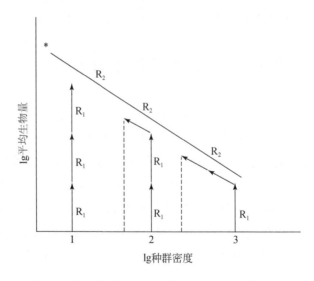

图 6-2　邻近种群密度与生物量之间的异速自疏关系

修改自 Guo 等（1998）

6.1.3.2　约束线方法用于研究种群行为对环境因子的响应

表征环境因子对物种多度与生物体大小的限制作用是约束线方法的另一主要应用（Strong，2011），其中，环境因子包括生物因子与非生物因子。Thomson 等（1996）采用约束线方法分析了百合花开花植株、百合花幼苗、地鼠和岩石分布之间的关系，揭示了幼苗密度与开花植株密度之间负向关系的边界特征，所有散点的分布形成一个三角形，较多的幼苗只会出现在开花较为稀疏的地方，此外，研究人员引入影响幼苗和开花植株的其他干扰因子，包括地鼠和岩石等，通过路径分析验证了幼苗密度和开花密度之间存在限制关系。Clark 和 Clark（1999）分析了热带雨林 9 种植物在不同树龄时期的生长能力，发现用材林树种（*Hymenolobium*）即使在老龄期仍然有较强的生长能力，树龄对树木利用资源条件生长的限制作用不明显。Strong 等（2011）采用约束线方法发现随着白云杉冠层覆盖度的增大，林下不同物种最大多度均表现为下降趋势。气象要素作为限制因子对植株影响的相关研究也屡见不鲜，如 Austin 等（2007）在研究北非和中东地区 NDVI 与降雨关系时发现，随着降水量增多，物种最大多度呈单峰形式变化。Jansen 等（2007）在通过研究大范围植被对温度季节周期变化的适应能力，发现植物代谢率在冬季与春季达到最大，而在夏季与秋季常常有所降低。为了将生物因子与非生物因子的影响剥离开，Coomes 和 Allen（2007）在选择约束线方法研究光照和营养物质对植物生长的限制作用时发现，光照对幼小植株的生长有较大影响，而营养物质对不同年龄植株的生长都有影响，同时，植株生长速率随着纬度的增加而降低。

除陆生植物外，约束线方法在研究水生植物对环境因子的响应方面也得到了广泛应用，Krause 等（2000）发现大叶藻的生长速率随着水深呈现指数型下降趋势。Schröder 等（2005）采用非线性分位数回归方法分析了沼泽植物多度对环境因子的响应，种间竞争、资源匮乏、物种灭绝等原因都可能造成沼泽植物物种多度降低，所以基于均值或者中值的传统研究方法会低估环境因子对沼泽植被的影响。沼泽植物物种分布与土壤有机质含量之间的关系可能是由沼泽植物获取营养物质量和土壤通风性决定的，并不是土壤有机质对植物的分布直接产生影响。

约束线方法还应用于研究动物行为对环境因子的响应。Scharf 等（1998）发现猎物大小与捕食者大小之间的关系呈现多边形分布，有较为明显的约束包络（Constraint Envelope）特征。Roberts 和 Angermeier（2007）分析了三种鱼在河流中的分布，发现鱼类的活动范围受到季节、河流流量、温度，以及鱼类种类、年龄、性别等多种因素的影响，约束线方法能够准确分析多种因子对鱼类活动范围的限制作用。Anderson 和 Jetz（2005）研究了限制恒温动物能量支出的主要因子，发现恒温动物能量支出较高时，能量支出限制要素为生理因子；能量支出较低时，能量支出限制要素为外界环境因子。

除自然环境因子的限制作用外，人类活动干扰对种群行为的限制作用更为强烈。Walsh 等（2005）在总结城市综合特征时指出，随着城市化进程的加剧，不透水面比例对生物生存环境的限制作用表现为三种形态：直线加剧型、"S"型以及对数型。Wang 等（2001）选择 47 个流域为研究区，发现随着流域内城市不透水面比例的增加，鱼类多样性的最大值呈指数型下降趋势。

采用约束线方法研究种群行为对环境因子的响应涉及较多因素，基于两个变量之间的限制作用和自疏法则得到的约束线含义有较大区别。由自疏法则得到的约束线能够排除其他因子的作用，只关注由种内竞争引起的种群个体死亡的规律，而基于种群行为对环境因子响应得到的约束线只能表征在测量因子的限制作用下，种群行为响应的变化范围或最大值，并不能排除测量因子之外的其他因子的影响。

6.1.3.3 约束线方法用于作物产量优化

Webb（1972）最早将约束线方法用于研究作物产量优化，通过分析影响作物产量的限制因子，可以合理配置作物类型、优化管理措施。Evanylo 和 Sumner（1987）使用约束线方法寻找大豆生产过程中的土壤养分最佳值，土壤养分最佳值指在某种条件下，使作物产量达到最大值时对应的土壤养分含量，当土壤养分少于最佳值时会限制作物产量。根据作物平均产量计算的土壤养分最佳值可能低于真实值，而约束线方法能够根据作物最大产量计算土壤养分最佳值。例如，在图 6-3 中，1 和 2 为两种不同的情况，如果养分含量 a 点，对应的作物产量可以是比 a' 低的任何值，但不能超过 a'。在情况 1 下，养分含量的限制作用最强，它的变化可能会引起作物产量的响应。在情况 2 下，当养分含量为 b 值时，能够得到作物产量的最大值，但并不是总能获得最大，因为一些其他因子可能会限制产量，从而使作物产量分布在 b' 之下。所以，当养分含量为最佳值时，任何大小的作物产量都能得到，养分含量对作物产量不起限制作用。

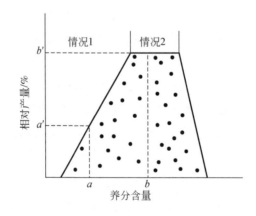

图6-3 植物组织的养分含量与某种作物相对产量的关系

修改自 Sumner（1978）

用约束线方法分析土壤属性对作物产量和植物丰富度影响的相关研究也越来越多（Medinski et al., 2010）。Medinski（2007）采用约束线方法将土壤渗透能力、黏砂含量、土壤电导率以及土壤酸碱度等土壤属性作为限制变量，以不同生长期的植物物种丰富度为响应变量，分析了每一种限制变量对物种丰富度的约束关系，约束线表示响应变量的潜在最大值或是可预测的限制点，植物丰富度的最大值应该出现在资源条件刚好受到限制，除测量因子之外的其他影响因子并未达到限制水平时，此时，并不是所有植株都能够存活，这与 Guo 等（1998）在研究种内竞争时对约束线的解释类似。Wairegi 等（2010）研究东非高地香蕉种植环境时发现，当降水量从 800mm 增加至约 1200mm 时，降水对香蕉产量的限制作用逐渐减弱直至消失，整个变化过程曲线呈对数形式。Medinski 等（2010）认为约束线方法所表示的响应变量的最大值并不能保证其不受其他因子的影响，只表示响应变量不受其他因子的限制作用。因此，在约束线上，响应变量受到限制变量的限制作用最强，其他因子可能对响应变量有影响，但并不是决定响应变量变化的限制因子，约束线下的点则表示响应变量受到其他因子的限制作用。Mills 等（2009）认为约束线方法虽然能够有效识别两个变量之间的关系，但是这并不意味着响应变量的分布只受某一个因子的影响，如在土壤渗透能力较低时，点地梅的植被覆盖度较小，但是这并不意味着这种植物不能忍受极端干旱的土壤，可能是其他因子（如土壤通气性或者土壤养分含量）对植被覆盖度产生了影响。

Huston（1999）认为约束线方法得到的结果具有尺度依赖性。Robertson 等（2015）采用约束线方法预测新西兰河口物种对泥沙沉降增加的响应，根据种群密度最大值计算得到了最优的泥沙分布范围，从而为优化当地生态系统管理提供了有效建议。

约束线方法不仅在研究生态学问题中得到广泛应用，在其他领域的应用也较为普遍，如工程学中复杂曲面边界线的自动提取（慈瑞梅和李东波，2006），图像处理中噪声的消除（徐元进等，2005），图像分类（白继伟等，2003），以及地理学中不规则三角网格的绘制（王彦兵等，2005）。除此之外，经济学中目标优化问题也常用到约束线方法，如计算帕累托边界（Pareto Frontier）（Messac et al.，2003），在机会成本约束条件下实现利益最大化等（陈红和杨凌霄，2012）。

约束线方法具有解决优化问题的巨大潜力。土地系统设计是适应并缓解气候变化的有效手段之一，已有研究表明地表覆盖对大气有反馈作用（Cao et al.，2015），影响地气相互作用的因素有很多，包括地形、气候场、植被覆盖度、地表覆盖类型等，采用约束线方法能够全面理解这些因子间的相互作用，以及不同地气相互作用过程中的主要限制因子与过程。同时，在土地系统设计过程中，社会经济发展是必须要考虑的因素，将约束线方法与经济学中的优化问题（如帕累托效率）相结合，综合考虑土地利用/覆盖、气候变化以及经济发展，为区域土地系统优化提供有效建议，也是值得探索的方向。

综上所述，尽管存在一系列的问题与挑战，但约束线方法可以帮助研究者从散乱分布的数据云中提取有效信息，成为清晰理解变量之间限制作用的有效手段。约束线所表征的变量分布范围和最大值，能够广泛地为生态资源管理、资源优化配置以及区域可持续发展提供重要的理论依据与技术支撑。

6.2 生态系统服务约束作用关系概念与类型

目前，生态系统服务之间的关系被分为三类，包括权衡、协同和无关（Bennett et al., 2009）。主要有三种方法研究生态系统服务作用关系：制图叠加分析法、统计分析法、情景分析法。制图叠加分析法操作简单，可视性强，但无法得到生态系统服务之间的定量关系。相关分析法是研究生态系统服务关系较常用的方法，相关系数为正则认为两种服务是协同关系，相关系数为负则认为两种服务是权衡关系。生态系统是典型的复杂系统，基于上述线性思维理解生态系统服务之间的作用关系具有局限性，甚至是错误的。

6.2.1 生态系统服务约束作用理论框架

生态系统服务往往受到多个因子的共同影响，因此反映两个生态系统服务变量相互关系的散点图常常会表现为有边界的散点云。基于数据均值或中值分析的传统统计分析方法不适用于散点云数据的分析。散点云所表征的不是两变量之间的相关关系，而是约束限制作用关系（图6-4）。

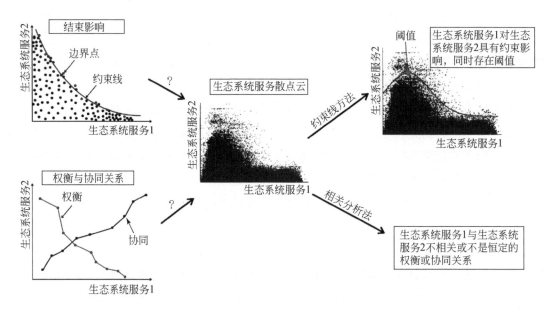

图6-4 生态系统服务约束作用关系示意图

在图6-4中，生态系统服务1称为约束变量，生态系统服务2称为响应变量。根据生态系统服务1和生态系统服务2散点云的边界点，可以提取约束线，生态系统服务2在生态系统服务 1 的约束作用下，其值主要分布在约束线之下，并可能存在阈值。在二维散点云的约束线上，限制因子是响应因子变化的主要原因，由约束线表征两种因子之间的约束作用关系，而约束线下的散点表征响应因子受到其他变量的约束作用，不能直接反映约束因子和响应因子之间的关系，即生态系统服务 1 对生态系统服务 2 的约束关系可能受多个潜在因子的影响。由此可见，用基于相关分析的权衡或协同分析方法难以准确刻画生态系统服务之间的定量关系。

6.2.2 生态系统服务约束作用关系类型

本研究在理论上提出 12 种生态系统服务约束作用关系类型，如图 6-5 所示。

（1）正向直线型：表示 x 变量对 y 变量的约束作用成比例减小，且为正向约束作用 [图 6-5（a）]；

（2）负向直线型：表示 x 变量对 y 变量的约束作用成比例增大，且为负向约束作用 [图 6-5（b）]；

（3）凸面型（二次函数型）：随着 x 变量的增大，x 变量对 y 变量的约束作用逐渐减小 [图 6-5（c）]；

（4）凹面型（二次函数型）：随着 x 变量的增大，x 变量对 y 变量的约束作用逐渐增大 [图 6-5（d）]；

（5）指数型：随着 x 变量增大，x 变量对 y 变量的约束作用逐渐减小 [图 6-5（e）]；

（6）对数型：随着 x 变量增大，x 变量对 y 变量的约束作用逐渐增大 [图 6-5（f）]；

（7）S 型（类逻辑斯谛曲线型）：随着 x 变量增大，x 变量对 y 变量的约束作用快速减小，但达到某一值后，x 变量对 y 变量的约束作用趋于平衡 [图 6-5（g）]；

（8）倒 S 型：随着 x 变量增大，x 变量对 y 变量约束作用先处于一定值下的平衡状态，但达到某一值后，x 变量对 y 变量的约束作用快速增大 [图 6-5（h）]；

（9）倒 U 型：随着 x 变量的增大，x 变量对 y 变量的约束作用逐渐减小，当达到一定阈值后，x 变量对 y 变量的约束作用逐渐增强。y 变量在 x 变量为阈值时最大，此时，x 变量对 y 变量的约束作用最弱 [图 6-5（i）]；

（10）U 型：随着 x 变量的增大，x 变量对 y 变量的约束作用逐渐增强，当达到一定阈值后，x 变量对 y 变量的约束作用逐渐减小。在 x 变量为阈值时，y 变量取得最小值，此时，x 变量对 y 变量的约束作用最强 [图 6-5（j）]；

（11）波动曲线型：x 变量对 y 变量的约束作用随着 x 变量的增大呈现波动状态，可能存在多个阈值，具体分为凸波动型 [图 6-5（k）] 和凹波动型 [图 6-5（l）]。

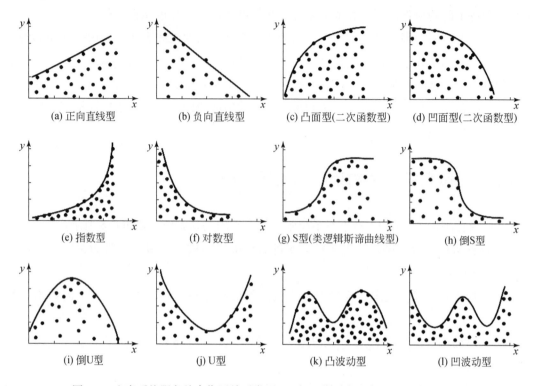

图6-5　生态系统服务约束作用关系类型（x 与 y 分别为约束变量及响应变量）

6.2.3　生态系统服务之间约束线提取方法

约束线最早是采用人为绘制的方式获得，通过人眼观察云状分布数据的形状手动绘制（Scharf et al., 1998），随着约束线方法应用范围逐渐广泛，约束线绘制方法也逐渐趋于成熟。在目前的研究中，主要存在 4 种绘制约束线的方法：参数法、散点云网格法（Thomson et al., 1996）、分位数回归法（Strong, 2011）和分位数分割法（Mills et al., 2009）。

本研究采用分位数分割法提取生态系统服务之间的约束线（图6-6）。Mills 等（2009）曾采用分位数分割法研究土壤属性对土壤渗水作用和物种多度的影响。在图6-6 中，横纵坐标分别代表两种生态系统服务，首先将 x 变量代表的生态系统服务按照数值大小等分为100 份，这样得到100 列数据集，为尽量保证所得约束线能够表征散点云的上边界，本研究取每列数据集中所有散点的99.9% 分位数作为上边界点，大于99.9% 分位数的点认为是异常值，最后对得到的100 个上边界点在 Origin 9 软件（OriginLab, US）进行拟合得到约束线。在边界点拟合过程中，对于不同尺度上的同一对生态系统服务，尽量选取相同的拟合类型，同时，本研究以拟合优度（R^2）与散点图形态作为拟合类型标准，进而得到生态系统服务之间的约束关系。其中，倒 S 型、倒 U 型、U 型、凸面型与凹面型约束线上存在阈值，本研究通过求解约束线导函数方程得到相应阈值点坐标。阈值点表征生态系统服务之间约束关系的方向发生改变。

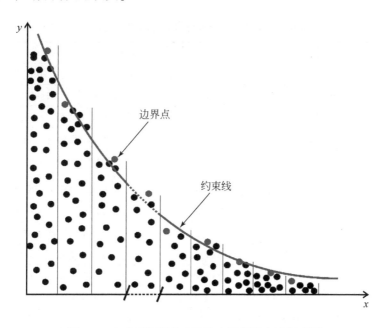

图 6-6　生态系统服务之间约束线提取方法示意图

6.3　中国北方草地与农牧交错带多尺度生态系统服务之间的约束关系

中国北方草地及农牧交错带位于干旱和半干旱区，生态环境极其脆弱，研究区概况参见 3.5.1 节。根据中国北方草地及农牧交错带生态功能保护区类型以及生态概况，选择 2000 年和 2010 年五种关键生态系统服务，包括支持服务中的净初级生产力（NPP），供给服务中的产水量（WY）以及调节服务中的土壤水蚀控制服务（SC）、土壤风蚀（SL）与水源涵养（WR），研究五种关键生态系统服务相互之间的约束关系。在本研究评估的五种生态系统服务中，NPP 是支持服务，对保持畜牧产量和保护区域生物多样性都非常关键。因此，本研究将 NPP 作为限制变量并分析它对其他四种生态系统服务的约束作用。除此之外，本研究还分析了其他四种生态系统服务两两之间的约束关系。

从约束线提取结果可以看出，2000 年与 2010 年同一尺度上生态系统服务之间的约束线形态相似，这也说明约束线方法在描述生态系统服务关系时较稳定。对于有阈值的约束线类型，如 S 型、倒 S 型、倒 U 型、U 型、凸波动型、凹波动型［图 6-5（g）~（l）］，本研究通过求解约束线函数（表 6-1）的一次导数和二次导数方程，得到约束线的阈值点和拐点。

表 6-1　多尺度生态系统服务之间约束线方程

研究尺度		生态系统服务对	约束线方程	
			2000 年	2010 年
景观水平		NPP-SC	$y=-0.10x^2+92.71x-3616$	$y=-0.03x^2+33.75x-741.4$
		NPP-SL	$y=-0.11x+105.41$	$y=-0.1x+89.58$
		NPP-WY	$y=203.04+(356.56-203.04)/[1+\exp[(x-514.23)/39.95]]$	$y=11.84+(689.19-11.84)/[1+\exp[(x-700.3)/58.81]]$
		NPP-WR	$y=80.81+[86\,823.7/(324.94\sqrt{3.14/2})]\times\exp[-2\times[(x-188.04)/324.94]^2]$	$y=-60.65+[453\,673.36/(588.64\sqrt{3.14/2})]\times\exp[-2\times[(x-293.2)/588.64]^2]$
		SC-SL	$y=-2.07-(-89.34\times0.9^x)$	$y=1.66-(-77.94\times0.99^x)$
		SC-WY	$y=-13.29-(-214.42\times0.99^x)$	$y=-24.09-(-698.04\times0.99^x)$
		SC-WR	$y=-16.78-(-445.69\times0.99^x)$	$y=-5.15-(-332.6\times0.99^x)$
		SL-WY	$y=-0.043x^2+2.65x+335.35$	$y=-0.07x^2+2.29x+563.37$
		SL-WR	$y=0.04x^2+2.28x+203.79$	$y=-0.03x^2-0.39x+376.1$
		WY-WR	$y=0.68x+109.08$	$y=0.78x+98.5$
类型水平	农田	NPP-SC	$y=-0.13x^2+102.6x-4039.5$	$y=-0.04x^2+34.11x-1033$
		NPP-SL	$y=0.29+(19.79-0.29)/[1+\exp[(x-549.96)/24.72]]$	$y=1.17+(14.75-1.17)/[1+\exp[(x-553.8)/17.77]]$
		NPP-WY	$y=-0.0012x^2+0.92x+120.45$	$y=-0.002x^2+1.96x+97.76$
		NPP-WR	$y=-0.0007x^2+0.46x+43.89$	$y=-0.001x^2+0.67x+1.46$
		SC-SL	$y=-1.01-(-70.05\times0.99^x)$	$y=-1.5-(-58.32\times0.99^x)$
		SC-WY	$y=24.77-(-271.62\times0.99^x)$	$y=21.77-(-474.62\times0.99^x)$
		SC-WR	$y=8.98-(-61.91\times0.99^x)$	$y=-15.77-(-205.54\times0.99^x)$
		SL-WY	$y=-0.04x^2+2.68x+259.59$	$y=-0.08x^2+0.9x+501.79$
		SL-WR	$y=-2.58x+83.06$	$y=-2.5x+116.98$
		WY-WR	$y=0.52x+78.02$	$y=0.55x+53.62$
	林地	NPP-SC	$y=-0.12x^2+114.59x-7009.8$	$y=-0.04x^2+36.8x-1513.2$
		NPP-SL	$y=-0.09x+84.98$	$y=-0.07x+67.04$
		NPP-WY	$y=151.05+[39\,279.99/(297.71\times\sqrt{3.14/2})]\times\exp[-2\times[(x-297.34)/297.71]^2]$	$y=-0.002x^2+1.45x+109.1$

续表

研究尺度		生态系统服务对	约束线方程	
			2000 年	2010 年
类型水平	林地	NPP-WR	$y=84.77+[19\,089.8/(220.93\times\sqrt{3.14/2})]\times\exp[-2\times[(x-245.62)/220.93]^2]$	$y=-0.001x^2+1.13x+27.7$
		SC-SL	$y=4.17-(-58.98\times0.99^x)$	$y=-0.92-(-40.12\times0.99^x)$
		SC-WY	$y=18.92-(-210.11\times0.99^x)$	$y=12.35-(-377.79\times0.99^x)$
		SC-WR	$y=4.86-(-100.05\times0.99^x)$	$y=-18.99-(-292.06\times0.99^x)$
		SL-WY	$y=-0.04x^2+1.81x+189.87$	$y=-0.12x^2+4.41x+339.4$
		SL-WR	$y=-1.02x+100.2$	$y=-3.37x+226.7$
		WY-WR	$y=0.49x+57.12$	$y=0.71x+83.72$
	草地	NPP-SC	$y=-0.08x^2+72.71x-1783.4$	$y=-0.03x^2+33.56x-664.3$
		NPP-SL	$y=-0.11x+99.843$	$y=-0.1x+86.24$
		NPP-WY	$y=-4\,207\,510+4\,207\,790\times\exp[-0.5\times[(x-431.52)/60035.31]^2]$	$y=-0.002x^2+1.49x+180.9$
		NPP-WR	$y=75.73+159.19\times\exp[-0.5\times[(x-234.77)/143.23]^2]$	$y=-0.0007x^2+0.5x+65.63$
		SC-SL	$y=-1.41-(-92.2\times0.99^x)$	$y=0.85-(-81.61\times0.99^x)$
		SC-WY	$y=28.7-(-277.37\times0.99^x)$	$y=35.86-(-405.44\times0.99^x)$
		SC-WR	$y=10.72-(-83.98\times0.99^x)$	$y=-5.99-(-183.14\times0.99^x)$
		SL-WY	$y=-0.04x^2+3.25x+212.27$	$y=-0.08x^2+4.01x+375.45$
		SL-WR	$y=-0.02x^2+1.26x+76.02$	$y=-0.02x^2+0.19x+139.45$
		WY-WR	$y=0.52x+93.81$	$y=0.37x+97.49$
生态区水平	典型草原	NPP-SC	$y=-0.05x^2+38.39x-586.13$	$y=-0.03x^2+19.2x-465.45$
		NPP-SL	$y=-0.11x+102.56$	$y=-0.11x+88.87$
		NPP-WY	$y=-0.002x^2+0.96x+225.05$	$y=-0.004x^2+2.16x+274.6$
		NPP-WR	$y=8.66+(245.73-8.66)/[1+\exp[(x-437.49)/58.16]]$	$y=19.76+(340.5-19.76)/[1+\exp[(x-515.02)/26.09]]$
		SC-SL	$y=-0.01-(-92.82\times0.99^x)$	$y=-0.67-(-84.1\times0.99^x)$
		SC-WY	$y=20.19-(-337.52\times0.99^x)$	$y=-0.72-(-344.14\times0.99^x)$
		SC-WR	$y=4.72-(-288.99\times0.99^x)$	$y=7.26-(-470.32\times0.99^x)$
		SL-WY	$y=-0.04x^2+3.05x+281.41$	$y=-0.09x^2+4.69x+457.73$
		SL-WR	$y=-0.02x^2+0.86x+228.6$	$y=-0.02x^2-0.93x+356.42$
		WY-WR	$y=0.49x+148.36$	$y=0.6x+175.92$

续表

研究尺度	生态系统服务对	约束线方程	
		2000 年	2010 年
生态区水平	草甸草原	NPP-SC	$y=-0.06x^2+50.72x-3346.3$	$y=-0.02x^2+14.2x+3299.2$
		NPP-SL	$y=-0.10x+94.04$	$y=-0.07x+70.46$
		NPP-WY	$y=101.69+(386.33-101.69)/[1+\exp[(x-532.6)/40.94]]$	$y=34.57+(597.52-34.57)/[1+\exp[(x-610.14)/64.21]]$
		NPP-WR	$y=24.36+(320.74-24.36)/[1+\exp[(x-435.16)/52.56]]$	$y=51.31+(488.28-51.31)/[1+\exp[(x-489.74)/47.51]]$
		SC-SL	$y=1.01-(-77.17\times0.99^x)$	$y=-0.92-(-58.81\times0.99^x)$
		SC-WY	$y=19.12-(-409.79\times0.99^x)$	$y=30.68-(-646.06\times0.99^x)$
		SC-WR	$y=12.41-(-308.31\times0.99^x)$	$y=7.78-(-544.32\times0.99^x)$
		SL-WY	$y=-0.07x^2+4.39x+335.06$	$y=-0.21x^2+10.5x+505.16$
		SL-WR	$y=-0.08x^2+5.77x+183.95$	$y=-0.11x^2+2.77x+386.87$
		WY-WR	$y=0.59x+172.94$	$y=0.64x+215.02$
	荒漠草原及荒漠	NPP-SC	$y=-0.06x^2+32.67x+1382.3$	$y=-0.01x^2+5.29x+1021.4$
		NPP-SL	$y=-0.18x+101.2$	$y=-0.17x+109.94$
		NPP-WY	$y=-0.001x^2+0.45x+227.87$	$y=-0.002x^2+0.53x+248.6$
		NPP-WR	$y=7.93+[71\,126.44/(290.89\sqrt{3.14/2})]\times\exp[-2\times[(x-110.54)/290.89]^2]$	$y=-54.48+[189\,213.68/(507\sqrt{3.14/2})]\times\exp[-2\times[(x-108.06)/509]^2]$
		SC-SL	$y=-1.04-(-114.43\times0.99^x)$	$y=-3.74-(-105\times0.99^x)$
		SC-WY	$y=33.44-(-219.31\times0.99^x)$	$y=33.44-(-219.31\times0.99^x)$
		SC-WR	$y=4.44-(-279.6\times0.99^x)$	$y=2.03-(-330.36\times0.99^x)$
		SL-WY	$y=-0.83x+257.03$	$y=-0.36x+269.58$
		SL-WR	$y=-1.41x+196.77$	$y=-1.12x+218.95$
		WY-WR	$y=0.37x+155.29$	$y=0.31x+186.44$
	落叶阔叶林	NPP-SC	$y=-0.16x^2+147.6x-7350$	$y=-0.07x^2+60.3x-1614.6$
		NPP-SL	$y=-0.09x+78.29$	$y=-0.06x+59.94$
		NPP-WY	$y=159.2+238.51\times\exp[-0.5\times[(x-286.44)/152.2]^2]$	$y=-0.003x^2+2.4x+212.1$
		NPP-WR	$y=-0.0005x^2+0.45x+14.61$	$y=-0.001x^2+1.3x-59.54$
		SC-SL	$y=1.56-(-50.43\times0.99^x)$	$y=-2.79-(-41.74\times0.99^x)$
		SC-WY	$y=27.29-(-235.1\times0.99^x)$	$y=57.26-(-642.25\times0.99^x)$
		SC-WR	$y=11.73-(-115.77\times0.99^x)$	$y=20.72-(-353.24\times0.99^x)$
		SL-WY	$y=-4.81x+406.55$	$y=-8.42x+659.2$
		SL-WR	$y=-1.56x+126.27$	$y=-3.88x+235.84$
		WY-WR	$y=0.34x+65.86$	$y=0.77x+72.38$

6.3.1　景观水平上的生态系统服务之间的约束关系

在景观水平上，所有约束线都有较高的拟合度，约束线能够很好地将散点云包络，说明分位数分割法能够准确提取约束线（图 6-7 和图 6-8）。WY 与 WR 呈现成比例减小的约束关系，由于 WR 是 WY 的一部分（Sharp et al.，2016），在约束线上，WR 随着 WY 增大而增大但不会超过 WY 的大小。随着 NPP 的增大，NPP 对 SL 的约束作用成比例增大（图 6-7 和图 6-8），植被生长能够有效保护地表土壤，缓解土壤风蚀发生。在约束线上，SL、WY 和 WR 都随着 SC 增大呈现指数下降趋势（图 6-7 和图 6-8）。在中国北方草地及农牧交错带，砂质土壤既容易被降水冲蚀又容易被风吹蚀，但土壤水蚀和土壤风蚀很难同时发生。降水是发生土壤水蚀的主要驱动因素，在中国北方草地及农牧交错带，降水少意味着地表植被覆盖低（图 6-8），土壤水蚀控制服务量少，但是土壤风蚀量可能较多。沙土的渗水能力较强，降水很难形成径流，而在黏土上径流较易形成。因此，SC 增大时，WY 减少。植被冠层和枯枝落叶能够截流并保护土壤免受侵蚀。

当约束线存在阈值时，阈值两侧影响生态系统服务之间关系的主导因子不同。NPP-SC 和 NPP-WR 这两对生态系统服务的约束关系表现为倒 U 型，有较明显的阈值（图 6-7 和图 6-8）。一方面，NPP 较高意味着植被覆盖状态较好，能够有效保护土壤，抑制土壤水蚀发生；另一方面，在中国北方草地及农牧交错带，植被生长的主要限制因子是水分，随着降水增多，NPP 增大，当 NPP 超过某一阈值后，较高的 NPP 意味着当地降水较多（图 6-9），同时也增大了土壤水蚀的可能性。在景观水平上，NPP 与 WY 之间的约束关系表现出倒 S 型（图 6-7）。当 NPP 小于 $460gC/m^2$ 时，NPP 与 WY 之间的约束线为平行于 x 轴的直线，两者之间没有明显的约束关系。WY 等于降水减去植被和土壤蒸散发量，植物蒸散量随着植被生长而增大。当 NPP 小于某一阈值时，降水量相对较低，植物生长较差，在这种情况下，NPP 和 WY 随着降水增大同时增大。然而，在干旱半干旱区，地表蒸发作用强，较好的植物生长状态使得植物蒸散量增大，从而使可利用水量减少。因此，当 NPP 超过某一阈值后，随着 NPP 增大，WY 减小。由于 WR 是 WY 滞留的部分，因此 NPP 与 WR 之间的约束关系类型与 NPP 和 WY 之间的关系非常相似（图 6-7 和图 6-8）。

在景观水平上，SL-WY 和 SL-WR 这两对生态系统服务的约束线都呈现为负向凸型，随着 SL 增大，SL 对 WY 和 WR 的约束作用逐渐增大（图 6-7 和图 6-8）。在约束线上，WY 和 WR 随着 SL 增大而少量减少主要有三个潜在原因：首先，SL 的主要驱动力是风力，风能够促进地表径流蒸发，使 WY 和 WR 减少；其次，在干旱半干旱区，降水是 WY 和 WR 的主要来源且能够抑制土壤风蚀发生，促进植被生长，提高土壤质量；最后，在砂质土壤上，SL 大小的变化范围是 $0.004\sim101kg/m^2$，平均值为 $57kg/m^2$，比其他土壤类型的

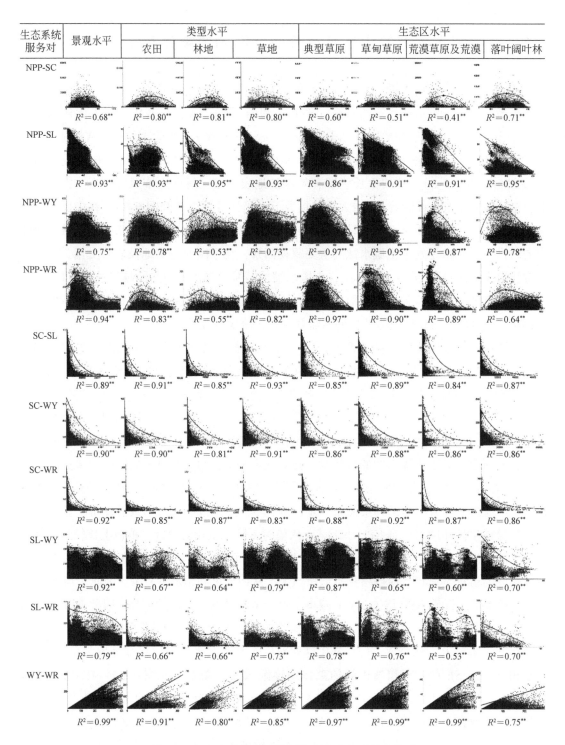

图 6-7　2000 年多尺度生态系统服务之间的约束关系

各分图主要展示约束作用关系类型；＊＊表示在 0.01 水平上显著

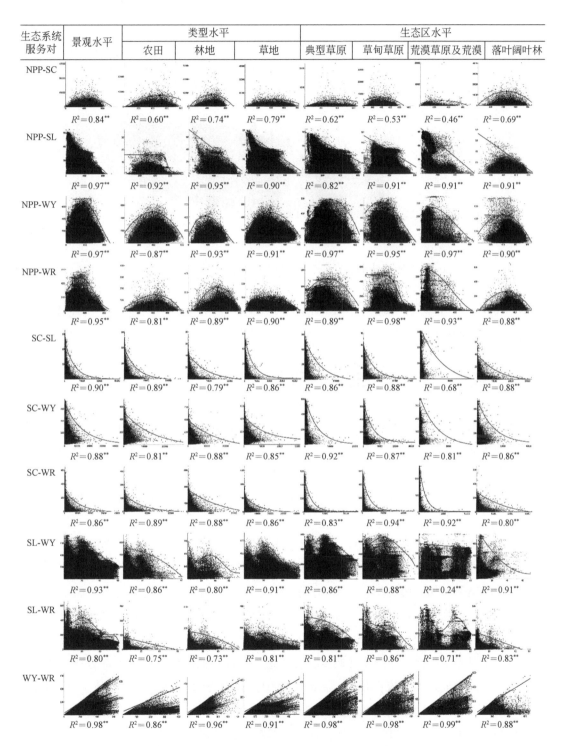

图 6-8　2010 年多尺度生态系统服务之间的约束关系

各分图主要简单展示约束关系类型；＊＊表示在 0.01 水平上显著

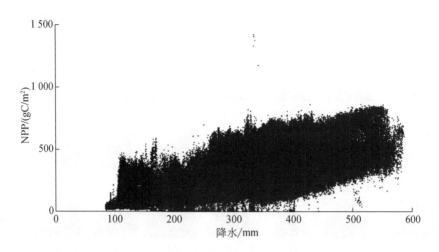

图 6-9　2000 年中国北方草地及农牧交错带 NPP 与降水之间的散点图

SL 值高很多。研究区中沙地较易发生风蚀，同时沙地有较强的渗透作用。因此，随着 SL 增大，WY 和 WR 少量减少。

6.3.2　类型水平上的生态系统服务之间的约束关系

在类型水平上，除 NPP-SL 和 SL-WY 之外，其他生态系统服务之间的约束线类型与景观水平的结果相似（图 6-7 和图 6-8）。在林地、农田和草地三种类型上，WY 对 WR 均表现为成比例减小的约束作用；SC 对 SL、WY 和 WR 均表现为对数增大的约束作用；NPP-SC、NPP-WY 和 NPP-WR 这三对生态系统服务在不同土地利用/覆盖类型上都表现为倒 U 型。

SL 对 WY 和 WR 的约束作用在类型水平上表现为波动型，与景观水平的结果略有差异。波动型的约束线意味着相应的生态系统服务之间的关系是相对复杂的并且可能是多个因子作用的结果，如土壤类型、降水和风速等。影响 SL-WY 之间约束关系的因子包括土壤类型、风速和降水，在类型水平上，SL-WY 之间呈现波动型约束关系主要有以下两点原因：首先，不同土地利用/覆盖类型对应的主要土壤类型不同，中国北方草地及农牧交错带地处干旱半干旱区，年降水量较少，在渗透作用较强的沙地上时，大部分降水成为壤中水，而极少形成地表径流；其次，在研究区中，林地类型的降水相对其他土地利用/覆盖类型的降水较多，而草地类型的降水相对较少。

在类型水平上，除 NPP-SL 之外，其他生态系统服务之间的约束线类型在不同土地利用/覆盖类型上是相似的。在农田上，NPP 对 SL 几乎不表现出明显的约束作用，而在林地和草地水平上表现为逐渐增大的约束作用。一般情况下，植被能够减小风速，植物根系能够增强土壤对风蚀的抵抗力，从而有效保护土壤。然而，在农田上，中国北方农民为追求较高的作物产量，采取的耕作措施往往导致土壤表层破坏，使得土壤风蚀量增大。

6.3.3 生态区水平上的生态系统服务之间的约束关系

在生态区水平上，除 NPP-WY、SL-WY 和 SL-WR 之外，其他生态系统服务之间的约束线类型与景观水平的结果非常相似（图6-7 和图6-8）。在草甸草原、典型草原、荒漠草原及荒漠和落叶阔叶林四类生态区上，WY 对 WR 均表现为正向线性约束关系；NPP 对 SL 的约束关系呈现成比例增大趋势，SC 对 SL、WY 和 WR 的约束关系呈现对数型增大趋势；NPP-SC 和 NPP-WR 这两对生态系统服务在不同生态区上都表现为凸面型（图6-7 和图6-8）。

在草甸草原生态区，NPP 对 WY 的约束作用表现为倒 S 型，在其他生态区水平上表现为驼峰型；SL 对 WY 和 WR 的约束作用在荒漠草原与荒漠生态区表现为凸型或者凹型，在草甸草原、典型草原和落叶阔叶林生态区上表现为波动型，主要原因是不同生态区的水分条件、风力分布、土壤类型存在较大差异。

6.3.4 小结

生态系统服务之间的权衡与协同关系通常用相关系数表征，但是，由于影响生态系统服务之间关系的因子较多，随着生态系统服务采样点逐渐增多，散点呈现出云状分布，此时，相关分析无法准确刻画生态系统服务之间的关系，而约束线方法能够准确描述生态系统服务之间的约束关系类型、散点云形状、阈值特征等，因此，生态系统服务之间的约束关系有别于通常所讲的权衡与协同关系。采用约束线方法研究生态系统服务之间的复杂关系有助于深入理解生态系统服务的相互作用及其影响因子，是制定生态系统有效管理措施的理论依据。

NPP-SL、NPP-WY、SL-WY 和 SL-WR 这四对生态系统服务之间的约束关系表现出明显的尺度效应，尤其是 NPP-SL。应鼓励建立农田风障、实行免耕措施等。在干旱半干旱区，水分是保持 NPP、SC、WY 和 WR 这四种生态系统服务最重要的限制因子。WY 和 WR 能够实现双赢；NPP、WY 和 WR 三者的增加都能够有效减少 SL，尤其在沙质土壤，因此，中国北方草地及农牧交错带植被恢复既有助于水分涵养，同时也能够保护地表土壤免受侵蚀。然而，对植被恢复中物种的选择与配置也应予以考虑，NPP 过大会引起 WY、WR 和 SC 减少。除此之外，土壤属性是影响 SC 与 WY 和 WR 之间约束关系的主要因子。因此，在制定中国北方草地及农牧交错带生态管理措施时，应综合考虑 NPP 阈值、土壤类型、水分条件以及其他生物物理因子，进而平衡 NPP、WY、WR 和 SC 四种关键生态系统服务的供给量。

本研究提出了生态系统服务维系的约束作用关系理论框架、约束线提取方法和12种类型生态系统服务约束作用关系，其中8种类型已经得到实证，定量揭示了生态系统服务作用关系的依赖性、竞争性、独立性及阈值等线性与非线性特征及其生态学机理，克服了当前将生态系统服务关系主要界定为权衡与协同关系的不足，为理解生态系统服务维持机理及优化生态系统结构、功能与服务提供了新的方法论。

6.4　生态系统服务约束作用关系特征值与影响因素

生态系统服务指人类从自然生态系统中获得的利益，是目前生态系统管理和景观优化中着重考虑的方面。在气候变化和人类对自然环境干扰的双重压力下，全球生态系统服务供给量正在下降（Costanza et al., 2014）。此外，由于生态系统服务之间存在复杂的相互作用关系，改变一部分生态系统服务的供给量会导致其他生态系统服务供给量下降（Bürgi et al., 2015）。因此，基于生态系统服务之间复杂关系管理人类活动，对维持生态系统服务供给与提高区域人类福祉是非常关键的（Howe et al., 2014）。生态系统服务之间的关系曲线可能存在阈值（Carpenter and Brock, 2006），在阈值两侧，生态系统的结构、功能和服务会呈现较大差别（Bestelmeyer et al., 2013）。气候变化和人类不合理利用自然资源可能将生态系统从阈值的一侧推向另一侧（Roodposhti et al., 2017）。因此，识别生态系统服务之间复杂关系的关键阈值的变化趋势及其影响因子能够帮助预测生态系统服务未来的状态，政策制定者可以据此及时制定相应措施（Carpenter and Brock, 2006）。

然而，很少有研究专门关注生态系统服务复杂关系间的阈值，并探讨影响关键阈值的因子。在目前的研究中，生态系统服务之间的关系常表征为权衡、协同、约束关系（Lester et al., 2013）。这些关系的潜在生态学机理和驱动因素一直是生态学家探讨的方向（Bennett et al., 2009）。但是，当前研究缺乏对生态系统服务复杂关系阈值等关键特征值的定量分析。主要原因有以下三点：①当前研究生态系统服务关系的统计分析方法中，相关系数是最常采用的指标之一（Jopke et al., 2015）。但是，相关系数极易受样本数量和样本分布的影响，只能反映生态系统服务样本点之间表征的关系的一般趋势（Raudsepp-Hearne et al., 2010）。因此，通过相关系数很难得到稳定的结果。②影响生态系统服务供给与它们之间复杂关系的因子较多，包括气候因子、土地利用/覆盖因子、地形因子等（Fu et al., 2017）。③采用传统的基于线性关系假设的统计方法不可能获得生态系统服务复杂关系的关键特征值（Fu et al., 2017）。生态系统服务之间的约束关系指一种生态系统服务受另一种生态系统服务的约束作用，同时，其他影响因子的约束作用很小或几乎没有。约束关系能够用来揭示生态系统服务之间的非线性关系、阈值，以及相关的潜在生态过程。长时间序列的分析能够测试生态系统服务约束关系的稳定性，有助于理解生态系统复杂关系的特征与潜在影响因子（Raynolds et al.，2008）。

　　草地是最重要的陆地生态系统之一，其分布广泛并支持着大量人口的生存（White et al.，2000）。草地可以提供多种多样的生态系统服务，包括畜牧产品、气候调节和娱乐活动等（Yahdjian et al.，2015）。中国北方草地是全球草地生态系统的重要组成部分。然而，由于其生态系统脆弱并敏感，中国北方草地正遭受气候干暖化和人类过度放牧的困扰。为了恢复退化的草地，我国启动了几项生态保护项目，如三北防护林和京津源风沙治理项目（Cao et al.，2009）。其中，锡林郭勒草原是实施这些项目的主要区域之一。自2000 年以来，锡林郭勒的景观格局发生了巨大变化，包括 NPP、水土保持和水源涵养等一些关键生态系统服务已取得一定程度的改善（邓姝杰，2009）。锡林郭勒地区不断变化的生态环境为探讨生态系统服务之间的约束关系的稳定性、特征值和影响因素提供了很好的案例。

　　本节案例研究主要有三个研究目标：①量化锡林郭勒草原长时间序列（2001～2014年）多种草地关键生态系统服务之间的约束关系；②探讨生态系统服务之间约束关系的关键阈值及其他特征值在长时间序列中的变化；③塑造两两生态系统之间约束关系形状，揭示影响约束关系各特征值的潜在影响因素及生态学机理。

6.4.1　材料与方法

6.4.1.1　研究区概况

　　锡林郭勒地区位于 $42°32'N～46°41'N$ 和 $111°59'E～120°E$，总面积为 200 000km² （图 6-10）。该地区属大陆性季风气候，气候特征主要表现为强风、干旱和低温。年平均气温和年降水量分别约为 2℃ 和 295mm。锡林郭勒草原的地势南高北低。壤土、沙土和沙质壤土是主要的土壤类型。截至 2010 年，锡林郭勒地区土地利用/覆盖类型中 90% 是草地，是保护华北地区不受沙尘暴侵害的重要生态屏障（高尚玉等，2000）。但是，锡林郭勒地区的草地严重退化，主要表现为草地生产力下降，荒漠化地区的面积增加，从 1984年的 48.6% 扩大到 1996 年的 64%，可利用牧场面积降低（邓姝杰，2009）。自从 1999 年实施三北防护林项目和 2005 年实施风沙控制项目以来，锡林郭勒地区的沙漠化得到了抑制，草原面积从 176 200km² 增长到 2009 年的 177 100km²（胡云锋，2013）。

6.4.1.2　2001～2014 年草地关键生态系统服务评估

　　本研究估算了 2000～2014 年五种草地关键生态系统服务的年总供给量，包括净初级

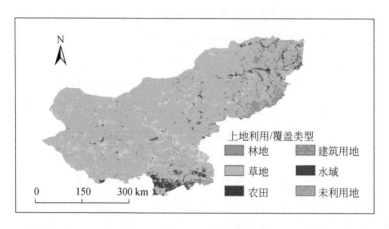

图 6-10 2010 年锡林郭勒地区土地利用/覆盖类型的空间分布

生产力（NPP）、土壤保持（SC）、产水量（WY）、水源涵养（WR）和土壤风蚀（SL）表征的负向服务。采用的空间分辨率是 250m×250m。NPP 是绿色植物通过光合作用产生的有机物，本研究通过 CASA 模型（Potter et al.，1993）进行估算。土壤风蚀会导致农田和草地生产力大幅度下降，特别是在干旱和半干旱地区。本研究采用修正的土壤风蚀方程来评估 SL（Fryrear et al.，1998）。SC 指控制降水引起的土壤保持量。土壤水蚀可导致土壤退化和土地生产力下降。WY 是降水与土壤蒸发、植被蒸腾、土壤入渗之差。生态系统从植物冠层、枯枝落叶、植物根和土壤中保留的水量为 WR。SC、WY 和 WR 使用 InVEST 模型估算（Sharp et al.，2016）。所有的模型都已在中国北方进行了参数本地化和验证（Guo et al.，2013）。表 6-2 中展示了用于评估这五种草地关键生态系统服务所需的数据。所有的气象站点数据，包括日照辐射（RA）、降水（PPT）、气温（TEM）和风速（WS），采用 ArcGIS10.0 中的克里金插值法内插到 250m×250m 空间分辨率。

表 6-2 研究所需数据

数据类型	数据描述（单位）	数据来源
气象数据	日平均气温（℃）	国家气象科学数据中心
	日最高温（℃）	
	日最低温（℃）	
	日降雨（mm）	
	日平均风速（m/s）	
	日照时数（h）	
DEM	90m×90m 空间分辨率	地理空间数据云、中国科学院资源环境科学与数据中心

续表

数据类型	数据描述（单位）	数据来源
土壤数据	土壤质地，表层土壤中砂质、黏质和粉质含量，表层土壤有机碳含量	寒旱区科学大数据中心
土地利用/覆盖类型	2000 年、2005 年、2010 年土地利用/覆盖类型，分辨率为 250m×250m	中国科学院资源环境科学与数据中心
NDVI	2000~2014 年月尺度 NDVI，分辨率为 250m×250m	地理空间数据云
植被蒸腾系数	不同土地利用/覆盖类型的植被蒸腾系数	InVEST 用户手册（Sharp et al., 2015）
土地粗糙度	不同土地利用/覆盖类型的土地粗糙度	Fryrear 等（1998）；巩国丽等（2014）

6.4.1.3 两两生态系统服务之间约束线的提取

本研究首次提出生态系统服务之间的约束关系，并采用两两生态系统服务呈现的散点云的上边界线表征这种约束关系。本研究采用分位数分割法提取 2000~2014 年研究区五种草地生态系统服务两两（X 变量-Y 变量）之间的约束线（Medinski et al., 2010）。共有十对生态系统服务，分别是 NPP-SC，NPP-SL，NPP-WY，NPP-WR，SC-SL，SC-WY，SC-WR，SL-WY，SL-WR 和 WY-WR。提取约束线的具体步骤见 6.2.2 节。根据散点云形状与拟合优度（R^2）对获取的散点云边界点进行拟合，进而得到约束线方程（表6-3~表6-6）。

表 6-3　锡林郭勒草原 2000~2014 年生态系统服务对 NPP-SC 和 NPP-SL 的约束线方程

年份	NPP-SC	NPP-SL
2001	$y = -9e\text{-}8x^4 + 7e\text{-}5x^3 + 4e\text{-}3x + 2728.5$	$y = -0.02x + 29.2$
2002	$y = -4e\text{-}8x^4 + 4e\text{-}5x^3 - 2.5e\text{-}2x^2 + 17.4x + 143$	$y = -0.02x + 27$
2003	$y = -1.3e\text{-}5x^3 + 0.12x^2 - 14.3x + 722.2$	$y = -0.04x + 46.3$
2004	$y = 1.6e\text{-}5x^3 - 0.05x^2 + 23.4x + 6240.1$	$y = -0.03x + 29$
2005	$y = -6.2e\text{-}5x^3 + 0.05x^2 - 2.6x + 1101.1$	$y = -0.02x + 30.2$
2006	$y = -3.7e\text{-}5x^3 + 6.2e\text{-}3x^2 + 20.3x + 1884.5$	$y = -0.03x + 32.6$
2007	$y = -2.8e\text{-}6x^3 - 2.1e\text{-}2x^2 + 25.8x + 363$	$y = -0.03x + 31.2$
2008	$y = -3.3e\text{-}5x^3 + 1.2x^2 + 15.7x + 556.3$	$y = -0.01x + 27.3$
2009	$y = -3e\text{-}5x^3 + 2.2e\text{-}2x^2 + 3.6x + 1123$	$y = -0.02x + 28.8$
2010	$y = -8.1e\text{-}6x^3 - 9.3e\text{-}3x^2 + 17.5x + 1121$	$y = -0.02x + 30.8$
2011	$y = -7.7e\text{-}8x^4 - 2.8e\text{-}5x^3 + 8.1e\text{-}2x^2 - 3.6x + 1397$	$y = -0.03x + 34.6$
2012	$y = -2.3e\text{-}5x^3 + 4e\text{-}3x^2 + 28x + 1252$	$y = -0.03x + 42.5$

年份	NPP-SC	NPP-SL
2013	$y=-2.3\mathrm{e}{-4}x^3-0.2x^2-47.8x+4890.4$	$y=-0.03x+33.2$
2014	$y=-2.3\mathrm{e}{-7}x^4+3\mathrm{e}{-4}x^3-0.1x^2+30.8x+850.9$	$y=-0.02x+23.8$

表6-4 锡林郭勒草原2000～2014年生态系统服务对NPP-WY和NPP-WR的约束线方程

年份	NPP-WY	NPP-WR
2001	$y=5\mathrm{e}{-7}x^3-1\mathrm{e}{-3}x^2+0.6x+190.8$	$y=-9\mathrm{e}{-4}x^2+0.7x+102.5$
2002	$y=6.4\mathrm{e}{-7}x^3-1\mathrm{e}{-3}x^2+0.5x+242.2$	$y=-7.7\mathrm{e}{-4}x^2+0.5x+190.3$
2003	$y=-4.2\mathrm{e}{-7}x^3-9.1\mathrm{e}{-4}x^2+1.2x+151.8$	$y=-1.4\mathrm{e}{-6}x^3+7.2\mathrm{e}{-4}x^2+0.4x+18.4$
2004	$y=3.3\mathrm{e}{-7}x^3-1\mathrm{e}{-3}x^2+0.5x+328.4$	$y=-2.4\mathrm{e}{-6}x^3+1.9\mathrm{e}{-3}x^2-0.3x+149$
2005	$y=-6.2\mathrm{e}{-7}x^3+2.5\mathrm{e}{-5}x^2+0.5x+197.1$	$y=-3\mathrm{e}{-7}x^3+1.8\mathrm{e}{-5}x^2+0.2x+73.4$
2006	$y=-8.45\mathrm{e}{-7}x^3+3.2\mathrm{e}{-4}x^2+0.3x+240.2$	$y=-9.7\mathrm{e}{-7}x^3+9\mathrm{e}{-4}x^2-0.2x+120.2$
2007	$y=-1.75\mathrm{e}{-6}x^3+1.1\mathrm{e}{-3}x^2+4.8\mathrm{e}{-2}x+257$	$y=-6.7\mathrm{e}{-7}x^3+4.5\mathrm{e}{-4}x^2-0.04x+112$
2008	$y=-1.1\mathrm{e}{-6}x^3+7.4\mathrm{e}{-4}x^2+9\mathrm{e}{-2}x+322$	$y=-1\mathrm{e}{-3}x^2+0.7x+209$
2009	$y=-1.7\mathrm{e}{-6}x^3+1.7\mathrm{e}{-3}x^2-0.3x+282.7$	$y=-1.4\mathrm{e}{-6}x^3+1\mathrm{e}{-3}x^2-0.1x+243.8$
2010	$y=-1.3\mathrm{e}{-7}x^3-4.6\mathrm{e}{-4}x^2+0.6x+332.2$	$y=-1.6\mathrm{e}{-6}x^3+1\mathrm{e}{-3}x^2+0.1x+285.9$
2011	$y=-1.1\mathrm{e}{-6}x^3+8.3\mathrm{e}{-4}x^2+4.8\mathrm{e}{-2}x+316.6$	$y=-1.3\mathrm{e}{-6}x^3+4.2\mathrm{e}{-4}x^2+0.2x+253$
2012	$y=-1.1\mathrm{e}{-6}x^3+1.2\mathrm{e}{-3}x^2-0.2x+481.3$	$y=-1.8\mathrm{e}{-6}x^3+1.3\mathrm{e}{-3}x^2+0.03x+365$
2013	$y=-4.7\mathrm{e}{-6}x^3+5\mathrm{e}{-3}x^2-1.2x+492.7$	$y=2.9\mathrm{e}{-7}x^3-1.8\mathrm{e}{-3}x^2+1.1x+246.2$
2014	$y=-2.4\mathrm{e}{-6}x^3+2.7\mathrm{e}{-3}x^2-0.7x+423$	$y=-1.5\mathrm{e}{-3}x^2+1.3x+127.8$

表6-5 锡林郭勒草原2000～2014年生态系统服务对SC-SL、SC-WY和SC-WR的约束线方程

年份	SC-SL	SC-WY	SC-WR
2001	$y=-8\ln x+78$	$y=-0.01x+315$	$y=-57\ln x+564.7$
2002	$y=-6.8\ln x+64.6$	$y=-0.01x+334.1$	$y=-67.5\ln x+657.4$
2003	$y=-8.7\ln x+86.2$	$y=-0.01x+485.5$	$y=-50.7\ln x+522.8$
2004	$y=-5.9\ln x+62.4$	$y=-0.005x+370.9$	$y=-33.9\ln x+374.7$
2005	$y=-7.21\ln x+67.8$	$y=-0.009x+313.3$	$y=-26.8\ln x+280.2$
2006	$y=-7.1\ln x+71.5$	$y=-0.007x+347.1$	$y=-31.2\ln x+327.8$
2007	$y=-8.3\ln x+80.1$	$y=-0.01x+301.2$	$y=-31.6\ln x+314.2$

续表

年份	SC-SL	SC-WY	SC-WR
2008	$y=-6.9\ln x+68.3$	$y=-0.007x+373.8$	$y=-79.3\ln x+818.7$
2009	$y=-6.3\ln x+58.2$	$y=-0.03x+341.3$	$y=-62.5\ln x+595$
2010	$y=-7.1\ln x+70.3$	$y=-0.02x+413.5$	$y=-70.5\ln x+709.5$
2011	$y=-6.9\ln x+71$	$y=-0.008x+363.3$	$y=-77.2\ln x+813.5$
2012	$y=-9.1\ln x+98.8$	$y=-0.005x+526.9$	$y=-92.2\ln x+1050.6$
2013	$y=-5.4\ln x+55.9$	$y=-0.007x+492.3$	$y=-112.6\ln x+1168.8$
2014	$y=-5\ln x+50.1$	$y=-0.01x+474.3$	$y=-89.5\ln x+927.3$

表 6-6　锡林郭勒草原 2000~2014 年生态系统服务对 SL-WY、SL-WR 和 WY-WR 的约束线方程

年份	SL-WY	SL-WR	WY-WR
2001	$y=-5.4x+349.3$	$y=-6.3x+249.3$	$y=0.90x+9.1$
2002	$y=-3.8x+358.4$	$y=-7.4x+298.2$	$y=0.85x+16.4$
2003	$y=-5.1x+525$	$y=-4.7x+241.9$	$y=0.51x+43.8$
2004	$y=-5.6x+441.5$	$y=-4.4x+160.8$	$y=0.39x+55.2$
2005	$y=-7.5x+400.7$	$y=-3.7x+126.9$	$y=0.39x+44.8$
2006	$y=-6.1x+416.6$	$y=-3.7x+141.2$	$y=0.36x+51.7$
2007	$y=-5x+358.1$	$y=-3.7x+136.9$	$y=0.34x+46.8$
2008	$y=-4.2x+431.7$	$y=-7.9x+298.3$	$y=0.95x+6.03$
2009	$y=-5x+339.8$	$y=-6.4x+259.4$	$y=0.79x+22.6$
2010	$y=-9.4x+510.3$	$y=-7.6x+322.9$	$y=0.86x+19.2$
2011	$y=-4.8x+412.3$	$y=-6.7x+304.5$	$y=0.92x+7.4$
2012	$y=-7.8x+592.6$	$y=-9.2x+463.7$	$y=0.84x+30.04$
2013	$y=-7.8x+517.7$	$y=-8.9x+372.5$	$y=0.79x+36.2$
2014	$y=-13.5x+523.5$	$y=-11.8x+342.4$	$y=0.86x+20.7$

6.4.1.4　定量分析生态系统服务之间约束关系的关键特征值

本研究假设生态系统服务之间的约束关系有 12 种。在本研究中，S 型 [图 6-5（g）]、倒 S 型 [图 6-5（h）]、倒 U 型 [图 6-5（i）]、U 型 [图 6-5（j）]、波动型 [图 6-5（k）]

和 [图 6-5 (1)] 的关键特征值用阈值表示。约束线的斜率 (k) 和常数项 (b) 用于表征单调类型的约束线关键特征，包括正向直线型 [图 6-5 (a)]、负向直线型 [图 6-5 (b)]、凸面型 [图 6-5 (c)]、凹面型 [图 6-5 (d)]、指数型 [图 6-5 (e)]、对数型 [图 6-5 (f)] (表 6-7)。斜率 (k) 表示两两生态系统服务之间约束关系的强度。当斜率大于 0 时，斜率表现为增加趋势表明约束作用在减弱。相反地，当斜率小于 0 时，斜率表现为增加趋势表明约束作用在减弱。常数项 (b) 表示约束线的起始位置，即 x 轴对应的生态系统服务供给量几乎等于 0 时，y 轴对应的生态系统服务供给量。

表 6-7 生态系统服务约束关系类型及对应的回归方程模型

约束关系类型	举例	回归模型
正向直线型	碳固持与空气质量调节	$y = kx + b$
负向直线型	畜牧量与土壤侵蚀控制	
指数型	空气质量调节与休憩娱乐	$y = ke^x + b$
对数型	土壤侵蚀控制与产水量	$y = k\ln x + b$
凸面型	碳储量与空气质量调节	$y = kx^2 + d$
凹面型	作物产量与水质	
倒 U 型	地上生物量与土壤侵蚀控制	$y = ax^2 + cx + d$
U 型	洪峰调节与文化旅游	
S 型	土壤侵蚀控制与作物产量	$y = ax^3 + cx^2 + dx + f$
倒 S 型	地上生物量与产水量	
凹波动型	土壤风蚀控制与产水量	$y = ax^n + cx^{n-1} + \cdots + dx + f$
凸波动型	土壤风蚀控制与水源涵养	

注：x 和 y 分别代表两种生态系统服务。k, b, a, c, d 和 f 是不同模型的回归系数。

本研究采用箱型图的形式探索了 2000 ~ 2014 年生态系统服务约束关系的阈值的分布特征与可能的变化范围（平均值±1.96 倍标准差），以及约束线的所有关键特征值的离散度，即变异系数 (CV)，采用标准差除以均值的绝对值来计算。在箱型图中，异常值表示超出上限（上四分位数+四分位数的 1.5 倍）和下限（下四分位数−四分位数的 1.5 倍）。箱型图通常用于识别异常值。

最后，本研究采用 Spearman 相关系数分析影响约束关系关键特征值的环境变量。约束线代表受约束服务（即控制变量）影响的响应服务（即因变量）的分布范围或潜在的最大值或最小值。因此，本研究在像元尺度上计算了 NDVI、日照辐射、降水、气温和风速的平均值、最大值、最小值以及最大值与最小值之差，将这些因素视为可能影响生态系统服务约束关系关键特征值的环境变量。

6.4.2 结果

6.4.2.1 2000~2014 年生态系统服务之间的约束关系

总体而言，本研究得到的约束线的拟合优度（R^2）都较高，说明约束线能够准确地描述生态系统服务之间的散点云形态（图 6-11，图 6-12 和表 6-8）。通常，生态系统服务之

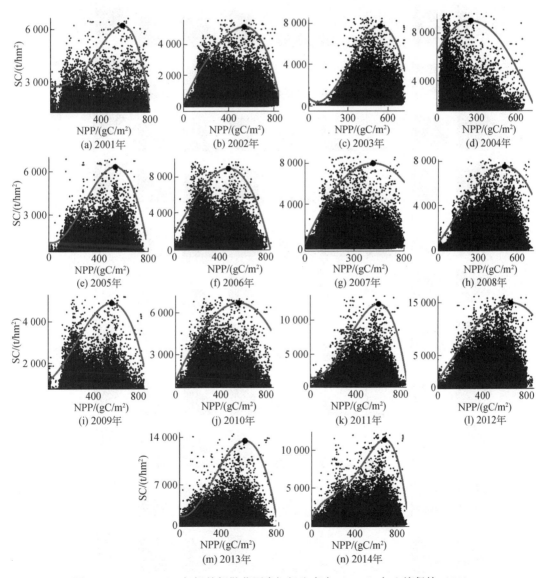

图 6-11　2000~2014 年锡林郭勒草原净初级生产力（NPP）与土壤保持（SC）
之间的散点云、阈值（黑点）和约束线

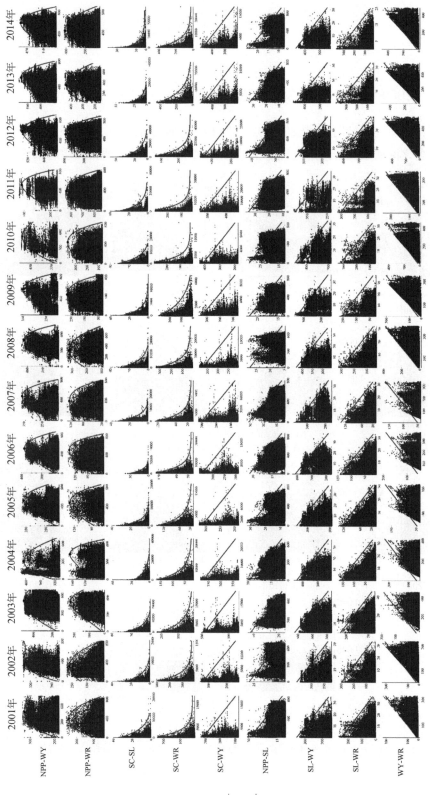

图6-12 2000~2014年生态系统服务之间的散点云、阈值(黑点)和约束线 各分图主要展示约束关系类型

间的约束线形状在 2000～2014 年几乎都未变化（图 6-11 和图 6-12）。这十对生态系统服务之间表现出四种类型的约束线，包括 NPP-SC、NPP-WY 和 NPP-WR 的倒 U 型，SC-WY、NPP-SL、SL-WY 和 SL-WR 的负向直线型，SC-SL 和 SC-WR 的对数型，以及 WY-WR 表现的正向直线型（图 6-11 和图 6-12）。

表 6-8　约束线的拟合优度（R^2）

年份	NPP-SC	NPP-SL	NPP-WY	NPP-WR	SC-SL	SC-WY	SC-WR	SL-WY	SL-WR	WY-WR
2001	0.40	0.68	0.79	0.89	0.77	0.61	0.83	0.80	0.78	0.95
2002	0.57	0.52	0.74	0.88	0.82	0.57	0.82	0.51	0.74	0.85
2003	0.71	0.64	0.75	0.84	0.80	0.41	0.83	0.68	0.64	0.73
2004	0.24	0.93	0.72	0.75	0.85	0.30	0.80	0.65	0.82	0.68
2005	0.60	0.85	0.63	0.62	0.85	0.29	0.75	0.79	0.90	0.65
2006	0.62	0.93	0.78	0.86	0.80	0.31	0.80	0.70	0.90	0.58
2007	0.45	0.87	0.81	0.77	0.78	0.63	0.87	0.77	0.83	0.63
2008	0.51	0.85	0.27	0.77	0.80	0.56	0.67	0.51	0.86	0.99
2009	0.53	0.86	0.57	0.84	0.81	0.62	0.67	0.54	0.68	0.88
2010	0.58	0.93	0.53	0.70	0.74	0.49	0.68	0.76	0.65	0.93
2011	0.65	0.93	0.62	0.86	0.81	0.56	0.77	0.38	0.61	0.95
2012	0.72	0.83	0.65	0.86	0.81	0.58	0.70	0.67	0.78	0.89
2013	0.70	0.86	0.73	0.91	0.71	0.49	0.85	0.66	0.79	0.82
2014	0.65	0.89	0.57	0.77	0.86	0.61	0.72	0.75	0.83	0.94
DF	95（PE）	98（SL）	96（PE）	96（PE）	98（LE）	98（LE）	98（SL）	98（SL）	98（SL）	98（SL）

注：DF 代表自由度。表中的 PE、SL、LE 分别代表多项式方程、直线方程和对数方程。

NPP-SC、NPP-WY 和 NPP-WR 表现的倒 U 型约束线上的阈值随时间而变化（图 6-11、图 6-12 和图 6-13）。在倒 U 型曲线上，当 NPP 值小于相应阈值时，SC、WY 和 WR 随着 NPP 的增加而增加（图 6-11～图 6-13）。当 NPP 等于阈值时，SC、WY 和 WR 达到最大值。当约束线上的 SC 和 SL 增大时，WY 和 WR 随之减小。2000～2014 年，NPP 均表现为负向约束 SL，而 WR 与 WY 协同变化（图 6-12 和图 6-13）。

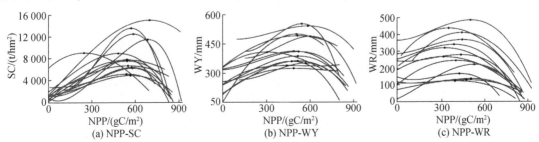

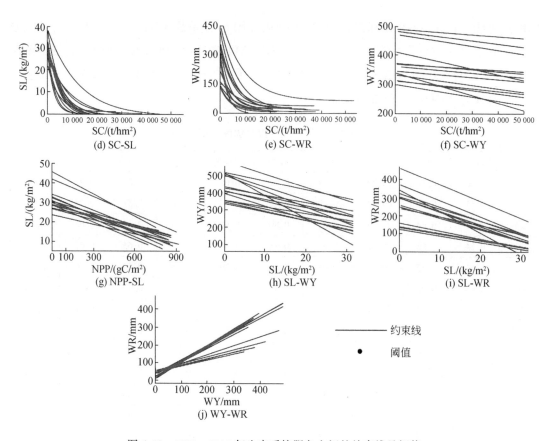

图 6-13　2000～2014 年生态系统服务之间的约束线及阈值

6.4.2.2　2000～2014 年生态系统服务之间约束关系的关键特征值

总体而言，NPP-SC、NPP-WY 和 NPP-WR 的约束线的 NPP 阈值范围相对稳定，表现为较小的变异系数（图 6-14，表 6-9 和表 6-10）。在箱形图中，去除 2004 年、2006 年、

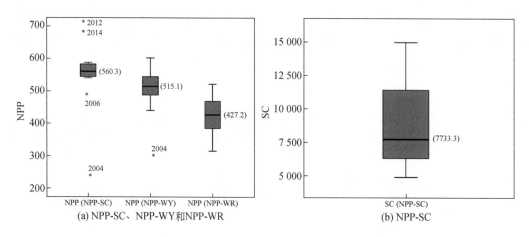

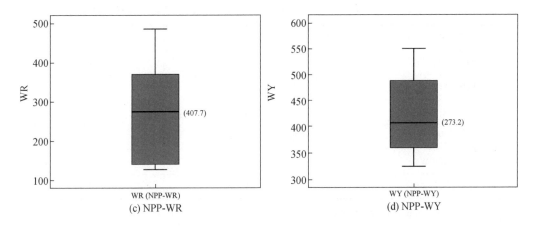

图 6-14　NPP-SC、NPP-WY 和 NPP-WR 的约束线上的阈值箱形图

括号中的值表示 2000～2014 年相应阈值的中位数。符号 * 表示存在异常值的年份。

NPP、SC、WR 和 WY 的单位分别为 gC/m²、t/hm²、mm 和 mm

2012 年和 2014 年异常值，NPP-SC 约束关系的 NPP 阈值似乎比 NPP-WY 和 NPP-WR 的 NPP 阈值更集中（图 6-14）。NPP-SC 的 SC 阈值和 NPP-WR 的 WR 阈值较分散，表现为较大的变异系数（图 6-14，表 6-9 和表 6-10）。NPP-SC 的 SC 阈值和 NPP-WY 的 WY 阈值的中位数都位于箱形图的下部，而 NPP-WR 的 WR 阈值趋于箱型图的上部（图 6-14）。

表 6-9　2000～2014 年 NPP-SC、NPP-WY 和 NPP-WR 约束关系的阈值

年份	NPP-SC		NPP-WY		NPP-WR	
	NPP/（gC/m²）	SC/（t/hm²）	NPP/（gC/m²）	WY/mm	NPP/（gC/m²）	WR/mm
2001	583.4	6204.5	488.1	323.4	398.1	245.5
2002	540.5	5114.5	440.4	338.0	315.7	267.2
2003	544.9	7773.8	507.2	498.1	522.2	221.5
2004	246.1	9001.8	305.7	406.7	421.9	131.9
2005	577.3	6318.4	515.6	361.1	469.7	130.5
2006	483.8	8901.4	516.5	385.9	500.4	137.7
2007	549.2	7692.8	474.4	359.4	392.1	124.3
2008	544.6	7508.4	489.0	410.6	323.7	320.1
2009	568.9	4885.6	571.3	350.1	432.4	279.3
2010	551.6	6635.1	514.6	489.2	441.1	370.0
2011	588.2	12420	521.6	408.7	385.1	340.2
2012	699.5	14973	586.3	539.8	496.5	486.3
2013	573.2	13476	544.6	551.0	350.2	438.3
2014	688.6	11420	602.2	486.1	438.1	411.9

表 6-10　NPP-SC、NPP-WY 和 NPP-WR 约束线上阈值的变化范围和离散程度

生态系统服务（对）	变化范围	变异系数
NPP（NPP-SC）	(347.60, 657.57)	0.19
NPP（NPP-WY）	(363.80, 647.28)	0.14
NPP（NPP-WR）	(294.6, 546.46)	0.15
SC（NPP-SC）	(2530.64, 11904.30)	0.36
WY（NPP-WY）	(271.81, 572.19)	0.18
WR（NPP-WR）	(40.79, 516.99)	0.43

注：NPP、SC、WY 和 WR 的单位分别是 gC/m^2、t/hm^2、mm 和 mm。

　　两两生态系统服务之间约束线上的 k 和 b 值的变异系数存在很大差异（表 6-11）。SC-SL 这对生态系统服务的 k 和 b 值均表现出较低的变异系数，而其他成对生态系统服务的 k 和 b 值的变异系数均较高。除 NPP-SL 和 SC-WR 外，其他生态系统服务的 k 和 b 值均呈现出显著的变化趋势（表 6-11）。随着 k 值表现出增加趋势，SC 对 SL 的约束作用在 2001～2014 年逐渐减弱，而 SC-WY、SL-WY 和 SL-WR 则显示相反的趋势（表 6-11）。b 值的变化趋势将生态系统服务分为两组。一组包括 NPP-SL、SC-SL 和 WY-WR，该组 b 值显示约束线的起点逐渐下降，另一组包括 SC-WY、SL-WY 和 SL-WR，该组中成对的生态系统服务约束线的 b 值逐渐上升（表 6-11）。

表 6-11　线性和对数型约束线的斜率（k）和截距（b）

年份	NPP-SL		SC-SL		SC-WY		SC-WR		SL-WY		SL-WR		WY-WR	
	k	b	k	b	k	b	k	b	k	b	k	b	k	b
2001	−0.020	29.18	−7.98	78.04	−0.012	315.0	−57.03	564.7	−5.41	349.3	−6.26	249.3	0.90	9.16
2002	−0.019	26.99	−6.79	64.62	−0.012	334.1	−67.47	657.4	−3.85	358.4	−7.41	298.2	0.85	16.43
2003	−0.039	46.35	−8.71	86.18	−0.011	485.5	−50.68	522.8	−5.07	525.0	−4.73	241.9	0.51	43.79
2004	−0.030	28.96	−5.94	62.42	−0.005	370.9	−33.91	374.7	−5.65	441.5	−4.40	160.8	0.39	55.22
2005	−0.025	30.17	−7.25	67.85	−0.009	313.3	−26.82	280.2	−7.54	400.7	−3.68	126.9	0.39	44.79
2006	−0.029	32.65	−7.10	71.47	−0.007	347.0	−31.21	327.9	−6.11	416.6	−3.70	141.2	0.36	51.68
2007	−0.031	31.22	−8.33	80.05	−0.014	301.2	−31.58	314.2	−5.04	358.1	−3.66	136.9	0.34	46.76
2008	−0.015	27.33	−6.89	68.35	−0.007	373.8	−79.33	818.7	−4.24	431.8	−7.87	298.3	0.95	6.03
2009	−0.018	28.80	−6.27	58.19	−0.030	341.3	−62.54	595.1	−4.96	339.8	−6.45	259.4	0.79	22.60
2010	−0.020	30.84	−7.07	70.35	−0.020	413.5	−70.48	709.5	−9.45	510.3	−7.57	322.9	0.86	19.18
2011	−0.028	34.64	−6.86	71.00	−0.008	363.3	−77.23	813.5	−4.78	412.3	−6.69	304.5	0.92	7.44

续表

年份	NPP-SL		SC-SL		SC-WY		SC-WR		SL-WY		SL-WR		WY-WR	
	k	b	k	b	k	b	k	b	k	b	k	b	k	b
2012	-0.031	42.51	-9.12	98.85	-0.005	527.0	-92.24	1050.6	-7.76	592.6	-9.25	463.7	0.84	30.04
2013	-0.031	33.18	-5.42	55.91	-0.007	492.4	-112.60	1168.8	-7.81	517.7	-8.92	372.5	0.79	36.25
2014	-0.017	23.84	-5.01	50.13	-0.014	474.3	-89.51	927.3	-13.52	523.5	-11.87	342.4	0.86	20.78
平均值	-0.025	31.90	-7.05	70.24	-0.012	389.5	-63.05	651.8	-6.51	441.3	-6.60	265.6	0.70	29.30
标准差	0.007	6.02	1.19	12.67	0.007	75.5	26.17	280.2	2.57	79.9	2.44	98.7	0.24	17.07
变异系数	0.230	0.19	0.17	0.18	0.70	0.19	0.41	0.43	0.39	0.18	0.37	0.37	0.34	0.58
变化趋势	—	↓**	↑**	↓**	↓*	↑**	↓	↑	↓*	↑**	↓**	↑**	↑**	↓**

* 表示 $0.01 < p ≤ 0.05$；** 表示 $p ≤ 0.01$。

注：在趋势一栏中，"—"表示无上升或下降趋势；"↓"表示下降趋势；"↑"表示上升趋势。

6.4.2.3 生态系统服务约束关系的关键特征值与环境因子的相关性

总体而言，气温和风速对生态系统服务之间约束线的所有关键特征值均无显著影响（表6-12）。除 SC-SL 和 WY-WR 两对生态系统服务外，降水的最大值、平均值以及最大值和最小值之差是塑造所有生态系统服务约束线的关键因素。这些降水因子与约束线的阈值和 b 值呈正相关，但与 k 值总体呈负相关（表6-12）。NDVI 因子与约束线关键特征值的关系和降水因子与约束线关键特征值表现出的相关关系近乎相反。

与约束线的阈值呈现显著相关性的因子有降水的平均值、最大值、最大值和最小值之差以及日照辐射的最小值（表6-12）。SC、WY 和 WR 的阈值均与降水因子呈显著正相关。NPP-SC 约束关系的 NPP 阈值仅与降水的最大值和最小值之差显著正相关。NDVI 因子与阈值之间未发现显著相关性。关于 k 值，大多数降水因子与之呈现显著负相关，而 NDVI 因子则与之呈现正相关。例如，SC-WY 的 k 值与 NDVI 平均值为显著正相关，而 SC-WR、SL-WY 和 SL-WR 的 k 值与降水因子最大值、最大值和最小值之差之间为显著负相关（表6-12）。NPP-SL、SC-SL 和 WY-WR 的 k 值与本研究选取的环境因素都不相关。关于 b 值，NPP-SL、SC-SL 和 WY-WR 的 b 值均未与本研究所选环境因子有显著相关。SC-WY、SC-WR、SL-WY 和 SL-WR 的 b 值与降水因子具有很强的正相关性。除 SL-WY 的 b 值外，其他成对生态系统服务的 b 值与 NDVI 因子最小值和日照辐射因子最小值和平均值表现出显著负相关（表6-12）。

表6-12 约束线关键特征值与气候因子以及NDVI之间的相关性

变量		阈值						k							b						
		NPP-SC		NPP-WY		NPP-WR		NPP-SL	SC-SL	SC-WY	SC-WR	SL-WY	SL-WR	WY-WR	NPP-SL	SC-SL	SC-WY	SC-WR	SL-WY	SL-WR	WY-WR
		NPP	SC	NPP	WY	NPP	WR														
最大值	NDVI	0.30	0.16	0.24	-0.05	0.06	0.01	-0.15	-0.18	0.08	0.01	0.2	0.01	-0.11	0.23	0.16	-0.09	-0.01	0.03	-0.01	-0.03
	日照辐射	0.48	-0.13	0.13	-0.35	0.02	-0.13	-0.01	-0.06	-0.01	0.17	-0.2	0.21	-0.19	-0.06	-0.09	-0.37	-0.19	-0.4	-0.15	0.17
	降水	0.39	0.72	0.59	0.95	0.25	0.73	-0.23	0.18	0.44	-0.68	-0.57	-0.68	0.27	0.37	-0.13	0.93	0.7	0.9	0.71	-0.06
	气温	-0.41	-0.07	-0.33	-0.36	-0.24	-0.39	0.11	0.39	-0.17	0.25	-0.01	0.2	-0.32	-0.53	-0.36	-0.3	-0.26	-0.2	-0.32	0.32
	风速	-0.05	-0.03	-0.06	0.24	-0.2	0.12	0.17	0.21	-0.07	-0.17	-0.46	-0.22	0.1	-0.27	-0.33	0.09	0.17	0.17	0.13	-0.05
最小值	NDVI	-0.28	-0.13	-0.17	-0.5	0.02	-0.52	0.13	-0.01	0.23	0.56	0.28	0.57	-0.28	-0.12	0.01	-0.54	-0.53	-0.49	-0.56	0.27
	日照辐射	-0.08	-0.38	-0.39	-0.59	-0.09	-0.47	-0.13	-0.23	-0.4	0.5	0.25	0.61	-0.12	0.14	0.29	-0.65	-0.53	-0.68	-0.45	0.04
	降水	-0.23	-0.02	0.06	0.38	0.16	0.25	-0.19	-0.28	-0.03	-0.25	0.23	-0.23	-0.03	0.27	0.29	0.44	0.24	0.32	0.26	-0.02
	气温	-0.49	0.01	-0.49	-0.14	-0.3	-0.47	0.06	0.17	-0.01	0.26	0.29	0.25	-0.18	-0.37	-0.14	-0.24	-0.28	-0.02	-0.39	0.16
	风速	0.2	-0.13	0.3	0.01	-0.16	0.31	0.29	0.35	-0.18	-0.21	-0.25	-0.17	0.32	-0.05	-0.33	-0.02	0.23	-0.25	0.24	-0.29
平均值	NDVI	-0.17	0.45	0.01	0.45	0.27	0.14	-0.19	-0.28	0.67	-0.14	0.09	-0.19	0.11	0.31	0.37	0.51	0.18	0.62	0.15	0.01
	日照辐射	0.43	-0.17	0.03	-0.44	-0.12	-0.21	0.01	0.01	-0.16	0.24	-0.06	0.34	-0.06	0.02	-0.07	-0.53	-0.27	-0.57	-0.24	0.02
	降水	0.02	0.62	0.25	0.84	0.09	0.62	-0.24	0.09	0.48	-0.67	-0.23	0.67	0.25	0.26	0.02	0.93	0.68	0.88	0.66	-0.06
	气温	-0.45	-0.01	-0.51	-0.29	-0.38	-0.42	0.08	0.28	-0.05	0.22	0.14	0.2	-0.19	-0.48	-0.24	-0.3	-0.24	-0.13	-0.33	0.2
	风速	0.07	-0.06	0.18	0.19	-0.16	0.22	0.25	0.27	-0.23	-0.24	-0.5	-0.28	0.06	-0.3	-0.39	0.06	0.23	0.06	0.2	-0.05
最大值和最小值之差	NDVI	0.37	0.23	0.2	0.4	-0.08	0.46	-0.22	-0.07	-0.13	-0.54	-0.16	-0.5	0.24	0.2	0.1	0.46	0.51	0.42	0.51	-0.26
	日照辐射	0.32	0.2	0.5	0.3	0.08	0.34	0.24	0.31	0.35	-0.34	-0.28	-0.44	0.01	-0.25	-0.49	0.31	0.35	0.34	0.29	0.03
	降水	0.59	0.68	0.56	0.66	0.05	0.65	-0.03	0.31	0.5	-0.61	-0.66	-0.61	0.35	0.16	-0.29	0.61	0.62	0.62	0.63	-0.13
	气温	0.14	-0.17	0.28	-0.18	0.02	0.25	0.26	0.43	-0.16	-0.13	-0.39	-0.2	0.08	-0.25	-0.46	0.01	0.17	-0.18	0.2	-0.04
	风速	-0.05	-0.03	-0.06	0.24	-0.2	0.12	0.17	0.21	-0.07	-0.18	-0.46	-0.22	0.1	-0.27	-0.33	0.09	0.17	0.17	0.13	-0.05

注：粗体数字表示显著相关系数（$P \leq 0.05$），自由度 DF=1。

6.4.3 讨论

本研究中 2000 ~ 2014 年锡林郭勒草原的十对生态系统服务的散点均表现出"散点云"特征,这意味着约束线方法能够有效描述生态系统服务之间的复杂关系。尽管某些约束线不能很好地拟合散点云形状,但整体上这十对生态系统服务的约束线在 2000 ~ 2014 年形状未发生变化。SC-WY、SL-WY 和 SL-WR 的负向线性约束线与 6.3 节案例中两者表现的对数型和波动型有所不同,这种差异可能是由于生态系统服务之间约束关系的尺度依赖性。约束线表示的生态系统服务关系与以往研究中的权衡和协同关系本质是一致的。例如,对数型约束线上的 SC 和 SL 以及负向线性约束线上的 NPP 和 SL 均表示两种生态系统服务之间是反向关系。正向线性约束线上的 WY 和 WR 的关系也可称作协同关系。然而,若用权衡和协同的方式分析 NPP 与 SC 这种倒 U 型的约束关系,则可能发现这两种生态系统服务不相关。

6.4.3.1 塑造生态系统服务之间约束关系的潜在生态学机理

生态系统服务约束关系的阈值表明在其两侧生态系统服务的约束作用方向发生了变化(Seidl et al., 2016)。NPP-SC 的 SC 阈值和 NPP-WR 的 WR 阈值在长时间序列中不稳定并且表现出较大的变异系数,主要是由降水随时间变化引起的。生态系统服务约束线的 k 值和 b 值随时间变化显示出显著的变化趋势,这表明它们可能受某些因素的影响。

在大多数情况下,约束线受多个因子的影响(Thomson et al., 1996)。约束线上的点(边界点)代表响应变量的最大值或最小值(Evanylo and Sumner, 1987),因此这些点可能与一些因素的最大值最小值相关。例如,在 NPP 和 SC 倒 U 型的约束线上,降水的最大值和最小值之差是决定阈值在 x 轴,即 NPP 阈值位置的关键因素。同时,降水的最大值和平均值以及最大值与最小值之差决定了约束线的高度,即 SC 阈值。这与其他研究的分析结果一致,如 Jia 等(2014)。但是,NDVI 因子与阈值无关,造成这种结果的原因可能是,尽管 NDVI 因子直接参与了生态系统服务约束效应的生态过程,但其并不是触发约束关系方向变化的因子(Jia et al., 2014)。NPP 与 WR 约束关系的部分关键特征值不受气候因子和 NDVI 因子的影响,地形和土壤因子可能是塑造此约束线的关键因素。

k 值和 b 值共同表示线性约束线和对数型约束线的形状和位置。WY-WR 的 k 值与本研究所选取的任何因素均不显著相关。除 WY-WR 之外,其他生态系统服务约束线的 k 值均小于 0,因此,与 k 值呈现正相关的因素可能会削弱此约束效应。例如,NDVI 最小值减弱了 SC 对 WY 的约束作用,植被覆盖度较高时可促进土壤保持,同时减少地表径流(Cao et al., 2009)。降水最大值能够增强 SL-WY 和 SL-WR 的约束作用,约束线上的 WY 和 WR

随着降水最大值增加而增加，但降水却能够抑制土壤风蚀（Sharp et al., 2016）。Guo 等（2013）也提到了降水能够有效抑制中国北方农业生态系统的土壤风蚀。

b 值表征约束线起点处的位置，在 SC-WY、SC-WR、SL-WY 和 SL-WR 的约束线上表示 WY 和 WR 这两种生态系统服务的最大值。当 y 轴上的起点值越大，同时 x 轴上的变量几乎等于 0 时，两个变量之间的约束作用越小。降水的最大值和平均值有削弱 SC-WY、SC-WR、SL-WY 和 SL-WR 约束作用的效果。

Bennett 等（2009）提出生态系统服务之间的复杂的关系是由相同的驱动因子或服务之间的相互作用引起的。锡林郭勒草原位于干旱半干旱地区，草地生态系统的水的可利用性主要取决于降水的分布形态。此外，降水是驱动 NPP、SC、WY 和 WR 生态系统服务最重要的气候因子。因此，降水因子对于塑造草地生态系统服务之间约束关系及其关键特征值至关重要。

6.4.3.2　对草地生态系统管理的建议

除降水因子外，NDVI 的最小值是影响约束线斜率和截距的重要因素。因此，降水和 NDVI 是保护和维持草地生态系统服务的关键环境因子。当起约束作用的生态系统服务趋向阈值时，生态系统服务的相互作用方向将发生变化。因此，政策制定者在制定相关措施时需谨慎考虑，否则将引起某些生态系统服务之间的相互作用方向发生变化。作为重要的支持服务之一，NPP 与 NDVI 有显著正相关关系（朱文泉等，2007）。NDVI 可以通过人类活动进行改变，进而影响 NPP 的分布格局与大小。NPP-SC、NPP-WY 和 NPP-WR 的 NPP 阈值是实现 NPP、SC、WY 和 WR 多种生态系统服务共赢的关键参考值，当 NPP 超过阈值时，其他三种生态系统服务会随着 NPP 增大而减小，因此，这种情况在生态系统管理中应避免出现。政策制定者可以在规划地表植被覆盖时应用本研究得到的 NPP 阈值的稳定变化范围，当然，同时也需要考虑以植被恢复为目的的不同物种特点（Bai et al., 2004）。在现实生活中并不期望 SC-WY 和 SC-WR 的约束作用逐渐增强。因此，决策者应该设法减小锡林郭勒草原内部的 NDVI 差异，即需要避免过度放牧。由于土壤风蚀危害人类生活，可以通过减小 NDVI 的最小值来增强 SL-WY 和 SL-WR 的约束作用。因此，结合 SC-WY、SC-WR、SL-WY 和 SL-WR 约束关系的变化，决策者不需要过度追求锡林郭勒草原的所有地区的 NDVI 都非常高。

理解影响生态系统服务之间约束作用的潜在因子能够为生态系统管理提供科学建议。然而，应该注意的是，生态系统服务之间的约束关系存在尺度依赖性，会随着环境而变化。因此，应谨慎考虑将本研究的结果直接应用于其他地区。本研究采用相关分析探讨了气候因子和 NDVI 对生态系统服务之间约束关系的影响，这些因子如何单独或共同影响约束关系还需进一步深入研究。

6.4.4　小结

生态系统服务的约束关系及其关键特征值，包括阈值、斜率和截距，受气候因子、NDVI 和其他因子的影响。尽管锡林郭勒地区经历了长期的草地恢复，其地表景观变化明显，但五种草地关键生态系统服务之间的约束线形状在 2001～2014 年并没有变化，而约束线的关键阈值、k 值和 b 值却随时间而变化。降水是影响锡林郭勒草原生态系统服务之间约束关系最重要的因子。在大多数情况下，降水不仅会增强生态系统服务之间的约束作用，还会提高约束线起点的位置。NDVI 对约束线的阈值没有影响，但直接决定着 SC-WY、SC-WR 和 SL-WR 的约束作用强度。NPP 阈值的变化范围相对稳定，可用于管理地表植被，进而实现多种生态系统服务协同变化。此外，政策制定者可以根据管理目的，通过调整地表植被，达到增加或减小 SC-WY、SC-WR 和 SL-WR 约束作用强度的目的。因此，量化生态系统服务之间约束关系和关键特征值，并分析关键特征值的影响因素可以为决策者制定有效的生态系统管理措施提供科学依据。

第7章 城市绿地生境网络连接度评价及优化

当今，城市化已成为世界发展不可阻挡的潮流和趋势。城市化过程极大地改变了地表形态和景观格局，影响全球或区域生态系统的结构和功能。城市化导致的生境损失和破碎化潜在或显著地改变了物种运动、种子传播、养分循环和能量流动等重要生态过程，对生物多样性构成了严重威胁。因此，由城市发展导致的生态系统资源与服务供给能力的下降及其引发的一系列生态风险不容忽视。中国城市化正处于加速发展阶段。原有城市规模的扩大、新城市的产生和城市人口的剧增，导致大量植被资源被占用，城市绿地系统的连接度和完整性遭到破坏，生态恶化的趋势未得到有效遏制，可持续发展受到严峻挑战。另外，我国现行的城市绿地系统评价和规划指标还不足以反映绿地系统的质量状况和物种生境的适宜程度，难以制定有针对性的生态管理措施。因此，在快速城市化地区，开展基于生态过程的绿地生境系统评价和优化研究，具有重要的理论和现实意义。

7.1 景观连接度研究进展

7.1.1 景观连接度的概念

Merriam（1984）首次使用景观连接度概念来描述景观结构与物种运动的交互作用关系。随着研究的深入，景观连接度概念出现了多种解释，其中 Taylor 等（1993）的定义得到了较多肯定，即景观连接度是景观促进或阻碍生态过程在生境斑块间运动的程度。总体上，景观连接度包括结构连接度和功能连接度两个方面：结构连接度是指景观中不同类型生境或其他组分的空间组织方式，结构连接度一般不考虑功能响应，但结构较好的网络系统对功能连接度有促进作用（Taylor et al., 2006）；功能连接度是指个体、物种或生态过程对景观物理结构的响应（Crooks and Sanjayan, 2006），它更强调土地利用的类型、数量和空间布局对物种运动、种群动态和群落结构的影响（Taylor et al., 2006）。须强调的是，物种生境之间即使在结构上没有连通，也可以在功能上连接，这是因为某些物种具有穿越不利景观基质的能力（Pither and Taylor, 1998）。相反地，物种生境即使在结构上是连通的，在功能上也未必连接，如在森林景观中，物理连接的结构（如廊道）可能并未被鸟类等物种利用，因此其在功能上也不一定意味着连接（Hannon and Schmiegelow，2002）。功能连接度又可分为潜在连接度和实际连接度（Calabrese and Fagan，2004）：前者结合景观的物理结构在较少物种传播信息的支持下预测或评价景观或生境斑块镶嵌体对某些特定物种的连通程度；后者是指根据个体在景观或生境斑块间迁入或迁出的经验数据，评价景观或生境斑块镶嵌体对某物种的连通程度。实际连接度更具现实意义，然而获取个体物种的经验数据需要耗费大量时间、人力与物力，有时甚至是不可能的。潜在连接度能够检测土地利用变化对景观功能连接度的影响，需要较少的物种经验数据，因而应用较广。

7.1.2　景观连接度的理论基础

7.1.2.1　渗透理论

渗透理论（percolation theory）是研究多孔介质中流体运动规律的理论基础（Stauffer，1985），其关键点是当媒介的密度达到某一临界值时，渗透物突然能够从媒介的一端到达另外一端（邬建国，2007）。以渗透理论为基础，可以解释和模拟生态学中广泛存在的临界阈值现象，如流行病的传播与感染率之间的关系（Murray，1989）、林火蔓延与燃烧物质累积量之间的关系（Li et al.，2008），以及生境覆盖率与物种迁移能力之间的关系（Wiens，1997）等。在景观连接度的应用中，渗透理论表示当生境斑块总面积在整个景观中的比例达到一定阈值时，生境之间的连接度突然大幅增加，意味着物种能从局部生境运动到距离较远的生境（邬建国，2007）。景观连接度的内涵是与具体物种的生态过程紧密相关的，渗透理论基于简单的随机过程，且具有可预测的阈值特征，对于研究景观结构变化（特别是景观连接度）及其与生态过程、功能之间的关系方面具有启示意义（Tischendorf and Fahring，2000）。然而，渗透理论仅考虑了维持某种生态功能的单一景观变量（如生境面积比例）对景观连接度的影响，对复杂的景观格局以及过程变化的分析具有一定的局限性（富伟等，2009）。

7.1.2.2　图论

图论（graph theory）又称网络理论（network theory），是数学的一个分支，以图作为研究对象。依据图论，一个图（graph）由结点（node）、结点间连接（link）按照一定的规则连接而成，用来描述某些事物之间的某种特定关系（Harary，1969）。图论被广泛应用于计算机科学、运筹学以及生态学的食物链与食物网分析，是量化网络连接度和流量的重要方法（Nishizeki and Chiba，1988）。Bunn 等（2000）、Ricotta 等（2000）和 Urban 和 Keitt（2001）等最早将图论引入生态网络连接度的研究中。近些年，基于图论的景观连接度研究逐渐兴起，其因具备强大的数学计算能力，同时能够在空间上进行直观表达（Urban et al.，2009），而在生物多样性保护、土地利用规划等方面得到了广泛应用（Yu et al.，2012）。

在景观生态学中，图是基于景观镶嵌体（Landscape Mosaic）在物种运动过程中所发挥的重要功能构建的空间模型（图7-1）。在目前的大多数研究中，结点被定义为生物生存的生境斑块，易于与不适合生存的基质类型进行区分（Bodin et al.，2006），也有用生物偏爱的生境分布概率来表示结点（Koper and Manseau，2009）。实际上生境斑块与基质之间并不一定具有明显的界限，因此在定义生境斑块结点时可能会产生不确定性。结点的属性一般用面积、种群大小、种群分布概率、斑块质量等参数表示。在图中，结点可以表示为生境斑块的质心［图7-1（c）］，也可以是二维的几何平面（Galpern et al.，2011）［图7-1（b）］。通常情况下，当生境斑块的大小远小于斑块之间的距离时，可以用质心来表示生境斑块，这时斑块的形状对于测度斑块间距离的影响较小。若用二维几何平面表示生境斑块，斑块之间的距离则被表达为斑块几何平面边到边的长度，这时对斑块之间的距离测度较为精确，但计算量较大（Minor and Urban，2007）。

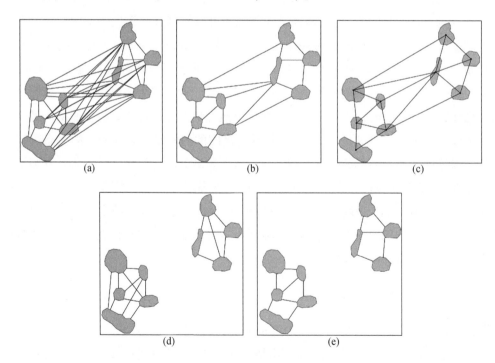

图7-1　图的构建方式

（a）完全图，无距离阈值，边到边距离；（b）最小二维图，无距离阈值，边到边距离；（c）最小二维图，无距离阈值，质心到质心距离；（d）完全图，有距离阈值，边到边距离；（e）最小二维图，有距离阈值，边到边距离。据Foltête等（2012）修改

结点之间的连接属性通常被定义为结点间距离的函数，连接可以具有方向性。结点间距离基本分两类：欧氏距离（Euclidean distance，又称直线距离）、曲线距离（如最小耗费距离，Least-cost distance）。欧氏距离假定基质是均质、不适合利用的，因此两个结点之间的运动应为直线方式（Andersson and Bodin，2009）。事实上，只有少数物种（如鸟类、昆虫等）适合用欧氏距离表示斑块之间的连接，而对于大多数物种来说，用此方式计算结点间距过于简单，体现的生物学信息较少。最小耗费距离能够包含较丰富的生物学信息，表示生物穿越景观基质（非生境）所耗费的成本（Jantz and Goetz，2008），被认为是一种接近生物现实选择的非线性的结点间连接方式，但其需要较多的参数生成耗费表面（Spear et al.，2010）。目前，最小耗费路径的确定主要是，首先，根据物种穿过不同土地利用类型的阻力采用专家经验打分法确定阻力值，然后生成最小耗费表面，最后求取对应的最小耗费路径（Gurrutxaga et al.，2010）。斑块之间是否建立连接通常有两种判断方式：一是依据一定的规则确定阈值，如果斑块间的距离小于阈值，则认为斑块间是直接连通的，否则不能直接交换信息［图 7-1（a）（d）（b）（e）］；二是依据连接的某一属性为连接赋予权重，如利用连接概率函数表示斑块之间连接的可能性（Galpern et al.，2011）。

定义了结点及属性和连接规则后，就可以组建图，其中每一个结点都直接首尾相接的图称为完全图［图 7-1（a）］，但并不是所有的连接都有效，可能包含较多冗余信息。最小二维图是通过建立结点的泰森多边形，只在相邻的多边形之间建立连接（Fall et al.，2007）［图 7-1（b）］，依此方式建立的图可以提高计算效率，但可能损失包含丰富生态学信息的连接。图的结构描述了实际景观要素中各部分之间的几何结构特征（Urban et al.，2009）。构建图的变量选择主要取决于研究目标、物种信息和数据的可利用性（Galpern et al.，2011）。图建好后，需对连接度进行定量分析，并确定各个斑块对整个景观的重要性。

7.1.3 景观连接度的评价方法

目前，景观连接度的评价方法很多，大体可归为三类：①实验研究，研究对象多以动物为主；②基于特定生态过程的模型模拟；③构建景观连接度评价指数。

用实验法测度景观连接度需要在较多物种传播信息和经验数据的支持下，评价景观或生境斑块镶嵌体对于某物种的连通程度。Calabrese 和 Fagan（2004）将实验研究方法总结为以下三类：①基于特定斑块的野外调查，测度斑块之间的最邻近距离；②基于多年野外调查研究单个斑块的物种分布和扩散能力；③通过无线电追踪或标记-释放-回捕技术测度物种的迁入/迁出率。通过观测物种的运动行为评价景观实际连接度，能够与特定的生态过程相联系，更具现实意义。实验结果可用于比较不同度量方法在测度景观连接度中的差异（吴昌广等，2009），还可作为景观连接度模型的输入参数或进行模型参数的校正和模拟结果的检验（Urban et al.，2009），但获取物种的野外实验数据需要耗费大量时间、人力和物力，难度较大。

在模型模拟方面，模拟景观连接度的模型主要包括景观动态模型、复合种群模型和迁移扩散模型等（富伟等，2009）。景观动态模型基于景观结构变化评价景观连接度，与生态过程联系较少。复合种群模型将连接度或隔离度作为种群动态的一个指标，模拟斑块的空间结构特征与种群动态之间的关系，在复合种群研究中占据主导地位。复合种群模型主要包括三种类型：空间隐式模型（Levins 复合种群模型）、空间半显式模型和空间显式模型（邬建国，2007）。迁移扩散模型较好地将景观格局和生态过程相结合，主要有随机统计模型和距离统计模型（Cowen et al.，2006）。最小耗费距离模型通过模拟物种迁移运动与景观基质阻碍或渗透之间的作用关系反映景观功能连接的变化（吴昌广等，2009）。目前，该方法已受到广泛关注（Gurrutxaga et al.，2010），具有较好的应用前景。此外，基于图论的景观连接度模拟也是一种重要的空间模拟方法。总体上，通过模型模拟景观连接度能够较好地抽象和简化现实景观，获取景观时空动态变化特征，相较于野外观测和实验的难度，模型模拟方法较为简单易行，但需要注重与具体生态过程和野外实证研究相结合，使模型更加符合现实情况。

在指数评价方面，图论的引入和发展极大地丰富了景观连接度指数，按其空间尺度基本可以分为三类：①整个网络水平的连接度指数；②评价一组结点（如组分）的连接度指数；③斑块水平的连接度指数。按其包含的参数还可将指数归为两类：一类是基于图中结点或连接要素构造的简单连接度评价指标，如图的连接数量、组分数量、结点的连接数、Harary 指数（Ricotta et al.，2000）等；另一类是将图的结构与斑块属性、生态过程阈值相联系构造的表征景观功能连接度的指数，如 Flux 指数（Urban and Keitt，2001）、IIC 指数（Pascual-Hortal and Saura，2006）和 PC 指数（Saura and Pascual-Hortal，2007）等。连接度指数能够综合地反映景观结构或功能的变化，在较少物种传播信息的支持下预测或评价景观对某些特定物种的连通程度，很大程度上简化了景观连接度的研究方法。但值得注意的是，景观指数评价应与具体的物种运动行为或生态过程相关联，在野外实证数据的基础上不断修正和完善指数参数，并对评价结果进行检验。目前，如何根据研究目标，选择或建立合适的连接度评价指标体系，以及景观要素特征信息的参数化是景观连接度分析的关键工作。

7.1.4　景观连接度研究成果的应用及存在的问题

保护和提高景观连接度被认为是在有限的空间范围内应对生境损失和破碎化，维持生物多样性的有效途径（Laita et al., 2010）。景观连接度的相关原理和研究成果已被广泛应用于生物多样性保护和城市景观规划中。例如，Marull 和 Mallarach（2005）通过构建连接度指数，对西班牙城市巴塞罗那的生境网络连接度进行全面评价，识别影响区域景观连接度的关键点和潜在的连接通道，为城市规划提供良好参考。Saura 和 Pascual-Hortal（2007）通过连接度指数评价西班牙苍鹰的生境连接度，并与贯通欧洲大陆的"Nature2000"生态网络工程进行对比，结果表明某些起重要连接作用的生境并未包含在"Nature2000"的覆盖范围中，为确定生境保护范围提供了参考。Laita 等（2010）通过评价 13 个关键林地斑块（WKHs）对整个生境网络连接度的贡献，认为较小的生境斑块对于维持景观功能连接度，保护当地濒危物种具有重要作用。Zetterberg 等（2010）基于蟾蜍不同的生活周期，识别对物种迁移运动起关键连接作用的中间斑块，规划和设计其生境网络。Gurrutxaga 等（2011）基于景观连接度指数研究欧洲西南部伊比利亚地区的公路建设对大型哺乳动物迁移运动的阻碍效应，为规避和减缓道路建设引发的生态风险提供参考。

我国学者也在景观连接度研究方面进行了探讨。陈利顶和傅伯杰（1996）论述了景观连接度的生态学意义及其应用。陈利顶等（1999）将景观连接度概念引入物种生境破碎化研究中，选择影响大熊猫生存的 3 种因子（海拔、坡度和食物分布）建立景观连接度评价模型，定量分析了卧龙自然保护区大熊猫生存的适宜生境。俞孔坚（1999）提出了景观生态安全格局概念，通过阻力模型确定了一些关键性的源斑块及源间联系。王海珍和张利权（2005）利用 CI 指数分析了厦门本岛生态网络规划对于景观功能的影响。姜广顺等（2005）及张文广等（2007）分别建立了基于景观连接度的马鹿和大熊猫栖息地质量评价方法。李纪宏和刘雪华（2006）利用阻力模型对陕西老县城大熊猫自然保护区进行了功能区划研究。张景华等（2008）利用 IIC 和 PC 指数评价了东莞景观斑块的尺度分级效应。武剑锋等（2008）采用 ECI 指数对深圳整体生态连接度进行了评价。孔繁花和尹海伟（2008）基于重力模型研究了济南城市绿地生态网络的构建。刘孝富等（2010）应用最小累积阻力模型评价了城市土地生态适宜性。孙贤斌和刘红玉（2010）应用 IIC 和 PC 指数分析了土地利用变化对湿地景观连接度的影响。刘常富等（2010）应用 IIC 及 PC 指数对相应距离阈值下的沈阳城市森林景观连接度进行了分析。相比之下，国内的相关研究相对薄弱，多数研究直接将相关模型与方法应用于研究区域，缺乏基于研究区实际情况的综合评价模型和方法。

综合来看，基于图论的景观连接度评价数学基础可靠，计算高效，具有广泛的应用前景。然而由于城市景观的复杂性，目前国内外关于城市绿地系统景观连接度的研究还存在以下问题：

（1）虽然最小耗费距离被认为是更具生物学意义的斑块间连接方式，然而目前最小耗费路径的确定主要是根据物种穿过不同土地利用类型的阻力采用专家经验打分法来确定阻力值，并据此生成最小耗费表面和路径，这种方法难免受主观因素干扰，同时也没有考虑同种土地利用类型质量的空间异质性，因此目前该方法面临瓶颈，亟须寻找新的突破口；斑块间基于欧氏距离的连接方式过于简单，在评价城市景观连接度时因不符合城市实际情况不能被采用。

（2）城市基质不透水层所占比例较大，可利用性差，因此必须找到合适的指标评价城市基质对生物的可利用性，并与生境斑块相区别。

（3）不同的景观连接度指数侧重于景观连接度的不同方面，单一的指数不能综合全面评价景观连接度总体特征，需要构建适合的景观连接度评价指标体系；此外，已有的景观连接度模型多数以斑块的面积大小作为衡量其质量的关键指标，不能全面表征生境的可利用性，需要寻求新的途径构建更符合现实情况的功能连接度评价模型。

7.2 深圳景观格局变化及驱动力

7.2.1 深圳概况

深圳是中国改革开放的窗口城市，是快速城市化最为典型的地区之一，改革开放以来实现了社会经济的巨大飞跃，由一个小渔村成长为国际化大都市。伴随着快速城市化进程，深圳面临的生态环境问题也日益严峻。由于建设用地快速扩张及对各种生态用地占用的无序性，生态绿地逐步退缩到以羊台山、梧桐山、七娘山、马峦山等为核心的岛状区域内，严重影响了城市生态系统的完整性及不同类型生态用地之间的有机联系。为了维持城市生态系统的基本结构和良好的生态功能，必须对现存的生态用地进行定量评价，研究其有机的天然联系，明确每一块生态用地的作用和重要性，这对于未来的城市发展十分重要。因此，选取深圳作为研究区进行城市化生态效应的研究具有代表性和现实意义。

7.2.1.1 深圳市地理位置及行政区划

深圳位于广东中部沿海地区，北与东莞、惠州接壤，南与香港相邻，东临大亚湾，西濒珠江口伶仃洋（图7-2），其地理坐标南起22°26′59″N（大鹏半岛南端），北至22°51′49″N（罗田水库北缘），西起113°45′44″E（沙井均益围），东至114°37′21″E（大鹏半岛鞋柴角）。深圳所辖范围呈东西距离90km、南北距离44km的狭长形，全市总面积约为1991.64km²。

中华人民共和国成立后，深圳地区设宝安县，县城设在南头城（旧称城子岗）。1979年改宝安县为深圳市。1980年设立深圳经济特区，它是中国最早设立的经济特区之一。

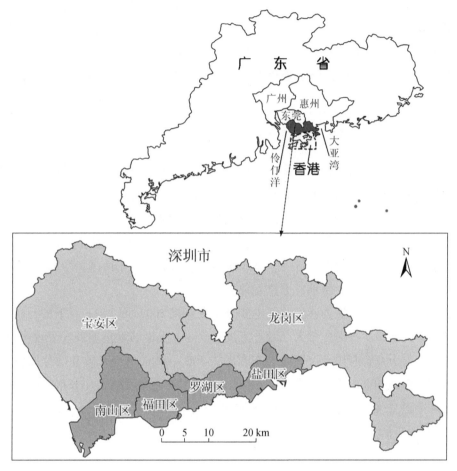

图 7-2　研究区地理位置

1993 年，设宝安、龙岗区，隶属深圳。1990 年，深圳经济特区内设福田区、罗湖区、南山区；1998 年正式成立盐田区，至此深圳市分设 6 个市辖区，即经济特区内的福田区、罗湖区、南山区和盐田区，特区外的宝安区和龙岗区（图 7-2），其面积分别为福田区 78.66km²、罗湖区 78.75km²、南山区 74.64km²、盐田区 185.11km²、宝安区 724.63km² 和龙岗区 849.85km²（深圳市统计局，2011）。

7.2.1.2　气候概况

深圳属于南亚热带海洋性季风气候。全年温和暖湿，夏季长而不酷热，冬季不明显但有阵寒。全市多年平均气温 22.0℃，1 月平均气温最低，为 14.1℃，7 月平均气温最高，为 28.2℃，气温年较差为 14.1℃。深圳雨量充沛，干湿分明。据深圳气象局 1952～1992 年资料统计，多年平均降水量为 1882.8mm，其中汛期（4～9 月）多年平均降水量为

1591.0mm，占年降水量的 84.5%，多年平均降雨天数为 139.3，汛期降雨天数为 96.3，占 69.1%。降水量在空间上的分布，主要受海岸山脉等地貌带影响，呈东南向西北递减的趋势。东部地区降水量在 2000mm 以上，中部地区为 1700 ~ 2000mm，西部地区在 1700mm 以下。每年 4 ~ 9 月为雨季，降水强度大，暴雨多，多年平均暴雨降水量约占年降水量的 40%。

7.2.1.3 地貌土壤概况

深圳在大地构造上属于新华夏系第二隆起带中次级莲花山断裂带的南西段，深圳的西部、中部和东部分布有北东向的褶皱构造，北东向的断裂构造发育在中部和东部。岩石以花岗岩为主，其次还有砂页岩、火山岩、变质岩和第四系松散岩等。深圳地貌分为南、中、北三个地貌带，南部为半岛海湾地貌带，中部为海岸山脉地貌带，北部为丘陵台地带。这三个地貌带自东南向西北排列，造成深圳地势的格局为东南高，西北低。地貌类型可分为低山、丘陵、台地、阶地、平原五种类型。

深圳的水平地带性土壤为赤红壤，主要分布在海拔 300m 或 350m 以下的丘陵和台地，在深圳各土壤类型中所占面积最大。随着海拔的改变，土壤的垂直地带性表现明显。以赤红壤为基带，向上发育有山地红壤（分布在海拔 300 ~ 600m 的高丘陵和部分低山）、山地黄壤（分布在海拔 600m 以上的低山）；向下发育有南亚热带水稻土（分布在海拔 100m 以下的台地和平原）、滨海砂土和滨海盐渍沼泽土（分布在滨海平原区）。

7.2.1.4 水系概况

深圳的河流主要以海岸山脉和羊台山为主要分水岭，形成南、西、北三个水系。南部诸河注入深圳湾、大鹏湾、大亚湾，称海湾水系；西部诸河注入珠江口伶仃洋，称珠江口水系；北部诸河汇入东江或东江的一、二级支流，称东江水系。深圳共有大小河流 160 余条，其中流域面积大于 10km^2 的有 13 条；流域面积大于 100km^2 的有 5 条，即深圳河（海湾水系）、茅洲河（珠江口水系），以及龙岗河、观澜河、坪山河（东江水系）。深圳的年径流深度为 800 ~ 1100mm，其空间分布与降水量的分布基本一致，从东南向西北递减，从山区向丘陵、平原区递减。径流的年内变化的主要特点是洪季径流量大，枯季径流量小，径流年际变化大。

7.2.1.5 动植物资源概况

深圳植被资源丰富，主要植被类型为常绿阔叶混交林，共有野生维管植物 1889 种，其中 22 种属国家珍稀濒危植物。深圳地带性植被的代表类型为南部的热带常绿季雨林和北部的亚热带季雨性常绿阔叶林。常绿季雨林分为 4 个群落，即榕树、假苹婆、鹅掌柴群落、香蒲桃、密花树、银柴群落，乌榄、厚壳桂、臀形果群落，以及光叶白颜树、金叶树、五月茶群落；常绿阔叶林分为 2 个群落，即闽粤栲、黄杞、鹅掌柴群落，以及大头茶、硬叶稠群落。此外，自然植被类型还有分布于西南部沿海滩地的红树林，以及竹林、灌丛和草丛。其中，灌丛是深圳分布最为普遍的植被类型，上层以散生马尾松为代表，灌木层由桃金娘、岗松等组成。人工植被类型可分为用材林、经济林和农作物。用材林主要为马尾松、杉树、桉树和台湾相思林。经济林以荔枝为主，常见的还有柑橘、柿、菠萝、龙眼、梨、桃、梅、李等。农作物主要为水稻、番薯、木薯、甘蔗、花生等。

丰富的植被资源能够为物种提供良好的栖息地。全市共有陆生野生动物 487 种，包括鸟类 389 种、兽类 37 种、两栖动物 18 种、爬行动物 43 种，其中国家一级野生保护动物 5 种，包括蟒、黄腹角雉、云豹、棘胸蛙、平胸龟；国家二级野生保护动物 43 种，如水獭、赤腹鹰、红隼、穿山甲、猕猴等。

7.2.1.6　深圳经济人口发展概况

改革开放前，深圳地区的经济发展十分缓慢，1980 年，全市人口为 33.29 万人，GDP 为 2.70 亿元。改革开放以来，深圳已发展成为一个拥有人口上千万，二、三产业均衡发展，且具有相当经济规模的现代化大都市。1979～2010 年深圳 GDP 呈指数增长，2010 年 GDP 约为 1980 年的 3548 倍，仅次于上海、北京和广州，在全国所有城市中居第四位。深圳经济呈高速增长，其中 1980～1994 年，深圳经济均保持了年均 30% 以上的增长速度（除 1985 年、1986 年、1989 年），创造了世界经济增长的奇迹。1995 年后，经济增长速度放缓，但仍保持了年均两位数的增长速度。深圳人均 GDP 从 1980 年的 0.08 万元增长到 2010 年的 9.43 万元，增幅为 11 687.5%。

1980～2010 年，深圳常住人口、户籍人口及非户籍人口一直呈增加趋势，特别是 1992 年之后深圳各类人口数量显著增加，增加速度明显快于 1980～1992 年，其中非户籍人口增长速度明显快于户籍人口增长速度，至 2010 年末全市常住人口已达 1037.2 万人。1980～1988 年，深圳户籍人口比例高于非户籍人口，其中 1988 年非户籍人口与户籍人口比例基本持平。1988～2009 年非户籍人口快速增长，其所占比例明显高于户籍人口，特别是 1992 年之后大量非户籍人口涌入深圳，其占常住人口的比例一直高于 70%。非户籍人口与户籍人口的比例于 2000 年达到顶峰，前者是后者的 4.61 倍，之后该比例逐渐下降，但到 2009 年也达 2.69 倍。

7.2.2　遥感数据与处理

本研究选用美国陆地卫星（Landsat）遥感数据，共选取了 1980 年、1988 年、1994

年、2000 年和 2005 年同一或相近季相的五期无云遥感图像，其中 1980 年为 Landsat MSS 数据（分辨率 79m×79m），1988 年、1994 年及 2005 年为 Landsat TM 数据（分辨率 30m× 30m），2000 年为 Landsat ETM+ 数据（分辨率 30m×30m），具体见表 7-1。此外，收集 2001 年 1：100 000 行政区划图用于地理位置配准和研究区提取；收集 1983 年和 1997 年 1：200 000 专题图（土地利用、植被图等）、1999 年 1：8000～1：24 000 航片、2003 年 IKNOS 影像（分辨率 2.5m）以及野外调查的实地测数据作为土地分类的辅助信息，具体见表 7-2。

表 7-1　深圳市遥感数据

编号	数据类型	行列号/(行/列)	时间/(年/月/日)	分辨率/m	波段	数据质量
1	Landsat MSS	131/44	1980/10/13	79×79	4～7 波段	无云
2	Landsat MSS	130/44	1979/09/30	79×79	4～7 波段	无云
3	Landsat TM	122/44	1988/11/24	30×30	1～7 波段	无云
4	Landsat TM	121/44	1988/12/19	30×30	1～7 波段	无云
5	Landsat TM	122/44	1994/11/09	30×30	1～7 波段	无云
6	Landsat TM	121/44	1994/11/02	30×30	1～7 波段	无云
7	Landsat ETM+	122/44	2000/11/01	30×30	1～8 波段	无云
8	Landsat ETM+	121/44	2000/09/15	30×30	1～7 波段	无云
9	Landsat TM	122/44	2005/11/23	30×30	1～7 波段	无云
10	Landsat TM	121/44	2005/11/16	30×30	1～7 波段	无云

表 7-2　土地利用分类辅助信息

辅助信息	比例尺	时间	来源	用途
地形图	1：50 000	20 世纪 60～70 年代	中国人民解放军总参某部测绘局	地理位置配准
行政区划图	1：100 000	2001 年	深圳市国土资源和房产管理局	研究区提取
专题图（土地利用、植被图等）	1：200 000	1983 年	广州地理研究所	辅助分类
		1997 年	深圳市国土资源和房产管理局	辅助分类
航片	1：8000～1：24 000	1999 年	深圳市国土资源和房产管理局	辅助分类
IKNOS 影像	栅格数据（分辨率 2.5m）	2003 年	深圳市国土资源和房产管理局	辅助分类
野外调查	实地测量数据	2005 年 12 月	实地调查	辅助分类 精度检验
野外调查	实地测量数据	2006 年 05 月	实地调查	辅助分类 精度检验

根据深圳地区的自然地理条件（包括气候、植被等）和社会经济的发展过程，以及研究目标，参照《土地利用动态遥感监测规程》(TD/T 1010—2015) 的土地利用分类标准，确定了研究区的土地利用分类体系（表 7-3）。

表 7-3 研究区的土地利用分类体系

土地利用类型	含义
城市用地	居民及工矿用地，包括城乡居民点、独立居民点及居民点以外的工矿等企事业单位用地，并包括其内部交通用地，以及道路两旁护路林和绿化带
耕地	种植农作物的土地，包括水田、旱地和菜地等，并包括在种植农作物为主的土地中间有的果树及其他树木和耕种的滩地和海涂
园地	种植以采集果、叶、根茎等为主的集约经营的多年生木本和草本作物，包括果树苗圃等用地。城市用地内大面积公园等用地内种植的果树归为此类
林地	生长乔木、竹类的土地。城市用地内大面积公园等用地内种植的林木（除果树类）归为此类
水体	海洋和陆地水域，以及水利设施用地。沿海滩涂，河流、湖泊常水位至洪水位间的滩地，以及水库、坑塘的正常蓄水位与最大洪水位间的面积
未利用地	推平未建用地，工矿废弃但未恢复植被的用地，以及难利用的土地

本研究首先利用深圳地形图（1:50 000）对 2000 年遥感影像进行配准。然后通过图对图校准的方法，将其他四期遥感影像与配准后的 2000 年的影像分别进行配准。各期影像配准的误差分别为 $RMSE_{1980} = 0.4125(0.28, 0.27)$、$RMSE_{1988} = 0.41(0.26, 0.33)$、$RMSE_{1994} = 0.39(0.29, 0.30)$ 和 $RMSE_{2005} = 0.37(0.21, 0.24)$，各期影像配准的误差均小于半个像元，配准精度能够满足基于遥感影像进行土地利用变化测量的要求。

以 1:100 000 深圳地图作为标准图件，对配准后的遥感影像进行切割，提取研究区域。利用非监督分类方法，根据遥感影像的第 3 波段和第 4 波段计算得出 NDVI，将地物分为非植被覆盖用地（城市用地、未利用地）、植被覆盖用地（耕地、林地、园地）以及水体三大类，避免各类地物同时分类时各通道之间的干扰。然后采用监督分类的最大似然法分别对子类进行划分。由于深圳地区土地利用类型繁多，分布零散细碎，且在快速城市化过程中土地利用类型变化迅速，因此在得出初步的分类结果后，利用各时期的土地利用图、航片以及高分辨率遥感影像等辅助数据，对较难识别的地物进行人机交互式处理，或者通过比较不同时期的影像，相互辅助分类。土地利用分类流程见图 7-3。

本研究对研究区土地利用分类结果进行了两类检验：一类是应用 ERDAS IMAGING 软件自带功能，对不同时期的分类结果自动生成随机点进行检验；另一类是应用三次野外实地调查测量数据对 2005 年的分类结果进行检验。

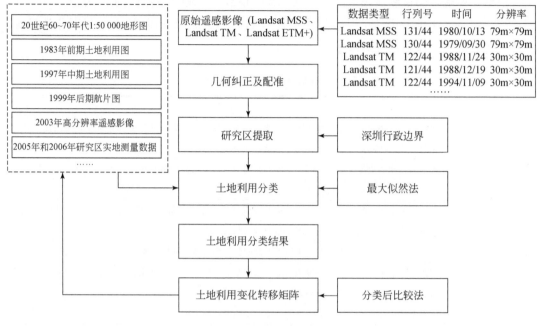

图 7-3　土地利用分类流程图

7.2.3　景观指数

景观指数是指能够高度浓缩景观格局信息，反映其结构组成和空间配置特征的定量指标。本研究从景观水平和类型水平两个层次选取具有明确生态学含义的景观指数定量研究城市空间格局。景观水平上选取斑块密度、平均斑块面积、景观形状指数、蔓延度指数、香农多样性指数、香农均匀度指数 6 个指标，类型水平上选取斑块密度、平均斑块面积、景观形状指数、平均最近欧氏距离 4 个指标（表7-4）。利用美国俄勒冈州立大学森林科学系开发的软件 FRAGSTATS 3.3 计算各指数（McGarigal et al., 2002）。

表 7-4　景观指数

景观指数	计算公式	分析尺度
斑块密度 （PD）	$PD = \dfrac{N}{A}$	景观水平
	$PD = \dfrac{n_i}{A}$	类型水平
平均斑块面积 （MPS）	$MPS = \dfrac{A}{N}$	景观水平
	$MPS = \dfrac{a_i}{n_i}$	类型水平

景观指数	计算公式	分析尺度
景观形状指数 （LSI）	$$LSI = \frac{\sum\limits_{i=1}^{m}\sum\limits_{j=1}^{n}\dfrac{p_{ij}}{\min p_{ij}}}{N}$$ $$LSI = \frac{\sum\limits_{j=1}^{n}\dfrac{p_{ij}}{\min p_{ij}}}{n_i}$$	景观水平 类型水平
蔓延度指数 （CONTAG）	$$CONTAG = 1 + \frac{\sum\limits_{i=1}^{m}\sum\limits_{k=1}^{m}\left[(P_i)\left(\dfrac{g_{ik}}{\sum\limits_{k=1}^{m}g_{ik}}\right)\right]\cdot\left[\ln(P_i)\left(\dfrac{g_{ik}}{\sum\limits_{k=1}^{m}g_{ik}}\right)\right]}{2\ln(m)}$$	景观水平
香农多样性指数 （SHDI）	$$SHDI = -\sum\limits_{i=1}^{m}(P_i \cdot \ln P_i)$$	景观水平
香农均匀度指数 （SHEI）	$$SHEI = \frac{-\sum\limits_{i=1}^{m}(P_i \cdot \ln P_i)}{\ln m}$$	景观水平
平均最近欧式距离 （MNN）	$$MNN = \frac{\sum\limits_{j=1}^{n}h_{ij}}{n_i}$$	类型水平

注：N 为景观中斑块的数量；n_i 为用地类型 i 的斑块数量；A 为景观总面积；a_i 为用地类型 i 的斑块面积；p_{ij} 为斑块 ij 的周长；$\min p_{ij}$ 为与斑块 ij 等面积的圆（或正方形）的周长；g_{ik} 为斑块类型 i 和 k 之间连通的像元个数；P_i 为用地类型 i 的面积占景观总面积的比例；m 为景观中斑块类型的数量；h_{ij} 为斑块 ij 到相同类型的斑块的最近距离。

资料来源：McGarigal et al.，2002。

7.2.4 城市扩展模式

城市扩展模式大体可分为三种：内部填充、边缘扩展和跳跃增长（图7-4）。内部填充和边缘扩展是在原有的城市斑块基础上以邻接连续的方式填充或向外扩展 [图7-4 （a）和（b）]，区别在于新增斑块与原有斑块的邻接程度不同。跳跃增长是在原有城市斑块的周围出现新的独立的城市斑块 [图7-4 （c）]。本研究通过度量新增斑块和原有斑块的公共边，识别三种城市增长模式，公式如下（Xu et al.，2007）：

$$S = L_c/P \tag{7-1}$$

式中，L_c 为城市新增斑块和原有斑块的公共边长；P 为新增斑块的周长；S 表示城市新增斑块和原有斑块的公共边长与新增斑块周长的比值。当 $0<S\leq0.5$ 时，城市斑块为边缘扩展；当 $0.5<S\leq1$ 时，城市斑块为内部填充；当 $S=0$ 时，公共边不存在，城市斑块为跳跃增长。

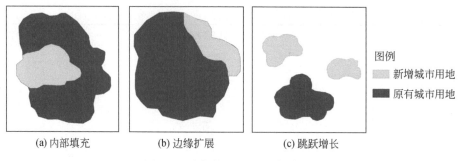

(a) 内部填充　　　　　　(b) 边缘扩展　　　　　　(c) 跳跃增长

图 7-4　城市斑块的三种扩展模式

7.2.5　土地利用变化

本研究将深圳土地利用类型分为 6 类，包括城市用地、耕地、园地、林地、水体和未利用地（图 7-5），各时期分类结果精度检验见表 7-5。从分类结果的精度检验情况来看，分类精度较高，能够满足深圳地区不同城市化阶段土地利用时空动态变化研究的需要。

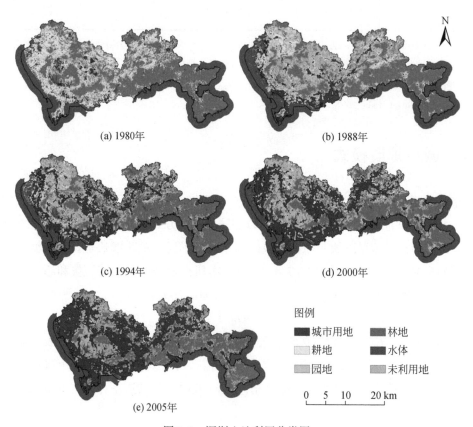

图 7-5　深圳土地利用分类图

表 7-5　研究区土地利用分类精度评价

检验指标	1980 年	1988 年	1994 年	2000 年	2005 年
分类精度	83%	84%	86%	87%	89%
Kappa 指数	0.7653	0.8028	0.8267	0.8335	0.8597

1979 年以来，深圳土地利用类型和面积发生巨大变化，主要表现为城市用地的迅速增加和生态用地（耕地、林地、园地等）的持续减少（图 7-6）。1980 年深圳土地利用类型以林地和耕地为主，到 2005 年，主要土地利用类型已转变为城市用地、林地和园地。具体来说，1980 年林地和耕地分别占全市总面积的 57.29% 和 28.91%，到 2005 年，林地面积降至 593.71km² （占全市总面积的 29.81%），比 1980 年减少 46.55%；耕地面积仅为 69.26km² （占全市总面积的 3.48%），比 1980 年减少 94.5%。1980 ~ 2005 年，城市用地面积从 1980 年的 84.34km² （占全市总面积的 4.36%）迅速增加至 666.26km² （占全市总面积的 33.45%），增长近 7 倍。1988 ~ 2005 年，园地面积相对稳定，为 330km² 左右。水体面积除 1988 年有所上升外，基本呈下降趋势。未利用地作为一种过渡的土地利用类型，面积始终处于波动状态，空间分布也不稳定。

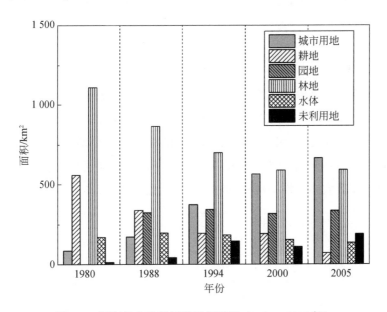

图 7-6　深圳各土地利用类型的面积（1980 ~ 2005 年）

土地利用转移矩阵用于描述一个区域内不同年份之间各种土地利用类型面积的相互转换情况，一般用实际转换面积或相应的转换概率来表示。1980 ~ 2005 年，深圳各类土地利用类型之间的面积转换情况见表 7-6。2005 年，深圳城市用地的主要来源为耕地和林地，分别占城市用地面积的 48.04% 和 34.60%。园地主要由林地和耕地转换而来，所占比例分别为园地面积的 62.18% 和 28.94%。此外，林地和耕地也是未利用地的主要来源，两者共占未利用地面积的 83.20%。水体面积的减少也主要是城市用地的扩展导致的，1980 年水体面积的 38.76% 转换为城市用地。总体上，1980～2005 年，深圳土地利用结构发生剧烈变化，土地利用转换过程主要是由耕地和林地变化为城市用地、园地和未利用地。

表 7-6　深圳土地利用转移矩阵

| 年份 | 土地利用类型 | 2005 年 | | | | | |
	面积/km²	城市用地	耕地	园地	林地	水体	未利用地
	城市用地	7.98	0.20	0.96	1.22	1.04	0.73
	耕地	316.62	29.30	95.87	41.54	10.18	63.56
1980	林地	228.07	32.52	205.95	529.16	19.88	89.14
	水体	64.98	2.61	10.18	8.46	63.20	18.21
	未利用地	41.47	4.08	18.28	6.68	1.62	11.90

7.2.6　景观格局变化

7.2.6.1　景观水平指数变化特征

1980～2005 年，深圳景观水平指数变化如图 7-7 所示。1980～2005 年斑块密度随时间持续增加，平均斑块面积呈相反的变化趋势，表明深圳景观破碎化程度增加。景观形状指数大体呈上升趋势，斑块形状的复杂程度和不规则程度逐渐增加。蔓延度指数先下降后略有升高，表明 1980～1994 年景观斑块的聚集程度下降，相同类型斑块呈现离散、破碎分布。1980～2005 年香农多样性指数和香农均匀度指数呈先上升后下降的变化趋势，这主要

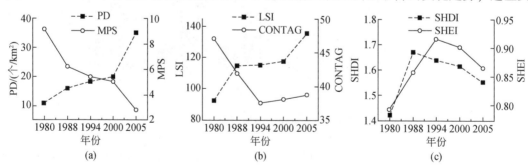

图 7-7　深圳景观水平指数变化

PD 为斑块密度，MPS 为平均斑块面积，LSI 为景观形状指数，CONTAG 为蔓延度指数，SHDI 为香农多样性指数，SHEI 为香农均匀度指数

与土地利用类型数量和各类型斑块的面积比例有关。城市化建设初期，深圳地区由少数土地利用类型占主导的景观逐渐转变为多种斑块类型均匀分布的混合景观，之后，景观斑块又呈现聚集分布。

深圳景观格局的动态变化与城市化发展过程密切相关。改革开放初期，深圳是一个沿海渔村小镇，受人为干扰活动较少，生态用地连接成片，景观格局的团聚程度较高；随着城市化的发展，大规模土地开发活动兴起，城镇用地快速扩张，生态用地被切割、包围，景观破碎化程度增加，呈离散分布；随着城市化进一步推进，深圳地区的主导景观类型已变为城市用地，原来分散的城市用地扩展连接成片，景观格局呈现聚集状态。

7.2.6.2 斑块类型水平指数变化特征

1980～2005 年，深圳城市用地、耕地、林地和园地的景观格局变化见图 7-8。1980年，深圳城市用地的斑块密度较低，为 0.56 个/km²，到 2005 年，斑块密度迅速上升到6.47 个/km²。城市用地的平均斑块面积由 1980 年的 1.13km² 增加到 2000 年的 9.84km²，2005 年平均斑块面积有所下降。城市用地斑块的景观形状指数持续增加，其斑块之间的平

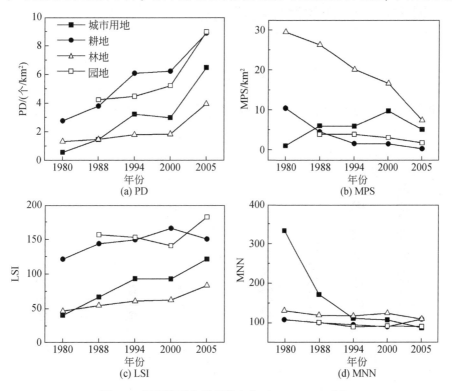

图 7-8 深圳类型水平指数变化（1980～2005 年）

PD 为斑块密度，MPS 为平均斑块面积，LSI 为景观形状指数，MNN 为平均最近欧氏距离

均最近欧氏距离显著下降。总体上，深圳城市扩展表现为城市用地斑块面积和数量的迅速增加，其斑块形状趋于复杂，聚集程度不断提高。

1980 年，耕地的斑块密度在四种类型中最高，且随时间迅速增加，2005 年其斑块密度为 8.89 个/km²。耕地的平均斑块面积总体较低，且随时间持续减少，2005 年耕地的平均斑块面积已不足 1km²。耕地斑块的景观形状指数较高，且随时间呈上升趋势，同时斑块之间的平均最近欧氏距离较小。结果表明，快速城市化过程中，深圳耕地斑块的面积迅速减小，破碎化程度严重，总体上分布较为集中，斑块形状的复杂程度高。

与其他三种类型相比，林地的斑块密度较低，随时间变化相对较小，但平均斑块面积下降显著，表明林地斑块逐渐趋于小型化，2000 年后破碎化程度明显增加。斑块形状较为规则，斑块之间的平均最近欧氏距离变化不大，分布相对集中。园地的斑块密度持续上升，2005 年达到 8.99 个/km²，破碎化程度较高。园地斑块的景观形状指数总体较高，斑块形状较为复杂。园地的平均斑块面积和平均最近欧氏距离变化不大，处于较低水平，斑块呈小块聚集分布。

7.2.7　城市扩展模式的时空格局动态

7.2.7.1　城市扩展模式的时空格局总体特征

三种扩展模式的城市斑块面积、数量变化特征和时空分布见图 7-9 和图 7-10。1980 ～ 1988 年，城市用地增长模式以边缘扩展为主，其增长面积为 145.05km²，占新增总面积的

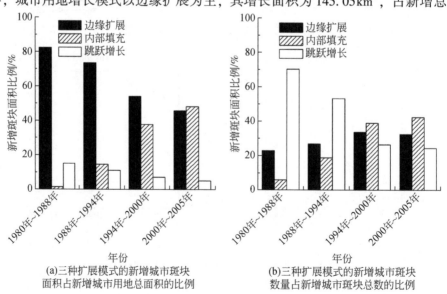

(a)三种扩展模式的新增城市斑块
面积占新增城市用地总面积的比例

(b)三种扩展模式的新增城市斑块
数量占新增城市斑块总数的比例

图 7-9　深圳不同扩展模式的城市斑块面积和数量变化（1980～2005 年）

82.72%，跳跃增长和内部填充新增的城市用地面积相对较少，分别占新增总面积的15.49%和1.79%［图7-9（a）］。1988～2005年，城市边缘扩展和跳跃增长的新增斑块面积比例不断下降，而内部填充的新增斑块面积比例则持续上升。2000～2005年，城市边缘扩展和内部填充共同成为城市用地增长的主要方式，其增长面积分别为118.84km² 和124.88km²，占新增城市用地面积的46.08%和48.43%。1980～1988年，跳跃增长新增的城市斑块数量最多，占新增斑块总数的70.57%，边缘扩展和内部填充的新增斑块斑块数量比例分别为23.18%和6.25%［图7-9（b）］。随着城市的发展，跳跃增长的新增斑块斑块数量比例不断下降，内部填充的新增斑块数量比例明显上升，边缘扩展的新增斑块数量比例呈小幅波动升高。2000～2005年，内部填充增长的斑块数量最多，为42.56%；其次为边缘扩展，新增斑块数量比例为32.80%；跳跃增长的新增斑块数量最少，为24.64%。城市化进程初期，深圳以林地、耕地等自然、半自然景观为主，城市扩展的潜在空间较大，此时跳跃式增长的城市用地相对较多（与后三个时期相比），且破碎程度较高。随着城市化进程的推进，大量农业用地和生态用地被城市用地侵占，到2005年除去基本生态控制线（《深圳市基本生态控制线管理规定》）以内的生态用地，深圳城市扩展可利用的土地资源已十分有限，此时内部填充的城市用地面积和数量都迅速增加，土地利用向集约化发展。

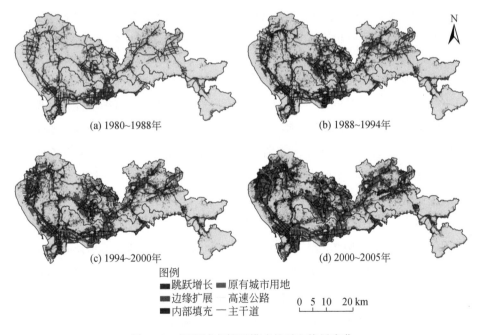

图 7-10　深圳城市扩展模式的时空格局变化

7.2.7.2 深圳不同区域的城市扩展模式的时空格局特征

1980～1988年，经济特区内新增城市用地的面积最大，为71.07km²，占新增城市总面积的40.52%，宝安区和龙岗区的新增城市用地面积基本相同，平均为52.15km²，共占新增城市用地总面积的59.48%（图7-11）。1988～2005年，深圳城市扩展主要发生在特区外的宝安区和龙岗区，特别是2000～2005年，宝安区新增城市用地面积高达134.82km²，占新增城市用地总面积的一半之多。

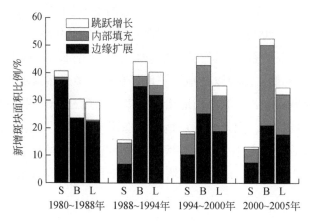

图7-11　深圳不同区域三种扩展模式的城市斑块面积比例变化（1980～2005年）

该图表示在经济特区（S）、宝安区（B）和龙岗区（L），三种扩展模式的新增城市斑块面积占新增城市用地总面积的比例

不同城市扩展模式在三个区域的面积、数量特征和空间分布见图7-11和图7-12。1980～1988年，城市边缘扩展在经济特区、宝安区和龙岗区都占有绝对优势，所占面积比例分别为37.24%、23.26%和22.23%。1988～1994年，特区外的宝安区和龙岗区的边缘扩展的新增斑块面积比例明显增加，分别为35.07%和31.87%。1994～2005年，特区外的内部填充的新增斑块面积比例大幅增加，特别是2000～2005年，宝安区的内部填充增长面积比例达到最高，占新增城市总面积的29.04%。

1980～2005年，特区外新增城市斑块的数量明显高于特区内，宝安区和龙岗区的新增斑块数量比例约为40%（图7-12）。1980～1994年，跳跃增长的新增斑块在深圳三个区数量比例分别为12.08%、31.30%和27.09%。之后的三个时期中，跳跃增长的新增斑块数量比例在三个区都出现不同程度的下降；而内部填充的新增斑块数量比例明显增加，其中2000～2005年，宝安区内部填充的新增斑块数量占同期新增斑块总数的18.98%，为历年最高。

深圳经济特区内和特区外，城市扩展的空间格局动态差异显著（图7-12）。1980～1988年，经济特区内新增城市用地面积分布相对集中，城市扩展主要是从原有的城市中心

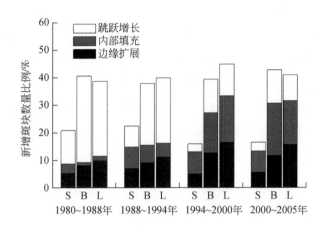

图 7-12　深圳经济特区（S）、宝安区（B）和龙岗区（L）三种扩展模式的新增城市斑块占
全部新增城市斑块的比例变化（1980～2005 年）

向外侵占和蚕食城市周边的耕地和林地，此时城市增长主要为边缘扩展；经济特区外，城市扩展主要分布在深圳各镇中心，其他区域的城市斑块呈小块散落分布，表现为跳跃增长的斑块密度较大，破碎程度高。1988～1994 年，特区外城市用地在原有建成区基础上继续向外扩展，将各镇中心连接起来，基本形成以特区为中心，向西、中、东延伸的带状组团式城市结构骨架。深圳的城市用地扩展格局与大规模的道路建设密切相关。1994 年以后，特区内可利用的土地资源基本达到饱和，80% 以上新增城市用地分布在特区以外，此时城市扩展表现为内部填充式增长大幅增加。

7.2.8　城市扩展的驱动力分析

城市景观格局演变具有极其复杂的驱动机制，自然因素和人为因素均可对其产生影响，但人为活动无疑占据更为重要的地位（李卫锋等，2004）。深圳的快速城市扩展与经济发展、人口增长、国家政策和城市规划战略密切相关。由图 7-13 和图 7-14 可知，深圳建成区面积与全市 GDP、固定资产投资额和人口规模高度相关，相关系数分别为 0.999、0.996 和 0.987。经济特区建立初期（20 世纪 80 年代），特区内的深圳镇、蛇口和沙头角作为政府先行开发的地区被列入规划范围，在此基础上又将经济特区从东到西划分 5 个组团，包括盐田和沙头角、罗湖和上埗、福田、沙河、南头，这时深圳的工业用地主要集中在特区内，以组团形式发展，特区外以农业用地为主。20 世纪 80 年代末到 90 年代初，深圳规划区域进一步扩大到全市范围。由于政府的政策扶持和税收优惠，深圳吸引大量国内外投资，个体经济快速发展，特别是在"三来一补"政策的推动下，外来务工人员不断增加，特区外新建大量厂房、商铺、住宅等建设用地，开发区建设兴起，特区外各镇中心迅速发展，城郊用地破碎化程度增加。20世纪90年代中后期，随着大规模交通路网的建设，工业布局逐渐向外扩展，城镇中心和各开发区连为一体。1997年《深圳市城市总体规划（1996—2010）》正式确定城市总体布局以特区为中心，向北沿交通干线形成西、中、东三条城镇发展轴（图7-15），特区内"带状组团式结构"进一步完善，特区外进入快速城市化发展时期，组团规模不断扩大。由此可见，国家政策驱动下的经济发展、人口增长和城市规划是深圳城市景观格局演变的根本原因。

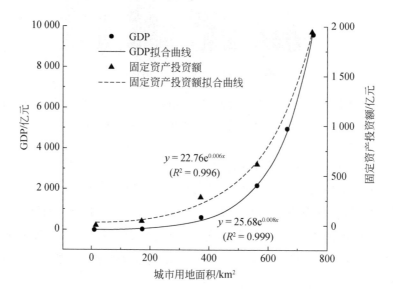

图 7-13　深圳城市用地面积与 GDP、固定资产投资额的关系

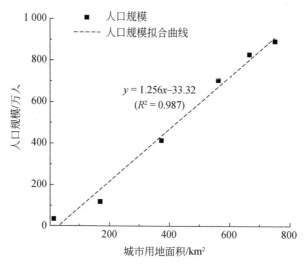

图 7-14　深圳城市用地面积与人口规模的关系

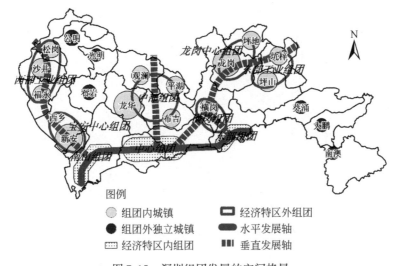

图例
　⬤ 组团内城镇　　　　▭ 经济特区外组团
　● 组团外独立城镇　　▬ 水平发展轴
　▦ 经济特区内组团　　▦ 垂直发展轴

图 7-15　深圳组团发展的空间格局

该图引自《深圳市城市总体规划（1996—2010）》，有改动

7.3　深圳绿地生境系统连接度评价

7.3.1　研究方法

7.3.1.1　基于图论的城市绿地生境网络构建

依据图论，一个图由结点和结点间连接按照一定的规则连接而成，亦称为网络（图7-16）。图论的基本术语表述如下（Urban and Keitt，2001）。

（1）路径（path）：由图中两结点之间的一系列的连接组成，在一条路径中每个结点只出现一次。图 7-16 中，结点 1 至结点 3 共有 3 条路径，分别为 1—2—3、1—5—3、1—5—4—3。

（2）组分（component）：一个完整图中可能包含多个子图（subgraph），子图中的每一个结点至少与子图中其他结点相连接，这个子图就是一个组分。图 7-16 中，共有 3 个组分，每个组分包含的结点分别为 1～10、11～12 和 13。

（3）切点（cut-node）：网络中某一结点被移除时，组分中的连接因被切断而变为多个小的组分，这一结点就是切点。图 7-16 中，结点 6 为图的一个切点。

（4）直径（diameter）：网络中连接任意两个斑块之间的最长路径的长度，其中连接这两个斑块经过的中间连接又是斑块间的最短距离。图 7-16 中，1—5—4—3—6—8—9—

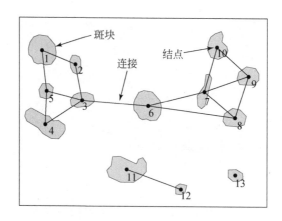

图 7-16　图的基本结构

7—10 为图的直径。

（5）度（degree）：一个结点与其他结点相连的连接的数量。图 7-16 中，结点 3 和 7 的度最高，为 4。

1）绿地系统分类及核心生境和连接桥的提取

形态学空间格局分析（morphological spatial pattern analysis，MSPA）由意大利学者 Soille 和 Vogt（2009）提出，它是利用数学形态分析方法，将一个二值化的土地利用类型栅格图层（如林地和非林地）依照空间形态结构的不同，对目标类型（林地）的每个像元进行归类。分类结果主要包括七类：核（core）、边（edge）、穿孔（perforation）、桥（bridge）、回路（loop）、分支（branch）和岛（islet）（图 7-17）。每类元素的含义如下。

（1）核：距离非林地一定边缘宽度（edge width）的林地区域。在景观连接度评价中，将核定义为森林内部种（forest interior species）的栖息地，排除林地边缘受外界干扰的区域。

（2）边：距林地斑块边缘的距离小于或等于一定边缘宽度的林地区域。边缘宽度可根据林地内部种受边缘效应（edge effect）的影响范围来确定。

（3）穿孔：与边类似，为距离核内部包含的非林地区域一定缓冲宽度的林地区域。

（4）桥：连接不同的核的一系列连续的林地像元。在景观连接度评价中，它是连接核心生境的通道，可以为物种在不同生境斑块之间的运动提供通道，是维持生境网络连接度的重要景观元素。

（5）回路：与桥类似，是连接同一个核的通道。

（6）分支：由核向外蔓延，但未与其他林地生境相连接。

（7）岛：面积较小，不足以包含核的林地斑块。

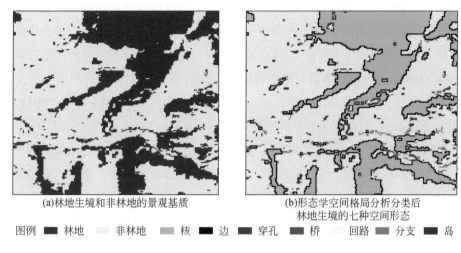

(a)林地生境和非林地的景观基质　　　　(b)形态学空间格局分析分类后
　　　　　　　　　　　　　　　　　　　　林地生境的七种空间形态

图例 ■ 林地 ▨ 非林地 ▨ 核 ■ 边 ■ 穿孔 ■ 桥 ▨ 回路 ▨ 分支 ■ 岛

图 7-17　形态学空间格局分析的分类结果

利用 GUIDOS 软件可以进行形态学空间格局分析（Soille and Vogt，2009），使用该软件时需要输入一个简单的参数——边缘宽度所包含的像元个数（edge width pixels），确定目标区域（林地）受边缘效应影响的范围。边缘宽度在数值上等于像元个数（edge width）与像元大小（图像分辨率）的乘积。

边缘效应与物种自身和其他非生物因素有关。不同物种对生境边缘地带的敏感性和适应性不同，其边缘宽度也不同，这与物种的生活习性和具体生态过程有关（Hansen and Castri，1992）。边缘效应还受与生境邻接的景观基质的影响，与物种生境特征差异越大的土地利用类型，其产生的边缘效应也越强，对应的边缘宽度也越大。因此，在进行生境形态学空间格局分析时，边缘宽度的确定需与特定物种相关联，考虑生境与周围环境的异质性。此外，形态学空间格局分析的参数选择还与研究尺度和图像分辨率有关。

本研究以遥感影像分类结果中的林地类型作为形态学空间格局分析输入图像的前景（foreground，值为1），其他土地利用类型作为背景（background，值为2）[图 7-17（a）]，进行形态学空间格局分析。本研究的目标物种为深圳地区以林地作为主要生境的珍稀濒危物种，主要包括两栖类和爬行类的国家一级保护动物。森林生境边缘效应的影响范围一般为 25～75m（Aune et al.，2005）。考虑到深圳林地周围分布有较多果园，可在一定程度上缓冲建成区对于林地生境的干扰，因此选择边缘宽度为 30m（1 个像元）进行森林形态结构分类。

物种生境斑块的选择需要满足三个条件：①具有良好的适合物种生存的环境和可利用的资源；②生境面积足以维持生态系统过程；③与其他斑块之间具有良好的可达性。核心生境被认为是适合森林内部种生存的空间范围，核心生境面积或质量也是评价生境适宜性的良好指标（Temple，1986），与生境面积相比，它能更接近物种的实际生存范围。利用形态学空间格局分析可以提取面积较大的、连续分布的核作为物种的核心生境，避免将较小的、易受外界环境干扰的斑块纳入物种生境范围。核心生境的大小因物种和生态过程而异。一般认为，面积大于 0.05km² 的植被覆盖的开放空间可以满足区域种群生存的最低要求（Dennis，1992）。考虑到本研究以快速城市化地区作为研究区，面积较小的生境斑块容易受到城市发展和人类活动的干扰而消失。通过参考相关文献（Yu et al.，2012），本研究将面积大于 0.2km² 的核定义为目标物种的核心生境。

连接桥是核心生境之间的重要结构通道，与物种的迁移运动等过程相关。利用形态学空间格局分析提取的桥是基于像元的栅格区域，无法进行长度计算。本研究将整个景观分为两类：一类是有利于物种迁移运动的"桥"的区域，阻力值设为1，另一类是其他区域，阻力值设为1000，利用最小耗费模型，提取线状结构的连接桥，评价不同位置的连接桥在生境网络连接度中的贡献程度。除核和桥以外的其余五类元素与其他土地利用类型作为景观基质参与生境网络连接度评价。

2）衡量绿地斑块和景观基质质量的植被生产力估算

NPP 是指绿色植物在单位时间、单位面积内积累的有机物的数量，是由光合作用所产生的有机质总量扣除自养呼吸后的剩余部分（Lieth and Whittaker，1975）。NPP 是生物生存和繁衍的物质基础，NPP 损失会影响生态系统中大气、水体、生物多样性和能量供给调节机制等多个方面（Field，2001）。NPP 的研究方法很多，其中基于光能利用率的 CASA 模型，适合区域或全球尺度的 NPP 估算，能够获取 NPP 的时空分布格局，被认为是一种稳健的研究方法（Potter et al.，1993），可为区域生物多样性研究提供可靠的数据基础（Bailey et al.，2004）。利用 CASA 模型估算 NPP 主要取决于植被所吸收的光合有效辐射和光能转化率两个变量（Potter et al.，1993）。

通过参数输入和模型模拟，生成2000年和2005每月NPP空间分布图，最后将一年11个时间序列的NPP相加获得年NPP的空间分布。由于2000年以前无法获取 MODIS-NDVI数据，本研究通过分析土地利用变化，将1980年、1988年和1994年的土地利用分类图与2000年对比，如果某一土地利用类型未发生变化，将2000年NPP赋值给这一区域，如果土地利用类型发生变化，则将2000年该土地利用类型NPP平均值赋值给这一区域，最后间接获取1980年、1988年和1994年的NPP植被空间分布。

3）绿地斑块间最小耗费模型及路径的建立

核心生境之间的连接路径建立和距离测算大体有两种方式，即直线（欧式）距离和最小耗费距离。城市区域景观基质对森林物种的迁移运动影响较大，考虑物种迁移过程的耗费成本，建立最小耗费路径，测算核心生境之间的距离，与实际情况较为符合。本研究构建最小耗费路径需要两层数据：①结点数据，即提取的核心生境的空间分布数据；②耗费表面，本研究综合考虑物种迁移运动特性和地表覆盖类型等因素，通过不同土地利用类型的 NPP、植被覆盖度和道路数据生成生物耗费表面。具体方法如下：

（1）植被覆盖度。

植被覆盖度是指在单位面积内植被（包括叶、茎、枝）的垂直投影面积所占的比例，它是衡量地表植被覆盖状况的一个关键参数，可作为表征环境适宜性和景观可穿越性的重要指标。植被覆盖度越高，景观基质对物种迁移扩散的阻力越小，越有利于物种运动；反之，则阻碍物种迁移运动。植被覆盖度与 NDVI 的相关程度较高（Carlson and Ripley，1997），计算年平均植被覆盖度（f_c）的公式如下：

$$f_c = \frac{1}{11} \sum_{i=1}^{11} \sum_{j=1}^{n} (\text{NDVI}_{ij} - \text{NDVI}_s)/(\text{NDVI}_v - \text{DNVI}_s) \tag{7-2}$$

本研究采用 MODIS 32 天 NDVI 最大值合成数据计算像元 j 处年平均植被覆盖度 f_c，$i=1$，2，…，11，NDVI_{ij} 表示一年中包含 11 个时间序列的 32 天 MODIS-NDVI 最大值合成数据。式中，n 为研究区像元的个数；NDVI_v 为地表全部为植被覆盖时的 NDVI 值；NDVI_s 为地表为裸地时的 NDVI 值。基于野外植被调查采样，共获得 96 个采样点，得到 NDVI_v 为 0.676，NDVI_s 为 0.023。本研究将生成的植被覆盖度取倒数后归一化到 1~100（表 7-7），作为阻力面的一个输入图层。当图像数值为 1 时，表明植被覆盖度最高，阻力最小；当图像数值为 100 时，表明植被覆盖度最低，阻力最大。

表 7-7　阻力面各数据层阻力值

数据层	分级	缓冲宽度/m	阻力值
道路	铁路	1000	100
	高速公路	1000	100
	快速路	800	80
	主干道	800	80
	次干道	800	60
NPP			1~100
植被覆盖度			1~100

（2）道路。

城市线状目标，尤其是交通干线对周围景观具有明显的破碎化和障碍效应，阻碍物种的迁移运动过程。Landsat TM 数据空间分辨率为 30m，不能准确提取道路等线状地物。本研究利用深圳 1:10 000 道路矢量图生成道路阻力面，通过 2005 年的多光谱 SPOT（分辨率为 2.5m）遥感影像对深圳道路矢量图进行配准和校正。深圳道路矢量图共分五级，包括铁路、高速公路、快速路、主干道和次干道。铁路和高速公路常会穿越绿地系统，对物种的影响较大，因此对铁路和高速公路建立 1000m 缓冲区，设定阻力值为 100。其他三级道路快速路、主干道和次干道主要位于建成区，远离物种生境，因此建立 800m 缓冲区，设定阻力值为 80、80 和 60（表 7-7），阻力值的设定参考 Fu 等（2010）。深圳其他年份的道路数据无法直接获取，通过参考道路建设相关资料确定道路阻力面。资料显示，20 世纪 80 年代初期，除广深铁路和广深公路外，深圳道路多为省道和县道，且数量较少；80 年代中后期，大规模的路网建设开始，新建、改建和扩建多条道路；90 年代中期，广深、盐惠等多条高速公路以及城市快速路陆续建成，城市道路网络基本形成。因此，1980 年道路数据层仅包括广深铁路和广深公路；1988 年和 1994 年道路数据层包括铁路和主干道；2000 年和 2005 年道路数据层包括铁路和主干道。

将 NPP 数据层、植被覆盖数据层和道路数据层赋予相同的权重叠加，将城市和水体赋予最高阻力值 300，生成生物耗费表面，建立最小耗费路径。本研究利用基于 Java 程序设计语言开发的 Graphab 1.0 提取最小耗费路径（Foltête et al.，2012）。最小耗费距离为核心生境斑块之间边到边的距离。

4）基于图论的绿地生境网络构建

本研究基于图论，将通过形态学空间格局分析提取的绿地系统核心斑块作为图的结点，通过最小耗费路径彼此连接，依照最小二维图方式构建深圳绿地生境网络。最小二维图是通过建立结点的泰森多边形，在相邻的多边形之间建立连接。基于图论构建的绿地网络系统示意图如图 7-18 所示。

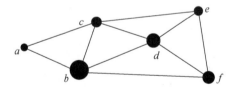

图 7-18　基于图论的绿地网络系统示意图

圆点代表不同质量的斑块，线段（或是曲线）为斑块间的最小耗费路径

7.3.1.2　基于图论的绿地生境网络连接度评价

1）结构连接度评价指数

本研究选取网络组分数量（NC）、连接路径数量（NL）、网络直径（GD）、最大组分大小（SLC）、度（Dg）和聚集度（CC）6 个指数进行绿地生境网络结构连接度评价，各指数的具体含义见表 7-8。

表 7-8   结构连接度评价指数

指数中文名称	指数英文名称及缩写	定义	生态学含义	指数评价水平			参考文献
				网络水平	组分水平	斑块水平	
组分数量	number of components（NC）	一个完整的图中可能包含多个子图，子图中的每一个结点至少与子图中另一结点相连接，这个子图就是一个组分	物种在同一组分的斑块之间可以迁移运动，不同组分之间彼此相互隔离，不利于物种、种群和基因交流	√			Urban 和 Keitt（2001）
连接路径数量	total number of links（NL）	结点之间功能连接（最小耗费路径）的数量	斑块之间连接越多，越有利于物种迁移运动和生态流的传播	√	√		Urban 和 Keitt（2001）
直径	graph diameter（GD）	网络中任意两个斑块之间的最长连接路径长度，其中连接这两个斑块经过的中间路径又是相对最短的	生境网络的直径越短，物种在斑块间迁移运动的效率越高	√			Urban 和 Keitt（2001）
最大组分大小	size of largest component（SLC）	最大组分中结点某一属性的加和	生境网络中最大组分斑块面积之和，最大组分越大表明可为物种生存提供的资源越多	√			Urban 和 Keitt（2001）
度	degree（Dg）	一个结点与其他结点之间连接路径的数量	斑块的度越高，表明与其他斑块的连通程度越好，越有利于生态流扩散			√	Ricotta 等（2000）
聚集度	clustering coefficient（CC）	结点与周围其他邻近结点的连通和聚集程度	斑块聚集度越高，越有利于物种迁移运动，一旦该斑块被移除，物种可以选择其他路径运动，表明网络具有较高弹性			√	Dunne 等（2002）

2）功能连接度评价指数

本研究基于构建的绿地生境网络系统，利用连接概率（probability of cosnnectivity，PC）指数（Saura and Pascual-Hortal，2007），对绿地生境网络功能连接度进行评价研究。PC 被定义为两个动物随机放置在某一区域的生境斑块中，物种能够通过其他斑块和斑块间连接路径到达彼此的可能性大小（Saura and Pascual-Hortal, 2007）。该指数越大，表明整个生境网络的连接度和可利用性越高，越有利于物种运动和生态流的传播。本研究利用绿地系统植被生产力估算结果，通过改进 PC 指数的生境特征参数，进行基于生境质量的功能连接度评价。公式如下：

$$PC = \frac{\sum\limits_{i=1}^{n} \sum\limits_{j=1}^{n} Q_i Q_j p_{ij}^*}{Q_1^2} \tag{7-3}$$

式中，Q_i 和 Q_j 为生境斑块 i 和斑块 j 的质量；Q_1 为整个区域生境质量总和。p_{ij}^* 为斑块 i 到斑块 j 所有可能路径概率的最大值，其中每一条路径连接概率（p）为此路径连接的两个斑块之间距离的负指数函数。公式如下：

$$p_{ij} = e^{-\theta d_{ij}} \tag{7-4}$$

式中，d_{ij} 为两个斑块之间的距离；θ 为常量，它与物种的迁移距离及其相对应的迁移概率大小有关。p 值介于 $0 \sim 1$，斑块之间距离越大，物种迁移扩散的可能性越小。理论上，当斑块之间的距离无限远时，$p=0$；当斑块之间的距离无限接近成为同一个斑块时，$p=1$。

本研究利用核心生境 NPP 总量表征生境斑块的质量，生境面积越大，NPP 越高，生境可为物种提供的可利用资源越多；斑块间连接概率越大，斑块间物质、能量和信息的交流传播越充分。本研究用最小耗费路径的长度表示斑块之间的距离，选择 $p=0.5$ 时所对应的物种中等扩散距离确定系数 θ。

PC 指数计算生境连接度时结果数值较小，不利于比较研究。等价连接（equivalent connectivity, EC）指数在数值上等于 PC 指数的分子部分的平方根（$\sqrt{\sum\limits_{i=1}^{n} \sum\limits_{j=1}^{n} Q_i Q_j p_{ij}^*}$），可以利用其进行网络功能连接度的表征，它相当于与现实景观中所有斑块连接概率等价的单一斑块的面积或质量的大小（Saura and Pascual-Hortal, 2007）。

生境功能连接度评价中，每个斑块和连接对整体网络连接度的重要性（贡献程度）可通过移除该斑块或连接后网络连接度的变化率来表征（Urban and Keitt, 2001）。公式如下：

$$d_I = \frac{I - I'}{I} \times 100 \tag{7-5}$$

式中，I 为包含某一生境斑块或连接在内的整体生境连接度大小；I' 为移除该斑块或连接后整体生境连接度的大小。d_I 值越大，表示该景观元素对整个网络连接度的贡献程度越高，它在维持物种迁移运动过程中所起的作用越重要。某一斑块移除前后 PC 的变化率用 $d_{PC}(\text{node})$ 表示，某一连接路径移除前后 PC 的变化率用 $d_{PC}(\text{link})$ 表示。

中间度（betweenness centrality, BC）指数是评价网络连接度的一个代表性指数，它表示一个斑块介于网络中其他某一对斑块间路径的概率（Freeman, 1979）。中间度越高表明斑块在维持网络连接度方面的作用越关键，可以作为物种迁移运动过程中的中间斑块，一旦被移除会阻碍物种的运动过程。Bodin 和 Saura（2010）基于 PC 指数对传统的 BC 指数进行改进，提出中间度（BCs）指数，该指数考虑了穿越某一结点路径的起始斑块和终止斑块的面积，以及斑块之间路径的连接概率。该指数将承载较大生态流传播和连接较大面积斑块的路径赋予更高的权重，更具生态学含义（Bodin and Saura，2010）。本研究利用绿地系统植被生产力估算结果，通过改进 BCs 指数的生境特征参数，进行基于生境质量的功能连接度评价。公式如下：

$$BCs = \sum_i \sum_j Q_i Q_j p_{ij}^{*k}(i,j \neq k) \tag{7-6}$$

式中，Q_i 和 Q_j 为生境斑块 i 和斑块 j 的质量；p_{ij}^{*k} 为从斑块 i 到斑块 j 时穿越斑块 k 的路径概率乘积的最大值。

不同物种由于其自身的行为特征和对景观元素敏感程度不同（Bowman et al.，2002），它们迁移运动的能力也不相同。即使是同一物种，由于其处于不同生活周期和研究时间尺度的不同，扩散能力也可能不同（Zetterberg et al.，2010）。本研究通过最小耗费路径建立斑块间连接，当物种的距离阈值大于相邻斑块之间的最小耗费路径长度时，认为这两个斑块的连接概率较高，否则斑块之间的连接概率较低，阻碍物种的扩散运动和信息交换。本研究选择距离阈值 $d=2\text{km}$ 作为物种中等扩散距离（连接概率 $p_{ij}=0.5$），该阈值能够覆盖研究区域大多数目标物种的运动范围（Yu et al.，2012）。此外，还选取了一系列距离阈值，如 $d=5\text{km}$、$d=10\text{km}$、$d=20\text{km}$ 进行生境连接度评价，以期能够涵盖更多不同运动能力和扩散行为的物种。在基于连接桥的生境网络连接度评价中，由于连接桥的长度较短，设置 $d=2\text{km}$ 和全连接（d_{complete}）两种情景。d_{complete} 即认为物种运动距离阈值大于所有连接桥的长度，可以直接通过桥到达所连接的生境斑块，此时 $p_{ij}=1$。

3）连接度评价水平

（1）网络水平连接度评价。在不同生态过程距离阈值下，利用结构连接度指数中的组分数量、网络连接数、网络直径长度、最大组分大小和功能连接度指数中的中间度、连接概率进行网络水平的连接度评价。图的组分数量越少，连接路径数量越多，直径越短，生境网络质量越高，中间度和连接概率越高，表明生境网络的可利用性和连接度越好，抵御外界干扰的能力越强，对生态过程的传播扩散越有利。

（2）组分水平连接度评价。在不同生态过程距离阈值下，利用最大组分中的斑块数量、质量及其占整个绿地生境的比例、最大组分的连接路径数量和等价连接指数进行组分水平的连接度评价。组分中斑块数量越多和质量越好，其在网络中所占的比例越高，功能连接度指数越高，表明生境网络的连通程度越好，最大组分可为物种提供的资源越多，对生态过程越有利。

（3）斑块水平连接度评价。在不同生态过程距离阈值下，利用结构连接度指数中的

[度、聚集度] 和功能连接度指数中的中间度（BCs）、连接概率贡献度 [d_{PC}（node）和 d_{PC}（link）] 进行斑块水平的连接度评价。网络中斑块的度越高，与周围其他斑块的聚集程度越高，该斑块越有利于物种的迁移运动和生态流的传播。中间度和连接概率贡献度越高，说明景观元素（斑块或连接）对整个网络的连接度贡献越大，起着桥梁和纽带的作用，如果损失会导致生境系统的连接度和可利用度下降，进而影响生态过程。

本研究利用软件 Graphab 1.0（Foltête et al.，2012）和 Conefor Sensinode 2.5.8（Saura and Torne，2009）进行不同水平的连接度指数计算。

7.3.2 结果分析

7.3.2.1 城市绿地生境网络

基于提取的核心生境斑块和最小耗费路径构建不同距离阈值情景下的深圳绿地生境网络，结果见图 7-19。

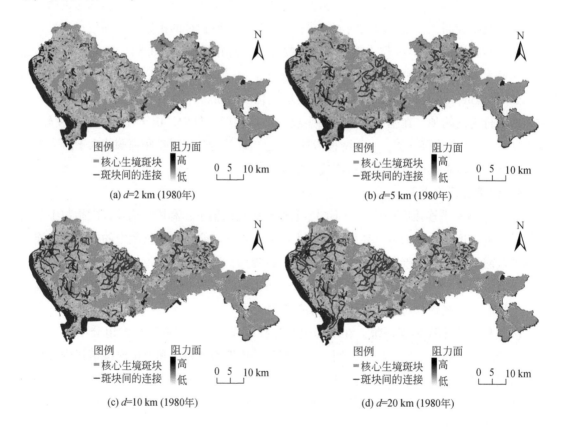

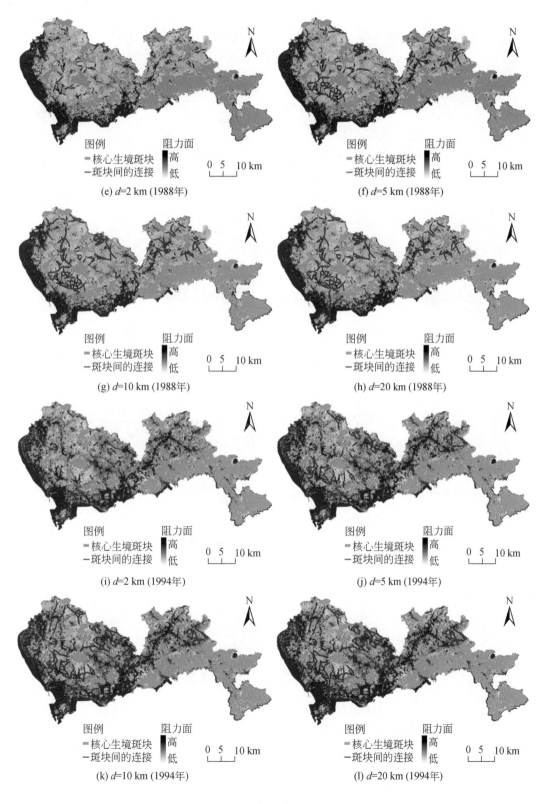

(e) *d*=2 km (1988年)　　　　　　　　(f) *d*=5 km (1988年)

(g) *d*=10 km (1988年)　　　　　　　(h) *d*=20 km (1988年)

(i) *d*=2 km (1994年)　　　　　　　　(j) *d*=5 km (1994年)

(k) *d*=10 km (1994年)　　　　　　　(l) *d*=20 km (1994年)

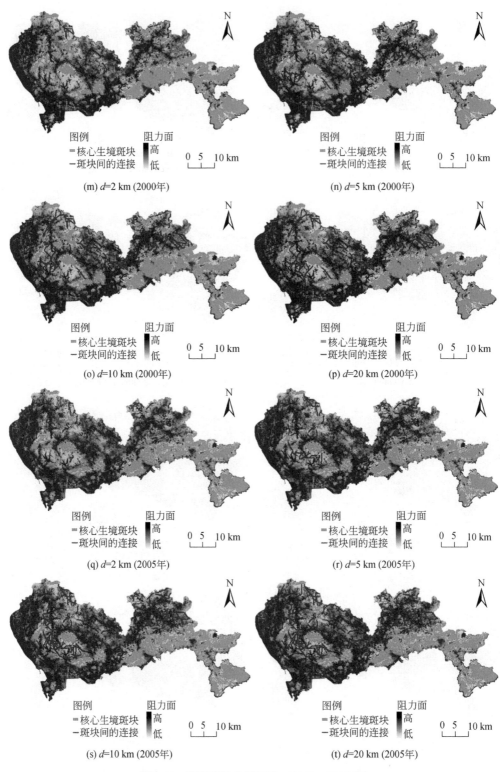

(m) *d*=2 km (2000年)　　　　　　　　　(n) *d*=5 km (2000年)

(o) *d*=10 km (2000年)　　　　　　　　　(p) *d*=20 km (2000年)

(q) *d*=2 km (2005年)　　　　　　　　　(r) *d*=5 km (2005年)

(s) *d*=10 km (2005年)　　　　　　　　　(t) *d*=20 km (2005年)

图 7-19　深圳绿地生境网络（1980～2005 年）

1980~2005 年，深圳核心生境的面积逐渐减少，从 1980 年的 749.62km² 下降到 2005 年 375.89km²，减少近 50%；斑块的数量大体保持不变，等于或接近 100 个。结果表明核心生境逐渐趋于小型化。核心生境质量持续下降，NPP 从 1980 年的 1.180×10^6 tC/a 减少到 2005 年的 4.20×10^5 tC/a，下降幅度为 64.41%（表 7-9）。1980 年，核心生境在全市范围内呈现较大面积分布，随着城市的发展，城市西部和东北部的核心生境的分布范围不断收缩，到 2005 年，仅在深圳东南部的大鹏半岛有大块的核心生境分布（图 7-19）。同一时期，核心生境的面积远高于绿地系统中其他形态结构类型，占绿地总面积的 60% 以上。

表 7-9 绿地生境网络核心斑块特征统计（1980~2005 年）

年份	面积/km²	占绿地总面积比例/%	数量/个	NPP/(10^5 tC/a)
1980	749.62	67.63	99	11.80
1988	594.02	68.75	99	9.44
1994	519.73	74.29	98	8.24
2000	420.43	71.37	100	6.76
2005	375.89	63.45	100	4.20

1980 年，最小耗费路径数量最多，为 164 条（$d=2$km）、233 条（$d=5$km）、265 条（$d=10$km）和 280 条（$d=20$km）（表 7-10）。1980 年以后，最小耗费路径的数量明显下降，到 1994 年，不同距离阈值的最小耗费路径数量平均下降约 22%。1994 年以后，路径数量变化不大，2005 年，距离阈值 $d=2$km、10km 和 20km 时，最小耗费路径减少主要是因为景观基质的渗透性不断降低，物种迁移运动受到的阻力不断增大（图 7-19）。不同距离阈值的最小耗费路径的平均长度和最大长度大体呈上升趋势。当距离阈值较小时（$d=2$km 和 5km），最小耗费路径长度小幅增加；当距离阈值较大时（$d=10$km 和 20km），最小耗费路径长度增加明显。这主要是因为 30 年间核心生境面积不断缩小，物种在斑块之间迁移运动的距离相应增加，当距离阈值较小时，物种的运动受迁移能力的制约较大，最小耗费路径的长度增加不明显；当距离阈值较大时，物种能够迁移运动到较远的生境，由土地利用变化造成的最小耗费路径长度的变化明显。

表 7-10 绿地生境网络最小耗费路径特征统计

年份	距离阈值 d/km	数量/个	最大长度/km	平均长度/km
1980	2	164	2 346.396	753.169 7
	5	233	5 537.422	1 539.608
	10	265	10 330.87	2 119.44
	20	280	17 024.47	2 656.725

年份	距离阈值 d/km	数量/个	最大长度/km	平均长度/km
1988	2	134	3 029.483	771.614 3
	5	205	6 884.407	1 655.676
	10	227	10 748.74	2 157.469
	20	229	11 266.39	2 233.135
1994	2	115	3 335.879	873.2
	5	187	8 685.139	1 859.548
	10	218	12 354.55	2 527.742
	20	222	13 929.84	2 697.623
2000	2	122	5 133.229	935.226 5
	5	182	7 236.245	1 774.573
	10	215	11 784.4	2 602.511
	20	226	19 053.81	3 234.345
2005	2	121	5 681.026	832.304 9
	5	170	8 541.169	1 700.627
	10	225	14 898.89	3 068.807
	20	251	20 282.77	4 119.602

7.3.2.2 城市绿地生境系统连接度评价结果

1) 网络水平连接度评价结果

本研究选取六个网络水平的连接度指数,研究其在五个历史时期(1980~2005 年)随距离阈值的变化趋势(图 7-20)。当距离阈值 d<1km 时,由于物种的迁移能力较弱,无法到达较远的斑块,生境网络组分数量较多,随距离阈值增加,组分数量迅速减少,当距离阈值 d>10km 时,网络组分数量基本不再变化,整个网络即为一个组分。当距离阈值较小时,不同时期的网络组分数量变化明显,1980 年组分数量较低,到 2005 年组分数量明显增多,表明物种生境的破碎化程度随时间增加,网络连接度降低 [图 7-20(a)]。

生境网络中连接路径数量随距离阈值增加而增加,当距离阈值 d>10km 时,连接路径数量变化不大,这主要是因为对于运动能力较强的物种,网络中大多数斑块都能够被连接,连接路径数量基本保持不变 [图 7-20(b)]。1980 年,生境网络的连接路径数量最多,之后随时间逐渐减少。当 d<10km 时,2005 年连接路径数量最少;当 d>10km 时,2005 年的连接路径数量增加明显,仅次于 1980 年 [图 7-20(b)]。总体上,1980~2005

年生境网络的连接路径数量的变化主要是景观基质的阻力逐渐增大，斑块之间的连通程度降低所致，2005 年连接路径数量的增加可能与某些区域生境斑块的破碎化有关。

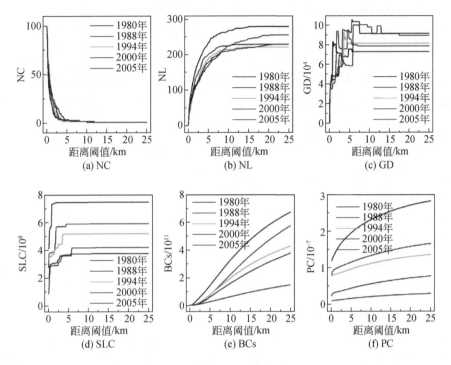

图 7-20　网络水平绿地生境系统连接度变化（1980～2005 年）

NC 为组分数量；NL 为连接路径数量；GD 为直径；SLC 为最大组分大小；BCs 为中间度；PC 为连接概率

1980～2005 年，不同距离阈值下，生境网络直径的变化较为复杂［图 7-20（c）］。当距离阈值较小时，生境网络直径随距离阈值增加而迅速增加，这主要是因为随物种扩散能力增加，物种可以到达较远的生境斑块，生境网络的范围逐渐扩大，生境网络的直径增大。当距离阈值继续增加时，生境网络直径开始减小，这主要是因为此时具有较强扩散能力的物种在生境斑块之间迁移运动可以不需要借助中间斑块（如脚踏石）而直接到达，网络直径随之下降。之后，生境网络直径基本保持不变，此时网络中几乎所有斑块都被连接，网络直径不再变化。1980 年，随距离阈值的增加，生境网络直径变化幅度相对较小，变化区间为 14.5km（$d=0.1$km）到 83.2km（$d=0.8$km），随时间推移，生境网络直径的变化幅度增大［1988 年，变化区间为 33.1km（$d=0.1$km）到 94.1km（$d=1.8$km）；1994年，变化区间为 0.07km（$d=0.1$km）到 93.4km（$d=3.5$km）；2000 年，变化区间为 1.4km（$d=0.1$km）到 100.4km（$d=5.8$km）；2005 年，变化区间为 4.6km（$d=0.1$km）到 106.0km（$d=5.5$km）］，且每一时期直径最大值所对应的距离阈值随时间而逐渐增大（曲线峰值向右推移）。结果表明，1980 年生境网络直径较小，物种迁移运动较少借助中间斑块而可以直接到达目标生境，物种的扩散效率较高。随城市不断发展，由于生境损失破碎和景观基质的阻力作用，物种到达同样生境所需跨越的实际路径变长，物种运动等生态过程的在网络之间传播的速率降低，不利于物种对生境资源的利用。

最大组分面积随距离阈值的增加而增加，当距离阈值超过一定范围时，最大组分面积基本保持不变。1980 年，最大组分面积为最大，之后这一指数持续降低 [图 7-20（d)]，生境网络中最大组分能够为物种提供的可利用资源逐渐减少。每一时期，最大组分面积最大值所对应的距离阈值随时间逐渐增大（曲线峰值向右推移），如 1980 年，$d=1.5\text{km}$ 时，最大组分大小达到最大值；到 2005 年，$d=5\text{km}$ 时，最大组分面积达到为最大值。结果表明 1980 年绿地系统生境资源能够为较多物种所利用，资源的可利用率受物种扩散能力的影响较小，而随着城市的发展，物种对植被资源的利用程度下降。

1980~2005 年，中间度和连接概率变化趋势大体相同，它们都随时间而持续降低，且随距离阈值的增加，年际差异也越来越大 [图 7-20（e)（f)]。结果表明，随时间推移，生境网络的连接度和可利用度逐渐下降，城市发展对物种生境功能连接度影响显著。此外，对于扩散距离较小的物种，其迁移能力是制约网络功能连接度的主要因素，随距离阈值增大绿地系统功能连接度与生境的质量和景观基质的渗透性关系密切。

2）组分水平连接度评价结果

1980~2005 年，不同距离阈值情景下，绿地生境网络最大组分的 NPP 总量、斑块间连接路径数量和等价连接指数随时间减小，表明生境网络中最大组分所占有的植被资源逐渐减少，最大组分中生境斑块的可利用度和连接度逐渐降低。例如，当 $d=2\text{km}$ 时，1980 年最大组分斑块数量为 92 个，最大组分 NPP 总量为 $1.177\times10^6\text{tC/a}$，最大组分连接路径数量为 163 个，最大组分等价连接度指数为 $1.041\ 250\times10^{11}\text{tC/a}$；到 2005 年，最大组分斑块数量仅为 33 个，最大组分 NPP 总量下降了 72.39%，最大组分连接路径数量下降了 71.78%，最大组分等价连接度指数减少了 70.48%（表 7-11）。当 $d=20\text{km}$ 时，最大组分为整个生境网络（最大组分斑块数量占绿地生境斑块总数的比例为 1），2005 年的最大组分 NPP 总量、最大组分连接路径数量和等价连接指数分别比 1980 年下降了 64.41%、10.36% 和 65.60%。通过对比不同距离阈值的等价连接度指数随时间的变化幅度发现，当距离阈值较小时，不同城市发展阶段的网络中最大组分的等价连接度指数的变化率较大（如当 $d=2\text{km}$ 时，1980~2005 年等价连接度指数变化率为 70.48%；当 $d=20\text{km}$ 时，1980~2005 年等价连接度指数变化率为 65.60%），表明扩散能力较小的物种对外界环境变化更为敏感，生境系统损失和破碎对其影响更为严重，而扩散能力较强的物种应对环境变化的抵抗能力相对较强。

表 7-11 绿地生境网络最大组分特征统计及连接度变化（1980~2005 年）

年份	距离阈值 d/km	最大组分斑块数量 /个	最大组分斑块数量占绿地生境斑块比例/%	最大组分 NPP 总量 /(10^5 tC/a)	最大组分 NPP 占总 NPP 比例/%	最大组分连接路径的数量/个	最大组分的等价连接度指数 /(10^5 tC/a)
1980	2	92	0.93	11.77	0.98	163	1 041 250
	5	95	0.96	11.78	0.99	231	1 115 265
	10	97	0.98	11.78	0.99	264	1 145 271
	20	99	1.00	11.80	1.00	280	1 058 659
1988	2	45	0.45	7.18	0.76	62	647 029
	5	96	0.96	9.39	0.99	202	793 917
	10	97	0.97	9.40	1.00	224	854 014
	20	100	1.00	9.44	1.00	229	853 637
1994	2	48	0.49	6.56	0.80	69	601 453
	5	95	0.97	8.21	1.00	184	669 294
	10	95	0.97	8.21	1.00	215	726 244
	20	98	1.00	8.24	1.00	222	711 644
2000	2	33	0.33	4.95	0.73	46	459 556
	5	97	0.97	6.74	1.00	179	523 474
	10	97	0.97	6.74	1.00	212	581 353
	20	100	1.00	6.76	1.00	226	575 194
2005	2	33	0.33	3.25	0.77	46	307 423
	5	94	0.94	4.17	0.99	167	344 525
	10	97	0.97	4.17	0.99	223	369 295
	20	100	1.00	4.20	1.00	251	364172

3）斑块水平连接度评价结果

1980~2005 年，聚集度平均值随时间逐渐降低，当距离阈值 $d=2$ km 时，生境系统中斑块的聚集度相对较低，在其他距离阈值情景中，聚集度平均值差别不大，相对较高 [图 7-21（a）]。生境网络中聚集度较高的区域，如果某一生境斑块遭到破坏，可供物种选择的剩余路径较多，物种可以较快速地通过周围的斑块迁移，这使得生境网络抵御外界风险的能力较强。聚集度的变化表明，深圳城市发展导致生境网络中斑块的聚集程度降低，整个生境系统抵抗外界风险的能力减弱。特别是对于扩散能力较小的物种，聚集度平均值的下降幅度较大，表明其抵御外界环境变化的能力较弱。

生境网络中斑块所占有的连接数——度的最大值和平均值随时间大体呈下降趋势，1994 年以后，度的平均值变化不大，当距离阈值 $d=10$ km 和 20 km 时，度的平均值略有上升［图7-21（c）（d）］，这与核心生境破碎，网络中最小耗费路径数量增加有关。生境斑块的度越大，表明其与周围斑块的连通程度越高，越有利于物种扩散和生物流的传播。随距离阈值的增加，度逐渐增大［图7-21（c）（d）］，表明物种的扩散能力增强，生境之间的连通程度增大。网络中具有高聚集度和高连接度的斑块对于维持生境网络的连接度和弹

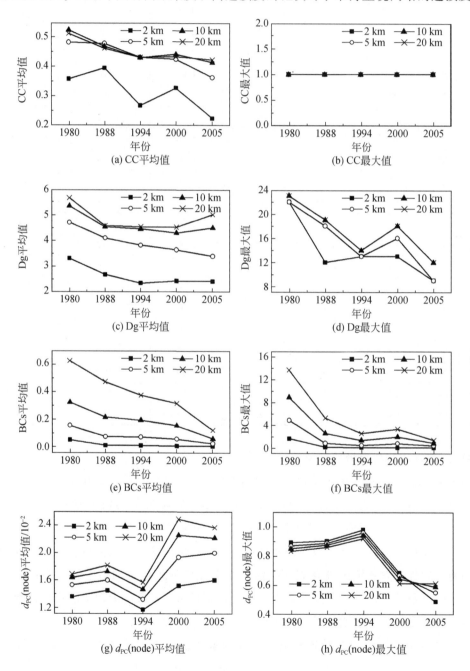

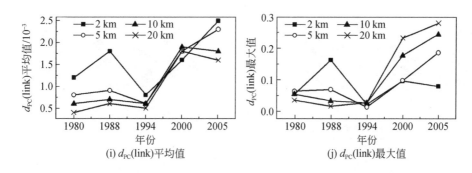

图 7-21　斑块水平各连接度指数的平均值和最大值变化（1980~2005 年）

性至关重要。不同时期，随距离阈值的不同，具有高聚集度和高连接度的核心生境的空间分布见图 7-22~图 7-26。

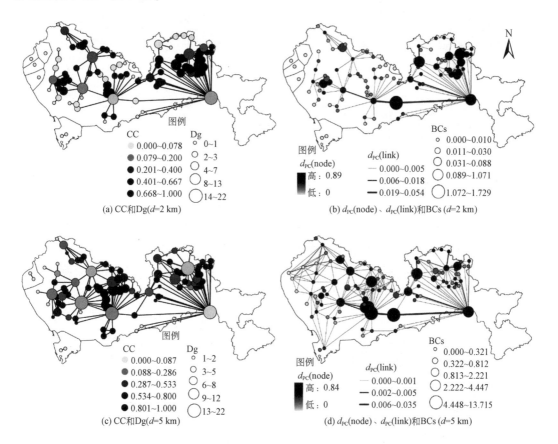

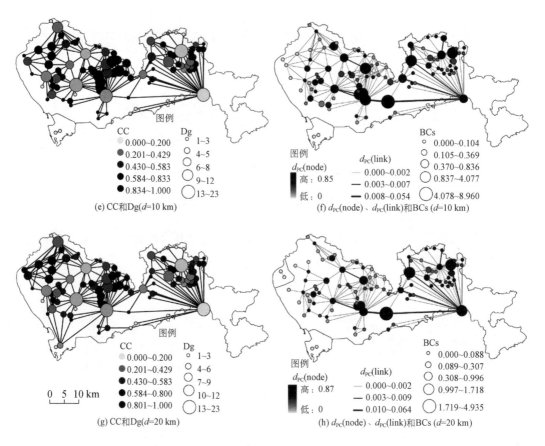

(e) CC和Dg(*d*=10 km)

(f) d_{PC}(node)、d_{PC}(link)和BCs (*d*=10 km)

(g) CC和Dg(*d*=20 km)

(h) d_{PC}(node)、d_{PC}(link)和BCs (*d*=20 km)

图7-22 不同距离阈值情景的斑块水平绿地系统连接度比较（1980年）

（a）（c）（e）（g）表示不同距离阈值的斑块水平结构连接度指数度（Dg）和聚集度（CC）的变化。圆圈代表生境斑块，线段代表斑块间连接路径。圆圈大小表示 Dg 的大小，圆圈越大，Dg 越大；圆圈灰度表示 CC 大小，颜色越深，CC 越大。（b）（d）（f）（h）列表示不同距离阈值的，斑块水平功能连接度指数中度（BCs）和连接概率贡献度（d_{PC}）的变化。圆圈大小表示 BCs 的大小，圆圈越大，BCs 越大，圆圈灰度表示 d_{PC}（node）的大小，颜色越深，d_{PC}（node）越大；结点之间的线段的粗细表示 d_{PC}（link）的大小，线段越粗，d_{PC}（link）越大。下同

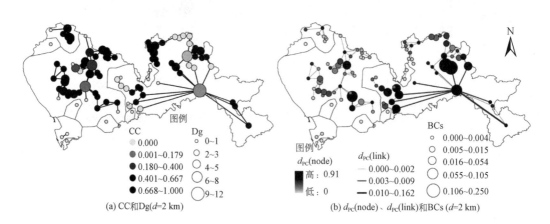

(a) CC和Dg(*d*=2 km)

(b) d_{PC}(node)、d_{PC}(link)和BCs (*d*=2 km)

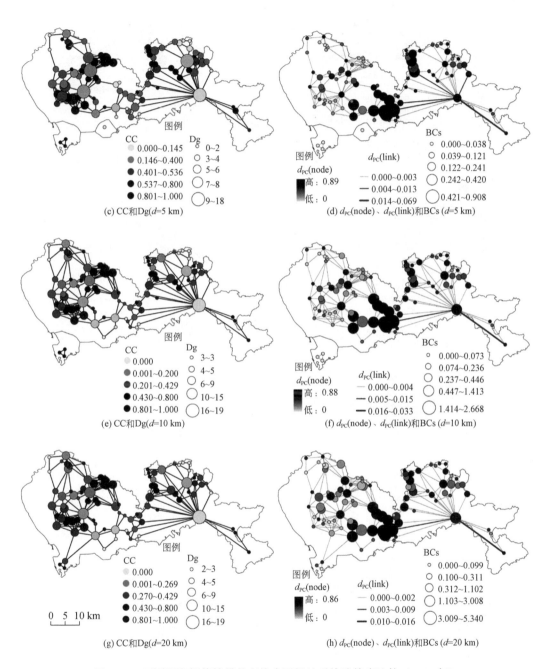

(c) CC和Dg(*d*=5 km)

(d) d_{PC}(node)、d_{PC}(link)和BCs (*d*=5 km)

(e) CC和Dg(*d*=10 km)

(f) d_{PC}(node)、d_{PC}(link)和BCs (*d*=10 km)

(g) CC和Dg(*d*=20 km)

(h) d_{PC}(node)、d_{PC}(link)和BCs (*d*=20 km)

图 7-23　不同距离阈值情景的斑块水平绿地系统连接度比较（1988 年）

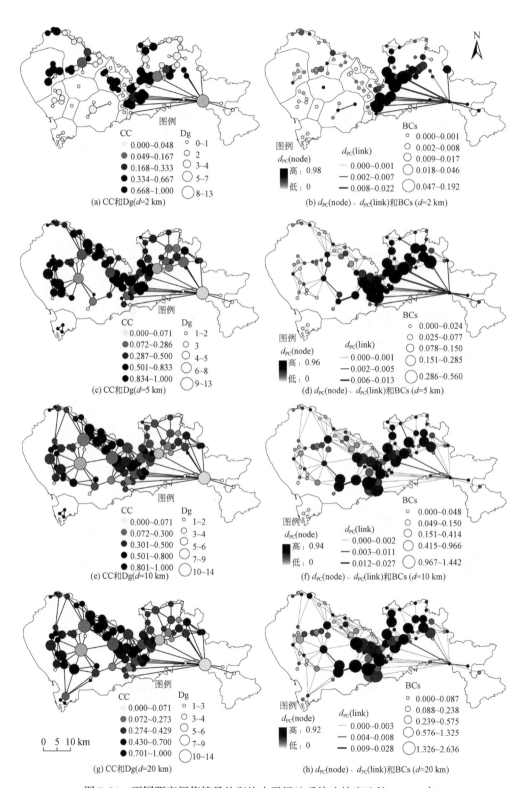

图 7-24　不同距离阈值情景的斑块水平绿地系统连接度比较（1994 年）

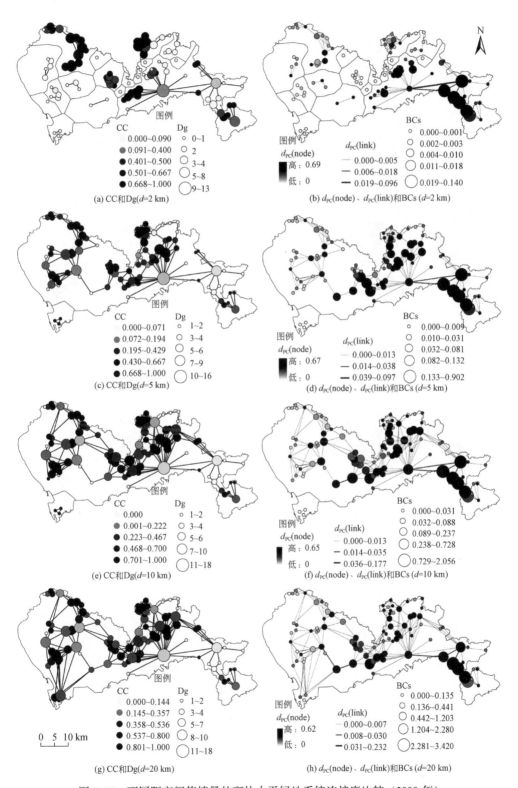

图 7-25　不同距离阈值情景的斑块水平绿地系统连接度比较（2000 年）

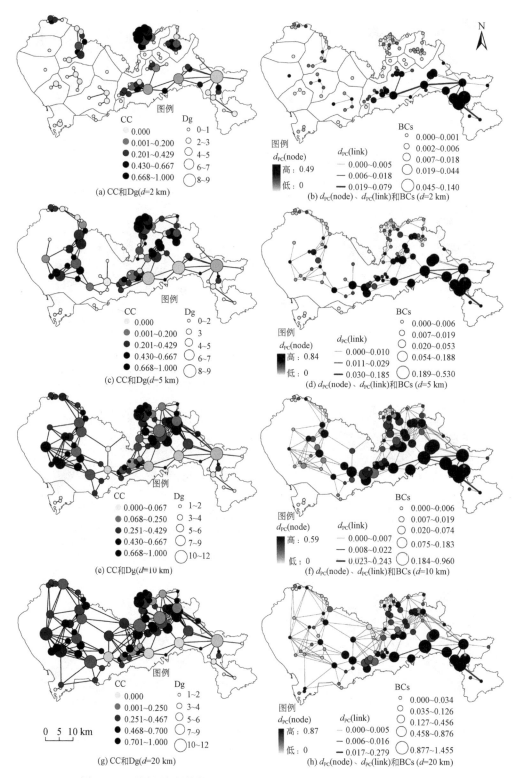

图 7-26　不同距离阈值情景的斑块水平绿地系统连接度比较（2005 年）

1980~2005 年，BCs 最大值和平均值逐渐减小，其中 1980~1988 年，中间度最大值下降幅度最大。在生境网络中，斑块的中间度越高，物种在其他斑块之间迁移运动时经过该斑块的概率越高，表明该斑块作为连接通道或脚踏石的作用也越关键。中间度的变化表明，深圳城市发展造成生境网络中斑块的连接功能逐渐下降，进而导致整个生境系统的功能连接度受到影响。随距离阈值的增加，中间度逐渐增大 [图 7-21 (e)(f)]，表明物种的扩散能力增强，斑块在物种的迁移运动过程中所发挥的连接作用增大。

d_{PC} 的大小与生境斑块的质量及其拓扑位置有关，d_{PC} 越高表明核心生境的可利用性和适宜性越强，其在整个网络中的位置越关键，一旦该斑块被移除，生境网络功能连接度的损失越大。1980~2005 年，d_{PC}（node）平均值大体呈上升趋势（除 1994 年小幅下降外），表明核心生境对整个生境网络连接度和生境可利用性的贡献程度逐渐增加。1980~1994 年，d_{PC}（node）最大值小幅升高，1994 年后显著下降 [图 7-21 (h)]。这主要是因为 1994 年以后，对维系整个生境连接度最重要的核心斑块（位于大鹏半岛）的破碎化程度增加，被分割为几个较小斑块（图 7-19），此时最大斑块的面积和质量明显下降，其对整个生境网络的贡献程度也显著减少，而位于这几个破碎核心生境之间的连接对网络的贡献程度 [d_{PC}(link)] 随之上升 [图 7-21 (i)(j)]。网络中具有较高中间度和 d_{PC} 的斑块或连接在维系整个生境系统的连接度和可利用性方面至关重要。不同时期，随距离阈值的不同，核心生境和连接的贡献程度的空间分布见图 7-22~图 7-26。

网络连接度和对外界干扰的抵抗性是生境网络的重要特征，当生境中某些斑块被移除后，整个网络的连接度不发生变化或发生较小变化，可以认为生境网络具有较强的稳健性（Dunne et al.，2002），这些特性都与网络的拓扑结构有关（Minor and Urban，2008）。本研究分析了不同时期生境系统中斑块和连接对生境网络连接度和稳定性的贡献程度，并对其时空格局变化进行了可视化表达。结果表明，在斑块水平上，生境斑块的聚集度、度和中间度等指数随时间不断下降，重要斑块或连接对网络连接度的贡献程度升高，表明随着城市的发展，维系生境网络连接度和稳定性起关键作用的斑块和连接不断受到影响，生境网络抵抗外界不利环境变化的能力逐渐下降。在斑块水平上，重要景观元素的识别及其动态变化研究对城市生态保护和建设具有重要参考价值。一方面，对生境系统实施有针对性的优先保护可以保证和维系整个生境系统的连接度和稳定性，维持区域的生物多样性；另一方面，面对城市土地资源紧张的现状，需要在城市发展用地和生态保护用地之间进行权衡，生境的优先保护可以提高生境保护和管理的效率，缓解城市土地利用矛盾。

4）基于连接桥的绿地系统连接度评价结果

生境网络中的结构连接元素——连接桥可为物种的迁移运动提供结构连接通道，对生境网络的连接度具有促进作用，本研究基于形态学空间格局分析提取的连接桥构建生境网络（图7-27），并对其进行连接度评价，识别对网络连接度起重要作用的核心斑块和结构连接通道。不同时期，绿地系统连接桥的面积、数量和平均长度变化见表7-12。1980～2000年，绿地系统中连接桥的面积总体呈下降趋势，2005年略有增加；1980年，连接桥的数量最多，达到105个，1994年降至最低45个，到2005年增至63个。1980年和1988年，连接桥的平均长度均在900m以上，1994年、2000年和2005年，连接桥的长度减少到500m以下，与1980年相比，减少50%以上。与1980年相比，2005年较长的连接桥已

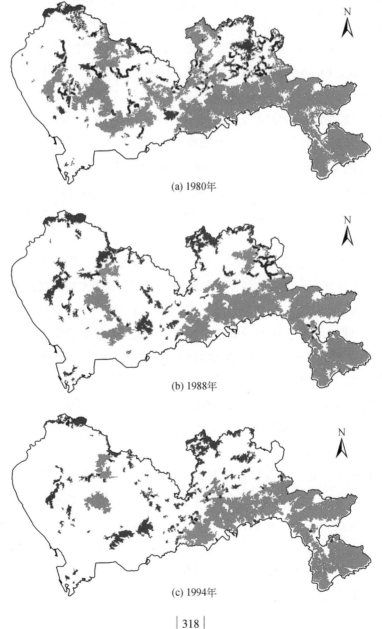

(a) 1980年

(b) 1988年

(c) 1994年

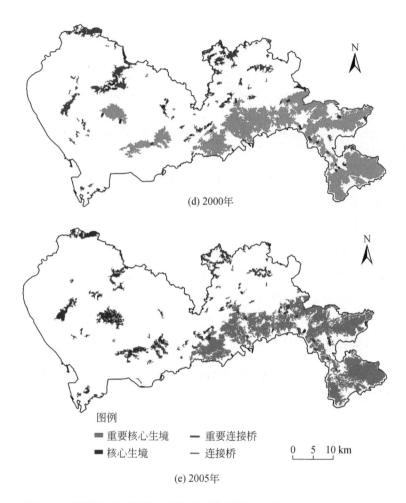

(d) 2000年

图例
■ 重要核心生境　　— 重要连接桥
■ 核心生境　　　　— 连接桥

0　　5　　10 km

(e) 2005年

图 7-27　深圳绿地系统核心生境和连接桥的空间分布（1980~2005 年）

图中生境斑块为面积大于 $0.2 km^2$ 的核（形态学空间格局分析分类后提取），图中连接桥为通过形态学空间格局分析生成的桥的面状区域提取的线状连接。重要核心生境和重要连接为在 $d_{complete}$ 情景下，$d_{PC}(node)$ 和 $d_{PC}(link)$ 排序前十位的景观元素

消失不见，在大鹏半岛的大片生境斑块中出现一些短小的连接桥，此时核心生境破碎化程度增加，原来连接成片的核心生境的某些区域面积缩减而成为连接桥（图 7-27）。同一时期，连接桥的面积相对较小，占绿地总面积的 3% 以下（表 7-12）。

表 7-12　绿地系统连接桥的特征统计（1980~2005 年）

年份	面积/km²	占绿地总面积比例/%	数量/个	平均长度/m
1980	26.60	2.40	105	993.92
1988	19.79	2.29	75	1202.32

年份	面积/km²	占绿地总面积比例/%	数量/个	平均长度/m
1994	11.12	1.59	45	397.58
2000	11.02	1.87	54	471.26
2005	16.23	2.74	63	408.83

注：连接桥面积为基于形态学空间格局分析提取的桥的面状区域的统计结果，连接桥长度为该面状区域和二值阻力面生成的线状连接的统计结果。

1980 年，等价连接度指数为 967 125 tC/a（$d=2000$）和 1 126 341tC/a（$d_{complete}$），到 2005 年，分别减少了 70%（$d=2000$）和 71%（$d_{complete}$）（表 7-13），表明绿地生境系统逐渐趋于破碎。核心生境对网络连接度的贡献率 [d_{PC}(node) 总值和平均值] 先减少后增加，而最重要核心生境对网络连接度的贡献程度 [d_{PC}(node)] 最大值呈相反的变化趋势（表 7-13）。绿地网络中核心生境对整个生境连接度的贡献率极不均衡，主要集中于少数几个核心生境斑块（图 7-27）。1994 年这一特点表现得尤为突出，最重要核心生境对网络连接度的贡献率 [d_{PC}(node) 最大值] 占核心生境总贡献率 [d_{PC}(node) 总值] 的 90%，一旦这些核心生境遭到破坏，整个生境网络将面临极高的生态风险。

表 7-13 基于连接桥的绿地系统连接度变化

年份	网络情景	EC/(tC/a)	d_{PC}(node)			d_{PC}(link)		
			最大值	平均值	总值	最大值	平均值	总值
1980	$d=2000$	967 125	87.56	2.36	233.40	17.48	0.50	52.49
	$d_{complete}$	1 126 341	83.25	2.67	263.90	29.45	0.41	42.67
1988	$d=2000$	618 837	91.31	1.46	144.41	35.45	0.57	42.43
	$d_{complete}$	651 789	91.68	1.53	151.93	35.05	0.53	39.97
1994	$d=2000$	571 149	98.46	1.13	110.35	0.96	0.11	4.75
	$d_{complete}$	573 922	98.38	1.14	111.44	1.04	0.09	4.14
2000	$d=2000$	434 790	67.26	2.68	268.30	31.74	1.94	104.74
	$d_{complete}$	479 435	72.75	3.07	306.82	40.64	2.24	120.99
2005	$d=2000$	293 374	70.33	2.84	284.13	33.98	2.28	143.66
	$d_{complete}$	323 406	74.65	3.16	316.19	41.51	2.60	163.92

注：EC 为等价连接指数；d_{PC}（node）为某一核心生境移除前后连接概率指数 PC 的变化率；d_{PC}（link）为某一连接路径移除前后连接概率指数 PC 的变化率。

生境中的连接桥对整个生境网络的贡献率 [d_{PC}（link）总值和平均值] 先减少后增加，1994 年连接桥对生境系统连接度的总贡献率最低，仅为 4.75（$d=2000$）和 4.14（$d_{complete}$）（表 7-13），这与此时期连接桥的数量较少有关。2000 年和 2005 年，连接桥对于整个网络连接度的贡献率 [d_{PC}（link）最大值、平均值和总值] 显著增加，这主要是由于核心生境面积减少，破碎化程度增加，原来一些生境中较狭长的区域转变为连接桥，连接桥作为生境之间仅有的结构连接方式变得尤为重要。2005 年大鹏半岛原来连接成片的核心生境中出现较多短小的连接桥，它们对整个网络连接度的贡献程度极大 [图 7-27(e)]。连接桥的数量并不是衡量生境连接程度的良好指标，有时当生境趋于破碎化时，连接桥的数量反而增加。

同一时期，$d_{complete}$ 情景下生境网络连接度和核心生境对连接度的贡献率均高于 $d=2000$ 的阈值情景（表 7-13），这主要是因为 $d_{complete}$ 情景下不考虑物种迁移能力对运动过程的限制因素，认为物种可以通过任何长度的连接桥直接到达另一斑块，因此生境网络的连接度和可利用度较高。1980 ~ 1994 年，$d_{complete}$ 情景下连接桥对网络连接的贡献率小于 $d=2000$ 的阈值情景，2000 ~ 2005 年则相反，这主要与连接桥的位置及其所连接的核心生境的质量以及物种的迁移能力有关。

7.3.2.3 生境扩展对绿地生境系统连接度的影响

2005 年深圳制定基本生态控制线，以法律的形式保护城市生态系统安全。此规定限制对基本生态控制线以内的果园施用农药和化肥，并控制园地的果实采摘，以保护绿地植被，为物种提供更多的栖息地和可利用资源，但园地生境的可利用程度和对整个生境网络的贡献程度还未得到科学评价。本研究基于 2005 年 Landsat 遥感影像分类结果和绿地形态学空间结构分析提取林地和园（地）−林（地）混合生境进行对比研究，评价生境扩展对绿地系统连接度的贡献。

1）林地和园−林混合生境网络连接度对比

2005 年林地和园−林混合生境的核心斑块数量分别为 100 个和 132 个（表 7-14）。两类核心生境面积分别为 375.89km² 和 658.12km²，分别占研究区域总面积的 18.9% 和 33.1%。当园地纳入核心生境后，生境总面积增加了 282.23km²，增长幅度为 75.1%，核心生境的 NPP 总量增加了 $2.82×10^8$tC/a，增长幅度为 75.1%。两类生境斑块的形状复杂程度较为接近。生境面积扩大可以为物种提供更多的栖息地和可利用资源，缓冲来自外界环境的干扰。

表 7-14 林地和园−林混合生境核心斑块的统计特征（2005 年）

生境类型	组成	斑块数量/个	斑块总面积 /km²	斑块总 NPP /(10^8tC/a)	斑块形状指数
林地生境	林地	100	375.89	3.76	3.69
园−林混合生境	林地和园地	132	658.12	6.58	3.79

由图 7-28 可知，园−林混合生境的等价连接指数明显高于林地生境，不同距离阈值的

平均增加幅度为 81.14%，表明园地对生境系统连接度的贡献显著。当距离阈值 $d<1.5$km 时，$d_Q>d_{EC}$，表明对于迁移能力较小的物种，生境扩展的贡献主要体现为生境质量的增加；当 $d>1.5$km 时，$d_{EC}>d_Q$，表明园地生境的增加可以有效地提升生境网络的功能连接度。特别是当距离阈值为 1.5~5km 时，生境扩展对整个系统连接度的贡献最大，表明扩散能力在此阈值范围内的物种可以从生境扩展中获益最多，园地纳入生境系统可以为物种提供最优的生境可利用度。

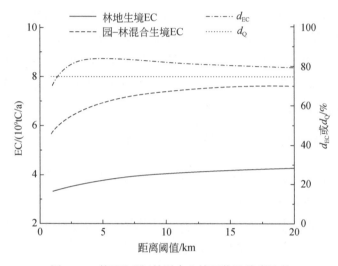

图 7-28　林地和园–林混合生境网络连接度比较

EC 为等价连接指数，d_{EC} 为园地纳入生境前后 EC 的变化率，d_Q 为园地纳入生境前后生境质量的变化率

2）林地和园–林混合生境网络中重要斑块和连接路径的对比

不同距离阈值下，林地生境和园–林混合生境网络中重要斑块和连接路径对网络连接度的贡献程度及其空间分布见图 7-29 和图 7-30。园–林混合生境中贡献率排名前十位的斑块的 d_{PC}（node）大于林地生境，如当 $d=2$km 时，林地生境中贡献率排名前十位的斑块的 d_{PC}（node）为 0.0087~0.4923，园–林混合生境中贡献率排名前十位的斑块的 d_{PC}（node）

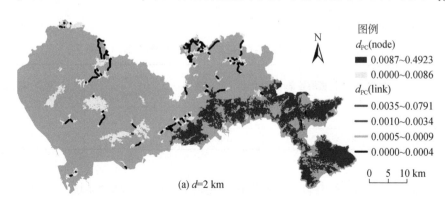

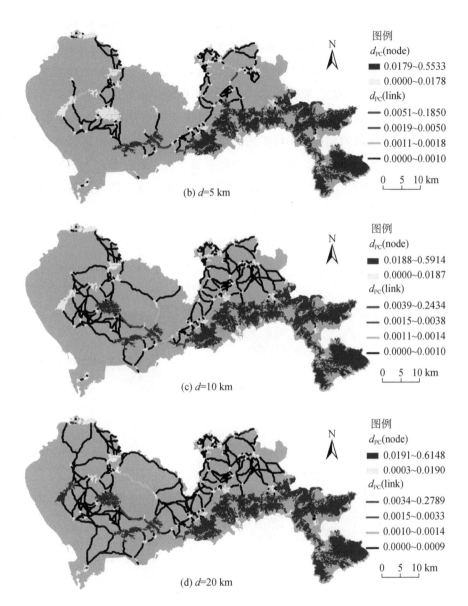

图 7-29　林地生境网络及其重要斑块和连接路径（2005 年）

图中 d_{PC}(node) 排序前十位的斑块用深褐色表示，其余斑块用浅黄色表；d_{PC}(link) 排序前 30 位的连接

路径按数值由高到低分为三组，每 10 条连接为一组，依次显示为红色、蓝色和绿色，其他连接显示为黑色

为 0.0088 ~ 0.8372；当 d=20km 时，林地生境中贡献率排名前十位的斑块的 d_{PC}(node) 为 0.0191 ~ 0.6148，园-林混合生境中贡献率排名前十位的斑块的 d_{PC}(node) 为 0.0310 ~ 0.8120。结果表明，园地加入生境系统对网络连接度的贡献主要集中在少数几个斑块。随距离阈值增加，重要斑块在空间分布的范围也由城市东南部的大鹏半岛向城市西部的羊台

山、塘朗山和光明森林公园一带扩展。当距离阈值较小时（$d=2km$ 和 $5km$），园–林混合生境中排名前 30 位的重要连接的 $d_{PC}(link)$ 值大于林地生境，而当距离阈值较大时（$d=10km$ 和 $20km$），园–林混合生境中排名前 30 位的重要连接 $d_{PC}(link)$ 值小于林地生境，这主要是因为当距离阈值较小时，物种运动主要受其扩散能力的制约，生境扩展可以增加许多新的连接路径，可以有效提高网络连接度，一旦失去某些连接，网络连接度的损失较大；而对于扩散能力较强的物种，生境扩展可以为物种提供更多的可选择路径，重要连接对网络连接度的贡献率相对降低。林地生境中的重要连接主要分布在大鹏半岛的破碎的生境斑块之间，在园–林混合生境中，生境面积扩展有效减少核心斑块的破碎程度，其重要连接的位置也随之发生变化。

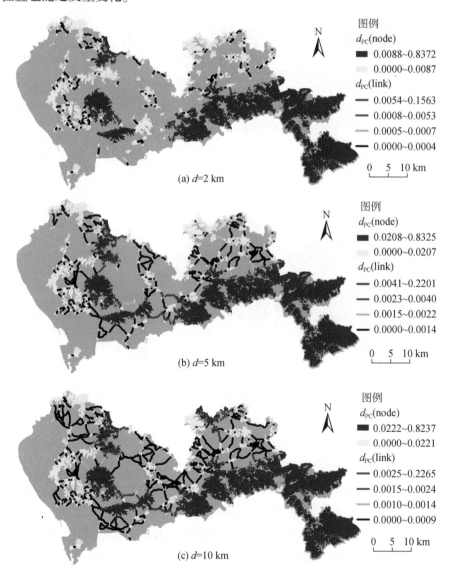

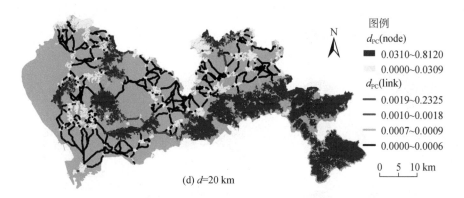

(d) d=20 km

图 7-30　园–林混合生境网络及其重要斑块和连接路径（2005 年）

图中 $d_{PC}(node)$ 排序前 10 位的斑块用深褐色表示，其余斑块用浅黄色表；$d_{PC}(link)$ 排序前 30 位的连接按数值由高到低分为三组，每 10 条连接为一组，依次显示为红色、蓝色和绿色，其他连接显示为黑色

7.4　深圳城市扩展对重要生态区功能连接度的影响

进入 20 世纪，生态保护区已成为国家乃至全球范围内生物多样性保护的重要战略之一（Howard et al.，2000）。特别是在城市地区，为保护物种及其生境不受外界环境变化影响，设置生态保护区是进行生物多样性保护最直接和有效的手段。然而，保护区的范围划定往往受到人为因素的影响，其有效性还未得到科学评价。研究表明，对维系某些重要生态过程起关键作用的生境斑块有时并未纳入生态保护区的范围之内（Grumbine，1990）。因此当这类未被保护的区域受到干扰时，生态保护区之间的物种运动、能量流动和养分循环等生态过程将会受到影响，最终导致保护区的功能隔离和生物多样性的下降（Grumbine，1994）。保护区是否能对生物进行有效保护不仅取决于保护区本身，还与保护区周围的土地利用变化密切相关。因此，在快速城市化地区，定量研究城市扩展对生态保护区的隔离效应（或功能连接度的影响）对正确理解城市化的生态效应和正确处理城市发展和生物多样性保护之间的关系具有重要意义，能够为未来城市规划布局和生态保护区管理提供参考依据。

城市扩展对生态保护区的隔离效应如图 7-31 所示。自然状态下，生态保护区与其周围的环境存在着物质循环、能量流动和信息传播［图 7-31（a）］，当某些未被保护的生境斑块被城市用地侵占后，生境斑块之间的传播路径被切断，直接阻碍生态流的传播［图 7-31（b）］；城市扩展还有可能通过改变景观基质类型间接阻碍物种迁移运动，减弱生态流传播，潜在影响生态系统过程［图 7-31（c）］；此外，人类活动的干扰范围往往超出城市用地本身扩展至周边环境，城市扩展导致边缘效应的影响范围扩大，进而阻碍物种运动或干扰保护区与周围环境的物质能量交换。上述由城市扩展和人类活动引发的干扰最终会导致生态保护区之间功能隔离。

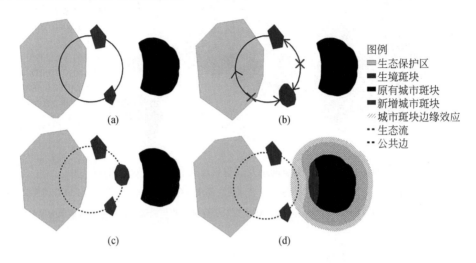

图 7-31 城市扩展对生态保护区的隔离效应示意图

(a) 生态保护区与周围环境存在物质循环和能量流动,未受城市用地的干扰;(b) 新增城市用地侵占物种生境,切断生态流传播路径;(c) 新增城市用地阻碍或减弱生态流传播;(d) 城市扩展导致边缘效应的影响范围扩大,干扰保护区与周围环境的物质能量交流。该图引自 Hansen 和 Defries (2007),有改动

快速城市化过程中,生境隔离是较生境破碎更为复杂的过程,它会阻碍生物个体或种群之间的基因交流,被认为是破碎生境中种群数量减少的一个重要原因 (Forman et al., 1976)。目前,定量评价景观隔离效应的指数大体有两类:一类是基于距离的隔离指数 (Distance-based Isolation Metric),如测度生物生境斑块之间的最短欧氏距离或平均欧氏距离。这类指数只有一个距离参数,生态学意义较为简单,在野外试验测量时容易忽略面积较小的生境斑块在物种迁移中的作用 (Asensio et al., 2009)。另一类是基于面积的隔离指数 (area- based isolation metric),如邻近度指数 (proximity index) 和相似度指数 (similarity index),这类指数可以衡量一定范围内生境 (包括核心生境及其周围区域) 可为物种提供的资源的多少,不仅仅局限于生境斑块本身 (McGarigal et al., 2002)。生境的隔离效应不仅与生境本身的大小和它们之间的距离有关,还会受到与生境邻接的不同景观类型的影响。目前评价景观隔离程度的指数多以自然景观为研究对象,忽略了造成生境破碎的人为景观 (如城市用地、道路等) 对生境的隔离影响。Su 等 (2010) 和 Ng 等 (2011) 分别提出隔离指数来定量评价城市发展对生态用地的干扰和隔离效应。本研究构建一个新的综合指数定量评价不同城市扩展模式对重要生态区 (key ecological area, KEA) 的隔离效应。

7.4.1 研究方法

7.4.1.1 城市隔离指数

本研究构建城市隔离指数（urban isolation index，UII）评价新增城市斑块对生态保护区隔离效应的大小，它主要与新增城市斑块的面积、斑块形状、扩展形态、位置和城市扩展造成的质量损失等因素有关。计算公式如下：

$$\text{UII}_i = \frac{Q_i}{Q_t} \times \frac{L_i}{2\sqrt{\pi A_i}} \times \frac{L_i - L_{ci}}{L_t} \times \left(\frac{d_i}{\overline{d}}\right)^{-1} \tag{7-7}$$

式中，Q_i 为新增城市斑块 i 造成的质量损失，它与斑块面积和原有土地利用类型的质量有关，本研究用城市扩展导致的原有生境 NPP 损失量表示物种生存环境质量的下降程度；Q_i 为新增城市斑块 i 的面积与原有土地利用类型单位面积 NPP 的乘积；Q_t 为城市增长造成的 NPP 损失总量，本研究利用改进的 CASA-NPP 模型计算深圳不同时期的植被生产力（Yu et al.，2011）；d_i 为城市斑块 i 到距它最近的生态保护区的距离；$\overline{d}$ 为研究区域所有城市斑块到所有生态保护区的平均最近距离，式（7-7）中所涉及的距离均为多边形边到边的距离；A_i 为新增斑块 i 的面积；L_i 为新增城市斑块 i 的周长；L_{ci} 为新增城市斑块 i 和原有斑块的公共边（c）的边长；L_t 为新增斑块的总周长；$L_i/2\sqrt{\pi A_i}$ 为斑块形状指数（PSI）（McGarigal et al.，2002），表示斑块 i 的形状复杂程度。

原有生态用地转换为城市用地的面积越大，损失的 NPP 越多，则可为物种提供的适宜环境或资源量越少，越不利于物种生存，城市扩展对生态保护区的隔离效应越强。新增城市土地利用的干扰效应还与城市斑块形状及其周围所邻接的其他土地利用类型有关。新增城市斑块形状越复杂，与其他非城市用地邻接的边长越长，该斑块对重要生态区的干扰越强，其产生的隔离效应也越强。当新增斑块为跳跃式增长时［式（7-1），$S=0$］，其斑块边缘完全与其他土地利用类型（如农田、林地等）相邻接，斑块边缘效应的影响程度最大，其所引发的隔离效应也最强；当新增城市斑块在原有城市用地内部填充增长时［式（7-1），$S=1$］，认为该斑块的隔离效应为零。此外，新增城市斑块隔离效应还与距生态保护区的距离有关。

累积城市隔离指数（cumulative urban isolation index，CUII）为生态保护区周围一定区域范围内新增城市斑块隔离效应的总和，其计算公式如下：

$$\text{CUII}_j = \sum_{i=1}^{n} \text{UII}_i \tag{7-8}$$

式中，CUII_j 为在生态保护区周围一定范围内所有新增城市斑块对生态保护区 j 产生隔离效应的总和，衡量新增城市用地对某一生态保护区的累积隔离影响。UII 和 CUII 均没有单位，因此不同时期或不同区域的同一指数之间易于比较。本研究将生态保护区周围 $\bar{d}$ 以内的区域作为城市隔离效应的研究范围。

7.4.1.2　重要生态区的识别

城市景观中一些自然或半自然景观对于调节区域环境质量，保护生物多样性，维持和改善人类福祉具有重要意义。本研究将这类区域定义为重要生态区。深圳地区的重要生态区主要包括：①一级水源保护区、风景名胜区、自然保护区、集中成片的基本农田保护区、森林及郊野公园；②坡度大于 25% 的山地、林地以及海拔超过 50m 的高地；③主干河流、水库及湿地；④维护生态系统完整性的生态廊道和绿地；⑤具有生态保护价值的海滨陆地。重要生态区的识别结果如图 7-32 所示。目前，城市扩展对重要生态区的影响还未进行科学评价。

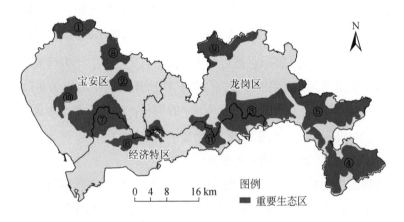

图 7-32　深圳重要生态区

①罗田森林公园（L）；②茜坑森林公园（Q）；③马峦山森林公园（M）；④西冲–七娘山森林公园（X）；⑤坝光森林公园（B）；⑥塘朗山–梅林森林公园（T）；⑦铁岗–羊台山森林公园（Ty）；⑧光明森林公园（G）；⑨黄竹坑森林公园（H）；⑩凤凰山森林公园（F）；⑪梧桐山森林公园（W）；⑫银湖森林公园（Y）

7.4.2　结果

7.4.2.1　城市隔离效应的时空动态分析

通过计算 1988 年、1994 年、2000 年和 2005 年四个时期所有城市斑块到所有重要生态区的平均最近距离（$\bar{d}$）确定隔离效应的研究范围，由表 7-15 可知 $\bar{d}$ 不断减小，表明城市用地逐渐向重要生态区向扩展。在 $\bar{d}$ 范围内新增城市面积不断扩大，1988 年仅为 68.18km²，2005 年这一面积增加到 239.37km²，是 1988 年的 3.5 倍。同时，城市扩展侵占生态用地造成 NPP 损失量不断增加，与 1980 年相比，1988 年 NPP 损失量为 6.3×10^7 gC/a，2005 年达到 2.52×10^8 gC/a，是 1988 年的 4.0 倍。1988～2005 年新增城市斑块的复杂程度和不规则性持续增加。通过计算四个时期城市隔离指数可知，1988～2005 年城市隔离指数的最大值、平均值和总值分别增长 33.5 倍、160.5 倍和 191.5 倍，其中 1988～1994 年城市隔离指数平均值和总值增幅最大，高达 1450% 和 2046%。通过分析城市用地对 12 个重要生态区的累积城市隔离指数可知，1988～2005 年累积城市隔离指数的最大值和平均值分别增长 29.7 倍和 79.6 倍，其中 1988～1994 年累积城市隔离指数平均值增幅最大，增加了 1009%，结果表明城市扩张对重要生态区的阻碍和隔离程度不断增强。

表 7-15　新增城市斑块特征统计及隔离效应指数 UII、CUII 变化（以 1980 年为基准）

| 年份 | $\bar{d}$/m | 新增城市斑块面积/km² | NPP 损失量/(10^8 gC/a) | PSI 平均值 | UII | | | CUII | |
					最大值	平均值	总值	最大值	平均值
1988	2386	68.18	0.63	1.46	10.66	0.02	23.56	11.99	1.58
1994	2182	149.35	1.54	1.55	85.82	0.31	505.51	85.98	17.52
2000	2042	213.66	2.27	1.58	118.84	0.85	1326.45	119.66	41.80
2005	2041	239.37	2.52	1.67	368.27	3.23	4534.72	368.66	127.31

注：PSI 为斑块形状指数；UII 为城市隔离指数，衡量新增城市斑块的隔离效应；CUII 为累积城市隔离指数，衡量城市扩展对每个重要生态区的总隔离效应。新增城市斑块是指在 $\bar{d}$ 范围内的城市用地。

1988～2005 四个时期城市隔离指数和累积城市隔离指数的空间分布见图 7-33。1988 年，城市隔离效应最强的区域位于深圳经济特区中部，城市隔离指数为 10.66。城市扩展对银湖森林公园（KEA12）的累积隔离效应最强，其城市隔离指数为 11.99。1994 年，引发隔离效应的城市用地范围由经济特区向特区外扩展，塘朗山–梅林森林公园（KEA6）受隔离程度最强，城市隔离指数为 85.98，其次为银湖森林公园（KEA12）。2000 年，引发隔离效应的城市用地扩展到整个深圳市域范围，与龙岗区相比，经济特区和宝安区的隔离效应更强。除银湖和塘朗山–梅林森林公园外，铁岗–羊台山森林公园、黄竹坑森林公园和凤凰山森林公园（KEA7、KEA9 和 KEA10）受城市斑块的累积隔离影响强烈。2005 年，城市斑块的隔离效应的范围进一步扩大，强度显著增加。除东部的西冲–七娘山森林公园（KEA4）和坝光森林公园（KEA5）外，其他保护区均受到严重的隔离和干扰。总体上，城市斑块的隔离效应的影响范围不断扩大，由经济特区逐渐向特区外扩展；其强度不断增加，与龙岗区相比，经济特区和宝安区隔离效应的影响更为强烈。城市扩展对重要生态区的累积隔离程度也不断增强，其中塘朗山-梅林森林公园、银湖森林公园、铁岗-羊台山森林公园和黄竹坑森林公园受隔离程度在四个时期均相对较强。

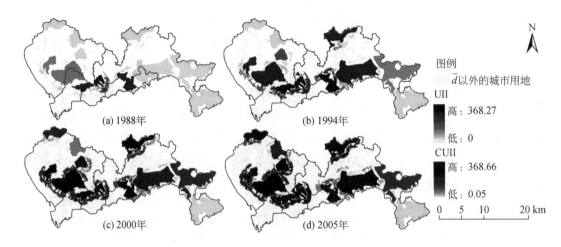

图 7-33　深圳城市隔离效应的时空格局变化（以 1980 年为基准）

UII 为城市隔离指数，衡量新增城市斑块对重要生态区的隔离效应；CUII 为累积城市隔离指数，
衡量每个重要生态区受周围城市斑块的隔离影响的程度

7.4.2.2　不同城市扩展模式的隔离效应的时空动态分析

本研究对四个时期（1980～1988 年、1988～1994 年、1994～2000 年、2000～2005 年）新增城市用地的三种扩展模式进行识别，并对不同增长模式的城市斑块的隔离效应进行分析。四个时期内，$\bar{d}$ 范围内城市增长类型以边缘扩展为主，占新增城市面积的 63.64%～70.82%（表 7-16）。填充式增长的城市用地面积不断增加，2000～2005 年这类城市用地占新增城市面积的 26.32%，比第一个时期（1980～1988 年）增长了近 81 倍。跳跃式增长的城市用地面积不断下降，由 1980～1988 年的 22.38km² （32.72%）减少到 2000～2005 年的 6.85km²（10.04%）。不同城市扩展模式的 NPP 损失量差异明显，边缘扩展造成的 NPP 损失占总损失量的 64.49%～69.17%，其中 1988～1994 年 NPP 损失量为最大 （6.133×10⁷gC/a），之后逐渐下降。内部填充增长导致的 NPP 损失相对较少，2000～2005 年达到最大量 1.006×10⁷gC/a。城市化初期跳跃增长的 NPP 损失量较高，占总损失的 34.86%，之后这一数值持续减少。四个时期边缘扩展的城市斑块形状复杂程度最高，其次为内部填充，跳跃增长的斑块形状较为简单，且变化不大。

表 7-16　三种扩展模式的新增城市斑块特征统计

时期	跳跃增长			边缘扩展			内部填充		
	面积 /km²	NPP 损失 /(10^6 gC/a)	PSI	面积 /km²	NPP 损失 /(10^7 gC/a)	PSI	面积 /km²	NPP 损失 /(10^6 gC/a)	PSI
1980~1988 年	22.38	21.95	1.42	45.79	4.094	2.00	0.22	0.08	1.28
1988~1994 年	17.54	20.39	1.42	67.55	6.133	2.28	10.29	6.95	1.80
1994~2000 年	9.95	10.19	1.41	59.51	4.469	2.12	21.54	14.42	1.81
2000~2005 年	6.85	7.91	1.43	43.42	3.604	1.93	17.96	10.06	1.69

注：PSI 为斑块形状指数。新增城市斑块是指在 $\bar{d}$ 范围内的新增城市用地。

　　三种城市扩展方式中，边缘扩展对重要生态区的隔离效应最强（表 7-17 和图 7-34），其城市隔离指数总值占同期城市隔离指数总值的 90% 以上。四个时期边缘扩展的隔离效应影响范围由经济特区向宝安区和龙岗区扩展，其隔离效应持续下降，与 1980~1988 年相比，2000~2005 年边缘扩展的城市隔离指数的最大值、平均值和总值分别降低了 98.74%、99.23% 和 93.35%。四个时期城市跳跃增长和内部填充的城市用地的城市隔离指数占同期总城市隔离指数的比例相对较低。跳跃增长的城市隔离指数持续下降，其中 1980~1988 年其最大值、平均值和总值远高于其他三个时期，这一时期隔离效应较强的区域主要集中在深圳中部和西部；内部填充的城市隔离指数呈上升趋势，1994~2000 年达到最高值。

表 7-17　三种城市扩展模式的城市隔离指数变化

时期	UII（跳跃增长）			UII（边缘扩展）			UII（内部填充）		
	最大值	平均值 /10^{-4}	总值	最大值	平均值	总值	最大值	平均值 /10^{-4}	总值
1980~1988 年	1.2093	18.54	1.5908	10.6572	0.1434	21.8016	0.0001	0.21	0.0002
1988~1994 年	0.0081	0.75	0.0902	7.5126	0.0318	21.6761	0.0206	3.59	0.0927
1994~2000 年	0.0083	1.12	0.0871	2.8810	0.0115	12.3907	0.0956	7.79	0.5675
2000~2005 年	0.0078	0.7	0.0425	0.1347	0.0011	1.4507	0.0096	0.73	0.0700

　　三种城市扩展方式对重要生态区隔离程度的贡献率如图 7-35 所示。城市化过程中，边缘扩展对重要生态区隔离程度的贡献率相对较高，是导致生态隔离效应的主要城市扩展类型，特别是后三个时期，这类增长方式对重要生态区的平均贡献率均大于 85%。城市化进程初期（1980~1988 年），跳跃增长的城市用地对重要生态区的隔离效应的贡献程度相对较大，对 12 个重要生态区的平均贡献率为 35.3%，跳跃增长对宝安区和龙岗区的重

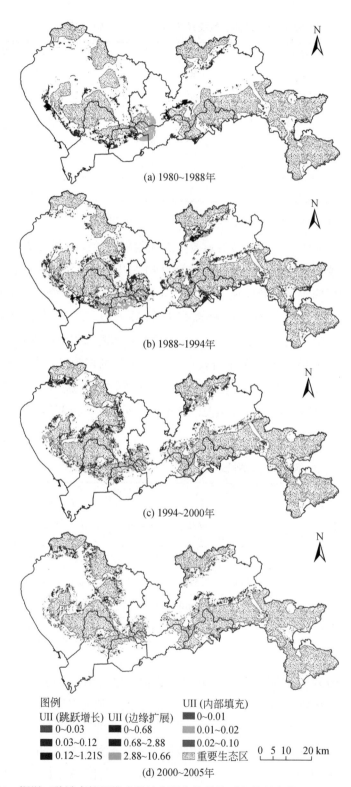

(a) 1980~1988年

(b) 1988~1994年

(c) 1994~2000年

图例

UII (跳跃增长)　UII (边缘扩展)

UII (内部填充)

■ 0~0.03	■ 0~0.68
■ 0.03~0.12	■ 0.68~2.88
■ 0.12~1.21S	■ 2.88~10.66

UII (内部填充)

0~0.01
0.01~0.02
0.02~0.10
重要生态区

0　5　10　20 km

(d) 2000~2005年

图 7-34　深圳三种城市扩展模式的城市隔离指数的时空格局变化（1980~2005 年）

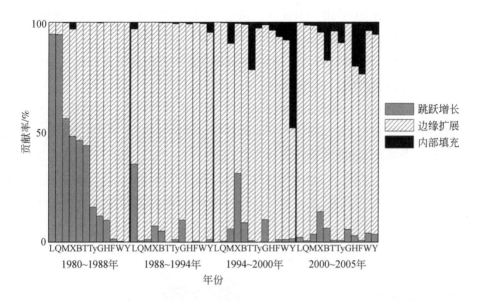

图 7-35　深圳三种城市扩展模式对重要生态区的隔离程度的贡献率（1980～2005 年）

每个时期的 12 个柱状图依次代表 KEA1～KEA12，见图 7-32

要生态区的隔离效应的贡献程度较高，特别是对罗田和茜坑两个森林公园的隔离效应的贡献率高达 94% 以上，后三个时期跳跃增长对重要生态区的隔离效应的贡献程度明显下降，其平均贡献率小于 6%。1980～1988 年和 1988～1994 年两个时期，城市内部填充扩展对重要生态区的隔离效应的平均贡献率不足 1%，之后隔离效应逐渐增加，到达 8% 左右，特别是 1994～2000 年，内部填充扩展对银湖森林公园隔离影响较大，其贡献率为 48%。

7.5　深圳城市绿地生境系统保护优先等级识别

7.5.1　研究方法

7.5.1.1　土地利用

深圳于 1979 年设市，40 多年来，此后深圳经历了经济和人口的快速增长。由于深圳建设用地的快速扩张及对各种生态用地的无序占用，深圳生态绿地逐步退缩到以羊台山、梧桐山、七娘山、马峦山等为核心的岛状区域内。

本研究利用美国陆地卫星（Landsat）遥感数据进行土地利用分类。与高分辨率数据相比，30m×30m 分辨率的 Landsat 遥感影像更适合进行常规土地利用变化监测和大范围空间制图。本研究获取 2010 年 10 月和 3 月的两景 Landsat TM 遥感影像（1：条带号 121，行编号 44；2：条带号 122，行编号 44）用于提取土地利用分类信息。此外，还收集 20 世纪 70 年代 1：50 000 地形图和 1999 年高分辨率航片以及野外调查的实地测量数据作为地理校正和图像分类的辅助信息。

利用非监督分类方法，根据遥感影像的第 3 和第 4 波段计算得出 NDVI，将地物分为非植被覆盖用地（城市用地、未利用地）、植被覆盖用地（耕地、林地、园地）以及水体三大类，避免了各类地物同时分类时各波段之间的干扰。然后采用监督分类的最大似然法分别对子类进行划分。最后，本研究将深圳土地利用类型分为 6 类，包括林地、园地、城市用地、耕地、水体和未利用地（图 7-36），图像总体分类精度为 90%，Kappa 系数为 0.88。

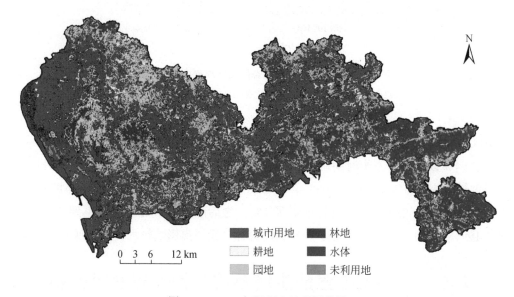

图 7-36　2010 年深圳土地利用分类

7.5.1.2　两类绿地斑块的识别

2005 年，深圳市政府颁布了《深圳市基本生态控制线管理规定》及《深圳市基本生态控制线范围图》，目的是以地方性法规的形式确立生态系统保护的重要性，约束城市建设用地的无序扩张，最大限度地保障生态系统稳定性和完整性。该项规定明确指出，位于基本生态控制线范围内的城市绿地严禁开发建设和植被砍伐等人为活动干扰，须严格执行保护措施。经长期保护后，这些区域将成为物种生存和生态过程维持的重要空间。基于此，本研究将位于基本生态控制线范围内的城市绿地定义为核心生境，并参考土地利用分类图、城市道路图和森林郊野公园建设规划图等在基本生态控制线范围内进行核心生境斑块的划定。最后，共划定 17 个核心生境斑块（图 7-37）。

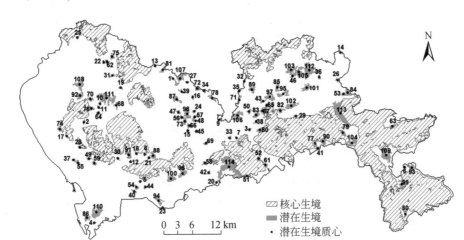

图 7-37　核心生境和潜在生境的空间分布

按照斑块面积由小到大的顺序对潜在生境进行编号 1～114

　　位于基本生态控制线以外的绿地斑块容易受到人类活动（如砍伐、城市建设、果园种植等）的干扰，进而发生土地利用类型的转变。当前，这些斑块还不能作为核心生境为物种提供生存空间和活动场所，但可以在采取有效保护和管理措施的情况下作为潜在生境服务于区域生物多样性保护。事实上，深圳市政府近年来已采取一系列保护措施以提升潜在生境的生态环境质量。基于此，本研究利用 2010 年深圳土地利用类型图提取位于核心生境以外的绿地斑块作为潜在生境斑块。研究表明，面积较小的植被斑块易于受到人类活动的干扰并不适合为物种提供生存空间（Bender et al., 1998），因此本研究将生境面积小于 0.2km² 的斑块去除（Yu et al., 2012）。最后，共识别 114 个绿地斑块作为潜在生境斑块（图 7-37）。之后，本研究将依照不同的斑块加入顺序将潜在生境依次加入核心生境网络，模拟和评估整个生态网络连接度的变化及潜在生境对连接度的贡献程度。

7.5.1.3　城市绿地生境网络连接度评价

　　本研究利用连接概率指数对绿地网络功能连接度进行评价（Saura and Pascual-Hortal, 2007）。该指数越大，表明整个生境网络的连接度和可利用性越高，越有利于物种运动和生态流的传播。然而，连接概率指数计算生境连接度时结果数值较小，不利于比较研究。等价连接面积指数（equivalent connectivity area，ECA）在数值上等于 PC 指数的分子部分的平方根 $\left(\sqrt{\sum_{i=1}^{n} \sum_{j=1}^{n} a_i a_j p_{ij}^*} \right)$，可以用于进行网络功能连接度的表征，它相当于与现实景观中所有斑块连接概率等价的单一斑块的面积的大小（Saura et al., 2007）。该指数单位与面积单位相同，便于进行生境网络连接度和可利用度的分析和解译。基于等价连接面指数，本研究构建连接度贡献率（contribution rate，CR）指数衡量单位面积斑块对网络连接度的贡献程度，表征不同绿地生境保护情景中新加入的生境斑块的空间位置的重要性。公式如下：

$$CR = \frac{d_{ECA}}{d_A} \tag{7-9}$$

式中，d_{ECA} 为潜在斑块加入生境网络前后网络连接度的相对变化率，算法为潜在斑块加入生境网络前后网络连接度的变化值除以潜在斑块加入前的生境网络连接度；d_A 为潜在斑块加入前后生境网络面积的相对变化率，具体算法与 d_{ECA} 相同。

标准偏差（standard deviation，SD）用以衡量一个数值距数据组算术平均值的偏离程度，标准偏差越大，数据值偏离数据组平均值的程度越大。本研究计算城市绿地生境保护情景中斑块持续加入生境网络后一系列连续变化 PC 值的标准偏差，用于诊断生境网络连接度发生重大变化的跳跃点，识别引起网络连接度发生重大变化的关键斑块。标准偏差较大，表明该斑块的加入能够大幅提升生境网络连接度，因此在生境保护措施实施过程中应被优先保护。经过多次测试，本研究选择绿地生境系统保护情景中每一次斑块加入前后 5 个连续变化的连接度数值计算标准偏差，这样既可以准确识别跳跃点，也能够确保测试结果的稳定性。

不同物种由于自身的行为特征和对景观元素的敏感程度不同，它们迁移运动的能力也不相同。因此，在生境网络连接度评价中应明确所研究的目标物种及其迁移扩散距离。本研究的目的是为研究区珍稀濒危物种的生境优先保护提供参考依据，因此选取了覆盖研究区大多数受保护物种扩散能力的距离阈值，包括 2km、5km、10km 和 20km。此外，考虑景观基质对森林物种迁移运动的阻力效应，本研究利用最小耗费距离（而非欧氏直线距离）测算生境斑块之间的距离。最小耗费路径的建立和测算方法参见 7.3 节。

7.5.1.4　城市绿地网络系统保护情景设计

在生境网络连接度研究中，可以通过斑块移除或增加实验模拟绿地网络系统遭到连续破坏或经过生态保护建设后生境网络连接度的变化，识别对维持生境网络连接度和稳定性起关键作用的景观斑块，为未来城市扩展可能造成的物种灭绝、生物多样性损失、区域环境质量下降等生态风险提供预警，为未来城市绿地生境的优先保护和城市土地利用规划提供参考依据。

本研究通过设计城市绿地生境网络保护情景，模拟和评价潜在生境斑块加入生境网络后对整个生境网络连接度的贡献程度。4 类城市绿地生境网络保护情景如下：情景 1（S1），按照潜在生境斑块面积由小到大的顺序，依次独立加入初始核心生境网络。情景 2

（S2），按照潜在生境斑块面积由小到大的顺序，依次连续加入核心生境网络，每一次添加都是基于上一次的迭代添加后形成的网络。情景3（S3），与S2迭代添加的顺序相反，即按照潜在生境斑块面积由大到小的顺序，依次连续加入核心生境网络。情景4（S4），依次增加核心生境缓冲宽度，每次增加幅度为50m，增加至最大缓冲宽度5000m，将扩展的缓冲区范围内的潜在生境斑块依次连续加入核心生境网络。本研究设置独立添加（S1）和迭代添加（S2~S4）两类情景的目的是尽可能多地识别和改善网络连接度的关键斑块；设置迭代添加顺序相反的两个情景（S2和S3）的目的是对比众多面积较小斑块和少数面积较大斑块改善网络连接度的效果；设置依距离远近添加斑块（S4）和依面积大小添加斑块（S2和S3）两个情景的目的是比较"距离优先"和"面积优先"保护策略改善网络连接度的效果。

7.5.2 结果

7.5.2.1 不同保护情景中生境网络连接度及物种响应的变化

随潜在生境斑块的增加，连接度及其变异程度的变化如图7-38所示。在S1中，将斑块8、21、58、85、88、91、104、113和114纳入核心生境能够大幅提高网络连接度［图7-38（a）（b）］。在S2中，随潜在生境由小到大加入核心生境网络，网络连接度呈现指数型增长［图7-38（c）］。其中，当斑块8、21、43、58、65、88、104、113和114加入核心生境网络时，网络连接度大幅增加［图7-38（c）（d）］。在S3中，潜在生境面积较大的斑块能够大幅提升网络连接度［图7-38（e）］。其中，斑块58、88、91、101、113和114对网络连接度的贡献较大［图7-38（e）（f）］。在S1~S3中，对网络连接度贡献较大的上述斑块主要分布在距核心生境较近的区域，主要作用是作为连接斑块或脚踏石连接多个核心生境斑块或是作为核心生境斑块的一部分扩展核心生境面积（图7-39）。在S4中，距核心生境距离较近的潜在生境对网络连接度的贡献较大［图7-38（g）］。其中，在

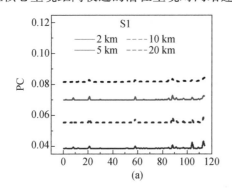

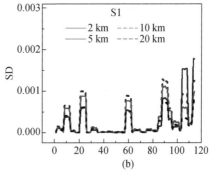

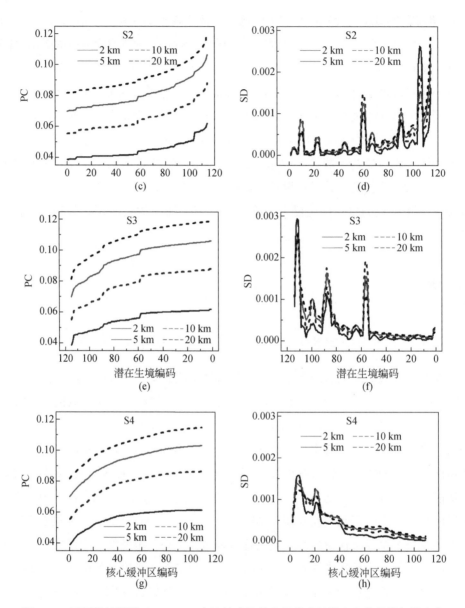

图 7-38　不同保护情景（S1～S4）中连接度及其变异程度随潜在生境的增加的变化

PC 为连接概率指数，表示连接度的变化；SD 为标准偏差，表示连接度变异程度的变化

核心生境缓冲区为 250m、900m 和 1700m（缓冲区编号为 5、18 和 34）范围内的潜在生境对网络连接度的贡献最大［图 7-38（g）（h）］。

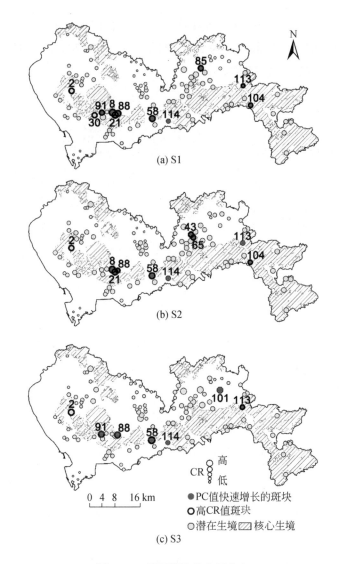

图 7-39　重要斑块的空间分布

绿色实心圆表示使整个网络连接度快速增加的斑块；圆圈大小表示 CR 值的高低；

黑色加粗圆圈表示具有较高 CR 值的斑块

在 4 类生境保护情景中，网络连接度随物种扩散距离的增加而增加［图 7-38（a）（c）
（e）（g）］，这主要是因为扩散能力较强的物种更容易在生境斑块之间迁移运动。当将某些
潜在生境斑块（如 S1 和 S2 中的斑块 8 和 21，S1、S2 和 S3 中的斑块 58 和 88）纳入生境
网络时，在扩散距离为 5km 和 10km 的扩散情景中，网络连接度变异程度大于其他扩散情
景，表明扩散能力为 5km 和 10km 的物种对这些增加网络连接度的关键斑块更为敏感，能
够从中获益更多。类似地，在扩散距离为 2km 的扩散情景中，斑块 104（S1 和 S2 中）、

113（S1 和 S3 中）能够大幅提高网络连接度，表明具有较小扩散能力的物种能够从这些面积较大斑块中获益更多。扩散距离为 2km、5km、10km 和 20km 的物种能够从生境保护情景 S4 中获益最多，S2 次之（图 7-40）。

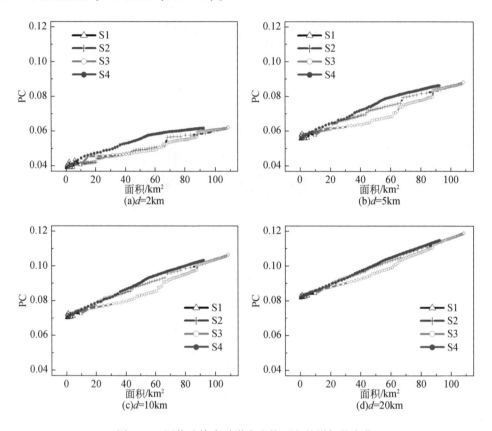

图 7-40　网络连接度随潜在生境面积的增加的变化

随物种扩散距离的增加，保护情景 S2 对网络连接度的改善效果与 S4 越来越接近。对于扩散距离为 20km 的物种，S2 和 S4 中潜在生境斑块对网络连接度的贡献基本相同 ［图 7-40（d）］。对于扩散距离为 10km 的物种，当加入生境网络的潜在生境面积为 35km² 时，S2 和 S4 的保护效果基本相同 ［图 7-40（c）］。对于扩散距离为 5km 的物种，当加入生境网络的潜在生境面积为 20～32km² 或小于 10km² 时，S2 和 S4 能够贡献相同生境网络连接度 ［图 7-40（b）］。

7.5.2.2　不同保护情景中潜在生境斑块的空间重要性

本研究对占据重要空间位置能够大幅增加网络连接度的潜在生境斑块进行识别（图 7-39 和图 7-41）。在 S1 中，斑块 2、8、21、30、58、85、88、91、104 和 113 具有较高 CR 值

[图7-41 (a)]。在 S2 中，斑块 2、8、21、43、58、65、88 和 104 具有较高 CR 值 [图 7-41 (b)]。在 S3 中，斑块 2、58、88、91 和 113 具有较高 CR 值 [图 7-41 (c)]。在 S4 中，距核心生境距离较近的 2km 范围内的潜在生境具有较高 CR 值 [图 7-41 (d)]。上述潜在生境斑块对改善生境网络连接度具有较大贡献，这主要是因为它们占据着生境网络中重要的拓扑位置，此类斑块的识别对于在用地紧张的城市地区进行生境保护和土地利用规划具有重要作用。

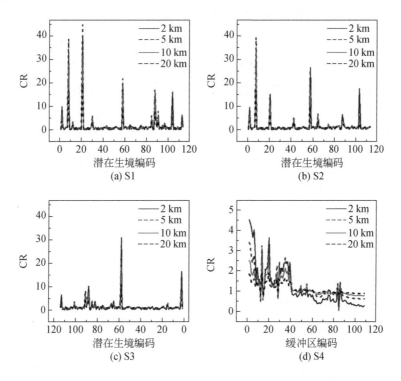

图 7-41 不同保护情景（S1-S4）中潜在生境（PHAs）斑块贡献程度（CR）的变化

7.5.3 小结

保护城市生态网络是提高城市景观可持续性和恢复力的重要途径之一（Ahern，2013）。本研究将保护区外的生境斑块视为城市绿地生境网络的重要组成部分，关注其在整个网络中所发挥的作用，而不是仅关注自然保护区或森林公园等常见的保护热点区。基于图论的连接度模拟方法能够探测斑块移除或添加对整个生境网络的影响，可以作为土地系统规划和设计的决策支持工具。本研究将图论方法与基于不同斑块添加顺序的生境保护情景进行整合，用于识别在土地资源紧张的城市地区进行生态网络建设的最优途径。此方法可用于告知规划者和政策制定者在城市发展过程中保护或利用自然生境时生境连接度的得失。

结果表明，与其他三种保护情景相比，S4能够为目标物种提供连接度更高的生境网络（图7-40）。这主要是因为分布在核心生境周围的潜在生境可以作为连接要素，通过在核心生境及其周围环境之间建立新的连接而发挥作用；或者可以将近距离的核心生境连接起来，合并成为一个更大的生境斑块。Rubio和Saura（2012）认为，在维持生境网络连接度和种群动态方面，当生境在整个景观中的面积比例接近或少于30%时，生境斑块的空间配置比生境数量更为重要。在本研究中，生境面积占整个研究区面积的28%（仅将核心生境作为物种生境）或33%（同时将核心生境和潜在生境作为物种生境）。本研究结果支持这一观点，即占据关键空间位置（位于保护区周围）的斑块有助于提高整个生境网络的连接度。此外，保护区周围的生境可以作为缓冲区，在防止保护区边缘受人类活动干扰方面发挥重要作用。需指出的是，城市土地扩张还远没有结束。有研究表明自然保护区附近的城市用地快速增长还将持续20年。因此，深圳的自然保护区很可能会受到未来城市扩张的影响。基于土地利用现状的保护规划很可能无法满足未来长期保护实践的需要。因此，本研究强调应基于未来土地利用动态变化适当更新和调整生态保护规划。有学者建议将土地利用变化预测分析与景观连接度分析结合起来，以满足长期生境保护的需要。

一般来说，景观中并非所有的生境斑块都具有相同的维持景观连接度的能力。本研究结果表明，只有少数斑块（如S1～S3中的斑块58、88、113和114；S1和S2中的斑块8、21和104；S1和S3中的斑块91）能够显著增加整个网络的连接度（图7-38）。不同的生境改善景观连接度的机制和途径不同，这主要与斑块大小及其拓扑位置有关。例如，本研究中斑块8、21和88具有较高CR值，它们位于深圳铁岗-羊台山森林公园和塘朗山-梅林森林公园之间，占据关键拓扑位置，它们有可能成为这两个森林公园之间的连接元素或踏脚石以增加生境连接度（图7-39和图7-41）。另一个例子是，与梧桐山森林公园相邻接的斑块114被纳入生境网络后，通过扩大现有保护区面积，可以为物种生存提供更大的空间范围或更多的资源（图7-39）。基于上述分析，规划者和决策者应充分考虑进行生态保护的区域的面积和空间格局，以确定生境保护的优先次序。为实现上述识别区域的有效保护，本研究建议禁止生境开发（如伐木、用地类型变化等），鼓励栖息地生态恢复（如增加植被盖度、丰富原生植被组成和结构）。

不同的保护情景对生境连接度的影响具有尺度依赖性，这取决于物种的迁移扩散能力和景观格局。本研究结果表明，对于迁移扩散能力为20km的物种，S2（优先保护潜在生境中面积较小的斑块）和S4（优先保护核心生境周围的斑块）对整个生境网络连接度的贡献基本一致[图7-40（d）]。因此，生态保护者和土地规划者在对具有较高扩散能力的物种（如赤麂和云豹）进行保护时，应特别考虑这两种保护方案。对当地具有中等扩散能力的物种（如大灵猫和小灵猫）进行保护时，如果加入生境网络的潜在生境斑块的面积小于 35km²，则最佳保护方案仍是 S2 和 S4 ［图 7-40（b）（c）］。如果加入生境网络的潜在生境斑块的面积大于 35km²，则最佳保护方案为 S4。对于扩散能力有限的物种（如棘胸蛙和平胸龟），本研究建议将 S4 作为首选保护方案 ［图 7-40（a）］。本研究认为生境保护方案应与目标物种相关，包含物种特异性信息的生境保护方案对城市生物多样性保护更具针对性和实用性。

通过整合斑块属性特征和扩散概率这两个变量，生境可利用度指数被认为是进行景观连接度测算和表征的有效方法。本研究用斑块面积来表示斑块属性特征。事实上，由于人为活动干扰所导致的边缘效应的影响，某些物种的有效生存空间可能小于生境斑块本身的面积。因此，本研究的结果很可能高估了生境网络连接度。斑块属性特征还包括生境质量或资源的可利用程度，这些特征可通过物种所偏好的植被类型、植被结构和林分成熟度水平来进行表征。当获得更多关于物种及其生境属性特征的实地调查数据时，对研究区生境网络连接度的模拟和评估将更为准确。生境可利用度指数的另一个变量扩散概率通常被表达为物种扩散距离的函数。扩散距离的权重参数设置与保护目标和物种扩散距离有关。如果预期保护目标是促进物种的长距离扩散或重新定居，那么为扩散距离设置常量参数或表达为逻辑斯谛型增长函数可能最为合适（Parks et al., 2013）。鉴于本研究的目的是通过识别那些距离短且使用率高的景观连接要素以维持种群运动和基因交流，这里利用扩散距离的负指数型函数来计算扩散概率，给较短的斑块间距离赋予较高的权重。此外，本研究主要从生境网络连接度的角度对潜在生境的优先保护进行识别和判断。实际上，自然生境在提供生态系统功能和服务（如空气净化、气候调节、径流调节、侵蚀控制、娱乐价值和美学价值）方面也发挥着至关重要的作用。因此，应基于对城市绿地生境系统结构和功能的综合评估提出最佳的生境保护对策。

7.6 基于景观连接度的深圳生态基础设施构建

在全球范围内，城市化、农业集约化和森林退化是造成生物多样性丧失和生态系统退化的主要原因。在这些驱动因素中，城市化被认为是在区域尺度上对生物多样性威胁最大的因素。在城市地区，人工环境与先前的自然环境形成鲜明对比，生物多样性主要维持在城市开发过程中保留的小部分原生植被中。在区域尺度上，城市化被认为是建立保护网络的重要威胁，特别是在某些关键地区（Gurrutxaga et al., 2010）。城市可持续发展的要求往往与土地利用冲突、自然生境破碎和自然环境恶化等问题交织在一起。

在世界范围内，城市化的趋势不可逆转。因此，保持城市发展的合理规模和速度以减少其对自然生态系统的负面影响就变得十分必要。维持一定水平的自然生境连接度对城市可持续发展具有重要意义，这是因为生境连接度对于基因、个体、种群和群落等不同组织水平上的跨时间尺度的交流和扩散很重要（Minor and Urban，2007）。因此，当物种栖息地变得稀少、破碎时，维持生境网络连接度就成为生态保护规划需要考虑的关键要素之一（Flather and Bevers，2002）。

一些研究者认为只有在尝试扩大生境规模和改善生境质量之后，才应在增加生境网络连接度方面做出努力；同时他们还认为对于在气候变化背景下维系物种生存来讲，扩大保护区面积比增加保护区数量和改善保护区连接度更有效。然而，许多物种的扩散距离较远，无法仅通过扩大保护区范围来缓解环境变化与物种生存之间的冲突（Krosby et al.，2010）。如果生境连接度增加能够减缓生境破碎化带来的不利影响，那么物种受气候变化影响迁移进入新栖息地的可能性就会大大增加，从而降低物种灭绝的概率（Krosby et al.，2010）。因此，维持和改善生境连接度就意味着需要采取一系列措施（包括建立生态廊道、脚踏石和增加景观基质渗透性等）来促进物种在自然、半自然甚至人为景观中的迁移运动。

图论为评价生境连接度提供了新的途径和方法，可用于景观和斑块水平的结构或功能连接度分析（Minor and Urban，2007）。实验证据表明，栖息于破碎生境的小型哺乳动物、无脊椎动物和鸟类等物种会发生局部灭绝和再定居过程，此类种群被称为复合种群（Hanski，1994）。图论为描述复合种群的生境斑块镶嵌体结构提供了一种简单而有效的方法（Urban et al.，2009）。图论已被广泛应用于多个学科，其中包括景观生态学和保护生物学（Urban et al.，2009）。目前，利用基于图论的斑块水平的连接度分析开展生态保护网络的构建、分析和应用研究已被科学家和决策者们广泛接受和认可（Galpern et al.，2011）。

生态修复主要是对已发生退化、损伤或破坏的生态系统进行恢复，其目标是使用参考生态系统作为模型来模拟特定生态系统的结构、功能、多样性和动态。已发表的多篇文献提出了基于土地可持续管理的生态修复方案，如 Huang 等（2009），但基于网络连接度的观点利用图论开展生态修复的案例还相对很少。本研究的研究目标包括：①利用遥感数据和其他空间数据在快速城市化地区识别重要生态区和核心生境，并评价景观结构和环境背景；②利用图的理论和方法分析不同生境斑块对生境网络连接度的贡献；③综合考虑社会、经济和生态可持续发展的要求，建立实用的生态保护规划方法，以应用于其他快速城市化地区。

7.6.1 材料与方法

7.6.1.1 重要生态区和核心生境的识别

在城市化快速发展过程中，许多平坦的自然栖息地被城市扩张所侵占，剩余的自然和半自然区域则被视为城市动植物保护和环境高质量发展的战略要地。一般认为，核心生境在保护区域生物多样性和限制城市无序扩张方面具有极其重要的作用。在未来城市规划中这些地区应受到法律保护以维护生态系统完整性。因此，本研究将这些区域定义为重要生态区。

本研究根据生境面积大小和适合森林物种栖息的土地利用类型进行核心生境的识别。具体识别标准包括：①核心生境应为能够为物种提供可利用资源、受人为干扰较少的林地或园地；②核心生境面积应大于 $0.2km^2$。

本研究利用景观格局指数计算工具 Fragstats（McGarigal et al., 2002）计算核心生境数量（NC）和平均斑块面积（MPS），表征核心生境斑块的数量、大小等空间总体特征；通过计算核心生境斑块的周长面积比（PAR）表征核心生境的形状复杂程度或边缘效应大小。利用上述指数可以描述核心生境的破碎化程度。

7.6.1.2　生态网络的构建

本研究利用图论这一成熟算法对生境网络连接度进行评价。图是由一系列结点和结点间连接组成的；连接表示两个结点之间的功能联系（Urban et al., 2009）。如果网络中的每一个斑块都可以经由连接直接到达其他斑块，则表明网络具有高连接度。

在本研究中，结点表示核心生境，结点间的连接表示物种在斑块间的扩散过程（如生态流、物种运动等）。结点间的连接用最小耗费路径表示。提取最小耗费路径需要定义两层数据，即源数据层（包括所有核心生境）和耗费表面，后者表示生物个体从一个生境斑块扩散到另一个斑块所需要耗费的成本或所需要克服的阻力。

网络连接度评价需要获取空间连续型变量作为景观渗透性的代理指标，如道路密度、植被覆盖度（Urban, 2005）和 NPP 等。其中，NPP 可以作为表征生物生存环境质量和资源可利用性的良好指标。一般认为，较高的 NPP 和植被覆盖度意味着较少的人为干扰和较多的可利用资源。因此，对于易受人类干扰的物种来说，这样的景观更易于穿越。本研究利用 NPP、植被覆盖度、地表不透水层（城市建设用地）、道路密度和水体数据叠加建立耗费表面，进而提取核心生境之间的连接路径（参见 7.3 节）。像元具有的耗费成本值越高，物种在其中穿越需要克服的阻力也越大，反之亦然。本研究基于 ArcGIS 9.2（ESRI）提取核心生境间的最小耗费路径，进而构建生境网络。相邻核心生境间最小耗费距离为斑块边到边的距离，通过斑块间质心到质心距离减去斑块半径进行计算。

7.6.1.3　连接度指数

本研究利用基于图论的指数——度、中间度和紧密度进行生境网络连接度分析。度是指与核心生境斑块直接连接的最小耗费路径的数量。某一斑块的度较低，意味着这个斑块很可能被隔离且易于发生物种灭绝。中间度是指一个核心生境斑块介于网络中其他某一对斑块间路径的概率。中间度较高的斑块可以作为物种迁移运动过程中的中间斑块或脚踏石。紧密度是指某一核心生境斑块与其他所有斑块之间的最小耗费距离之和。某一核心生境斑块与其余生境斑块之间的距离越小，则该斑块的紧密度越高。上述基于图论的指数在衡量景观连接度方面具有一致的作用，即具有较高度、中间度和紧密度的核心生境斑块有利于维持网络结构的高连接度，有助于物种在景观中的迁移运动。

本研究通过构建潜在生态流（PEF）指数，衡量核心生境斑块在维持网络连通度方面的作用，进而表征生境斑块质量。PEF 的计算公式如下：

$$\text{PEF} = \frac{1}{2}\left(Q_i + \frac{1}{m}\sum_{j=1,i\neq j}^{m} Q_i P_{ij}^* \right) \tag{7-10}$$

PEF 包括两部分，前一部分描述生境斑块 i 本身的质量（Q_i），后一部分描述从其他斑块输入斑块 i 的生物流或从斑块 i 输出的生物流。式（7-10）中，m 为生态网络中核心生境斑块的数量；Q_i 为面积加权的生境斑块的质量，在公式中，用斑块 i 的面积加权 NPP 表示；P_{ij}^* 为斑块 i 到斑块 j 所有可能路径概率乘积的最大值，其中每一条路径连接概率（p）为此路径连接的两个斑块之间距离（d_{ij}）的负指数函数（Urban and Keitt，2001）。公式如下：

$$p_{ij} = e^{-\theta d_{ij}} \tag{7-11}$$

式中，d_{ij} 为 i 和 j 两个斑块之间的距离；θ 为常量，它与物种的迁移距离及其相对应的迁移概率大小有关。p 值介于 0～1，斑块之间距离越大，物种迁移扩散成功的可能性越小。理论上，当斑块之间的距离无限远时，$p=0$，此时得到 PEF 最小值 $1/2Q_i$；当斑块之间的距离无限接近成为同一个斑块时，$p=1$，此时得到 PEF 最大值 $Q_{\max}$。一般来说，核心生境斑块的 PEF 越高，其对于维持生境网络连接度的贡献就越大。本研究通过设定 $p=0.5$ 和 d_{ij} $=2\text{km}$ 计算得到 θ，此参数设置可以覆盖研究区内大多数受保护物种的活动领地的直径范围。

7.6.2　结果

7.6.2.1　重要生态区

重要生态区的空间范围如图 7-42 所示。重要生态区占地面积为 953km²，约占深圳市总面积的 47.85%，包括研究区内大部分生态用地，其中耕地、园地、林地和水体分别占研究区相应土地利用类型的 41%、62%、86% 和 36%。重要生态区对制约城市无序扩张、维持生态过程完整性具有重要作用。重要生态区是城市发展的控制红线，应禁止开发并受法律保护。

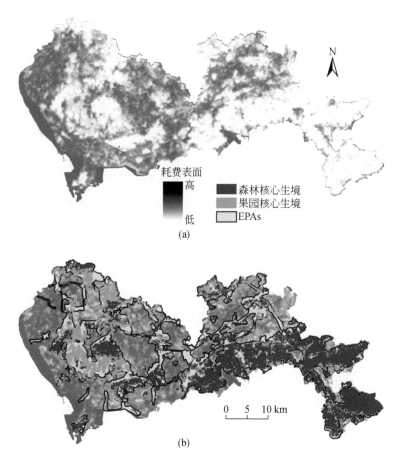

图 7-42　研究区耗费表面及核心生境和重要生态区的空间分布

　　重要生态区在缓解人类活动对其内部景观要素的干扰方面发挥着重要作用。然而，这并不意味着重要生态区内的景观要素与重要生态区以外的区域隔离，而是意味着重要生态区很有可能在区域尺度上为物种运动过程所引发的物质流和能量流传递提供一系列传播路径。这些物质流和能量流对维系区域生态过程或功能（如初级生产力或生境适宜性）十分重要；一旦土地利用变化的范围和强度改变了景观中的物质流或能量流，就有可能影响保护区的生态功能和生物多样性（Hansen and Defries，2007）。因此，重要生态区应被视为城市生物保护范围的最低限度。事实上，重要生态区并不能包括所有的生态要素。某些对于维持生态过程起重要作用的景观要素可能并没有包含在重要生态区范围之内，因此可能影响整个城市生态系统的功能与服务。对于新建城市应及时开展重要生态区范围的划定，而不应像深圳这样经历了较严重的生态破坏之后再去划定。采取补救措施来减轻或消除人类活动对重要生态区的影响相对较难。深圳重要生态区内已被开发利用的土地面积为153.8km²，占研究区总面积的7.7%，其中城市公共基础设施（如道路）占27.33km²。除道路外的其他建设用地应予以拆除并恢复其生态功能。

7.6.2.2 核心生境

本研究共识别核心生境斑块 329 个，总面积 687.93km²，占研究区面积的 34.54%。森林核心生境主要由自然和半自然森林斑块组成。大多数森林核心生境位于深圳东南部，包括梧桐山、马峦山、排牙山、七娘山和西冲山（图 7-42）。位于东北部的森林核心生境包括黄竹坑–坪地森林公园；中部和西部森林核心生境包括笔架山、羊台山和凤凰山。人为建造的果园核心生境则主要分布在深圳西部和东北部（图 7-42）。

森林核心生境面积的平均值和中值大于果园核心生境，而果园核心生境的周长面积比平均值和中值大于森林核心生境，表明果园核心生境具有较小的面积和狭长的形状（表 7-18）。果园核心生境的 NPP 平均值和总值也低于森林核心生境（表 7-18）。总体上，果园核心生境由许多破碎的小斑块组成（图 7-43），具有较强的边缘效应（较高的周长面积比），更容易受到人为活动干扰和外来入侵物种或寄生物种的影响。在重要生态区内利用本地物种重建果园植物群落组成和结构，使其逐渐与森林核心生境融合是十分必要的。

表 7-18 核心生境的统计特征

核心生境类型	斑块数量/个	斑块面积平均值/km²	斑块面积中值/km²	斑块周长面积比平均值/(m/m²)[a]	斑块周长面积比中值/(m/m²)[a]	NPP平均值/(gC/m²)	NPP总量/PgC[b]
森林	130	4.0	0.56	148.64	141.19	926.98	560.42
果园	199	0.85	0.38	213.70	210.56	750.57	133.41

注：a 扩大 10000 倍；b 1Pg=10⁹g。

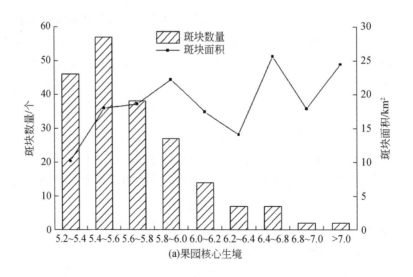

(a)果园核心生境

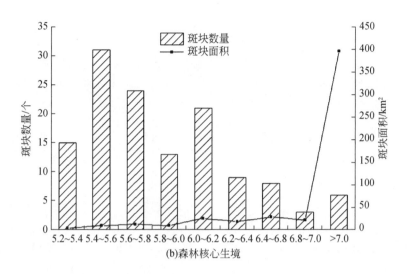

图 7-43　不同面积区间的果园核心生境和森林核心生境的斑块面积和数量分布

x 轴表示不同面积区间范围的转换对数

一般来说，当植被斑块是大于 $0.02km^2$ 的开放空间时，其可被视为核心生境，这也是维持本地种群生存的最小面积标准（Warren，1992）。在快速城市化进程中，考虑到较小的植被斑块易于转变为其他土地利用类型，且受到的边缘效应和人为干扰较强，不适合作为核心生境，因此本研究将核心生境的最小面积标准设定为 $0.2km^2$。事实上，核心生境的最小面积标准依目标物种或环境背景而发生变化，没有统一的标准（Goetz et al.，2009）。

7.6.2.3　生态网络与连接度

综合考虑生态网络建设的可行性、建设成本和生物保护目标，本研究规划设计了一个二维生境网络（图 7-44），其中核心生境斑块间廊道的构建规则为提取小于 10km 的最小耗费路径且彼此不交叉。如图 7-44 所示，核心生境所组成的生态网络的几何特征表现为几个大的枢纽结点（斑块）和多个较小的斑块相连接，结点的度表现出较强的空间异质性。整个生境保护网络包括 4 个组分，最大的组分由 320 个斑块组成，其余 3 个组分分别为南部的 5 个斑块、北部的 3 个斑块和西部的 1 个斑块。

研究区核心生境的度各不相同，几个位于中心枢纽位置的大型森林公园具有较高的度，表明它们与其他多个核心生境具有较高的连接度［图 7-44（a）］。在研究区一些城市建设密集的区域，核心生境的度最高［图 7-44（a）中的西北部果园核心生境］，这意味着这些斑块有可能为物种运动提供更多的路径选择，或成为物种扩散运动的汇斑块；此外，穿过城区的生态廊道还有助于缓解热岛效应或浑浊岛效应等城市环境问题。在本研究

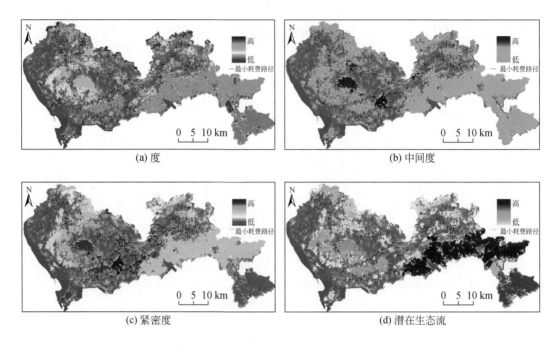

图 7-44　核心生境连接度指数的空间变化

的生境保护规划中，具有较高中间度的核心生境位于深圳中部和西部，这些枢纽斑块周围覆盖有较高比例的城市不透水层，这些区域可以作为物种运动的中间斑块，具有较高的传播性和扩散性［图 7-44（b）］。紧密度最高的核心生境位于研究区中部，表明这些生境斑块之间的平均距离较近［图 7-44（c）］。图 7-44（a）~（c）表明研究区中部的核心生境具有较高的连接度，在缓解人类活动对生态系统影响方面发挥着重要作用。此外，还有某些核心生境也具有较高的度、中间度或紧密度，表明它们在维持生态网络连接度方面也发挥着重要作用。潜在生态流较高的区域位于深圳东南部，是一块占地面积较大的森林核心生境斑块，它可以作为生物多样性保护的热点地区；而在当前生态保护状况下，果园核心生境在这方面发挥的作用相对不足［图 7-44（d）］。

在提取核心生境之间的连接时，最小耗费距离比欧氏距离更具优势，这是因为最小耗费路径更贴近生物体的现实选择。提取过程的重点和难点在于如何生成与生物体真实状况相符合的阻力面。在大多数已发表的研究中，通常是根据专家的经验将同一种土地利用类型设定为相同的阻力值，进而生成阻力面并提取最小耗费路径（Gurrutxaga et al., 2010）。在本研究中，首先计算表征核心生境的质量和城市景观基质异质性的参数，然后基于这些参数生成耗费表面并提取核心生境之间的最小耗费路径。在像元尺度上生成阻力面来代替基于土地利用类型赋值是本研究的改进之处，这在一定程度上避免了专家判断的主观性。并不是所有生物都会使用相同的最小耗费路径进行扩散。最小耗费路径应被视为使运动成本最小化的潜在可能路径，而非物种扩散过程的功能表达（Theobald，2006），这还取决于种群的动态和物种的扩散能力（Carroll，2006）。由于在实际情况中生物个体在核心生境之间运动可能会利用多条累积阻力相对较低的廊道，本研究采用的最小耗费路径周围建立生态廊道的方法可能导致连接度被低估。生境之间结构上的连接并不意味着功能上一定连通；但是对于某些情况下的特定种群来讲，维持较高的结构连接度有助于改善功能连接度（Taylor et al.，2006）。根据最小耗费路径设计廊道可以最大限度地利用现有条件节约建设成本，同时保证生态保护目标的实现，这一点在城市规划、管理和决策过程中受到广泛关注。此外，许多小于 0.2km² 的植被斑块也可以被纳入生态廊道系统中（图 7-45）。

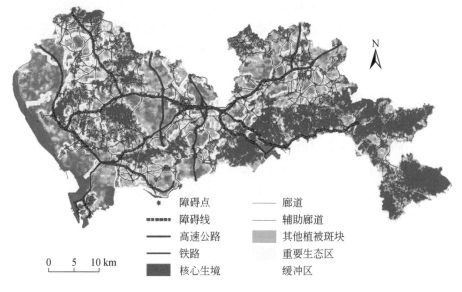

图 7-45　研究区生境保护网络

　　包括重要生态区、核心生境、廊道、缓冲区、面积小于 0.2km² 的其他植被斑块以及破碎–障碍区。其中，破碎–障碍区包括障碍点和障碍线。障碍点表示道路与最小耗费路径的交叉点，障碍线表示分割核心生境或切断廊道的道路路段

　　图论方法的优点在于它能够帮助我们完善物种生物学知识、优化参数估计方法（Urban et al.，2009）。灵活的数据需求和完善的算法使图论模型能够在景观生态学和生态保护规划中广泛应用。基于图论的连接度指数为识别潜在生境提供了独特视角，与传统的对廊道空间范围、长度或形状的统计相比，潜在生境的识别对于确定保护规划目标、改进实际管理行为更为有用（Goetz et al.，2009）。本研究利用度、中间度和紧密度三个指数对不透水层覆盖比例较高的城市地区开展生态保护网络连接度的评价。在已发表的文献中，研究者普遍认为生境质量是表征物种栖息地特征的重要指标，但大多数研究仍使用生境面

积作为栖息地可利用度的代理指标（Laita et al., 2010）。与基于生境面积的指数相比，基于 NPP 构建的潜在生态流指数能够呈现出不同的连接度格局。因此，有必要发展适合的连接度指数为不同环境背景下的生态保护规划提供更多有用信息。

7.6.2.4　生态网络的优化

完成核心生境和最小耗费路径的识别和生境保护网络连接度的评价后，就很容易确定它们与道路和建成区之间的交叉区域，从而为预防和优化措施的提出奠定基础。

首先，在重要生态区和生态廊道周围划定缓冲区，以缓解生态用地周边城市区域人为活动所引发的边缘效应。缓冲区在生态网络和城市用地之间发挥着过渡地带的作用。基于生态保护需求和现实状况的考虑，生态廊道的宽度在城市地区设置为 12m，在具有较少障碍的区域设置为 1200m，这一宽度已被证实对维持生物多样性是有效的（Bueno et al., 1995）。

其次，在研究区还识别了生态保护区和交通流量较大的道路之间的交叉区域，称之为破碎-障碍区。与其他人为因素相比，道路网络似乎更具干扰性和破坏性，它是景观破碎化的主要诱因，同时也对生态过程具有阻碍效应（Forman and Deblinger, 2000）。破碎-障碍区通过叠置主要交通线（铁路、公路）和核心生境、生态廊道来进行识别。为保证物种能够穿越交通线，应采用适当的措施消除破碎-障碍区的影响，诸如建设生态通道、大型排水管道、围栏、声屏障和高架桥等。

最后，本研究建议建立一条长度大于 10km、连接生态网络南北两个组分的生态廊道。但生态保护网络规划没有将位于城市西部的仅包含一个生境斑块的组分纳入整个网络，这主要是由于其生物保护价值较低。

研究区生态网络由重要生态区、核心生境、廊道、缓冲区、面积小于 $0.2km^2$ 的其他植被斑块以及破碎-障碍区组成（图 7-45）。

成功而务实的城市生态保护规划应综合考虑社会、经济和生态可持续发展的要求。在这种情况下，重视创建空间联系和生态功能要素的保护规划被认为是一种有效的途径，它有助于为人类社会和自然生态系统提供惠益。

本研究所开展的保护规划研究为决策者提供了一种空间显式的研究方法。实际上，这个规划已被当地政府采纳，作为制定城市总体规划（2010～2020 年）的科学依据。更重要的是，依托此规划建立了一个具有法律约束力的保护重要生态区的法规体系。但从法律上保障重要生态区免受未来城市发展的影响仅仅是实现保护规划目标的第一步。

本研究结果为在研究区建立一个更为综合的生态网络奠定了基础。对于生态网络内资源的详细配置需要有更加具体的管理决策。此外，进一步理解物种生态过程与景观格局的交互作用仍需要野外调查和实测数据，将图论与实测数据相结合能够为保护规划的制定提供更为客观和可靠的依据。

7.7 小　　结

本章建立了城市景观等级斑块评价指标、复合群种对生境斑块损失和破碎化的功能响应模型，以及景观连接度优化方法，是对等级斑块动态理论的发展；根据环境保护和社会经济发展需求划定了城市生态功能区，建立了基于景观连接度的廊道系统，提出了城市生态基础设施构建方法。具体如下。

（1）基于生境斑块面积、形态学及质量等指标，构建生态保护区外生境斑块损失对生态保护区的隔离效应评价模型，评价城市扩展过程对生态保护区的累积隔离效应，丰富保护生物学理论，使科学家和管理者认识到生态保护区圈地保护的局限性。

（2）构建核心生态保护区外的生境斑块对维系生态过程和保护生物多样性的重要性评价方法，定量表征保护区外潜在生境斑块的重要性，可为制定空间显式的生物多样性保护方案提供决策依据。

（3）建立生境结构与质量变化检测方法及复合种群对其变化的功能响应模型——潜在生态流评价模型。该模型可以模拟和评价生境累积减少、结构破碎化和质量降低对复合种群功能的影响，将二者结构与功能上的关键点、敏感区与脆弱区以定量、可视化的方式表达出来，为促进城市生态系统恢复与重建，防范生态风险提供理论与方法支持。

（4）以城市景观稳定提供具有景观特色的生态系统服务为目标，兼顾社会、经济、环境可持续发展要求，根据城市生态功能区类型及区域分异特征划定城市生态功能区和生态斑块等级系统，构建基于景观连接度的廊道系统，共同构成城市生态基础设施。

|第 8 章| 景观可持续科学展望

人类的未来取决于我们是否拥有一个共同的愿景，那就是实现从局部景观到全球范围的可持续转型。可持续科学是这一愿景的理论基础和实践指南，而景观与区域则代表了至关重要的空间尺度域。虽然景观可持续科学强调区域/景观尺度上的基于地域的研究，但同时也必须重视景观之间的相互作用，以及与其之下和之上的尺度（或外部性）之间的联系。景观可持续科学强调空间显式的方法，尤其是利用景观设计/规划方法和耦合景观服务与人类福祉的多尺度模拟模型和情景分析。

可持续科学是一门以应用为导向的，基于地域的跨学科研究领域。该学科通过耦合自然、社会、工程/设计与人文等诸多学科，产生保护环境完整性与改善人类福祉的可操作知识。区域/景观是研究与实践可持续科学的关键尺度域，这是因为：①景观中人与环境相互作用最为紧密；②区域/景观将局地过程与全球格局跨尺度链接；③区域/景观尺度为生态学家、地理学家、规划者、设计者与决策者和其他利益相关者提供了一个交流与合作平台。在最近的二三十年中，与可持续科学紧密相关的不同学科（如生态学、地理学和设计/规划科学）有融合之势，但如何加速这些学科的融合，并使其有效地促进可持续科学的研究与实践，文献中尚少有论及。因此，本研究在阐述景观可持续科学的核心概念和研究框架基础上，进一步讨论如何将景观科学与土地系统和规划设计科学进行融合以实现可持续发展这一共同目标。

8.1 引　言

地球系统正进入一个人类活动导致全球环境变化的新纪元——人类世（Steffen et al., 2011；Vince，2011）。自工业革命以来，世界人口呈爆炸式增长，科学技术发展迅速，人类的物质生活得到了极大改善。然而，人口、技术与社会经济的快速发展不可避免地引发了生物多样性丧失、生态系统退化和气候变化等一系列紧迫的环境问题。据预测，到2030年，世界将需要额外增加35%的食物、40%的水和50%的能源才能够满足日益增长的人口的需求。这些都是令人生畏的挑战，因为尽管当今的农业已经使用了全球三分之一的耕地，消耗了71%的淡水（World Economic Forum，2011；Zhang，2013），但仍有约20亿人口处于营养不良或失调状态，28亿人口遭受物质和经济上的水资源短缺，13亿人口无法获得电力供应。耕作、放牧和人工种植园严重依赖水、化石燃料能源和化肥，导致资源枯竭、土地退化和环境污染等问题普遍发生（Vitousek et al., 1997, 2009; Foley et al., 2005）。气候变化将使情况进一步恶化，尤其是对发展中国家而言，气温升高、降水减少、极端天气条件增加将严重挑战人类的生存和可持续发展（IPCC, 2013; Conway et al., 2015; Obersteiner et al., 2016）。大量研究表明，大部分生态系统、景观乃至全球正处于不可持续的发展轨迹中。因此，如何实现可持续发展是 21 世纪人类面临的最大挑战。

为了应对这一挑战，基于地域、以应用为导向的可持续科学应运而生（NRC, 1999），并在过去数十年中迅速发展，成为支撑全球可持续发展知识创新的重要源泉（NRC, 1999; Clark and Dickson, 2003; Bettencourt and Kaur, 2011; Kates, 2011）。理解和实践可持续性涉及从个体与局地生态系统到全球社会与生物圈的所有空间尺度。但与其他尺度相比，某些尺度更具可操作性。例如，局地生态系统尺度的空间范围往往太小，无法全面涵盖与可持续发展相关的环境、经济与社会维度；而全球尺度则太大，无法深入了解运作机制以指导当地政策。由多个生态系统镶嵌而成的景观与区域，则代表了可持续性研究和应用的关键尺度（Forman, 1990; Wu, 2006, 2012）。景观是人与自然相互作用最为紧密的尺度，景观的组成与配置既深刻影响人类活动，又受人类活动影响。在景观尺度上通过空间显式的方式研究人与环境的相互作用，对链接局地与全球可持续性更为有效。因此，景观可持续科学是可持续科学的重要组成部分（Wu, 2006, 2012; Musacchio, 2009; Turner et al., 2013）。近年来，诸如"可持续性景观""景观可持续性""景观韧性"等术语正日益成为景观生态学家、地理学家、环境规划师和景观设计师的普遍用词（Wu and Hobbs, 2002; Wu, 2013）。虽然不同领域的研究者对于可持续性的必要性多有共识，但对可持续性含义的理解却大相径庭。这种理解上的差异对于景观可持续科学这一新兴领域尤为普遍。因此，这里有必要首先阐明一下可持续性和景观可持续性的关键定义和概念，然后在此基础上提出景观可持续科学发展以及促进多学科融合的研究框架。

8.2 可持续性的关键定义和概念

在讨论景观可持续性之前，有必要了解何为"可持续性"。20 世纪 80 年代以来，关于可持续发展或可持续性的文献呈指数型增长。尽管可持续性存在一百多种定义（Marshall and Toffel, 2005），但其中大部分与本研究的目的无关。可持续性一词的大量使用使其常用作表明环境保护必要性的"噱头"。本研究则重点关注具有科学依据与学术认同度的可持续性最基本概念，如布伦特兰定义、三重底线、弱与强可持续性、人类福祉和生态系统服务。这几个概念对于后文景观可持续性的讨论至关重要。

8.2.1 "可持续"的词源和流行

在线词源词典（http：//www.etymonline.com/）显示，"sustainable"（可持续的）一词最早出现于17世纪的前十年，意思是"可承受"或"可防御"，其含义在1965年被引申为"能够继续存在的"。"sustainability"（可持续性）一词最早出现于1907年，用于指代法律异议，直到1972年，该词才被赋予了"维持的能力"或"被维持的能力"的当代含义。作为涵盖环境、经济和社会各个方面的术语，可持续性一词1972年首次出现在英国，1974年首次出现在美国，1978年首次在联合国文件中使用（Kidd，1992）。而到今天，可持续性已然成为政治舞台、公共媒体和科学文献中的流行语，并在多数情况下被用作可持续发展的代名词。下面几个历史事件对"可持续"相关词的广泛运用起到了尤为重要的促进作用。

（1）1987年联合国世界环境与发展委员会报告首次正式定义了可持续发展；

（2）1992年在里约热内卢举行的联合国环境与发展会议（里约首脑会议）提出了实现可持续发展的基本原则和行动纲领，得到了170多个国家政府的认可；

（3）1999年美国国家科学研究委员会（National Research Council，NRC）报告首次提出了"可持续科学"一词；

（4）2001年由Kates等（2001）撰写的名为"可持续科学"的开创性论文出版；

（5）2002年联合国在南非约翰内斯堡召集的可持续发展世界首脑会议（第二届地球峰会）上重申了联合国对里约原则和《21世纪议程》的执行承诺。

8.2.2 布伦特兰定义

应用最广泛的可持续发展定义源自1987年联合国世界环境与发展委员会发布的著名报告《我们共同的未来》。该报告将可持续发展定义为"在不损害子孙后代满足其自身需求能力的前提下，满足当前需求的发展"（WCED，1987）。该报告进一步强调，"可持续发展是一个动态的变化过程，其中资源利用、投资方向、技术发展方向和体制变化需要协调一致，以增强当前和未来满足人类需求和愿望的潜力"（WCED，1987）。由于时任联合国世界环境与发展委员会主席的为挪威前首相格罗·哈莱姆·布伦特兰（Gro Harlem Brundtland），因此该报告常被称为《布伦特兰报告》，报告中对可持续发展的定义被称为"布伦特兰定义"。

布伦特兰定义强调了人类发展与环境保护的动态平衡以及代内与代际的公平。基于相同的理念，在可持续科学里程碑式的可持续发展报告中，美国国家科学研究委员会将可持续发展描述为"社会发展目标与其环境极限的长期协调"（NRC，1999）。两份报告均非常明确地强调了当代政策的长期必要性，并将未来人民的福祉与留给他们的环境条件联系在一起。

布伦特兰定义的广泛使用可能有两方面原因。首先，尽管该定义比较笼统和模糊，但它抓住了可持续性定义中的基本要素，即实现社会与自然之间的平衡以及世代之间的公平。其次，该定义涵盖的范围广泛但细节不足，因此不同领域的研究者可以基于各自目的对其进行不同的解译。在捍卫可持续发展概念时，著名的生态经济学家 Daly（1995）曾说过，"所有重要的概念都是辩证模糊的边缘概念"。对人类极为重要的概念，如自由、正义和民主，似乎都含糊不清，但却传达了现代社会的基本原则，并指导着我们目前的行为，塑造着我们对未来的愿景。Crow（2010）认为，可持续发展是在"人类世"指导公民、社会乃至整个世界的基本原则。为了在研究和实践中实现可持续发展，必须进一步明确系统属性、要素之间的相互作用关系以及时空尺度。

8.2.3　三重底线定义

从布伦特兰定义中可以看出，可持续发展需要实现人类需求与环境完整性的平衡，而在资源稀缺的情况下，实现代内与代际的公平愈加困难。在特定地方满足人们的需求离不开经济（物质和服务的增加）和社会的发展（保护和增加正义、信任和自由等集体价值观），而这将影响自然并受到自然的影响。因此，可持续性经常被描述为具有三个支柱或维度：环境、经济和社会［即三重底线，图 8-1（a）］。在这种情况下，实现可持续发展就是同时实现环境、经济和社会的可持续发展。

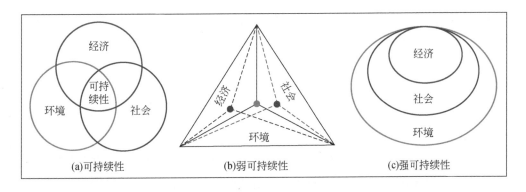

图 8-1　三重底线框架中对可持续性、弱可持续性与强可持续性的定义

（b）中的三种情况允许在保证总资本（即环境、经济和社会资本之和）不减少的情况下，实现不同资本之间的相互替代，因此属于弱可持续性（Wu，2013）

三重底线这一概念是由英国商业咨询公司 SustainAbility 的联合创始人约翰·埃尔金顿于 1994 年提出的（Elkington，2004）。受《布伦特兰报告》启发，三重底线定义强调公司的经济活动必须承担重要的社会责任和环境后果（Elkington，2004）。随着可持续发展在商业、政治和学术领域的日益流行，三重底线已被广泛用作评估和促进企业社会责任与可持续发展的概念标准。例如，2001 年联合国可持续发展委员会在组织可持续发展指标框架时，采用了基于主题的模型代替了压力–状态–响应模型。基于主题的框架基于环境、经济、社会和制度四个维度组织可持续评价的主题和指标。将制度作为一个单独的维度是为了强调国家和国际法律、政策和治理机制（包括科学和技术）的独特性和强大的影响力。

从三重底线的角度来看，可持续发展面临的最大挑战是理解和塑造三个维度之间的关系以及各维度内在组分之间的关系。例如，在局地、区域和全球范围内，这三个维度如何相互影响并相互依赖？应该允许经济发展代替环境完整性吗？如果可以，程度如何？三种资本之间的替代是否存在阈值或临界点？自然资本和人为资本之间的可替代性强调了主要在经济学家中开展的关于"弱"与"强"可持续性的争论，这将在下一部分加以讨论。

8.2.4 弱可持续性、强可持续性和荒唐的强可持续性

可持续性的一个极端是弱可持续性。弱可持续性认为自然资本（如生态系统和矿产财富）与人工或制造资本（如工厂和城市基础设施）之间是可以相互替代的，只要系统的总资本不变或者增加，该系统便是可持续的［图 8-1（b）］。基于该观点，一个由经济发展与城市扩张而导致环境质量退化的地区仍可以被认为是可持续的。然而，大多数自然和社会科学家都相信，如果没有一个健康的环境，就不可能长期地维持经济和社会的发展，经济增长更无从谈起（Daly，1997）。可持续性的另外一个极端是荒唐的强可持续性。该观念的倡导者认为"即使在可以替代的地方也不应替代自然资本"（Holland，1997）。Daly（1995）认为该观念等同于"无论有多少人挨饿，任何物种都不会灭绝，也不应从地面上夺走任何不可再生资源"，这是极其荒谬的。

在满足人类需求的同时确保环境的完整性需要某种形式的，但并非荒唐的强可持续性。Daly（1995）称第三种观点是"强可持续性"。通常，强可持续性意味着经济活动是社会领域的一部分，经济和社会行为都受到环境的限制［图 8-1（c）］。"强可持续性假设人造与自然资本基本上是互补的"，而"弱可持续性假设人造与自然资本基本上是可相互替代的"（Daly，1995）。显然，荒唐的强可持续性认为自然资本与人造资本是完全不相容或者截然相反的。Daly（1995）进一步指出，互补性而非可替代性是可持续性的关键。强可持续性与三重底线的定义一致，因为要实现可持续性三个维度之间的平衡就意味着创建所谓的"双赢"局面，而这必须基于不同资本形式互补的假设。从经济角度看，强可持续

性是对布伦特兰定义比较保守的表达，也体现了日渐增多的以生态系统服务为中心的可持续研究范式。

在某种程度上，关于强可持续性、弱可持续性的争论类似于 SLOSS 争论——20 世纪 70~80 年代，生态学和保护生物学领域关于建立一个大保护区还是几个小保护区更有助于保护生物多样性的争论（Wu，2008）。SLOSS 争论从景观角度很容易理解：在破碎的环境中，需要同时采取这两种策略以便可持续与最大限度地保护生物多样性。同样，从多尺度的视角来看，若不适当地结合小尺度的弱可持续性和荒唐的强可持续性，大尺度的强可持续性便无法实现。

8.2.5　韧性、脆弱性和可持续性

人类主导的生态系统、景观以及生物圈是典型的人与环境耦合系统或社会-生态系统。这些系统是复杂适应系统的代表，其内部具有大量非线性相互作用的组分，结构和动态具有尺度多样性并具备自组织能力（Levin，1999）。由于内部过程的不确定性以及对外部因素的非线性响应，此类系统本质上是不可预测的。因此，复杂适应系统的可持续性依赖基于系统适应能力所产生的韧性（Levin，1999；Holling，2001；Wu and Wu，2013）。

Holling（1973）最初将韧性定义为系统吸收变化和扰动而不改变其基本结构和功能的能力。这种"生态韧性"或"生态系统韧性"的概念强调持久性、变化性和不可预测性，从根本上区别于基于均衡理论的以效率、稳定性和可预测性为特征的"工程韧性"（Holling，1996）。过去几十年里，韧性研究已从生态系统扩展到社会和经济系统，并成为社会-生态耦合系统研究的主导范式。在可持续性方面，韧性的定义着重于系统自我组织和适应变化的能力（Levin，1998；Holling，2001；Walker and Salt，2006）。韧性理论中的主要概念包括可替换稳态（状态或吸引域）、阈值（临界点）、状态转变（相变）、适应性循环、等级适应性循环和转型（Holling，2001；Folke et al.，2004；Walker and Salt，2006；Wu and Wu，2013）。研究表明，具有韧性的复杂适应系统通常具备多样化的异质性组分、模块化的结构和紧密（但不是太紧密）的反馈回路（Levin，1999；Levin and Lubchenco，2008）。

可持续性和韧性是两个不同但密切相关的术语。一些学者认为这两个概念截然相反——前者代指静止或平衡状态，后者则代表变化和适应性（或适应能力）。例如，Cumming 等（2013）表示：可持续性强调了"照常状态"情景，即侧重当前的开发利用和增长速度；而韧性的概念则着重强调了系统应对扰动的能力（不确定性、创新性和适应性及相关主题）。这种二分法是怪异的，并不能代表当前的主流观点（Holling，2004；Turner，2010）。最近有关可持续科学的文献表明，适应性对于韧性和可持续性均必不可

少，两者之间的融合在过去十年中愈加紧密。因此，韧性可以理解为社会-生态系统可持续性的一个整体特征（Walker and Salt, 2006）。

脆弱性的概念与韧性紧密相关（Turner et al., 2003；Adger, 2006）。Turner 等（2003）认为，脆弱性是指系统、子系统或系统组分由于暴露在危险中（如扰动或压力）而可能遭受伤害的程度。脆弱性和韧性是互补的概念，但有时被视为反义词。通常，高韧性系统往往不那么脆弱，反之亦然。但是，这种关系并非完全对称，因为高度不敏感或具有抵抗力（因此较不易受攻击）的系统也可能具有较低的韧性（即它减小了适应和创新的范围）（Gallopin, 2006）。尽管这些密切相关术语之间的确切关系仍不清楚（部分原因在于每个术语的多样化定义）（Gallopin, 2006），但可持续性通常对应低脆弱性和高韧性。这三个概念已广泛用于人类、环境及其耦合系统的研究中，用来描述系统的属性或系统与其环境之间的动态关系。虽然它们的来源和重点不同，但其共有的对适应能力和人与环境耦合系统的重视为两者的融合提供了基础（Adger 2006；Turner, 2010）。因此，韧性和脆弱性代表了可持续性的两个基本观点（Turner et al., 2003；Turner, 2010）。

8.2.6 人类福祉和人类需求等级

从前文的讨论中可以明显看出，与传统的生态/环境承载力概念或生态组织和过程的稳定性相比，可持续性涉及范围更广、学科融合度更高。可持续性是一个以人为中心的概念，聚焦于如何在环境条件的限制下满足当代和后代人的需求。但是人类有诸多需求，这些需求随社会经济地位、文化传统与个人生活方式和喜好而异。这些需求是什么？它们对人类的福祉是否同等重要？从理论上讲，我们的所有需求均希望得以满足，但实际上这永远不可能发生。那么，在可持续发展的背景下我们必须满足哪些需求？

这些问题的解决难免会涉及由 20 世纪最有影响力的心理学家之一马斯洛提出的需求层次理论（图 8-2）。马斯洛的需求层次理论将人类的需求按优先级从低到高划分为六个层次：生理、安全、爱与归属感、自尊、自我实现和自我超越（Maslow, 1954；Koltko-Rivera, 2006）。马斯洛的需求层次结构中的高层次需求与文化、价值观和信仰密切相关。尽管在细节上存在很多争议，需求层次理论已广泛用于理解人类的动机和行为（Benson and Dundis, 2003；Gorman, 2010）。该理论的影响力在可持续性文献中也清晰可见，特别是在评估人类福祉（Kofinas and Chapin, 2009；Gorman, 2010）和对生态系统服务进行分类（Wallace, 2007；Dominati et al., 2010）时，二者都与人类需求和价值观相关。如 Hagerty（1999）在评估国家生活质量时应用了马斯洛的需求层次结构，并将个人层面的需求转化为国家层面的相应衡量标准（如人均每日可用卡路里、用于生理需求的人均 GDP、战争率、凶杀率和基于安全需求的预期寿命）。该研究发现，1960～

1994 年，全球 88 个国家的生活质量得到了改善，遵循了马斯洛的需求层次结构中的优先顺序（Hagerty，1999）。

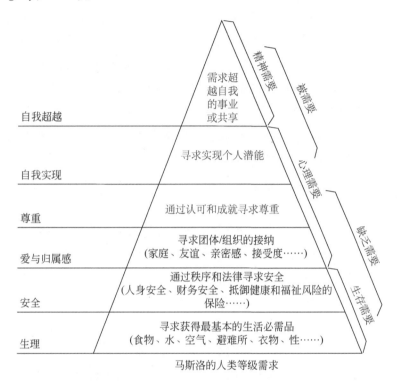

图 8-2　马斯洛的等级层次需求结构（基于马斯洛（1954）和 Koltko-Riverra（2006）中的描述）（Wu，2013）

　　Marshall 和 Toffel（2005）声称马斯洛的需求层次结构同样适用于个人和社会，并提出了"可持续性层次结构"。该结构由四个具有不同程度紧迫性、严重性和后果不确定性的可持续性问题组成：人类生存，预期寿命和基本健康，物种损失和人权，价值观、信仰和美学。但是 Marshall 和 Toffel（2005）表示，不应将可持续性体系中的最高层次（即价值观、信仰和美学）纳入可持续性的范畴，因为它们代表了"可移动的目标"，是"本质上无法实现的"。这显然违背了马斯洛的需求层次理论和多数常被引用的可持续发展的定义。这种观点可能为许多寻求精确的、机械的可持续性问题解决方案的人所认同。然而，如果满足人类需求不仅是让人们活着或满足身体需求，那么就应该考虑影响"生活质量"的关键因素。实际上，在马斯洛的需求层次结构中，不同层次的需求通常是相互关联的，割裂最高层次的需求可能会破坏可持续发展的目标。正如 Kofinas 和 Chapin（2009）所言，随着更多的人类需求得到满足，实现可持续的机会也会随之增加。此外，当事物本质上具备"主观"属性时，追求"客观"并非"准确"！

2001~2005 年开展的千年生态系统评估（MEA）认为，人类福祉取决于生态系统服务，并首次科学评估了全球范围内的生态系统及其服务的状况和趋势。MEA 报告（2005）提出了人类福祉的五个方面：①美好生活的基本材料（主要是食物、水和住房、足够的收入、家庭资产）；②选择自由（选择和决定生活方式）；③健康（预期寿命、婴儿死亡率和儿童死亡率）；④良好的社会关系（能够实现审美和娱乐价值，表达文化和精神价值观，建立制度性联系以创造社会资本，相互尊重，性别和家庭关系良好，有能力帮助他人并抚养其子女）；⑤安全（自身健康不会受到突然威胁）。衡量经济绩效和社会进步委员会（也称为 Stiglitz-Sen-Fitoussi 委员会）认为，在定义人类福祉时应同时考虑八个方面的内容：①物质生活水平（收入、消费和财富）；②健康；③教育；④包括工作在内的个人活动；⑤政治声音和治理；⑥社会联系和关系；⑦社会和自然环境状况（现在和将来）；⑧人身和经济不安全感（Stiglitz et al.，2009）。

以上讨论表明，有可能推导出一套普适的人类福祉的基本要素，尽管其中一些要素可能难以衡量。它们中的大多数可以与马斯洛的需求层次结构的要素有关，但不一定按照需求层次结构组织。此外，马斯洛的需求层次理论侧重于个人层面，但是最近有关人类福祉的讨论还与个人以外的组织尺度有关。显然，人类福祉既包含客观层面，也包含主观层面，它们都是必不可少的（Stiglitz et al.，2009）。著名的景观生态学家、景观可持续性的主要倡导者 Naveh（2007）表示，"我们不仅要考虑人们的物质和经济需求，还要考虑他们的精神需求、愿望和期望以及尊严和公平"。所有这些与可持续性有关的关键概念和思想都需要整合到一个全面而有凝聚力的框架中。Daly（1973）开发了一个被称为"Daly 三角形"（Daly triangle）的框架（图 8-3），并被其他人进一步完善（Meadows，1998）。从强可持续的角度来看，Daly 三角形框架阐明了可持续发展关键维度和构成要素之间的关系：自然环境是实现人类福祉这一"最终目标"的"最终手段"，经济、技术、政策和伦理本身并不是"目的"，而是连接最终手段和最终目标的"中间手段"（图 8-3）（Meadows，1998）。

8.2.7 生态系统服务

尽管可持续发展的最终目标是改善和维持人类福祉，但若不同时保护地球生命支持系统，便无法实现这一目标。Levin（2012）指出，"可持续发展有很多含义……例如，金融市场和经济体系的稳定，可靠的能源以及生物和文化的多样性。然而，从根本上讲，它必须涵盖维护人类从生态系统中获得的服务。"同样，Perrings（2007）指出，"可持续性的主要科学挑战是了解复杂的耦合系统动态，同时不影响其提供人们所珍视事物的能力"。该观点与 1987 年《布伦特兰报告》、1999 年美国国家科学研究委员会报告和 2005 年 MEA

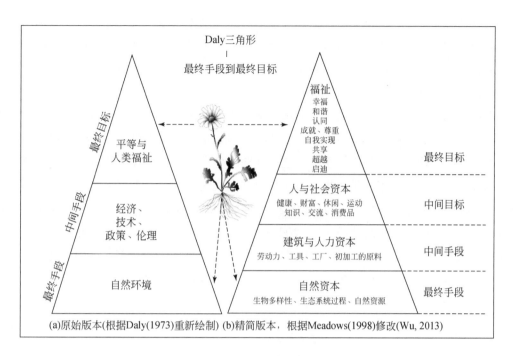

图 8-3　Daly 三角形框架

作为一个强可持续性框架，Daly 三角形将三重底线、人类需求的层次结构以及不同形式的资本明确地联系在一起

报告相一致。那么，人类福祉依赖于地球生命支持系统的关键要素和过程，因此应成为可持续性研究和实践的重点。在过去的几十年中，"生态系统服务"一词在这一讨论中占据了中心位置，尤其是自 2005 年 MEA 报告发布以来，生态系统服务越来越被认为是连接环境与社会的重要桥梁，并成为生态保护、资源管理以及生态和环境经济学的一个核心概念（Costanza et al.，1997；Daily，1997；Perrings，2005；Braat and DeGroot，2012；DeGroot et al.，2012）。生态系统服务对人类福祉的重要性是显而易见的，但我们也要明白，生物多样性和生态系统还具有超越为人类服务的内禀价值（即与人类无关、人类也无法评价的本身存在价值）。

当前，生态系统服务最权威的定义来自 MEA（2005），"生态系统服务是人们从生态系统中获得的收益"，其结构和功能复杂，大小各异，并随时间而变。尽管生态系统服务具有不同的分类方式，但 MEA（2005）的分类方法最为常用。MEA 将生态系统服务划分为四种类型：①供给服务（如食物、水、纤维）；②调节服务（如净化空气和水、调节气候、洪水、疾病、灾害和噪声）；③文化服务（如娱乐、精神、宗教和其他非物质利益）；④支持服务（如土壤形成、初级生产和养分循环）。其中，支持服务实质上是指生态系统的过程和功能，是所有其他生态系统服务的基础（MEA，2005）。除了 MEA 的分类体系外，DeGroot（2006）对各种生态系统服务的分类是基于产生这些服务的五类生态系统功能：调节功能、栖息地功能、生产功能、信息功能和载体功能。在最近的一项全球生态系统及其服务的评估研究中，DeGroot 等（2012）进一步认识到四种类型的生态系统服务：供给服务、调节服务、栖息地服务和文化服务。在目前对该术语的使用中，生态系统服务同时包括生态系统提供的商品和服务。

无论生态系统服务如何分类，它们都取决于受生物多样性影响的生态系统结构和功能（即生态系统过程的作用）（Kinzig et al., 2002；Naeem et al., 2009；Fu et al., 2013）。一般来说，生物多样性会增强生态系统功能，如初级生产、土壤养分保持以及抵御干扰和入侵的韧性。因此，生物多样性和生态系统功能共同决定了自然资本存量，并深刻地影响着从自然界到人类社会的商品和服务的流动（Costanza and Daly，1992；Costanza et al., 1997；DeGroot et al., 2002；Perrings，2005；Wu and Kim，2013）。正因如此，生态系统服务明确了人类需求（以及幸福感）如何依赖于环境。自然资本、生态系统服务和马斯洛的需求层次在概念上是相互联系的，正如 Dominati 等（2010）所展示的那样，这种关系在实践中可以实现（图8-4）。

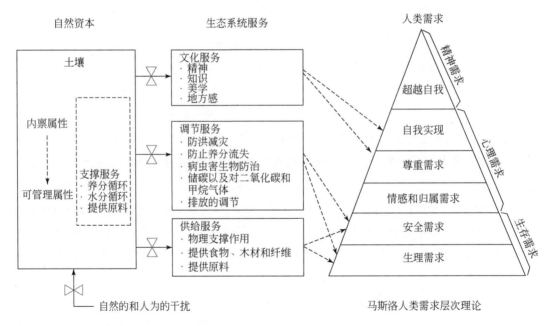

图8-4　土壤自然资本、生态系统服务和人类需求之间的关系

根据 Dominati 等（2010）修改（Wu, 2013）

8.3 景观可持续性的概念与涵义

尽管景观可持续性早已成为景观生态学的一个关键研究主题（Wu and Hobbs，2002），但目前仍缺乏一个被广泛认可的定义。实际上，直到近几年，"可持续性景观"和"景观可持续性"这两个概念才普遍出现在生态学的主流文献中（Wu，2013）。这些术语更常出现在与园林绿化、城市规划和景观设计有关的文献中。由于"可持续性"和"景观"均具有多种含义，因此，"景观可持续性"一词也包含多种定义，不同定义强调的可持续维度与所涉及的具体概念有所不同（表8-1）。

表8-1 景观可持续性定义

来源	定义	关键点
Forman（1995）	可持续性景观是几代人同时维护生态完整性和基本人类需求的区域。因此，可持续性是实现或维持这一目标的条件。适应能力而非持久性是成功的关键	符合布伦特兰定义（WCED 1987）；在生态完整性和人类需求之间取得平衡；适应性
Haines-Young（2000）	可持续性景观是指维持人们从景观区域中获得利益（商品和服务）的总和。这也是负债不增加的景观	符合 MEA（2005）；自然资本；生态系统服务；多种可替代的可持续性景观
Wu 和 Hobbs（2002）	对景观可持续性的全面定义应结合景观的物理、生态、社会经济、文化和政治成分，并明确表达时间和空间尺度	整体景观生态学观点；格局和过程的持久性；景观是人与环境系统的耦合
Odum 和 Barrett（2005）	可持续的景观是指维持自然资本和资源以提供必需品或营养，防止景观低于特定的健康或活力阈值	自然资本；阈值
Potschin 和 Haines-Young（2006）	可持续的景观是指维持生态系统商品和服务的产出，并且不损害这些系统为后代提供利益的能力……	自然资本；生态系统的商品和服务；代际平等
Dunnett 和 Clayden（2007）	可持续性景观是封闭的系统，即减少直接能源或对能源需求较大的资源输入，并实现内部材料和资源循环的最大化	最大限度地利用当地资源；尽量减少进口；减量化、再利用和再循环
Selman（2007）	景观可持续性的特点是"生态完整性"和"文化的可读性"，……，可持续的文化景观（与自然景观不同）的特点是同时再现其形式、功能和意义的能力	景观的自我再生能力；景观格局的文化可读性；文化认同与特点
Nassauer 和 Opdam（2008）	可持续性景观是指持续地提供生态系统服务，同时又能满足社会需求并尊重社会价值的景观	生态系统服务；社会需求和价值；景观设计
Selman（2008）	景观可持续性的五个方面：环境、经济、社会、政治和审美可持续性	扩展了可持续性的三重底线定义；多种生态系统服务；人类福祉

来源	定义	关键点
Musacchio（2009）	可持续的景观……代表了系统的一种动态状态，具有多种轨迹和结果，具备多功能性，提供生态系统服务，并且具有韧性和适应性。景观可持续性包括六个方面：环境、经济、平等、美学、经验和道德规范	扩展了可持续性的三重底线定义；景观多功能性；设计与规划
Power 和 Sekar（2011）	一个可持续的景观旨在实现资源自给自足，显著减少资源消耗和废物产生，同时通过保护现有的生态系统与恢复部分已失去的生态承载力，使已建成的景观能够支持某些自然生态功能	最大限度地实现自给自足；减少资源消耗；保护和恢复；生态系统服务
Wu（2012）	景观可持续性指在不断变化的环境、经济和社会条件下，景观保持基本结构并提供生态系统服务的能力	景观韧性；景观格局和过程；生态系统服务
Cumming 等（2013）	景观可持续性可以看作景观内部发生的格局和过程（及其相互作用）可以无限期地持续到未来的程度	景观格局和过程的持久性；空间韧性
Turner 等（2013b）	可持续性指利用环境和资源来满足当前的需求，而不损害系统为子孙后代提供服务的能力。在这里，特指在面临当前和未来人类土地使用和动荡环境时，系统提供所需生态系统服务的能力	符合布伦特兰定义的（WCED 1987）生态系统服务；干扰、韧性；空间异质性
Wu（2013）	景观可持续性指在变化的环境和社会文化背景下，特定景观所具有的，能够持续且长期地提供生态系统服务的能力，这对于维持和改善区域内的人类福祉至关重要	具有景观特色的生态系统服务；人类福祉；区域背景；韧性；脆弱性

资料来源：Wu，2013。

8.3.1 可持续发展：持续什么？发展什么？持续多久？

一个与可持续性有关的定义一般需要回答四个基本问题（NRC，1999；Kates et al.，2005）：维持什么？发展什么？这两个方面是如何关联的？应该在多大程度上考虑这些因素？尽管大多数可持续性的定义都对世界的未来有着共同的愿景，但解决这些问题的方式却迥然不同。一种日益占据主导地位的观点是：生物多样性、生态系统过程和生态系统服务将得到维持，人类福祉（包括经济）应得到发展，这两种过程应紧密联系在一起。例如，美国国家科学研究委员会将"满足人类需求"定义为"提供食物和营养，培育儿童，寻找住所，提供教育并找到工作"。为了持续性地满足这些人类的基本需求，必须确保"淡水的质量和供应，控制向大气中废物的排放，保护海洋、物种和生态系统"（NRC，

1999)。这种观点日益成为可持续性的基本原则。

可持续性依赖于多方面的区域背景，包括文化、社会、政治以及最普遍存在的空间。而景观将所有这些方面整合到一个整体景观环境中。因此，对于一个景观的可持续性，在考虑维持什么，发展什么以及二者的相互关系时，必须结合当地景观的生物物理与社会文化的组成与配置。事实上，对于这种基于地域的、空间显式的探索来说，最有效的空间尺度便是景观（Forman，1990；Wu，2006，2012）。

应该在什么时间尺度上定义可持续性？任何事物都不可能永远维持。正如 Costanza 和 Patten（1995）所言，"什么都不会永远持续，甚至整个宇宙也不会持续"。与需求层次理论相一致（Simon，1962；Wu and Loucks，1995；Wu，1999），一个系统的寿命应与其在世界嵌套等级中的时空尺度相称，这样进化和适应性变化才能良好运作（Costanza and Patten，1995）。在自然世界中，与小型系统相比，大型系统往往具有更慢的动态特性和更长的寿命。在人工世界中，稳定或有韧性的复杂系统往往具有模块化的结构，这样一来，某一组织层次的秩序才有可能从较低层次的无序中产生出来（Levin，1999；Wu，1999）。用 Costanza 和 Patten（1995）的话说，"维持生命需要死亡"。NRC（1999）着眼于国家和全球范围，考虑到科学和技术分析的可行性，提出可持续性研究和实践的可操作和现实的时间范围是两代人（50 年）。Kates（2011）似乎关注的是一个世纪内的可持续性问题。

然而，在当前的文献中，可持续性研究的时间范围从十年到几个世纪不等。如前所述，可持续性研究和实践的时间尺度应随系统的物理规模和组织水平以及具体问题（如生态过程与进化过程，微观过程与宏观经济过程以及技术与文化的变化）加以调整。对景观可持续性而言，根据支持生态系统服务和人类福祉关键过程的特征尺度，几十年到一个世纪似乎是比较合理的时间尺度。当时间范围超过一个世纪，环境变化、技术突破以及人类对"美好生活"认识的转变等方面的不确定性均可能成为大部分研究无法克服的障碍。超越一个世纪的所谓可持续"远景"或"愿景"研究无异于构建未知世界的海市蜃楼。

8.3.2 基于《布伦特兰报告》的定义

诸多景观可持续性的定义源自《布伦特兰报告》中对景观尺度可持续性的定义（Forman，1995；Odum and Barrett，2005；Turner et al.，2013）。Forman（1990）不仅首次认识到景观可持续性的重要性，同时也注意到景观格局对景观可持续发展至关重要。Forman（1990）认为，"对于任何景观或景观的主要部分，都存在生态系统与土地利用的最佳空间配置方式，从而能够最大限度地提高生态完整性，实现人类愿望或环境的可持续性"。与《布伦特兰报告》相一致，Forman（1995）将可持续性景观定义为"世世代代同时维护生态完整性和基本人类需求的区域"。他进一步指出，"适应能力而非恒定性是成功的关键"（Forman 1995），这一观点也是韧性理论的核心要点（Holling，1973，2001；Cumming et al.，2013）。

8.3.3 景观可持续性的维度

景观可持续性的定义同样基于三重底线的"可持续性维度"，同时也从跨科学的视角出发衍生了不同版本（Wu and Hobbs，2002；Selman，2008；Musacchio，2009，2011）。例如，Selman（2007）认识到"文化可读性"（在土地产品中保留和重新创造典型性）对于景观可持续性至关重要。Selman（2008）确定了景观可持续性的五个维度：环境、经济、社会、政治和美学。Musacchio（2009）认为可持续性包括六个维度：环境、经济、平等、美学、经验和道德。她将可持续性景观定义为"具有多种轨迹和产出的系统动态状态，体现了多功能性，提供了生态系统服务，并且具有韧性和适应性"（Musacchio，2009）。当我们试图将三重底线定义转换为针对景观的更为具体的定义时，考虑这些额外的维度是有意义的。在景观尺度上，美学和人类对土地的体验无疑是重要的（Gobster et al.，2007）。它们是文化生态系统服务的重要组成部分，对于满足马斯洛的需求层次结构上半部分的人类需求至关重要。

8.3.4 侧重于生态系统服务的定义

景观可持续性的诸多定义集中于自然资本和生态系统服务（Haines-Young，2000；Odum and Barrett，2005；Potschin and Haines-Young，2006，2013；Nassauer and Opdam，2008；Turner et al.，2013）。作为倡导景观生态学应以社会为中心［这一观点与该领域的主流范式（Turner，2005）相悖］的科学家，Haines-Young认为，景观可持续性在于保持自然资本总量及与其相关的生态系统产品和服务的同时而不增加人们的负担（Haines-Young，2000；Potschin and Haines-Young，2006，2013）。这种观点可被看作Daly三角形的延伸推导（图8-3），并与一些在自然资本和生态系统服务领域被广泛引证的研究相呼应（Costanza and Daly，1992；Costanza et al.，1997；Daily，1997）。Haines-Young（2000）强调，衡量或评估可持续性应基于景观中活跃的变化过程，而非景观在任何时候所处的状态。"一整套"土地覆盖的空间配置对于某一特定景观而言"或多或少是可持续的"。此外，他指出，他的观点"反驳"了Forman（1995）关于可持续性的最佳景观格局的概念。诸多研究，尤其在斑块动态和社会–生态系统的韧性研究中（Holling，1973；Levin and Paine，1974；Wu and Loucks，1995），已认识到复杂系统存在多个稳定状态，因而此类系统的管理应注重变化而非平衡状态。

8.3.5 侧重于"本地化"和自我再生能力的定义

其他关于景观可持续性的定义强调最大化自我再生能力和最小化外部性（Dunnett and Clayden，2007；Selman，2007；Power and Sekar，2011）。Loucks（1994）认识到，"应用可持续性思想……要求我们展示和管理城市中可再生元素的再生能力"。Selman（2007）将该理念明确地扩展到景观，"可持续的文化景观（与自然景观不同）将具有能够同时再现其形式、功能和含义的能力。"Dunnett 和 Clayden（2007）甚至将该观点极端化，认为可持续景观是"一个封闭的系统，即减少直接能源或对能源需求较大的资源的投入，并实现内部材料与资源循环的最大化"。关于减少生态足迹，缩小城市新陈代谢的规模以及城市减量化–再利用–再循环策略的文献越来越多（Rees，2002；Newman et al.，2009；Weisz and Steinberger，2010），这也与景观可持续性有关。城市的可持续性对于实现景观与整个地球的可持续密切相关且意义非凡（Rees，2002；Wu，2010）。

8.3.6 景观韧性

景观韧性需要明确考虑景观要素的组成和空间配置，其与"空间韧性"密切相关（空间韧性指"对于一个感兴趣的系统，其内部和外部相关变量的空间变化对系统韧性的影响"）（Cumming，2011）。Cumming 等（2013）进一步将景观韧性定义为"整个景观的韧性可被视为一个空间位置复杂的适应系统，其中包括社会和生态组成部分及其相互作用。"Turner 等（2013）讨论了空间异质性对森林景观韧性的重要性，尤其是面对不断变化的干扰机制和气候变化时生态系统服务的韧性。这些学者将韧性定义为"一个系统面对干扰而不转换到另外一种不同性质状态的能力"。该定义不同于可持续性的概念，即一个系统主要为今世和后代提供所需生态系统服务的能力（Turner et al.，2013）。

8.4 景观可持续科学概念框架

景观生态学和基于地域的可持续性研究对于理解社会与自然之间动态关系的作用机制至关重要（Kates 2003；Wu 2006；Turner，2010）。本节提出了景观可持续性的可操作定义和迈向景观可持续科学的框架（图 8-5 和图 8-6），确定了系统维度、系统核心组分及其相互作用、尺度和跨尺度关联以及主要的研究主题。

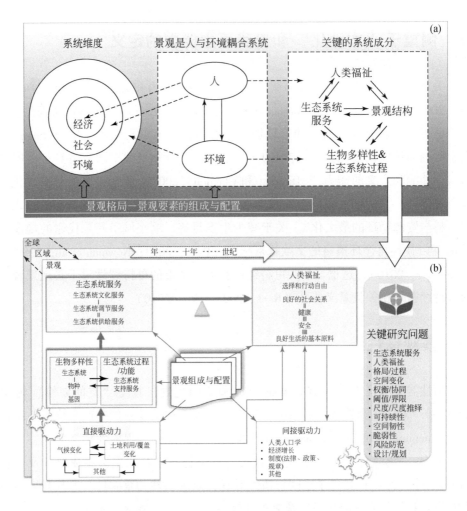

图 8-5　景观可持续科学框架

基于强可持续性，将景观定义为空间异质的人与环境耦合系统，重点关注生态系统服务与人类福祉的关系（a）；

（b）说明了关键组成成分、相互作用、驱动力和研究主题，该内容根据 MEA（2005）修改重绘（Wu, 2013）

8.4.1　景观可持续性定义

根据前面的讨论，景观可持续性的一般而又可操作的定义应同时体现可持续性的本质和景观的关键属性（图 8-5）。可持续性的本质是通过不断改善与平衡环境完整性、经济活力和社会公平，从而满足当前和未来的人类需求。景观的关键属性包括景观镶嵌体的组成（种类和数量）、配置（形状、连通性和空间配置）和动态。在过去几十年中，一个共

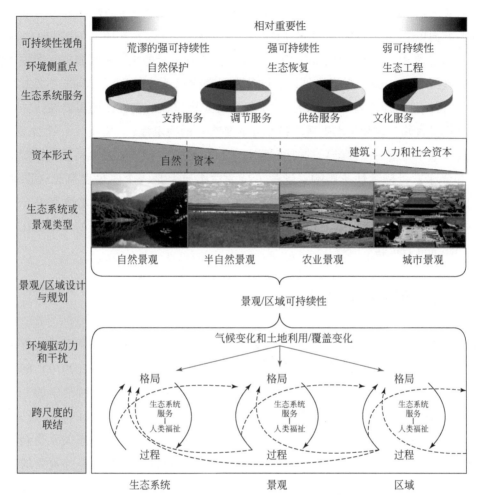

图 8-6 不同景观内可持续性观点（强可持续性与弱可持续性）的相对重要性、资本形式、
生态系统服务类型和环境行动以及景观和区域可持续性的尺度多样性

每种景观所提供的不同生态系统服务的占比在数值上并不是精确的，该图旨在说明在给定的地理区域中，经过不同程度
人类改造的景观所提供的生态系统服务的相对多度。跨尺度联系的图示修改自 Charles（2009）中的图 5.1（Wu, 2013）

同的主题迅速出现，即通过关注生态系统服务与人类福祉之间的动态关系，可以将笼统的
可持续发展目标转化为具体的行动。如上所述，尽管在确定生态系统服务和人类福祉的关
键成分方面已经取得了重大进展，但对两者之间动态关系（可持续科学的要点）的探索才
刚刚开始。

　　景观可持续性的定义为景观可持续性是指在环境和社会文化的变化背景下，特定景观
所具有的，能够长期而持续地提供生态系统服务，从而维持和改善区域环境中人类福祉的
能力（图 8-5）。该定义认识到满足人类需求是景观可持续性的最终目标，并采用强可持

续性观点关注基本的生态系统服务。此处的可持续性既包括增强韧性，也包括减少脆弱性，这两方面既相关又不完全相同（Gallopin，2006；Turner，2010）。这里的"特定景观"具有两层含义：①不同类型的景观提供不同种类和数量的生态系统服务，需要不同的管理策略（图8-6）；②景观格局创造、调节和阻碍生态系统服务。这里的"能力"包括适应性，"持续地"意味着景观可持续性不仅需要景观层面的韧性，还需要某些关键景观要素（如提供食物、水和基本生活原料服务的要素）的稳定性。"长期"一般涵盖了几代到几十代（数十年至一个世纪）的时间范围。"区域环境"强调景观可持续性影响，并被区域（和全球）可持续性所影响：景观可持续性本质上是一个多尺度概念（图8-5和图8-6）。从等级斑块动态的角度来看，景观的可持续性与景观的亚稳定性有关（亚稳定性：一种不断变化的镶嵌稳态，其中宏观结构和功能格局通过微观水平的不断变化而得以维持）（Wu and Loucks，1995）。

8.4.2　景观可持续科学定义

景观可持续科学是一种基于地域的、以应用为导向的科学，通过空间显式的方法来理解和改善生态系统服务与人类福祉之间的动态关系。这一定义与Turner（2010）的认识保持一致，即人与环境系统、生态系统服务以及服务–人类的权衡是可持续科学的三个基础要素。景观可持续科学解决了可持续科学中与景观组成和配置直接相关的核心研究问题。景观可持续科学的一个基本假设是，生态系统服务与人类福祉之间的动态关系受到景观格局的影响，并反过来影响景观格局。从景观角度进行可持续性研究是至关重要的，因为"威胁可持续性的要素大多出现在具有独特社会、文化和生态属性的特定区域，因此成功的可持续性转变也必须基于此"（Kates，2003）。复杂的适应性系统、空间韧性和脆弱性（和稳健性）分析为推进景观可持续科学提供了重要的理论和方法论基础。

景观可持续科学与景观生态学相关（Potschin and Haines-Young，2006；Wu，2006；Naveh，2007；Turner et al.，2013），但不完全相同。Potschin和Haines-Young（2006）提倡"一种基于生态系统商品和服务或自然资本概念的景观生态学的可替代范式"，并认为景观生态学需要"从生态学重点转向以人为本"。Naveh（2007）呼吁"将景观生态学转变为景观可持续性的跨学科科学"，部分方式是放弃"过时的机制和实证科学范式"，而将重点放在"目标导向和任务驱动"的项目上。然而，如果没有生态学的重点，景观生态学会是什么？如果把所有机理和假设演绎方法都刻意排除在外，那么景观生态学会是一门什么样的科学？

本书同意景观生态需要将可持续性作为研究和应用的重要组成部分（Wu，2006，2010），但认识到景观生态与景观可持续科学之间的区别是必要且重要的。景观生态学是研究和改善空间格局与生态过程之间关系的科学，而景观可持续科学则关注在社会、经济和环境条件变化下生态系统（或景观）服务与人类福祉之间的动态关系（图 8-7）。二者在研究要素上有重叠，特别是在以人类为主导的景观中，但在研究重点和成果上却有所不同。这两个领域都强调空间异质性或景观格局的影响，以及环境、社会经济和文化驱动因素与过程。生态系统服务是这两个研究领域的主要纽带（图 8-7）。随着时间的推移，这两个领域之间的互动不断增加，这种趋势将不可避免地持续到未来。为了推动这两个领域的发展，将还原论和整体论相结合的等级、多元视角将有助于理论研究和实践应用（Wu，2006）。

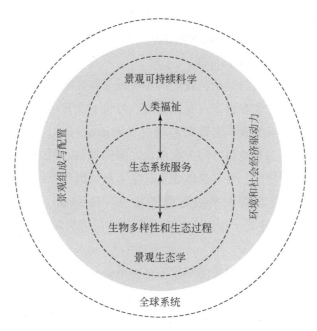

图 8-7　景观可持续科学与景观生态学之间的关系
资料来源：Wu，2013

8.4.3　景观可持续科学的核心研究内容和主题

景观可持续科学的核心组成部分是生态系统服务、人类福祉和景观格局（图 8-5）。景观可持续科学的研究重点应该是三个核心组件之间的动态关系。为了理解这种动态关系，必须明确考虑异质性景观中的生物多样性和生态系统过程，以及气候变化、土地利用变化和其他社会经济驱动因素。景观格局对景观可持续性的各个方面均有影响。因此，景观可持续科学在理论、方法和应用方面非常强调空间异质性、背景依赖关系以及生态系统服务和人类福祉之间的空间权衡与协同作用。景观可持续科学的一个核心研究问题是，面对内部动态和外部干扰带来的不确定性，景观格局如何影响生态系统服务和人类福祉关系的长期维护和改善。

尽管生态系统服务对于人类福祉至关重要，但人们对生态系统服务如何影响人类福祉的不同维度仍知之甚少。例如，MEA（2005）报告显示，在全球范围内，尽管过去几十年中生态系统服务呈下降趋势，但以人类发展指数（由预期寿命、人均 GDP 和教育程度三部分组成）衡量的人类福祉总体水平仍稳步提高。Raudsepp-Hearne 等（2010）将该现象称为"环境主义者的悖论"，并将这种看似矛盾的趋势归因于生态系统供给服务与支持、调节和文化服务的潜在关系，时间滞后性以及由技术和社会创新导致的人与自然的分离。但是，"生态系统服务与人类福祉之间的联系应该发生在更精细的空间尺度上，这表明使用全球统计数据意义不大"（Duraiappah，2011）。

为了更好地理解这一所谓的悖论，我们需要在景观和区域尺度用更详细的数据仔细研究。实际上，已有证据表明景观特征（包括物理、社会、文化环境与设施）会影响生活在景观中的人们的身体活动、健康、自尊和心理（Macintyre et al.，1993，2002）。此外，空间异质性更有可能影响生态系统服务与人类福祉之间的关系。另外，人类发展指数主要衡量身体健康，而忽略心理健康，并且总体而言，生态系统服务供给不能保证所有的人类需求得到满足，且不一定会改善人类福祉或幸福感（Dominati et al.，2010；Duraiappah，2011）。基于地域的景观研究对于理解这些相关但独特的可持续性方面及其之间的关系至关重要。

空间显式方法背后的主要假设是空间异质性很重要——认为景观具有促进可持续发展的"最佳"或更理想的格局。然而，这并不意味着我们在可持续研究和实践中可以天真地寻求一种"静态"的景观状态。正如 Forman（1995）所指出的那样，可持续的条件或环境也许并不存在。因此，与其将可持续性视为一个特定的终点，不如将其视为一种方向或轨迹。这种观点可以，并且已经被解译为将景观可持续性等同于保持静态景观结构（如Haines-Young，2000；Potschin and Haines-Young，2006）。这种解释可能表明景观可持续性是与特定景观无关的"乌托邦目标"（Antrop，2006），是试图维持景观格局和过程"无限期到未来"或"一切照旧"模式（Cumming et al.，2013），或只是一个无用的概念（Wiens，2013）。但是，如果景观格局对生物多样性和生态过程很重要（这是现代景观生态学的基本假设），那么它对整个景观中生态系统服务的产生和提供也必不可少。由此可见，在改善和维护生态系统服务和人类福祉方面，必定存在一些相较理想的景观格局。那么，如何识别和设计理想的景观格局，就应成为景观可持续性研究的一个核心问题。

8.4.4　景观可持续性连续体

尽管关于可持续性的大部分讨论都暗含着人类和环境（子系统）系统同等重要的假设，但有必要认识到，在景观尺度上，可持续性组成部分或标准的相对重要性可能会随景观类型而变。所有景观（包括自然、半自然、农业和城市景观）均能提供生态系统服务，但所提供服务的种类、数量和质量有所不同（图 8-6）。在这个已经由人类主导的世界中，自然景观（如从青藏高原到南极、北极的广阔景观，以及散布在世界其他浩瀚景观中的许多微小景观）变得越来越稀有和珍贵，因为它们对于维持区域和全球范围内的生物多样性、生态系统过程和生态系统服务至关重要。这些自然景观中的许多景观正面临着越来越大的压力。为了保护自然景观免遭开发的影响，需要一种强可持续性观点，即在景观、区域和全球尺度上，重视自然景观在提供支持服务、调节服务和文化服务方面发挥的不可替代作用。

所有非自然景观都是人与环境系统的典型例子，但生态系统服务的种类、相对数量和相互作用在它们之间也有很大差异（图 8-5）。从自然景观、半自然景观到农业景观和城市景观，自然资本趋于减少，但建筑资本、人力资本和社会资本趋于增加（图 8-6）。通常而言，对于一个特定区域，自然景观提供了大量至关重要的支持、调节和文化服务；农业景观在供给服务（尤其是食品）方面发挥了最大作用，同时也提高了较大比例的其他服务；城市景观通常以文化（如娱乐、积极的心理和精神效应）和调节服务（净化空气和水，缓解城市热岛效应）为主。世界上许多半自然放牧景观（如欧亚大陆的蒙古草原和非洲的塞伦盖蒂草原）不仅具有重要的支持、供给和调节服务，还为当地（通常是少数民族）提供独特而重要的文化服务。这些一般趋势也适用于一个景观中的不同生态系统（图 8-6）。

因此，区域尺度的可持续性要求通过规划和设计来优化不同景观类型的空间格局。对于一个复杂的非线性系统，通常有多个在系统功能方面同样有效或"最佳"的解决方案，在数学上是不可能确定最佳解决方案的。因此，这里的"优化"一词并非指要找到"最佳"的解决方案，而是指要寻求一组比其他替代方案更能产生理想景观效果的解决方案。从这个意义上说，整合不同类型的景观元素，优化生态系统服务组合以满足人类需求，是实现景观可持续性的必要条件。用 Forman（2008）的话说就是"塑造土地，使自然和人类都可以长期繁荣"。景观可持续性的增强离不开实现人类对适应特定景观的生态系统服务需求的本地化（Reitan，2005；Selman，2009）。景观多功能性是许多城市和农业景观可持续性的关键（Lovell and Johnston，2009；Termorshuizen and Opdam，2009；O'farrell and Anderson，2010）。尽管本地化和区域化是景观和区域可持续性的关键，但我们必须认识到，当将一个地区的可持续解决方案置于更大的区域或者全球尺度考虑时，难免会有外部性产生。为了在景观或区域尺度上实现人与环境系统的强可持续性，一般需要在较小尺度上允许不同资本形式相互替代（弱可持续性）。通常，从本地生态系统到整个全球的格局和过程都会对景观和区域尺度的可持续性产生影响（图8-5和图8-6）。

8.4.5 景观可持续科学的关键研究问题

为了推动景观可持续科学的发展，确定一些主要的研究问题十分必要。因为景观可持续科学是可持续科学的一部分，所以景观可持续科学的核心问题应该与后者的问题紧密相关。Kates等（2001）确定了可持续科学的七个核心问题，这些问题在推动该领域的发展时起到重要作用。同样，Levin和Clark（2010）确定了可持续性的六个基本问题，这些问题强调了人类福祉与环境之间的权衡、适应性、人与环境相互作用的长期后果、理论和模型以及可持续评估的重要性。根据2001年最初发布的七个核心问题（Kates et al., 2001），以及Levin和Clark（2010）提出的六个基本问题，Kates（2011）提供了可持续科学研究问题的修订清单。

（1）什么决定了人与环境系统的长期趋势和演变过程，从而主导21世纪的主要变化方向？

（2）什么决定人与环境系统的适应性、脆弱性和韧性？

（3）如何发展理论和模型以更好地解释人与环境相互作用的变化？

（4）人类福祉与自然环境之间的主要权衡是什么？

（5）如何科学而有效地定义能够为人与环境系统预警的"极限"？

（6）如何使社会最有效地指导或管理人与环境系统向可持续性的转变？

（7）如何评估环境与发展不同途径的"可持续性"？

为了使这些问题与景观可持续科学直接相关，我们需要从动态异质性景观中的生态系统服务和人类福祉的角度出发重新表述这些问题。按照这一思路，Turner等（2013）提出了景观可持续科学的五个一般研究问题，强调了景观异质性在生态系统服务的生产、权衡和协同作用、脆弱性和韧性方面的重要性，以及历史景观对生态系统服务的影响。我们相信，未来这些重要问题将从景观可持续科学的角度得以解决与进一步细化和完善。

8.4.6 景观可持续科学的主要研究方法

为了回答这些关键问题，必须使用空间显式的方法，尤其是实验和空间建模方法。来自社会和经济科学的各种方法必然成为丰富景观可持续科学方法工具箱的一部分。在过去的几十年中，空间方法已被广泛用于景观生态学中（Turner and Gardner，1991；Turner et al.，2001；Wu，2013），但如何创新性地运用这些方法来解决生态系统服务和人类福祉的相关问题仍具挑战。

在这种情况下，链接概念和集成模型通常是有帮助的，甚至是必要的。例如，"景观服务"似乎是一个非常恰当的桥梁概念，它通过"结构-功能-价值链"将景观格局、生态系统服务、美学、价值和决策联系起来，从而促进了参与式研究和可持续性景观规划（Termorshuizen and Opdam，2009）。与生态系统服务主要关注生态系统个体，而不考虑空间相互作用相比，Termorshuizen 和 Opdam（2009）认为景观服务更好地传达了生态系统服务的空间异质性及其互动性（导致权衡和协同效应），也因此某些服务是由景观中多个生态系统的空间配置所产生的，如通过适当设置景观元素来控制虫害，以及防洪和缓解城市热岛效应。换句话说，这些都是景观尺度上的"新兴"生态系统服务。从景观可持续科学的角度来看，"景观服务"一词非常有意义。尽管它不可能取代目前已空前普及的"生态系统服务"一词，但景观服务的理念却是景观可持续科学的核心。

实验方法有助于全面解决景观可持续科学中的关键问题，甚至帮助其走向成熟。尽管景观生态学实验在逻辑和概念上存在争议，但其在近几十年来得到了广泛的应用，并且为理解格局与过程之间的关系提供了无与伦比的机制证据（Jenerette and Shen，2012）。这样的实验研究是有用的，特别是在明确考虑生态系统服务的情况下，然而，景观可持续性实验必须超越传统的思维和实验领域。在传统实验中，处理、控制和重复同等重要，常见的统计方法通常足以分析结果。但是，景观可持续性实验需要依靠并合理利用"设计"，因为控制和重复的标准几乎永远无法满足经典实验的要求。

这里的"设计"是指"有意识地改变景观格局，从而在满足社会需求和尊重社会价值的同时，能够可持续地提供生态系统服务"（Nassauer and Opdam，2008）。我们需要将设计好的景观视为实验，并将以创建实验、测试实验和评估假说为核心内容的"设计"视为景观可持续科学研究的一部分（Golley and Bellot，1991；Nassauer and Opdam，2008；Ahern，2013；Swaffield，2013）。上述过程可以通过对不同的设计景观或者设计和自然景观加以比较得以实现。使用贝叶斯或其他先进的统计方法评估长期的景观规划实验也是很有价值的。此外，使用空间显式仿真模型进行的控制实验已被证明是可行和有见地的，尤其是与可信的规划和决策方案相结合。因此，虽然景观设计中的三种研究和设计交互，即"为设计而研究"、"关于设计的研究"和"通过设计进行研究"（Lenzholzer et al.，2013）是相关的，但景观可持续性科学实验需要着重强调基于设计的研究视角。真正的景观可持续性实验在严谨性方面可能永远不及还原论实验，但是在先进的统计方法和模拟建模的帮助下，它们应该在推进景观可持续科学方面发挥关键作用。

为了实现生态系统服务研究的空间化，新的制图和建模方法被陆续提出（Bohnet

et al., 2011；Karciva et al., 2011；Koniak et al., 2011；Bagstad et al., 2013；Johnson et al., 2012；Verburg et al., 2012；Wu and Kim, 2013）。例如，服务路径归因网络（service path attribution network, SPAN）是一组基于代理的模型，它提供了一个用于绘制和量化异质景观中的生态系统服务源、汇和流的空间框架，并可以探索和测试用于决策支持的不同景观设计方案（Bagstad et al., 2013；Johnson et al., 2012）。Wu 和 Kim（2013）基于"包容性财富"（inclusive wealth）方法（Arrow et al., 2004），建立了一个资本理论框架，从而量化生态系统韧性与生态系统服务供给之间的经济关系。该框架整合了景观可持续科学中的许多关键概念，包括生态系统韧性、干扰、自然资本、生态系统服务、生态系统评估、生态恢复和生态系统管理。此外，最早应用于景观和环境规划中的替代性未来分析（alternative futures analysis）方法可有效地探索未来不同土地利用和发展方案下，环境和社会经济维度的响应（Steinitz et al., 1996；Neale et al., 2003；Baker et al., 2004；Bolte et al., 2007；Hulse et al., 2009；Bryan et al., 2011）。最近，Turner 等（2013）提出了一种所谓的"土地系统建筑"（land system architucture）方法，"将景观设计的范围扩展到城市/城郊'建筑'环境和规划社区的本地环境之外，并与景观的空间维度相联系，但不只关注人类活动对生态系统服务本身的影响"。为了实现景观可持续科学的最终目标，所有这些地理空间建模方法都是必不可少的。

最后，为了衡量和指导景观可持续性，有必要制定可靠的景观可持续性评价指标。景观格局指标仅适用于景观格局与景观功能、服务或人类福祉具有可靠关系时。因此，景观可持续科学指标应包括景观功能和服务的可变性、阈值、驱动因素、机制与跨尺度的联系，还应与人类福祉和政策制定密切相关（Mander et al., 2005；Coelho et al., 2010；Morse et al., 2011；Wu, 2012）。满足所有这些条件是一个艰巨的任务。景观生态学家在景观格局分析方面提供了很多经验可以借鉴，大量关于可持续发展指标的文献也提供了类似经验可以参考（Wu, 2012；Wu and Wu 2012）。例如，如何将景观指标纳入可持续性评估方法中，从而产生针对特定景观的指标。为了在景观层面制定综合且可操作的指标，将人造资源与自然资本相结合的包容性财富框架（Arrow et al., 2004；Dasgupta, 2009；UNU-IHDP and UNEP, 2012）也许行之有效。我们在推进景观可持续科学指标的过程中，应该谨记 Meadows（2001）的敏锐观察，"我们既度量关注之物，又关注度量之物。"

8.5 融合景观、土地系统和规划设计科学以实现可持续发展

可持续发展已成为定义我们时代的一个主流主题（WCED, 1987；MEA, 2005；Kates, 2012；Wu, 2013a）。我们也必须坚持可持续发展，因为"可持续发展只有一种可

替代选择——不可持续发展"（Bossel，1999）。为了应对可持续发展的挑战，必须打破自然科学和社会科学的学科壁垒，并且急需一门基于地域的、以应用为导向的跨学科科学（Kates，2012）。这门新的科学就是可持续科学或可持续发展科学（NRC，1999）。在过去二十年里，可持续科学发展迅速，关键主题和核心研究问题越来越聚焦并逐步融合（Kates et al.，2001；Bettencourt and Kaur，2011；Kates，2011，2012；Fang et al.，2018）。可持续发展强调在维持环境完整性的同时改善人类福祉（WCED，1987），因此几乎所有研究领域均与可持续科学相关。但是，生态学和地理学的作用是至关重要的。正如 de Vries（2013）所说："我们生活在自然空间中，生态学和地理学以多种方式帮助我们理解自然、经济、社会及文化空间。自然空间提供了关键的物质资源基础帮助实现我们对美好生活的向往……。可以说，生态学和地理学是可持续发展科学的核心，但自然科学和工程科学以及经济学和社会科学也同样重要"（de Vries，2013）。

近几十年中，生态学家和地理学家不仅使他们自己的科学与可持续发展更加相关，而且还合作发展了新的方法，从而使不断发展的可持续科学更为充实与严谨。特别地，生态学家和地理学家已经发展了许多景观（或土地系统）方法。本研究的主要目标是回顾几种景观方法，并讨论如何将它们联系起来，从而帮助推进景观和区域尺度上的可持续科学和实践。具体而言，本研究将首先论证强可持续性和景观/区域尺度对于可持续科学的重要性。然后，将比较和对比与可持续性研究和实践相关的六种基于土地系统的方法，包括土地变化方法、土地系统设计方法、土地系统科学方法、景观生态学方法、景观可持续科学方法和地理设计方法。下面将讨论如何将这些方法联系起来以实现景观和区域的可持续性。

8.5.1 关注强可持续性和景观/区域尺度

"可持续发展含义甚多……，但其核心必须强调要保护我们从生态系统中获得的服务"（Levin，2012）。这里有必要区分两种截然不同的可持续性观点，即强可持续性和弱可持续性，因为它们对如何定义、衡量和实现可持续发展具有深远影响（Daly，1995；Dietz and Neumayer，2007；Wu，2013a）。这两种可持续性观点之间的主要区别在于自然资本在多大程度上可以被制造资本所替代。一方面，弱可持续性观点认为，只要一个系统的总资本（包括自然资本和制造资本）增加或保持不变，系统就是可持续的。在这种情况下，一个经济增长迅速但环境退化严重的地区仍可以被认为是可持续的。另一方面，强可持续性观点则认为生态系统的许多生命支持功能是不可替代的，长期的社会经济繁荣最终取决于环境的完整性（图 8-3）。因此，强可持续性限制，但并非排除经济-环境的可替代性（Ekins et al.，2003）。

虽然从长远来看，弱可持续性是不可持续的，但它在可持续性讨论以及跨尺度的可持续性地理空间规划中都是一个有用的概念。例如，广义的强可持续性实际上可能需要某些地方的弱可持续性，如一个可持续发展的区域，既有规划良好的自然区域和农业系统，也有不能自给自足的城市中心（Forman，2014；Wu 2013a）。换言之，一个区域的长期可持续性从根本上取决于该区域人与环境系统的种类、数量和空间配置。因此，为了实现满足人类需求和维持生物多样性与生态系统功能的双重目标，必须在区域和国家层面进行规划。这种自上而下的规划必须结合自下而上的方法，并明确考虑局地与区域尺度的生物多样性、生态系统功能、生态系统服务以及社会经济过程等细节，这样一来，大尺度的规划才能在精细尺度上得以操作，"小细节"才能真正融入"大图景"之中。

可持续发展需要在局地、区域和全球范围内实现，相应地，可持续科学必须同时考虑这些尺度。然而，景观/区域可以说是联系土地（景观）结构和生态学，并解决大多数可持续发展问题的最可操作的、最有效的尺度域（Wu，2006，2012，2013a）。全球可持续发展必须依赖于区域的可持续发展，而区域的可持续发展受到景观组成和配置的深刻影响。景观是人们生活、工作和与自然互动的地方，是生物多样性和生态系统形成和运行的地方，也是生态系统服务产生、提供和消费的地方。因此，景观是典型的人与环境系统。一方面，景观"整合了环境过程"（Nassauer，2012）；另一方面，景观通过了解、感知、互动和在其中生活这四种方式影响人们的身心健康（Russell et al.，2013）。景观/区域代表了可持续科学和实践的一个关键尺度域，因为它们能将下一尺度的局地行动与上一尺度的全球影响联系起来（Wu，2006，2012，2013）。景观科学（如景观生态学、景观/区域地理学和景观规划与设计）侧重于"基于地域"的问题和解决方案，因此应在可持续性研究和实践中发挥重要作用。

由于弱可持续性从长远来看是不可持续的，因此可持续科学的核心必须是面向多尺度的强可持续性。强可持续性需要在多个尺度上充分考虑景观的生物物理和社会经济特征。可操作的可持续科学可以将景观/区域作为基本尺度域，但同时需要明确考虑全球背景和地方尺度的过程。这种观点似乎与 Kates（2012）一致，他解释了为什么区域和基于地域的人与环境系统研究对于可持续科学、技术和转型至关重要，"……为支持可持续发展而开发的科学和技术大多基于区域与地方，并集中在多种压力因素相互交织、威胁或破坏人与环境系统的中间尺度。……正是在这些中间尺度上，人们更容易理解人与环境耦合系统的复杂性；中间尺度也是创新和管理发生的尺度，是面向可持续发展重大转变可能已经开始的尺度。"

在过去的几十年中，人们已经开发了许多景观和土地系统方法来解决从局地、区域到全球尺度上的可持续发展问题（Benson and Roe，2007；DeFries and Rosenzweig，2010；Wu，2012，2013b；Sayer et al.，2013；Hanspach et al.，2014；Reed et al.，2016）。这些方

法聚焦于共同的可持续发展主题，反映了其扎根于生态学、地理学和设计/规划科学的优势（和局限性）。

8.5.2 面向可持续发展的景观和土地系统途径

有必要澄清本研究对"景观"和"土地系统"这两个术语的理解。在景观生态学中，"景观是一个至少在一个感兴趣的因素上具有空间异质性的区域"（Turner and Gardner，2015）。这个笼统性定义在科学上是适当的，也是有益的，因为它鼓励在广泛的空间尺度上进行观察、实验和理论研究（Allen and Hoekstra，1992；Wu and Loucks，1995）。但是，为了使其与可持续性研究直接相关，本研究使用景观系统一词来指代一个包含所有环境、经济和社会维度的区域整体。这与 Naveh 和 Lieberman（1994）的观点一致，他们提倡将景观整体定义为"人类居住空间的整体空间和视觉实体，将地圈与生物圈和非地球的人造物融为一体"。

按照这样的定义，景观是地理空间异质的、社会经济驱动的、区域性的人与环境系统（Wu，2012，2013a），这与 Verburg 等（2013）对"土地系统"的定义类似："土地系统代表了地球系统的地表组成部分，涵盖了与人类使用土地有关的所有过程和活动，包括社会经济、技术和组织上的投资和安排，以及从土地中获得的收益和社会活动造成的未预料的社会和生态后果"。因此，本研究中的"景观方法"和"基于土地系统的方法"都指面向人与环境耦合系统的、基于地理空间的空间显式的土地（景观）方法。

8.5.2.1 土地变化科学

在过去几十年中，以地理学家和遥感学家为主体开发了三种密切相关但又有所不同的基于土地系统的方法：土地变化科学、土地（系统）建筑和土地系统科学。这三种方法在概念和本体论上类似，其灵感和动力主要源自《人类行动所改造的地球》（*The Earth as Transformed by Human Action*）（Turner et al.，1990）一书。在全球土地项目（GLP）中工作的科学家们积极推动了土地系统方法，该项目是 2005 年由国际地圈-生物圈计划（IGBP）和全球环境变化的人文因素计划（IHDP）发起的，是 IGBP 计划下的全球变化与陆地生态系统（Global Change and Terrestrial Ecosystem，GCTE）项目以及 IHDP 计划下的土地利用与土地覆盖变化（Land Use and Land Cover Change，LUCC）项目合作的产物（GLP，2005）。

土地变化科学出现于 21 世纪初期，最初是作为"综合土地变化科学"提出的（Turner，2002；Turner et al.，2004）。它将土地利用与土地覆盖作为一个耦合的人与环境系统，通过理解其动态，从而解决与环境、社会及二者交叉问题有关的理论、概念、模型和应用，并且已经成为全球环境变化和可持续发展研究的基本组成部分（Turner et al.，

2007）。土地变化科学的重点是观察和监测土地利用与土地覆盖变化，了解土地利用与土地覆盖变化的生物物理和社会经济的作用机制，并评估土地利用与土地覆盖变化对生态系统过程和服务的影响（Rindfuss et al.，2004；Turner et al.，2007）。这些关于土地利用与土地覆盖变化的问题也是现代景观生态学的主要研究主题（Forman，1995；Turner and Gardner，2015；Wu，2013b，2017），因此，土地变化科学与景观生态学之间存在着广泛的重叠。

8.5.2.2 土地系统设计

土地系统建筑（Turner et al.，2013；Turner，2016；Vadjunec et al.，2018）或土地设计（Turner，2010；Li et al.，2016）是指土地系统的结构，其中结构是指一定边界内土地利用与土地覆盖的种类、强度和空间格局（Turner，2010）。这类似于景观生态学中对景观格局的定义，其中包括景观组成和配置（Forman，1995；Turner and Gardner，2015）。土地系统设计方法是"土地变化科学的产物，与景观生态学和景观设计具有明显的联系"（Turner et al.，2013）。这些联系是不可避免的，因为景观生态学、景观设计和土地系统设计都聚焦于地理区域内的景观元素及其空间配置。

土地系统设计与景观设计（完善的专业和学科）有何不同？从广义上讲，景观设计将艺术与科学相结合，对景观要素进行空间安排以供人类使用和娱乐，包括基于不同目的对当地景观及其构成要素进行设计、规划和管理［有关景观设计的主要历史发展总结，请见Huang 等（2019）］。美国景观设计师协会对景观设计的定义如下："景观设计师对建筑环境和自然环境进行分析、规划、设计、管理和保育。……他们设计公园、校园、街景、步道、广场和其他有助于定义社区的项目"。Turner 等（2013）认为，土地系统设计将景观设计的范围扩展到城市/郊区"建筑"环境和规划界关注的本地环境之外，与景观生态学的空间尺度相联系，但不只关注人类活动对生态系统服务本身的影响。除了空间尺度外，土地系统设计和景观设计（以及景观生态学）的起源、方法和研究重点也有所不同。

最近，Turner（2016）通过整合土地系统设计方法与景观生态学的土地镶嵌概念（Forman，1995），探讨了"土地设计-镶嵌体方法"在城市可持续发展研究中的应用。Vadjunec 等（2018）呼吁进一步衔接土地系统设计和景观生态学。的确，尽管景观生态学和景观建筑学（包括景观规划和景观设计）在过去三十年的互动日益增加，但我们仍需对其进行进一步整合以提高景观和区域的可持续性。

8.5.2.3 土地系统科学

土地系统科学同样基于并超越了土地变化科学，更加强调土地管理、治理和以可持续发展解决方案为导向的问题（Rounsevell et al.，2012；Verburg et al.，2013）。现在，它被视为"地球系统科学的重要组成部分"（Verburg et al.，2015）。土地系统科学和土地变化科学在其主要研究主题和方法论方面紧密相关。尽管 Rounsevell 等 (2012) 只是将土地变化科学的定义 (Turner et al., 2007) 用于土地系统科学, 但现在土地系统科学这一术语因其内涵更加全面而更受土地系统研究人员的欢迎。

土地变化科学似乎已经发展成为结合了地理学、生态学和社会科学的土地系统科学, 而土地系统设计则通过提供规划和设计要素丰富了土地系统科学。因此, 从强可持续性的角度而言, 土地系统科学和土地系统设计对于可持续科学的发展至关重要。文献检索的结果表明, 这三种方法的发文数量和被引用量均呈上升趋势 (图 8-8)。自 2004 年第一篇开创性论文发表以来, 土地变化科学的论文数量与引用量均已远超其余两种方法, 但土地系统设计和土地系统科学的论文数量和引文数量分别从 2010 年和 2012 年开始迅速增长 (图 8-8)。撇开图 8-8 具体数值的准确性不谈, 土地变化科学和土地系统科学的快速发展趋势是毫无疑问的。

8.5.2.4 景观生态学

"景观生态学" 一词最早由 Troll (1939) 提出, 其灵感主要源自航空照片中的生动图案与 Tansley (1935) 提出的用于连接土壤、植被、大气以及植物、动物、微生物的生态系统概念。因此, 景观生态学的诞生是地理学与生态学的跨学科产物。严格来说, 直到 20 世纪 80 年代遥感、计算机和 GIS 面世, 景观生态学才开始在理论、方法和应用方面迅速发展, 并成为一门全球公认的科学。尽管该领域着重研究空间格局对生态过程的影响, 但其自始至终关注人与环境的相互作用和景观设计 (Forman and Gordon, 1986; Naveh and Lieberman, 1994; Dramstad et al., 1996; Nassauer, 1997)。目前, 景观生态学已经发展成为一门高度跨学科的科学, 致力于研究和改善局部和区域景观内的空间格局与生态过程之间的关系 (Wu, 2006, 2013b)。

作为一个成熟的领域, 景观生态学为 Kates (2012) 所说的可持续科学的 "中间尺度" (即景观和区域) 提供了许多理论和方法。其与可持续科学的相关性从景观生态学的十大研究主题中可见一斑: ①景观和区域中的格局−过程−尺度关系; ②景观连接度和破碎化; ③尺度和尺度推绎; ④空间分析和景观建模; ⑤土地利用与土地覆盖变化; ⑥景观历史和遗留效应; ⑦景观与气候变化的相互作用; ⑧不断变化景观中的生态系统服务; ⑨景观可持续性; ⑩精度评价和不确定性分析 (Wu and Hobbs, 2002; Wu, 2013b)。因此, 尽管景观生态学重点关注空间格局与生态过程之间的关系, 但在研究主题和方法论上, 与自然地理学、人文地理学、景观设计、土地系统设计、地理设计和土地系统科学等都具有广泛重叠。Opdam 等 (2018) 明确指出, 景观生态学可以为可持续科学提供四项基本贡献: ①空间显式的方法; ②多尺度的研究方式; ③邀请利益相关者和多学科专家分享知识、价值和关注点的系统概念; ④将社会和生态科学联系起来寻求可持续发展解决方案的系统方法。Frazier 等（2019）进一步讨论了景观生态学对可持续发展和生态文明的重要性，强调了三类研究：①在多尺度上联结景观格局与生物多样性、生态系统过程/功能和生态系统服务；②测量和理解异质性景观之间的连接度和流动；③建立对扰动动态和景观韧性的系统理解。关于景观生态学与可持续科学关系更深入的讨论见 Wu（2006，2012，2013a）。

8.5.2.5　景观可持续科学

如前所述，"景观可持续科学"基于 MEA（2005）的生态系统–人类福祉框架（Wu，2013a），将景观生态学与可持续科学结合在一起。如果说土地系统科学是植根于地理学的可持续科学方法，那么景观可持续科学就是景观生态学应对可持续挑战的产物。然而，虽然土地系统科学似乎比景观可持续科学更加注重全球尺度，但这两种方法的共同点不仅仅是它们的缩写都是 LSS。

这里的景观可持续性是指在环境和社会文化变化的背景下，特定景观所具有的，能够长期而持续地提供生态系统服务，从而改善和提高区域内人类福祉的能力；而景观可持续科学则被定义为一种以地域为基础、以应用为导向、以解决方案为驱动的科学，旨在理解与改善变化景观中的生态系统服务与人类福祉之间的关系（Wu，2013a，2014）。景观可持续科学包括几个相互作用的关键要素，共同表征景观格局变化如何影响生物多样性、生态系统过程、生态系统服务和人类福祉，以及如何更好地设计/规划景观从而维护和改善景观可持续性（Opdam et al.，2018；Huang et al.，2019）。

景观可持续科学的核心组成部分是景观格局（包括组成和配置）、生态系统服务和人类福祉，这三个核心组分之间的动态关系是景观可持续科学的研究重点。景观格局的变化受到土地利用/覆盖变化和气候变化的直接驱动，还受到人口结构、经济发展，以及法律、政策、法规等规制的间接驱动（Turner et al.，1990；Bürgi et al.，2004，2017）。景观变化会影响生物多样性、生态系统功能及其相互关系，进而影响为人类社会提供的生态系统服务（MEA，2005；Turner and Gardner，2015）。景观格局也会直接影响生态系统服务，如景观对人类身心健康的影响（Wu，2013a）。生态系统服务的变化会进一步影响人类福祉，而人类福祉也会受到一系列其他社会经济因素的影响（MEA，2005）。这里的一个关键假设是，这些变化依赖于具体背景，通常不仅与景观元素的种类和数量相关，也与它们的配置（形状、连接度和空间配置）相关。最近的研究表明，空间权衡和协同作用常出现于不同类型的生态系统服务以及生态系统服务与人类福祉之间（Bennett et al.，2009；Castro et al.，2014；Spake et al.，2017；Qiu et al.，2018）。

景观生态学中有大量证据表明，"土地镶嵌体"（由生物物理、社会经济斑块和网络组成）的组成和空间配置会影响生物体、物质、能量和信息的流动，并反过来受其影响。景观的结构和功能共同决定了生态系统服务。另外，大量来自环境与社会心理学、公共卫生科学和健康地理学的研究表明，基于景观的生态系统服务对于不同文化和社会经济阶层的身心健康至关重要（Dummer，2008；Sheather，2009；Thompson，2011；Russell et al.，2013；Sullivan and Chang，2017）。因此，景观可持续性可以通过设计和规划景观得以维持和改善，而这离不开自然、社会、工程、设计/规划和健康科学之间的紧密合作。

能否拥有一个可持续发展的世界，其内各国通过严重依赖彼此的资源来获得美好的生活？能否建立一个可持续发展的国家，其内各城市的足迹相互重叠甚至超出全国范围？能否拥有一个可持续发展的城市，其通过过度依赖远方的资源来维持生活？答案是可能不会。为了解决众多不可持续的问题，必须将可持续科学降尺度到景观和区域尺度。景观可持续科学强调减少生态足迹，最小化外部性，增强自我再生能力以及改善区域景观的生态系统服务。这似乎确实需要实现资源利用的本地化，但是这种本地化不等同于社会或政治上的"隔绝"。正如 Reitan（2005）和 Selman（2009）所指出的那样，景观可持续性需要实现与特定景观相适应的生态系统服务需求的本地化。景观可持续科学旨在提供"支持行动"的知识，从而使我们的景观在面对城市化、全球化和气候变化时更具可持续性。

从概念上讲，景观可持续性似乎支持了 Tobler（1970）的地理学第一定律："所有事物都与其他事物相关，但近处的事物比远处的事物更相关"。世界是一个大型的互动矩阵……根据内部实体的数量级进行排序，可以辨别出独特的等级结构"（Simon，1973）。地理学第一定律和"复杂性的等级结构"都意味着复杂系统的可持续性需要"有界"的连接，即系统组分间的连通性需要由各组分的自主性加以平衡。因此，尽管全球化听起来在政治上是立场正确的，在经济上是令人振奋的，但通常会导致意想不到的后果（Rees，2002；Figge et al.，2017）。这些问题的解决需要土地系统科学和景观可持续科学深入理解地理空间格局和过程，并实现局地、区域和全球尺度的有效联结。

8.5.2.6 地理设计

目前，地理设计仍是一个松散的思想、方法和数字技术体系，这些体系聚集在一起促进地理空间环境下设计和规划的互动过程（Miller，2012；Steiner and Shearer，2016）。地理设计依赖不断发展的数字技术，但其概念和方法论的历史通常可以追溯到 Ian McHarg（1969）的"自然设计"和 Simon（1996）的设计普世观——"每个设计者都旨在设计将现有情况变为首选情况的行动方案"。尽管已历经数十年的发展（Li and Milburn，2016），但地理设计在最近十年才引起学术界的广泛关注（图 8-8）。

地理设计在文献中的定义有所不同。Goodchild（2010）认为"地理设计不是新事物，而是代表了对一些既定领域的重新审视或者重新利用"。Steinitz（2012）从广义角度将地理设计描述为"通过设计进而改变地理的持续过程"。更具体地说，Flaxman（2010）将地理设计定义为"一种设计和规划方法，它将设计方案的创建与地理环境的影响模拟紧密结

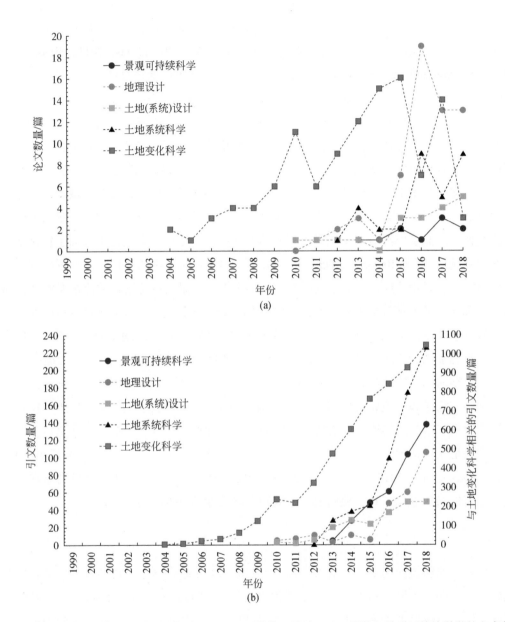

图 8-8　有关土地变化科学、土地系统科学、土地（系统）设计、地理设计和景观可持续科学的文章数量（a），以及以上每个类别在 Web of Science 核心收藏库中的引用总数（b）（于 2019 年 1 月 31 日访问）
检索词为 "land change science"、"land system（s）science"、"land（system）architecture"、"geodesign" 或 "geo-design" 和 "landscape sustainability science"。搜索域包括数据库中期刊文章的标题、摘要和关键字（Wu，2019）

合在一起"。Ervin（2012）用"系统思维和数字技术"代替了"地理环境"，从而修改了 Flaxman（2010）对地理设计的定义。尽管系统思维和数字技术对于地理设计至关重要，但"地理环境"无疑是定义地理设计，并将其与设计区分开来的一个关键特征。

为了强调科学和技术的重要性，Goodchild（2010）将地理设计定义为"以 GIS 的模拟为基础，通过科学知识了解世界运作机制的规划"。他还强调，地理设计应是基于科学的设计，其支持性科学应包括规划和景观设计、地理学、生态学、水文学、地球科学、社会学、经济学、政治学和地理信息科学（Goodchild，2010）。但是，如何通过数字技术将这些自然和社会科学与设计融合在一起，对地理设计而言仍充满挑战。尽管如此，若能适当地整合地理设计与基于景观的生态学和可持续的观点和方法，对景观可持续性的发展将大有裨益。

8.5.3　结合景观/土地系统途径的必要性和可行性

显而易见，将景观和土地系统方法结合起来十分必要。可持续科学和实践必须立足于真实的景观，没有可持续的景观和区域就不可能实现全球的可持续性。景观和区域的维持需要整合来自生态学、地理学、设计/规划、工程学以及其他自然和社会科学的不同景观/土地系统方法。必须强调强可持续性观点，因为从长远来看弱可持续性是不可持续的。如前所述，强可持续性确保了环境的完整性和关键的自然资本——"这是重要的环境功能，并且不能被制造资本所代替"（Ekins et al.，2003）。这就要求平衡保护和发展的关系，并按照可持续性原则优化景观要素的种类、数量和空间配置。尽管必须考虑全球背景和驱动因素，但如果不明确关注人与环境相互作用和重大制度变革主要发生的景观/区域尺度，便无法实现强可持续性。

将景观/土地系统方法联系起来是可行的，并且是可取的，原因至少有两点：首先，可持续性为所有景观/土地系统方法提供了一个必要且不可否认的统一主题（图 8-9）。实现景观和区域的可持续性是景观可持续科学的明确目标，也应该是其他基于土地系统的研究和设计/规划工作的最终目标。尽管较早的土地变化科学主要关注土地利用与土地覆盖变化的驱动因素和影响，但实际上，为土地可持续发展提供原则和解决方案已成为土地系统科学日渐凸显的目标（Turner et al.，2007；Verburg et al.，2013，2015）。韧性、可持续性和生态系统服务的概念也已广泛应用于景观设计/规划中（Termorshuizen et al.，2007；Chen and Wu，2009；Bohnet，2010；Ahern，2005，2013；Turner et al.，2013）。其次，根据定义，所有景观/土地系统方法在本质上是相互关联的，因为它们具有共同的生物地球物理平台（景观或土地系统），其结构、功能和动态受到各种环境和社会经济进程的影响（图 8-9）。在以可持续性为共同主题和最终目标，以区域景观为主要行动范围，以生物多样性/生态系统功能—人类福祉谱系和土地系统结构—土地系统功能谱系表明研究重点的维恩图中，几种景观/土地系统方法之间的关系和差异更为明朗（图 8-9）。虽然景观生态学和景观可持续科学通过人类福祉所依赖的生态系统服务联系在一起，但土地变化/土地系统科学为生态系统服务的量化、评估和管理作出了重要贡献（Crossman et al., 2013）。景观生态学和景观可持续科学关注空间异质性以及生物多样性–生态系统功能–生态系统服务–人类福祉的动态作用关系，土地变化科学和土地系统科学则更加重视土地利用和土地覆盖、土地管理和治理以及全球土地系统的动态。所有这些基于景观/土地系统的科学均可以为景观设计、土地系统设计和地理设计这三个领域（共同突出强调土地系统结构或景观格局）作出贡献并从中获益。这种跨学科的协作是有希望的，但目前尚且缺乏。

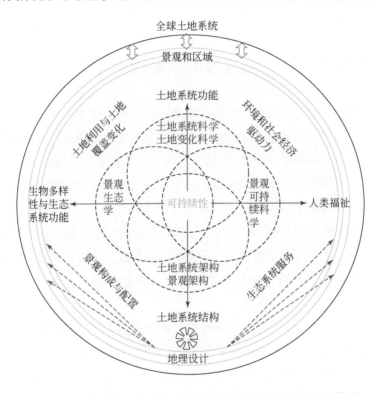

图8-9　基于景观和土地系统的科学与设计方法之间的关系示意图

维恩图显示了不同方法之间的联系（不同但广泛重叠）。可持续性是首要的共同主题，也是最终目标（因此处于图8-9的中心）。区域景观为可操作的可持续性研究和实践提供了主要平台，景观内各元素相互作用，构成了全球土地系统。地理设计通过提供高级工具促进其他景观科学的发展与集成，同时也需要其他景观科学提供面向可持续发展的、可付诸实践的科学基础。这些方法的研究重点体现在横纵两个坐标轴上，分别代表生物多样性/生态系统功能–人类福祉谱系和土地系统结构–土地系统功能谱系（Wu，2019）

8.5.4　通过地理设计将景观、土地系统、规划科学加以整合

我们进入了一个由人类主导的新的地质时代——"人类世"（Crutzen，2002；Lewis and Maslin，2015）。在这个时代，大多数的生态系统受到人类活动的影响或"驯化"

（Kareiva et al.，2007）。"人类世"既带来了巨大的不可持续性挑战，也带来了前所未有的创新机遇。例如，Olsson 等（2017）认为"人类世"的概念可以作为一个游戏规则，从而促进社会与技术的创新和可持续转型。Bennett 等（2016）则不只关注"人类世"的"阴暗面"（人类对地球生态系统的统治日益加剧），同时也探讨了作为"社会生态亮点"的 100 个"美好人类世的种子"。尽管将这些"亮点"扩至区域与全球尺度可能充满挑战，但据作者所言，这些自下而上和参与式的可持续性举措代表了改善人类福祉的变革性途径（Bennett et al.，2016）。

赫伯特·西蒙（Herbert Simon）曾说："我们今天生活的世界与其说是一个自然世界，不如说是一个人造的，或者说是一个人工的世界"。因此，他建议科学界既要关注"事物如何"（传统自然科学），又要关注"事物应该如何"（工程和设计科学）（Simon，1996）。换言之，仅仅为了理解"自然"的工作原理而追求科学是不够的。当今的科学必须为维持和改善从家庭到全球尺度上，人与环境耦合系统的可持续性提供解决方案。这是人类历史上最全面的跨学科科学——可持续科学的最终目标。为了实现这一目标，在强可持续性原则的指导下，通过合理的设计与规划，基于景观/土地系统的方法必将能够在整合自然科学和社会科学方面发挥至关重要的作用。

自 20 世纪 90 年代以来，景观生态学与景观设计的交织愈渐增多。Golley 和 Bellot（1991）描述了这两个领域之间的密切关系，"我们可以从一个领域转移到另一个领域：景观生态学可为规划设计者提供信息，而规划和设计的景观则可以作为检验景观生态学家假设的实验场。"为了将这两个领域之间的关系提升到新的高度，Ahern（2005）提倡通过"一种进化和互惠的过程"将景观生态学与景观设计相结合，而不仅仅是从一个方向转至另一方向。这两个领域之间的共同发展和相互融合要求"理论、原理、知识和应用的双向流动：科学为设计提供信息，而设计也为科学提供信息"。类似地，Nassauer 和 Opdam（2008）巧妙地阐述了一个将设计作为景观生态核心部分的框架，可称之为"格局-过程-设计范式"。这种跨学科整合的愿景越来越为景观生态学家和景观设计师所认同。

地理设计或许可以提供一个强大的平台，通过耦合多种景观/土地系统方法，从而在理论和实践上推动可持续科学的发展（Huang et al.，2019）。如前所述，地理设计旨在通过改变和改善土地系统的组成和配置以实现不同目的的设计与规划。无论这些目的是什么，它们都应该与区域和全球可持续发展目标保持一致。为了实现这一目标，地理设计不仅要以"关于世界如何运转的科学知识"（Goodchild，2010）为指导，而且要以景观和区域应该如何运作的可操作的科学知识为指导。几种景观/土地系统方法构成了地理设计所需的可操作科学的核心。此外，新兴的地球系统工程和管理领域（Allenby，1999）可以为加强地理设计提供诸多有用的工程观点和技术方法，不过本研究认为在生态和伦理层面，对整个地球甚至区域系统进行工程设计是不合理的。根据 Allenby（2007）的观点，地球系统工程和管理着眼于合理设计、制造与建造、维护与管理以及重建信息密集与高度集成的人、自然和建造系统，这些过程可以借鉴已有领域的经验，如产业生态学中的生命周期评估（life cycle assessment，LCA）、环境设计、物质流分析和系统工程等方法。

如何整合这些领域，从而最大限度地提高我们的可持续发展能力，这一问题仍有待探讨。但将地理设计与景观可持续性方法充分结合似乎是必要且可取的。这种"可持续的地理设计"将为研究、设计和管理景观和区域的可持续性提供最科学与先进的技术平台。为了达到这个目标，Huang 等（2019）讨论了如何将地理设计和景观可持续科学相结合，使两个领域相互受益。特别地，作者提出了一个基于景观可持续科学的地理设计框架，在数字/地理空间技术的支持下，以强/弱可持续性、多尺度、生态系统服务、可持续性指标、大数据应用和场所感六个角度为指导，实现整合的可操作性。可持续地理设计包括七个主要元素：①问题识别和目标设定；②格局和过程分析；③地理设计平台构建；④生态系统服务和空间格局的综合模拟；⑤可视化；⑥人机交互；⑦设计替代方案评估。这只是可持续地理设计的一个例子，在未来的几年里，一定会有更多的例子出现。

8.6 结　语

景观是人们生活和工作的地方，其内部的生态系统为人们提供各种各样的服务。因此，景观堪称理解和塑造社会与环境之间关系的最有效的尺度。景观可持续性将地方行动与区域和全球背景联系起来；景观可持续科学虽然仍处于起步阶段，但将成为可持续科学的一个重要组成部分。同时，景观可持续科学与景观生态学有着内在的联系，生态系统服务是关键的纽带。景观可持续科学着眼于变化景观中人类福祉和生态系统服务的动态关系，同时也应认识到生态系统对非人类物种的价值；景观可持续科学关注景观，同时也应处理好景观之间的联系以及大陆和全球的联系；景观可持续科学关注以应用为导向的和基于地域的研究，同时也应尽可能强调基础研究和成熟的科学方法（Wu，2013）。

从狩猎采集者到农耕者，再到城市居民，人类已经深刻地改变了景观的面貌，极大地丰富和提升了他们的需求。因此，福祉和可持续性的含义已经，并将继续发生变化。从根本上讲，福祉更似旅程而非终点，相应地，可持续性更似一种过程而非静态。因此，景观可持续性是一个不断发展的目标。我们无法精确地预测它，我们无法永久地修复它，但是我们必须也能够，基于我们所了解和所学的知识不断改善人与环境的关系，从而使我们的景观更具可持续性。正如 Meadows（2001）所言："我们无法完全理解、预测或控制复杂的系统，但是我们可以设想、设计并与之共舞！"

全球可持续发展是我们的最终目标，但该目标只有在我们的国家、地区和景观是可持续的情况下才能实现。因此，关注景观/区域尺度对于在从城市/村庄到全球所有尺度上实施可持续科学至关重要。景观、土地系统和规划/设计研究途径都具有一个共同的基本假设：景观和区域或土地系统的组成和配置可以极大地影响生物多样性、生态系统功能、生态系统服务和人类福祉。尽管这些方法分别根植于生态学、地理学和设计学等领域，但可持续发展的共同目标已经打破了学科壁垒，推动着多学科的交叉融合。如果将这些景观/土地系统科学适当地整合在一起，则可以提供一整套的理论基础和技术方法，推动着强可持续性的操作与实践，从而更好地规划、设计和管理我们的景观和区域。"可持续性地理设计"——基于可持续科学的地理设计——有望成为一个具有科学上兼容并蓄、数字技术先进的平台，推动跨学科的整合（Wu，2019）。为了构建可持续景观，生态学、地理学和规划/设计科学的合作和交融比以往任何时候更加紧迫。这是一个艰巨的挑战，但也蕴含着莫大的机遇和回报！

参 考 文 献

白继伟，赵永超，张兵，等．2003. 基于包络线消除的高光谱图像分类方法研究．计算机工程与应用，39：88-90.

毕力格图，索培芬，康俊霞，等．2004. 载畜率对短花针茅荒漠草原植物群落影响的研究．内蒙古农业大学学报（自然科学版），25：30-33.

陈红，杨凌霄．2012. 金字塔股权结构，股权制衡与终极股东侵占．投资研究，3：101-123.

陈利顶，傅伯杰．1996. 景观连接度的生态学意义及其应用．生态学杂志，4：37-42.

陈利顶，刘雪华，傅伯杰．1999. 卧龙自然保护区大熊猫生境破碎化研究．生态学报，（3）：3-9.

陈利顶，傅伯杰，徐建英，等．2003. 基于"源-汇"生态过程的景观格局识别方法——景观空间负荷对比指数．生态学报，23（11）：2406-2413.

陈利顶，刘洋，吕一河，等．2008. 景观生态学中的格局分析：现状、困境与未来．生态学报，28：5521-5531.

陈鹏飞．2019. 北纬18°以北中国陆地生态系统逐月净初级生产力1公里栅格数据集（1985-2015）．全球变化数据学报（中英文），3（1）：34-41.

陈卫民，武芳梅，罗有仓，等．2005. 不同放牧强度对草地土壤含水量、草地生产性能和绵羊增重的影响．黑龙江畜牧兽医，（10）：63-64.

慈瑞梅，李东波．2006. 复杂曲面边界线自动提取技术研究．机床与液压，7：50-51.

邓姝杰．2009. 锡林郭勒草原退化现状及生态恢复研究．济南：山东师范大学硕士学位论文．

丁文强，侯向阳，刘慧慧，等．2019. 草原补奖政策对牧民减畜意愿的影响——以内蒙古自治区为例．草地学报，27：336-343.

范兰，吕昌河，陈朝．2012. EPIC 模型及其应用．地理科学进展，31（5）：584-592.

傅斌，徐佩，王玉宽，等．2013. 都江堰市水源涵养功能空间格局．生态学报，33：789-797.

富伟，刘世梁，崔保山，等．2009. 景观生态学中生态连接度研究进展．生态学报，（11）：6174-6182.

高安社．2005. 羊草草原放牧地生态系统健康评价．呼和浩特：内蒙古农业大学博士学位论文．

高尚玉，史培军，哈斯，等．2000. 我国北方风沙灾害加剧的成因及其发展趋势．自然灾害学报，9：31-37.

高玉葆，邬建国．2017. 现代生态学讲座（VIII）群落、生态系统和景观生态学研究新进展．北京：高等教育出版社．

耿浩林．2006. 克氏针茅群落地上/地下生物量分配及其对水热因子响应研究．北京：中国科学院植物研究所硕士学位论文．

巩国丽，刘纪远，邵全琴．2014. 基于 RWEQ 的 20 世纪 90 年代以来内蒙古锡林郭勒盟土壤风蚀研究．

地理科学进展，33（6）：825-834.

郭庆法，王庆成，汪黎明．2004．中国玉米栽培学．上海：科学技术出版社．

国家发展和改革委员会．2015．全国及各地区主体功能区规划．北京：人民出版社．

韩凤朋，郑纪勇，张兴昌．2009．黄土退耕坡地植物根系分布特征及其对土壤养分的影响．农业工程学报，25：50-55.

韩建国，韩永伟，孙铁军，等．2004．农牧交错带退耕还草对土壤有机质和氮的影响．草业学报，（4）：21-28.

杭月荷．2014．多模式对内蒙古降水的时空模拟能力评估．内蒙古气象，5：12-15.

郝蕊芳，于德永，邬建国，等．2016．约束线方法在生态学研究中的应用．植物生态学报，40（10）：1100-1109.

侯向阳，李西良，高新磊．2019．中国草原管理的发展过程与趋势．中国农业资源与区划，40：1-10.

胡亚旦，周自江．2009．中国霾天气的气候特征分析．气象，35（7）：73-78.

胡云锋．2013．内蒙古锡林郭勒生态系统综合监测与评估．北京：中国环境出版社．

姜广顺，张明海，马建章．2005．黑龙江省完达山地区马鹿生境破碎化及其影响因子．生态学报，（7）：1691-1698.

蒋力，徐霞，刘颖慧，等．2014．基于土地利用—生态系统耦合模型的生态系统服务价值评估——以中国北方草地及农牧交错带为例．天津农业科学，20：74-81.

孔繁花，尹海伟．2008．济南城市绿地生态网络构建．生态学报，（4）：1711-1719.

李长生．2016．生物地球化学：科学基础与模型方法．北京：清华大学出版社．

李积勋，史培军．1997．区域环境管理的理论与实践．北京：中国科学技术出版社．

李纪宏，刘雪华．2006．基于最小费用距离模型的自然保护区功能分区．自然资源学报，（2）：217-224.

李建平，曾庆存．2005．一个新的季风指数及其年际变化和与雨量的关系．气候与环境研究，10（3）：351-365.

李军，邵明安，张兴昌．2004．黄土高原地区EPIC模型数据库组建．西北农林科技大学学报（自然科学版），32（8）：21-26.

李军，邵明安，张兴昌．2005．EPIC模型中土壤氮磷运转和作物营养的数学模拟．植物营养与肥料学报，11（2）：166-173.

李双成，张才玉，刘金龙，等．2013．生态系统服务权衡与协同研究进展及地理学研究议题．地理研究，32：1379-1390.

李卫锋，王仰麟，彭建，等．2004．深圳市景观格局演变及其驱动因素分析．应用生态学报，15（8）：1403-1410.

李文达．2015．N添加对白羊草种群特征及水土保持功能的影响．咸阳：西北农林科技大学硕士学位论文．

李琰，李双成，高阳，等．2013．连接多层次人类福祉的生态系统服务分类框架．地理学报，68：1038-1047.

李永宏．2015．草地生态系统动态中气候与人为影响驱动力解析//中国生态学学会．第八届现代生态学讲座暨第六届国际青年生态学者论坛论文集. 北京：中国生态学学会.

林波, 谭支良, 汤少勋, 等. 2008. 草地生态系统载畜量与合理放牧率研究方法进展. 草业科学, 25：91-99.

刘常富, 周彬, 何兴元, 等. 2010. 沈阳城市森林景观连接度距离阈值选择. 应用生态学报, （10）：2508-2516.

刘剑宇, 张强, 陈喜, 等. 2016. 气候变化和人类活动对中国地表水文过程影响定量研究. 地理学报, 71（11）：1875-1885.

刘孝富, 舒俭民, 张林波. 2010. 最小累积阻力模型在城市土地生态适宜性评价中的应用——以厦门为例. 生态学报, 30（2）：421-428.

刘珍环, 杨鹏, 吴文斌, 等. 2016. 近30年中国农作物种植结构时空变化分析. 地理学报, 71（5）：840-851.

苗正红. 2013. 1980～2010年三江平原土壤有机碳储量动态变化. 北京：中国科学院大学博士学位论文.

内蒙古统计年鉴. 2014. 内蒙古统计年鉴. 北京：中国统计出版社.

彭舜磊, 由文辉, 郑泽梅, 等. 2011. 近60年气候变化对天童地区常绿阔叶林净初级生产力的影响. 生态学杂志, 30：502-507.

邱建军, 唐华俊. 2004. 北方农牧交错带耕地土壤有机碳储量变化模拟研究——以内蒙古自治区为例. 中国生态农业学报, 11：86-88.

深圳市统计局. 2011. 深圳市统计年鉴. 北京：中国统计出版社.

苏常红, 傅伯杰. 2012. 景观格局与生态过程的关系及其对生态系统服务的影响. 自然杂志, 34：277-283.

苏永中, 张珂, 刘婷娜, 等. 2017. 河西边缘绿洲荒漠沙地开垦后土壤性状演变及土壤碳积累研究. 中国农业科学, 50（9）：1646-1654.

孙贤斌, 刘红玉. 2010. 土地利用变化对湿地景观连接度的影响及连接度优化效应——以江苏盐城海滨湿地为例. 自然资源学报, 25（6）：892-903.

孙云, 于德永, 刘宇鹏, 等. 2013. 生态系统重大突变检测研究进展. 植物生态学报, 37：1059-1070.

王海珍, 张利权. 2005. 基于GIS、景观格局和网络分析法的厦门本岛生态网络规划. 植物生态学报, （1）：144-152.

王静爱, 徐霞, 刘培芳. 1999. 中国北方草地及农牧交错带土地利用与人口负荷研究. 资源科学, 21：19-24.

王彦兵, 吴立新, 史文中, 等. 2005. 基于虚点影响域重构的CD-TIN约束线删除算法. 武汉大学学报（信息科学版）, 30（10）：862-865.

王玉辉, 何兴元, 周广胜. 2002. 放牧强度对羊草草原的影响. 草地学报, 10：45-49.

王志强, 王晓兰, 刘保元. 2005. 宁南山区不同放牧强度对天然草地土壤水分的影响. 干旱区资源与环境, 19：52-55.

王志强, 方伟华, 史培军, 等. 2008. EPIC农作物生长模型应用研究进展. 北京师范大学学报（自然科学版）, 44（5）：533-538.

王子玉，许端阳，杨华，等. 2017. 1981-2010 年气候变化和人类活动对内蒙古地区植被动态影响的定量研究. 地理科学进展，36：1025-1032.

邬建国. 2007. 景观生态学——格局、过程、尺度与等级（第二版）. 北京：高等教育出版社.

邬建国，郭晓川，杨劼，等. 2014. 什么是可持续性科学? 应用生态学报，25（1）：1-11.

吴昌广，周志翔，王鹏程，等. 2009. 基于最小费用模型的景观连接度评价. 应用生态学报，（8）：2042-2048.

武剑锋，曾辉，刘雅琴. 2008. 深圳地区景观生态连接度评估. 生态学报，（4）：1691-1701.

谢高地，张钇锂，鲁春霞，等. 2001. 中国自然草地生态系统服务价值. 自然资源学报，16：47-53.

谢高地，张彩霞，张昌顺，等. 2015. 中国生态系统服务的价值. 资源科学，37（9）：1740-1746.

徐元进，胡光道，张振飞. 2005. 包络线消除法及其在野外光谱分类中的应用. 地理与地理信息科学，21：11-14.

杨殿林，韩国栋，胡跃高，等. 2006. 放牧对贝加尔针茅草原群落植物多样性和生产力的影响. 生态学杂志，25：1470-1475.

杨吉华，李红云，李焕平，等. 2007. 4 种灌木林地根系分布特征及其固持土壤效应的研究. 水土保持学报，21：48-51.

叶笃正，符淙斌，季劲钧，等. 2001. 有序人类活动与生存环境. 地球科学进展，16（4）：453-460.

叶笃正，严中伟，马柱国. 2012. 应对气候变化与可持续发展. 中国科学院院刊，27（3）：332-336.

于德永，郝蕊芳. 2020. 生态系统服务研究进展与展望. 地球科学进展，35（8）：804-815.

于沙沙，窦森，杨靖民. 2014. CENTURY 模型在土壤有机碳研究中的应用. 土壤与作物，（1）：10-14.

俞孔坚. 1999. 生物保护的景观生态安全格局. 生态学报，（1）：10-17.

张国梁，章申. 1998. 农田氮素淋失研究进展. 土壤，6：291-297.

张家诚，林之光. 1985. 中国气候. 上海：科学技术出版社.

张景华，吴志峰，吕志强，等. 2008. 基于景观连接度的斑块分级的尺度效应. 生态环境，（5）：1926-1930.

张军泽，王帅，赵文武，等. 2019. 地球界限概念框架及其研究进展. 地理科学进展，38：465-476.

张明阳，王克林，刘会玉，等. 2010. 桂西北典型喀斯特区生态系统服务价值对景观格局变化的响应. 应用生态学报，21：1174-1179.

张文广，唐中海，齐敦武，等. 2007. 大相岭北坡大熊猫生境适宜性评价. 兽类学报，（2）：146-152.

张新时，唐海萍，董孝斌，等. 2016. 中国草原的困境及其转型. 科学通报，61：165-177.

朱文泉. 2005. 中国陆地生态系统植被净级生产力遥感估算及其与气候变化关系的研究. 北京：北京师范大学博士学位论文.

朱文泉，潘耀忠，张锦水. 2007. 中国陆地植被净初级生产力遥感估算. 植物生态学报，31（3）：413-424.

Abson D J, Fischer J, Leventon J, et al. 2017. Leverage points for sustainability transformation. Ambio, 46：30-39.

Adger W N. 2006. Vulnerability. Globalenvironmental change-human and policy dimensions, 16（3）：268-281.

Ahern J. 2005. Integration of landscape ecology and landscape architecture: an evolutionary and reciprocal process// Wiens J A, Moss M R. Issues and Perspectives in Landscape Ecology. Cambridge: Cambridge Univeristy Press.

Ahern J. 2013. Urban landscape sustainability and resilience: the promise and challenges of integrating ecology with urban planning and design. Landscape Ecology, 28 (6): 1203-1212.

Albert C, Galler C, Hermes J, et al. 2015. Applying ecosystem services indicators in landscape planning and management: the es-in-planning framework. Ecological Indicators, 61: 100-113.

Allen T, Hoekstra T W. 1992. Toward A Unified Ecology. New York: Columbia University Press.

Allenby B. 1999. Earth systems engineering: the role of industrial ecology in an engineered world. Journal of Industrial Ecology, 2: 73-93.

Allenby B. 2007. Earth systems engineering and management: a manifesto. Environmental Science and Technology, 41: 7960-7965.

Anderies J M, Mathias J D, Janssen M A. 2018. Knowledge infrastructure and safe operating spaces in social-ecological systems. Proceedings of the National Academy of Sciences, 116 (12): 5277-5284.

Anderson K J, Jetz W. 2005. The broad scale ecology of energy expenditure of endotherms. Ecology Letters, 8: 310-318.

Andersson E, Bodin Ö. 2009. Practical tool for landscape planning? An empirical investigation of network based models of habitat fragmentation. Ecography, 32 (1): 123-132.

Angstrom A. 1924. Solar and terrestrial radiation. Report to the international commission for solar research on actinometric investigations of solar and atmospheric radiation. Quarterly Journal of the Royal Meteorological Society, 50 (210): 121-126.

Antrop M. 2006. Sustainable landscapes: contradiction, fiction or utopia? Landscape and Urban Planning, 75 (3-4): 187-197.

Arrow K, Dasgupta P, Goulder L, et al. 2004. Arewe consuming too much? Journal of Economic Perspectives, 18 (3): 147-172.

Asensio N, Arroyo-Rodríguez V, Dunn J C, et al. 2009. Conservation value of landscape supplementation for howler monkeys living in forest patches. Biotropica, 41 (6): 768-773.

Aune K, Jonsson B G, Moen J. 2005. Isolation and edge effects among woodland key habitats in Sweden: is forest policy promoting fragmentation? Biological Conservation, 124 (1): 89-95.

Austin M. 2007. Species distribution models and ecological theory: a critical assessment and some possible new approaches. Ecological Modelling, 200 (1-2): 1-19.

Bagstad K J, Johnson GW, Voigt B, et al. 2013. Spatial dynamics of ecosystem service flows: a comprehensive approach to quantifying actual services. Ecosystem Services, 4: 117-125.

Bai Y, Han X, Wu J, et al. 2004. Ecosystem stability and compensatory effect in the Inner Mongolia grassland. Nature, 431 (7005): 181-184.

Bai Y, Wu J, Clark C M, et al. 2012. Grazing alters ecosystem functioning and C: N: P stoichiometry of grasslands along a regional precipitation gradient. Journal of Applied Ecology, 49 (6): 1204-1215.

Bai Y, Zhuang C, Ouyang Z, et al. 2011. Spatial characteristics between biodiversity and ecosystem services in a human-dominated watershed. Ecological Complexity, 8 (2): 177-183.

Bailey S A, Horner-Devine M C, Luck G, et al. 2004. Primary productivity and species richness: relationships among functional guilds, residency groups and vagility classes at multiple spatial scales. Ecography, 27 (2): 207-217.

Baker J P, Hulse D W, Gregory S V, et al. 2004. Alternative futures for the Willamette River Basin, Oregon. Ecological Applications, 14 (2): 313-324.

Baker J T, Allen Jr L H. 1993. Contrasting crop species responses to CO_2 and temperature: rice, soybean and citrus// Rozema J, Lambers H, Geijn S C, et al. CO_2 and Biosphere. Dordrecht: Springer.

Bao G, Qin Z, Bao Y, et al. 2014. NDVI-based long-term vegetation dynamics and its response to climatic change in the Mongolian Plateau. Remote Sensing, 6 (9): 8337-8358.

Barlas Y. 2002. Systemdynamics: systemic feedback modeling for policy analysis// Barlas Y. System Dynamics - Volume 1. Paris: UNESCO Publishing.

Bartholome E, Belward A S. 2005. GLC2000: a new approach to global land cover mapping from Earth observation data. International Journal of Remote Sensing, 26 (9): 1959-1977.

Beaumont L J, Pitman A, Perkins S, et al. 2011. Impacts of climate change on the world's most exceptional ecoregions. Proceedings of the National Academy of Sciences, 108 (6): 2306-2311.

Bechle M J, Millet D B, Marshall J D. 2011. Effectsof income and urban form on urban NO_2: global evidence from satellites. Environmental Science & Technology, 45 (11): 4914-4919.

Beijing Municipal Environmental Protection Bureau (BJEPB). 2014. Source analysis of $PM_{2.5}$ in Beijing, Beijing. http://www. bjepb. gov. cn/bjepb/323265/340674/396253/index. html.

Bellard C, Bertelsmeier C, Leadley P, et al. 2012. Impacts of climate change on the future of biodiversity. Ecology Letters, 15 (4): 365-377.

Bender D J, Contreras T A, Fahrig L. 1998. Habitat loss and populationdecline: a meta-analysis of the patch size effect. Ecology, 79 (2): 517-533.

Bennett E M, Peterson G D, Gordon L J. 2009. Understanding relationships among multiple ecosystem services. Ecology Letters, 12 (12): 1394-1404.

Bennett E M, Solan M, Biggs R, et al. 2016. Bright spots: seeds of a good Anthropocene. Frontiers in Ecology and the Environment, 14 (8): 441-448.

Bennett M T. 2008. China's sloping land conversion program: institutional innovation or business as usual? Ecological Engineering, 65 (4): 699-711.

Benson J F, Roe M. 2007. Landscape and Sustainability. 2nd ed. New York: Routledge.

Benson S G, Dundis S P. 2003. Understanding and motivating health care employees: integrating Maslow's hierarchy of needs, training and technology. Journal of Nursing Management, 11 (5): 315-320.

Bereitschaft B, Debbage K. 2013. Urbanform, air pollution, and CO_2 emissions in large U. S. metropolitan areas. The Professional Geographer, 65 (4): 612-635.

Bergengren J C, Waliser D E, Yung Y L. 2011. Ecological sensitivity: a biospheric view of climate change. Climatic Change, 107: 433-457.

Bestelmeyer B T, Duniway M C, James D K, et al. 2013. A test of critical thresholds and their indicators in a desertification-prone ecosystem: more resilience than we thought. Ecology Letters, 16 (3): 339-345.

Bettencourt L M A, Kaur J. 2011. Evolution and structure of sustainability science. Proceedings of the National Academy of Sciences, 108 (49): 19540-19545.

Blackburn T M, Lawton J H, Perry J N. 1992. A method of estimating the slope of upper bounds of plots of body size and abundance in natural animal assemblages. Oikos, 65 (1): 107-112.

Bodin Ö, Saura S. 2010. Ranking individual habitat patches as connectivity providers: integrating network analysis and patch removal experiments. Ecological Modelling, 221 (19): 2393-2405.

Bodin Ö, Tengö M, Norman A, et al. 2006. The value of small size: loss of forest patches and ecological thresholds in southern Madagascar. Ecological Applications, 16 (2): 440-451.

Bohnet I C, Roebeling P C, Williams K J, et al. 2011. Landscapes Toolkit: an integrated modelling framework to assist stakeholders in exploring options for sustainable landscape development. Landscape Ecology, 26 (8): 1179-1198.

Bohnet I C. 2010. Integrating social and ecological knowledge for planning sustainable land-and sea-scapes: experiences from the Great Barrier Reef region, Australia. Landscape Ecology, 25 (8): 1201-1218.

Bolte J P, Hulse D W, Gregory S V, et al. 2007. Modeling biocomplexity-actors, landscapes and alternative futures. Environmental Modelling & Software, 22 (5): 570-579.

Bond W J, Woodward F I, Midgley G F. 2005. The global distribution of ecosystems in a world without fire. New Phytologist, 165 (2): 525-538.

Bossel H. 1999. Indicators for Sustainable Development: Theory, Method, Applications-A Report to the Balaton Group. Winnipeg: International Institute for Sustainable Development.

Bowman J, Jaeger J A G, Fahrig L. 2002. Dispersal distance of mammals is proportional to home range size. Ecology, 83 (7): 2049-2055.

Boyd J, Banzhaf S. 2006. What are ecosystem services? The need for standardized environmental accounting units. Ecological Economics, 63 (2-3): 616-626.

Braat L C, De Groot R. 2012. The ecosystem services agenda: bridging the worlds of natural science and economics, conservation and development, and public and private policy. Ecosystem Services, 1 (1): 4-15.

Bradford J B. 2011. Divergence in forest-type response to climate and weather: evidence for regional links between forest-type evenness and net primary productivity. Ecosystems, 14 (6): 975-986.

Bright E A, Coleman P R, Rose A N, et al. 2011. LandScan 2010, 2010 ed. Oak Ridge National Laboratory, Oak Ridge, TN.

Briske D D, Fuhlendorf S D, Smeins F E. 2005. State-and-transition models, thresholds, and rangeland health: a synthesis of ecological concepts and perspectives. Rangeland Ecology & Management, 58 (1):

1-10.

Brooks T M, Mittermeier R A, Da Fonseca G A B, et al. 2006. Global biodiversity conservation priorities. Science, 313 (5783): 58-61.

Brown C, Waldron S, Yutian Z. 2011. Policy settings to combat grassland degradation and promote sustainable development in western China. Development of Sustainable Livestock Systems on Grasslands in North-Western China, 134: 105-114.

Bryan B A, Crossman N D, King D, et al. 2011. Landscape futures analysis: assessing the impacts of environmental targets under alternative spatial policy options and future scenarios. Environmental Modelling & Software, 26 (1): 83-91.

Bryant D, Nielsen D, Tangley L. 1997. The last frontier forests: ecosystems and economies on the edge. What is the status of the worlds remaining large natural forest ecosystems? Washington D. C. : World Resources Institute/Forest Frontiers Initiative.

Bueno C S, Lafarge T. 2009. Higher crop performance of rice hybrids than of elite inbreds in the tropics: 1. Hybrids accumulate more biomass during each phenological phase. Field Crops Research, 112 (2-3): 229-237.

Bueno J A, Tsihrintzis V A, Alvarez L. 1995. Southflorida greenway: a conceptual framework for the ecological reconnectivity of the region. Landscape and Urban Planning, 33 (1-3): 247-266.

Bunn A G, Urban D L, Keitt T H. 2000. Landscape connectivity: a conservation application of graph theory. Journal of Environmental Management, 59 (4): 265-278.

Bürgi M, Hersperger A M, Schneeberger N. 2004. Driving forces of landscape change - current and new directions. Landscape Ecology, 19 (8): 857-868.

Bürgi M, Silbernagel J, Wu J, et al. 2015. Linking ecosystem services with landscape history. Landscape Ecology, 30 (1): 11-20.

Bürgi M, Bieling C, von Hackwitz K, et al. 2017. Processes and driving forces in changing cultural landscapes across Europe. Landscape Ecology, 32 (11): 2097-2112.

Cade B S, Noon B R. 2003. A gentle introduction to quantile regression for ecologists. Frontiers in Ecology and the Environment, 1 (8): 412-420.

Cahill A E, Aiello-Lammens M E, Fisher-Reid M C, et al. 2013. How does climate change cause extinction? Proceedings of the Royal Society B-Biological Sciences, 280 (1750): 20121890.

Calabrese J M, Fagan W F. 2004. A comparison-shopper's guide to connectivity metrics. Frontiers in Ecology and the Environment, 2 (10): 529-536.

Cao Q, Yu D, Georgescu M, et al. 2015. Impacts of land use and land cover change on regional climate: a case study in the agro-pastoral transitional zone of China. Environmental Research Letters, 10 (12): 124025.

Cao Q, Yu D, Georgescu M, et al. 2016. Impacts of urbanization on summer climate in China-an assessment with coupled land-atmospheric modeling. Journal of Geophysical Research: Atmospheres, 121 (18): 10505-10521.

Cao Q, Yu D, Georgescu M, et al. 2018. Impacts of future urban expansion on summer climate and heat-related human health in eastern China. Environment International, 112: 134-146.

Cao Q, Wu J, Yu D, et al. 2019. The biophysical effects of the vegetation restoration program on regional climate metrics in the Loess Plateau, China. Agricultural and Forest Meteorology, 268: 169-180.

Cao S, Chen L, Yu X. 2009. Impact of China's Grain for Green Project on the landscape of vulnerable arid and semi-arid agricultural regions: a case study in northern Shaanxi Province. Journal of Applied Ecology, 46 (3): 536-543.

Carlson T N, Ripley D A. 1997. On the relation between NDVI, fractional vegetation cover, and leaf area index. Remote Sensing of Environment, 62 (3): 241-252.

Carpenter S R, Bennett E M, Peterson G D. 2006. Scenarios for ecosystem services: an overview. Ecology and Society, 11 (1): 29.

Carpenter S R, Brock W A. 2006. Rising variance: a leading indicator of ecological transition. Ecology Letters, 9 (3): 311-318.

Carpenter S R, Mooney H A, Agard J, et al. 2009. Science for managing ecosystem services: beyond the Millennium Ecosystem Assessment. Proceedings of the National Academy of Sciences, 106 (5): 1305-1312.

Carroll C. 2006. Linking connectivity to viability: insights from spatial explicit population models of large carnivores// Crooks K R, Sanjayan M. Connectivity Conservation. Cambridge: Cambridge University Press.

Cash D W, Clark W C, Alcock F, et al. 2003. Knowledge systems for sustainable development. Proceedings of the National Academy of Sciences, 100 (14): 8086-8091.

Castro A J, Verburg P H, Martín-López B, et al. 2014. Ecosystem service trade-offs from supply to social demand: a landscape-scale spatial analysis. Landscape and Urban Planning, 132: 102-110.

Cárdenas Rodríguez M, Dupont-Courtade L, Oueslati W. 2016. Air pollution and urban structure linkages: Evidence from European cities. Renewable and Sustainable Energy Reviews, 53: 1-9.

Charles C W. 2009. Thresholds of Climate Change in Ecosystems, Synthesis and Assessment Product 4.2. Washington: The U.S. Climate Change Science Program.

Charney J G. 1975. Dynamics of deserts and droughts in the Sahel. Quarterly Journal of the Royal Meteorological Society, 101 (428): 193-202.

Chassot E, Bonhommeau S, Dulvy N K, et al. 2010. Global marine primary production constrains fisheries catches. Ecology Letters, 13 (4): 495-505.

Chen J, Zhu L, Fan P, et al. 2016a. Do green spaces affect the spatiotemporal changes of $PM_{2.5}$ in Nanjing? Ecological Processes, 5 (1): 1-13.

Chen X, Wu J. 2009. Sustainable landscape architecture: implications of the Chinese philosophy of "unity of man with nature" and beyond. Landscape Ecology, 24 (8): 1015-1026.

Chen Y, Ebenstein A, Greenstone M, et al. 2013. Evidence on the impact of sustained exposure to air pollution on life expectancy from China's Huai River policy. Proceedings of the National Academy of Sciences, 110 (32): 12936-12941.

Chen Y, Zhang Z, Wang P, et al. 2016b. Identifying the impact of multi-hazards on crop yield-A case for heat stress and dry stress on winter wheat yield in northern China. European Journal of Agronomy, 73: 55-63.

Cheng Z, Wang S, Jiang J, et al. 2013. Long-term trend of haze pollution and impact of particulate matter in the Yangtze River Delta, China. Environmental Pollution, 182: 101-110.

Chermack T J. 2011. Scenario Planning in Organizations: How to Create, Use, and Assess Scenarios. San Francisco: Berrett-Koehler Publishers.

Chiang L C, Lin Y P, Huang T, et al. 2014. Simulation of ecosystem service responses to multiple disturbances from an earthquake and several typhoons. Landscape and Urban Planning, 122: 41-55.

Chinese Meteorological Administration (CMA). 2013. Revised Standard of Haze Warning Singles on Trial. Beijing: China Meteorological News Press.

Cho H S, Choi M J. 2014. Effects of compact urban development on air pollution: empirical evidence from Korea. Sustainability, 6 (9): 5968-5982.

Chrysoulakis N, Lopes M, San José R, et al. 2013. Sustainable urban metabolism as a link between bio-physical sciences and urban planning: the bridge project. Landscape and Urban Planning, 112: 100-117.

Claessens L, Schoorl J M, Verburg P H, et al. 2009. Modelling interactions and feedback mechanisms between land use change and landscape processes. Agriculture, Ecosystems & Environment, 129 (1-3): 157-170.

Clark D A, Clark D B. 1999. Assessing the growth of tropical rain forest trees: issues for forest modeling and management. Ecological Applications, 9 (3): 981-997.

Clark L P, Millet D B, Marshall J D. 2011. Air quality and urban form in U. S. urban areas: evidence from regulatory monitors. Environmental Science & Technology, 45 (16): 7028-7035.

Clark W C, Dickson N M. 2003. Sustainability science: the emerging research program. Proceedings of the National Academy of Sciences, 100 (14): 8059-8061.

Coelho P, Mascarenhas A, Vaz P, et al. 2010. A framework for regional sustainabiliyt assessment: developing indicators for a Portuguese region. Sustainable Development, 18 (4): 211-219.

Cole G W, Lyles L, Hagen L J. 1983. A simulation model of daily wind erosion soil loss. Transactions of the ASAE, 26 (6): 1758-1765.

Conroy J P, Seneweera S, Basra A S, et al. 1994. Influence of rising atmospheric CO_2 concentrations and temperature on growth, yield and grain quality of cereal crops. Functional Plant Biology, 21 (6): 741-758.

Conway D, Van Garderen E A, Deryng D, et al. 2015. Climate and southern Africa's water-energy-food nexus. Nature Climate Change, 5 (9): 837-846.

Coomes D A, Allen R B. 2007. Effects of size, competition and altitude on tree growth. Journal of Ecology, 95 (5): 1084-1097.

Cooper G S, Dearing J A. 2019. Modelling future safe and just operating spaces in regional social-ecological systems. Science of the Total Environment, 651: 2105-2117.

Coops N C, Waring R H, Schroeder T A. 2009. Combining a generic process-based productivity model and a statistical classification method to predict the presence and absence of tree species in the Pacific Northwest,

U. S. A. Ecological Modelling, 220 (15): 1787-1796.

Costanza R, Daly H E. 1992. Natural capital and sustainable development. Conservation Biology, 6 (1): 37-46.

Costanza R, Patten B C. 1995. Defining and predicting sustainability. Ecological Economics 15 (3): 193-196.

Costanza R, d'Arge R, de Groot R, et al. 1997. The value of the world's ecosystem services and natural capital. Nature, 387 (6630): 253-260.

Costanza R, d'Arge R, de Groot R, et al. 1998. The value of the world's ecosystem services and natural capital. Ecological Economics, 1: 3-15.

Costanza R, de Groot R, Sutton P, et al. 2014. Changes in the global value of ecosystem services. Global Environmental Change, 26: 152-158.

Cowen R K, Paris C B, Srinivasan A. 2006. Scaling of connectivity in marine populations. Science, 311 (5760): 522-527.

Cox Jr L A. 2013. Caveats for causal interpretations of linear regression coefficients for fine particulate ($PM_{2.5}$) air pollution health effects. Risk Analysis, 33 (12): 2111-2125.

Craine J M, Nippert J B, Elmore A J, et al. 2012. Timing of climate variability and grassland productivity. Proceedings of the National Academy of Sciences, 109 (9): 3401-3405.

Crooks K R, Sanjayan M A. 2006. Connectivity Conservation. Cambridge: Cambridge University Press.

Crossman N D, Bryan B A, de Groot R S, et al. 2013. Land science contributions to ecosystem services. Current Opinion in Environmental Sustainability, 5 (5): 509-514.

Crow M M. 2010. Sustainability as a founding principle of the United States//Moore K D, Nelson M P. Moral Ground: Ethical Action for A Planet in Peril. San Antonio: Trinity University Press.

Crutzen P J. 2002. Geology of mankind. Nature, 415: 23.

Cumming G S, Olsson P, Chapin F S, et al. 2013. Resilience, experimentation, and scale mismatches in social-ecological landscapes. Landscape Ecology, 28 (6): 1139-1150.

Cumming G S. 2011. Spatial resilience: integrating landscape ecology, resilience, and sustainability. LandscapeEcology, 26 (7): 899-909.

Cárdenas R M, Dupont-Courtade L, Oueslati W. 2016. Air pollution and urban structure linkages: evidence from european cities. Renewable & Sustainable Energy Reviews, 53: 1-9.

Daily G C. 1997. Nature's Services: Societal Dependence on Natural Ecosystems. Washington, DC. : Island Press.

Daly H E. 1973. Toward a Steady-State Economy. San Francisco : W. H. Freeman and Company.

Daly H E. 1995. On Wilfred Beckerman's critique of sustainable development. Environmental Values, 4 (1): 49-55.

Daly H E. 1997. Georgescu-Roegen versus Solow/Stiglitz. Ecological Economics, 22 (3): 261-266.

Dasgupta P. 2009. Thewelfare economic theory of green national accounts. Environmental and Resource Economics, 42 (1): 3-38.

De Groot R. 2006. Function-analysis and valuation as a tool to assess land use conflicts in planning for sustainable, multi-functional landscapes. Landscape and Urban Planning, 75: 175-186.

De Groot R S, Wilson M A, Boumans R M J. 2002. A typology for the classification, description and valuation of ecosystem functions, goods and services. Ecological Economics, 41 (3): 393-408.

De Groot R S, Alkemade R, Braat L, et al. 2010a. Challenges in integrating the concept of ecosystem services and values in landscape planning, management and decision making. Ecological Complexity, 7 (3): 260-272.

De Groot R S, Fisher B, Christie M, et al. 2010b. Chapter 1: Integrating the Ecological and Economic Dimensions in Biodiversity and Ecosystem Service Valuation. Athens: Biodiversity beyond 2010 Conference.

De Groot R, Brander L, Van Der Ploeg S, et al. 2012. Global estimates of the value of ecosystems and their services in monetary units. Ecosystem Services, 1 (1): 50-61.

De Vries B J M. 2013. Sustainability Science. Cambridge: Cambridge University Press.

Dearing J A, Wang R, Zhang K, et al. 2014. Safe and just operating spaces for regional social- ecological systems. Global Environmental Change, 28: 227-238.

DeFries R, Rosenzweig C. 2010. Toward a whole-landscape approach for sustainable land use in the tropics. Proceedings of the National Academy of Sciences, 107 (46): 19627-19632.

Dennis R L H. 1992. The Ecology of Butterflies in Britain. Oxford: Oxford University Press.

Dietz S, Neumayer E. 2007. Weak and strong sustainability in the SEEA: concepts and measurement. Ecological Economics, 61 (4): 617-626.

Diffenbaugh N S, Field C B. 2013. Changes in ecologically critical terrestrial climate conditions. Science, 341 (6145): 486-492.

Dirzo R, Raven P H. 2003. Global state of biodiversity and loss. Annual Review of Environment and Resources, 28 (1): 137-167.

Dominati E, Patterson M, Mackay A. 2010. A framework for classifying and quantifying the natural capital and e-cosystem services of soils. Ecological Economics, 69 (9): 1858-1868.

Dramstad W E, Olson J D, Forman R T T. 1996. Landscape Ecology Principles in Landscape Architecture and Land- Use Planning. Cambridge: Harvard University Graduate School of Design/Island Press.

Dummer T J B. 2008. Health geography: supporting public health policy and planning. Canadian Medical Association Journal, 178 (9): 1177-1180.

Dunne J A, Williams R J, Martinez N D. 2002. Network structure and biodiversity loss in food webs: robustness increases with connectance. Ecology Letters, 5 (4): 558-567.

Dunnett N, Clayden A. 2007. Resources: The raw materials of landscape//Benson J F, Roe M. Landscape and sustainability. New York: Routeledge.

Duraiappah A K. 2011. Ecosystem services and human well- being: do global findings make any sense? Bioscience, 61 (1): 7-8.

D'Amen M, Bombi P. 2009. Global warming and biodiversity: evidence of climate- linked amphibian declines in Italy. Biological Conservation, 142 (12): 3060-3067.

Easterlin R A. 1974. Does economic growth improve the human lot? Some empirical evidence, nations and households in economic growth. Nations and Households in Economic Growth: 89-125.

Ehrlich P, Ehrlich A. 1981. Extinction: the causes and consequences of the disappearance of species. New York: Random House.

Ekins P, Simon S, Deutsch L, et al. 2003. A framework for the practical application of the concepts of critical natural capital and strong sustainability. Ecological Economics, 44 (2-3): 165-185.

Elkington J. 2004. Enter the triple bottom line//Henriques A, Richardson J. The Triple Bottom Line: Does It All Add Up? London: Earthscan.

Elminir H K. 2005. Dependence of urban air pollutants on meteorology. Science of the Total Environment, 350 (1-3): 225-237.

Elmore A J, Shi X, Gorence N J, et al. 2008. The spatial distribution of agricultural residue from rice for potential biofuel production in China. Biomass Bioenerg, 32 (1): 22-27.

Ervin S M. 2012. Geodesign Futures- Nearly 50 Predictions. Bernburg/Dessau, Germany: Proceedings of the Digital Landscape Architecture Conference.

Evanylo G K, Sumner M E. 1987. Utilization of the boundary line approach in the development of soil nutrient norms for soybean production. Communications in Soil Science & Plant Analysis, 18 (12): 1379-1401.

Ewing R, Schieber R A, Zegeer C V. 2003. Urban sprawl as a risk factor in motor vehicle occupant and pedestrian fatalities. American Journal of Public Health, 93 (9): 1541-1545.

Fagerholm N, Käyhkö N, Ndumbaro F, et al. 2012. Community stakeholders' knowledge in landscape assessments- mapping indicators for landscape services. Ecological Indicators, 18: 421-433.

Fahrig L. 2003. Effects of habitat fragmentation on biodiversity. Annual Review of Ecology, Evolution, and Systematics, 34 (1): 487-515.

Fall A, Fortin M J, Manseau M, et al. 2007. Spatial graphs: principles and applications for habitat connectivity. Ecosystems, 10 (3): 448-461.

Fan P, Chen J, John R. 2016. Urbanization and environmental change during the economic transition on the Mongolian Plateau: Hohhot and Ulaanbaatar. Environmental Research, 144: 96-112.

Fan Z P, Zeng D H, Zhu J J, et al. 2002. Advance in characteristics of ecological effects of farmland shelterbelts. Journal of Soil and Water Conservation, 16 (4): 130-133.

Fang J, Bai Y, Wu J. 2015. Towards a better understanding of landscape patterns and ecosystem processes of the Mongolian Plateau. Landscape Ecology, 30 (9): 1573-1578.

Fang Q, Yu Q, Wang E, et al. 2006. Soil nitrate accumulation, leaching and crop nitrogen use as influenced by fertilization and irrigation in an intensive wheat- maize double cropping system in the North China Plain. Plant and Soil, 284 (1-2): 335-350.

Fang X, Zhou B, Tu X, et al. 2018. "What kind of a science is sustainability science?" An evidence-based reexamination. Sustainability, 10 (5): 1478.

FAO (Food and Agriculture Organization). 2020. CROPWAT software.

Fearnside P M. 1997. Environmental services as a strategy for sustainable development in rural Amazonia. Ecological Economics, 20 (1): 53-70.

Feddema J J, Oleson K W, Bonan G B, et al. 2005. The importance of land-cover change in simulating future climates. Science, 310 (5754): 1674-1678.

Feng H, Zou B, Tang Y. 2017. Scale- and region-dependence in landscape-$PM_{2.5}$ correlation: implications for urban planning. Remote Sensing, 9 (9): 918.

Feng X, Fu B, Piao S, et al. 2016. Revegetation in China's Loess Plateau is approaching sustainable water resource limits. Nature Climate Change, 6 (11): 1019-1022.

Ferrez J, Davison A C, Rebetez M. 2011. Extreme temperature analysis under forest cover compared to an open field. Agricultural and Forest Meteorology, 151 (7): 992-1001.

Field C B. 2001. Global change: sharing the garden. Science, 294 (5551): 2490-2491.

Figge L, Oebels K, Offermans A. 2017. The effects of globalization on ecological footprints: an empirical analysis. Environment, Development and Sustainability, 19 (3): 863-876.

Fischer J, Riechers M. 2019. A leverage points perspective on sustainability. People and Nature, 1 (1): 115-120.

Fisher B, Turner R K, Morling P. 2009. Defining and classifying ecosystem services for decision making. Ecological Economics, 68 (3): 643-653.

Flather C H, Bevers M. 2002. Patchy reaction-diffusion and population abundance: the relative importance of habitat amount and arrangement. American Naturalist, 159 (1): 40-56.

Flaxman M. 2010. Geodesign: Fundamentals and routes forward. Redlands, CA: Presentation to the Geodesign Summit.

Foley J A, DeFries R, Asner G P, et al. 2005. Global consequences of land use. Science, 309 (5734): 570-574.

Foley J A, Ramankutty N, Brauman K A, et al. 2011. Solutions for a cultivated planet. Nature, 478 (7369): 337-342.

Folke C, Carpenter S, Walker B, et al. 2004. Regime shifts, resilience, and biodiversity in ecosystem management. Annual Review of Ecology Evolution and Systematics, 35: 557-581.

Foltête J C, Clauzel C, Vuidel G. 2012. A software tool dedicated to the modelling of landscape networks. Environmental Modelling & Software, 38: 316-327.

Ford A, Ford F A. 1999. Modeling the Environment: An Introduction to System Dynamics Models of Environmental Systems. California: Island Press.

Forman R T T, Deblinger R D. 2000. The ecological road-effect zone of Massachusetts (U.S.A.) suburban highway. Conservation Biology, 14 (1): 36-46.

Forman R T T. 1990. Ecologically sustainable landscapes: the role of spatial configuration// Baudry J, Zonneveld I S, Forman R T. Changing Landscapes: An Ecological Perspective. New York: Springer-Verlag.

Forman R T T. 1995. Land Mosaics: The Ecology of Landscapes and Regions. Cambridge: Cambridge University

Press.

Forman R T T. 2008. The urban region: natural systems in our place, our nourishment, our home range, our future. Landscape Ecology, 23 (3): 251-253.

Forman R T T. 2014. Urban Ecology: Science of Cities. Cambridge: Cambridge University Press.

Forman R T T, Gordon M. 1986. Landscape Ecology. New York: John Wiley and Sons.

Forman R T T, Wu J. 2016. Where to put the next billion people. Nature, 537: 608-611.

Forman R T T, Galli A E, Leck C F. 1976. Forest size and avian diversity in New-Jersey woodlots with some land-use implications. Oecologia, 26 (1): 1-8.

Forzza R C, Baumgratz J F A, Bicudo C E M, et al. 2012. New Brazilian floristic list highlights conservation challenges. BioScience, 62 (1): 39-45.

Frazier A E, Bryan B A, Buyantuev A, et al. 2019. Ecological civilization: perspectives from landscape ecology and landscape sustainability science. Landscape Ecology, 34 (1): 1-8.

Freeman L C. 1979. Centrality in social networks conceptual clarifications. Social Networks, 1 (3): 215-239.

Fritze J J. 2004. Urbanization, Energy, and Air Pollution in China, Urbanization, Energy, and Air Pollution in China. Washinton: The National Academies Press.

Fryrear D W, Saleh A, Bilbro J D. 1998. Revised Wind Erosion Equation (RWEQ). Washington: Wind Erosion and Water Conservation Research Unit, Technical Bulletin.

Fryrear D W, Chen W, Lester C. 2001. Revisedwind erosion equation. Annals of Arid Zone, 40 (3): 265-279.

Fu B J, Zhao W W, Chen L D, et al. 2005. Assessment of soil erosion at large watershed scale using rusle and gis: a case study in the loess plateau of china. Land Degradation & Development, 16 (1): 73-85.

Fu B, Wang S, Su C, et al. 2013. Linking ecosystem processes and ecosystem services. Current Opinion in Environmental Sustainability, 5 (1): 4-10.

Fu Q, Li B, Hou Y, et al. 2017. Effects of land use and climate change on ecosystem services in Central Asia's arid regions: a case study in Altay Prefecture, China. Science of the Total Environment, 607: 633-646.

Fu W, Liu S, Degloria S D, et al. 2010. Characterizing the "fragmentation-barrier" effect of road networks on landscape connectivity: a case study in Xishuangbanna, Southwest China. Landscape and Urban Planning, 95 (3): 122-129.

Fürst C, Frank S, Witt A, et al. 2013. Assessment of the effects of forest land use strategies on the provision of ecosystem services at regional scale. Journal of Environmental Management, 127: S96-S116.

Fürst C, Opdam P, Inostroza L, et al. 2014. Evaluating the role of ecosystem services in participatory land use planning: proposing a balanced score card. Landscape Ecology, 29 (8): 1435-1446.

Gallopin G C. 2006. Linkages between vulnerability, resilience, and adaptive capacity. Global Environmental Change-Human and Policy Dimensions, 16: 293-303.

Galpern P, Manseau M, Fall A. 2011. Patch-based graphs of landscape connectivity: a guide to construction, analysis and application for conservation. Biological Conservation, 144 (1): 44-55.

Gao G, Fu B, Wang S, et al. 2016a. Determining the hydrological responses to climate variability and land use/ cover change in the Loess Plateau with the Budyko framework. Science of the Total Environment, 557: 331-342.

Gao J, Yuan Z, Liu X, et al. 2016b. Improving air pollution control policy in China-a perspective based on cost-benefit analysis. Science of the Total Environment, 543: 307-314.

Gao M F, Qiu J J, Li C S, et al. 2014. Modeling nitrogen loading from a watershed consisting of cropland and livestock farms in china using manure-dndc. Agriculture Ecosystems & Environment, 185: 88-98.

Gao Q, Yu M, Liu Y, et al. 2007. Modeling interplay between regional net ecosystem carbon balance and soil erosion for a crop-pasture region. Journal of Geophysical Research: Biogeosciences, 112: G04005.

Garcia R A, Cabeza M, Rahbek C, et al. 2014. Multiple dimensions of climate change and their implications for biodiversity. Science, 344 (6183): 1247579.

Gaston K J. 2000. Global patterns in biodiversity. Nature, 405 (6783): 220-227.

Geerken R A. 2009. An algorithm to classify and monitor seasonal variations in vegetation phenologies and their inter-annual change. ISPRS Journal of Photogrammetry and Remote Sensing, 64 (4): 422-431.

Genet M, Kokutse N, Stokes A, et al. 2008. Root reinforcement in plantations of Cryptomeria japonica D. Don: effect of tree age and stand structure on slope stability. Forest Ecology and Management, 256 (8): 1517-1526.

Georgescu M. 2014. Challengesassociated with adaptation to future urban expansion. Journal of Climate, 28 (7): 2544-2563.

Georgescu M, Moustaoui M, Mahalov A, et al. 2013. Summer-time climate impacts of projected megapolitan expansion in Arizona. Nature Climate Change, 3 (1): 37-41.

GLP. 2005. Science Plan and Implementation Strategy. IGBP Report No. 53/IHDP Report No. 19. Stockholm: IGBP Secretariat.

Gobster P H, Nassauer J I, Daniel T C, et al. 2007. The shared landscape: what does aesthetics have to do with ecology? Landscape Ecology, 22 (7): 959-972.

Goetz S J, Jantz P, Jantz C A. 2009. Connectivity of core habitat in the Northeastern United States: parks and protected areas in a landscape context. Remote Sensing of Environment, 113 (7): 1421-1429.

Goldstein J H, Caldarone G, Duarte T K, et al. 2012. Integrating ecosystem-service tradeoffs into land-use decisions. Proceedings of the National Academy of Sciences, 109 (19): 7565-7570.

Golley F B, Bellot J. 1991. Interactions of landscape ecology, planning and design. Landscape and Urban Planning, 21 (1-2): 3-11.

Goodchild M F. 2010. Towards geodesign: repurposing cartography and GIS? Cartographic Perspectives, (66): 7-22.

Gorman D. 2010. Maslow's hierarchy and social and emotional wellbeing. Aboriginal and Islander Health Worker Journal, 34 (1): 27-29.

Grant W E, Pedersen E K, Marín S L. 1997. Ecology andNatural Resource Management: Systems Analysis and

Simulation. New York: John Wiley & Sons.

Grossman G M, Krueger A B. 1991. Environmental Impacts of a North American Free Trade Agreement. NBER Working Paper No. w3914.

Grumbine E. 1990. Protecting biological diversity through the greater ecosystem concept. Natural Areas Journal, 10 (3): 114-120.

Grumbine R E. 1994. What is ecosystem management? Conservation Biology, 8 (1): 27-38.

Gu L, Chen J, Xu C Y, et al. 2019. The contribution of internal climate variability to climate change impacts on droughts. Science of the Total Environment, 684: 229-246.

Guan D B, Su X, Zhang Q, et al. 2014. The socioeconomic drivers of China's primary $PM_{2.5}$ emissions. Environmental Research Letters, 9: 024010.

Guo Q, Brown J H, Enquist B J. 1998. Using constraint lines to characterize plant performance. Oikos, 83: 237-245.

Guo Q, Brown J H, Valone T J, et al. 2000. Constraints of seed size on plant distribution and abundance. Ecology, 81: 2149-2155.

Guo Z, Zobeck T M, Zhang K, et al. 2013. Estimating potential wind erosion of agricultural lands in northern China using the Revised Wind Erosion Equation and geographic information systems. Journal of Soil and Water Conservation, 68 (1): 13-21.

Gurrutxaga M, Lozano P J, Del B G. 2010. GIS-based approach for incorporating the connectivity of ecological networks into regional planning. Journal for Nature Conservation, 18 (4): 318-326.

Gurrutxaga M, Rubio L N, Saura S. 2011. Key connectors in protected forest area networks and the impact of highways: a transnational case study from the Cantabrian Range to the Western Alps (SW Europe). Landscape and Urban Planning, 101 (4): 310-320.

Gutman G, Ignatov A. 1998. The derivation of the green vegetation fraction from NOAA/AVHRR data for use in numerical weather prediction models. International Journal of Remote Sensing, 19: 1533-1543.

Haase D, Schwarz N, Strohbach M, et al. 2012. Synergies, trade-offs, and losses of ecosystem services in urban regions: An integrated multiscale framework applied to the leipzig-halle region, Germany. Ecology and Society, 17 (3): 22.

Haeder D P, Helbling E W, Williamson C E, et al. 2011. Effects of UV radiation on aquatic ecosystems and interactions with climate change. Photochemical & Photobiological Sciences, 10: 242-260.

Hagerty M R. 1999. Testing Maslow's hierarchy of needs: National quality-of-life across time. Social Indicators Research, 46: 249-271.

Haines-Young R. 2000. Sustainable development and sustainable landscapes: defining a new paradigm for landscape ecology. Fennia, 178: 7-14.

Haines-Young R, Potschin M. 2010. The links between biodiversity, ecosystem services and human well-being// Raffaelli D G, Frid C L J. Ecosystem Ecology: A New Synthesis. Cambridge: Cambridge University Press.

Han G, Hao X, Zhao M, et al. 2008. Effect of grazing intensity on carbon and nitrogen in soil and vegetation in a meadow steppe in Inner Mongolia. Agriculture Ecosystems & Environment, 125: 21-32.

Hannon S J, Schmiegelow F K A. 2002. Corridors may not improve the conservation value of small reserves for most boreal birds. Ecological Applications, 12: 1457-1468.

Hansen A J, Castri F D. 1992. Landscape Boundaries. New York: Springer.

Hansen A J, Defries R. 2007. Ecological mechanisms linking protected areas to surrounding lands. Ecological Applications, 17 (4): 974-988.

Hanski I. 1994. Patch-occupancy dynamics in fragmented landscapes. Tree, 9 (4): 131-135.

Hanspach J, Hartel T, Milcu A I, et al. 2014. A holistic approach to studying social-ecological systems and its application to southern Transylvania. Ecology and Society, 19 (4): 32.

Hao R, Yu D, Wu J. 2017. Relationship between paired ecosystem services in the grassland and agro-pastoral transitional zone of China using the constraint line method. Agriculture Ecosystems & Environment, 240: 171-181.

Hao R, Yu D, Sun Y, et al. 2019. The features and influential factors of interactions among ecosystem services. Ecological Indicators, 101: 770-779.

Harary F. 1969. Graph Theory. Massachusetts: Addison-Wesley.

Harris I, Jones P D, Osborn T J, et al. 2014. Updated high-resolution grids of monthly climatic observations - the CRU TS3.10 Dataset. International Journal of Climatology, 34: 623-642.

He H, DeZonia B, Mladenoff D. 2000. An aggregation index (AI) to quantify spatial patterns of landscapes. Landscape Ecology, 15: 591-601.

He Q, Huang B. 2018. Satellite-based high-resolution $PM_{2.5}$ estimations over the Beijing-Tianjin-Hebei region of China using an improved geographically and temporally weighted regression model. Environmental Pollution, 236: 1027-1037.

Helliwell D. 1969. Valuation of wildlife resources. Regional Studies, 3: 41-47.

Hertel T W, Burke M B, Lobell D B. 2010. The poverty implications of climate-induced crop yield changes by 2030. Gtap Working Papers, 20: 577-585.

Hess P, Kinnison D, Tang Q. 2015. Ensemble simulations of the role of the stratosphere in the attribution of northern extratropical tropospheric ozone variability. Atmospheric Chemistry and Physics, 15: 2341-2365.

Hien P D, Loc P D, Dao N V. 2011. Air pollution episodes associated with East Asian winter monsoons. Science of the Total Environment, 409: 5063-5068.

Hilker T, Natsagdorj E, Waring R H, et al. 2014. Satellite observed widespread decline in Mongolian grasslands largely due to overgrazing. Global Change Biology, 20: 418-428.

Hoekstra J M, Boucher T M, Ricketts T H, et al. 2005. Confronting a biome crisis: global disparities of habitat loss and protection. Ecology letters, 8 (1): 23-29.

Hoff H. 2011. Understanding the Nexus. Background Paper for the Bonn2011 Conference: The Water, Energy and Food Security Nexus. Stockholm: Stockholm Environment Institute.

Holland A. 1997. Substitutability: or, why strong sustainability is weak and absurdly strong sustainability is not absurd//Foster J. Valuing Nature? Ethics, Economics and the Environment. London: Routledge.

Holling C S. 1973. Resilience and stability of ecological systems. Annual Review of Ecology, Evolution, and Systematics, 4: 1-23.

Holling C S. 1996. Engineering resilience versus ecological resilience//Schulze P. Engineering Within Ecological Constraints. Washington: National Academy Press.

Holling C S. 2001. Understanding the complexity of economic, ecological, and social systems. Ecosystems, 4: 390-405.

Holling C S. 2004. From complex regions to complex worlds. Ecology and Society, 9 (1): 11.

Hossain M S, Dearing J A, Eigenbrod F, et al. 2017. Operationalizing safe operating space for regional social-ecological systems. Science of the Total Environment, 584-585: 673-682.

Houghton J T, Jenkins G J, Ephraums J J. 1990. Climate change : The ipcc scientific assessment. American Scientist, 80: 6.

Howard P C, Davenport T, Kigenyi F W, et al. 2000. Protected area planning in the tropics: Uganda's national system of forest nature reserves. Conservation Biology, 14 (3): 858-875.

Howe C, Suich H, Vira B, et al. 2014. Creating win-wins from trade-offs? Ecosystem services for human well-being: a meta-analysis of ecosystem service trade-offs and synergies in the real world. Global Environmental Change, 28: 263-275.

Hoyer R, Chang H. 2014. Assessment of freshwater ecosystem services in the tualatin and yamhill basins under climate change and urbanization. Applied Geography, 53: 402-416.

Hsieh H F, Shannon S E. 2005. Three approaches to qualitative content analysis. Qualitative Health Research, 15: 1277-1288.

Hu H, Liu G. 2006. Carbon sequestration of China's National Natural Forest Protection Project. Acta Eecologica Sinica, 26 (1): 291-296.

Hu Y, Zhang X, Mao R, et al. 2015. Modeled responses of summer climate to realistic land use/cover changes from the 1980s to the 2000s over eastern China. Journal of Geophysical Research-atmospheres, 120: 167-179.

Hu Z, Zhao Z, Zhang Y, et al. 2019. Does 'Forage-Livestock Balance' policy impact ecological efficiency of grasslands in China? Journal of Cleaner Production, 207: 343-349.

Huang G, Jiang Y. 2017. Urbanization and socioeconomic development in inner mongolia in 2000 and 2010: a GIS analysis. Sustainability, 9: 235.

Huang G. 2015. PM$_{2.5}$ opened a door to public participation addressing environmental challenges in China. Environmental Pollution, 197: 313-315.

Huang J C, Mitsch W J, Zhang L. 2009. Ecological restoration design of a stream on a college campus in central Ohio. Ecological Engineering, 35: 329-340.

Huang L, Xiang W, Wu J, et al. 2019. Integrating geodesign with landscape sustainability science. Sustainability, 11: 833.

Huang M, Gallichand J, Dang T, et al. 2006. An evaluation of EPIC soil water and yield components in the gully region of Loess Plateau, China. The Journal of Agricultural Science, 144 (4): 339.

Huang R, Zhang Y, Bozzetti C, et al. 2014. High secondary aerosol contribution to particulate pollution during haze events in China. Nature, 514: 218-222.

Hulse D, Branscomb A, Enright C, et al. 2009. Anticipating floodplain trajectories: a comparison of two alternative futures approaches. Landscape Ecology, 24 (8): 1067-1090.

Huston M A. 1999. Local processes and regional patterns: appropriate scales for understanding variation in the diversity of plants and animals. Oikos, 86 (3): 393-401.

IPCC. 1991. Climate Change: The IPCC Response Strategies. Covelo: Island Press.

IPCC. 2000. Climate Change 2000: The Scientific Basis. Cambridge, UK: Cambridge University Press.

IPCC. 2013a. Climate Change 2013: The physical science basis. contribution of working group I to the fifth assessment report of the intergovernmental panel on climate change//Stocker T F, Qin D, Plattner G K, et al. Computational Geometry. Cambridge: Cambridge University Press.

IPCC. 2013b. Managing the Risks of Extreme Events and Disasters to Advance Climate Change Adaptation. A Special Report of Working Groups I and II of the Intergovernmental Panel on Climate Change. Cambridge: Cambridge University Press.

Irwin E G, Bockstael N E. 2007. The evolution of urban sprawl: evidence of spatial heterogeneity and increasing land fragmentation. Proceedings of the National Academy of Sciences of the United States of America, 104: 20672-20677.

IUCN. 2014-2015. Discover the World's Protected Areas.

Izaurralde R C, Williams J R, McGill W B, et al. 2006. Simulating soil C dynamics with EPIC: model description and testing against long-term data. Ecological Modelling, 192 (3-4): 362-384.

Jamsranjav C, Fernández-Giménez M E, Reid R S, et al. 2019. Opportunities to integrate herders' indicators into formal rangeland monitoring: an example from Mongolia. Ecological Applications, 29 (5): e01899.

Jansen J M, Pronker A E, Kube S, et al. 2007. Geographic and seasonal patterns and limits on the adaptive response to temperature of european mytilus spp. and Macoma balthica populations. Oecologia, 154 (1): 23-34.

Jantz P, Goetz S. 2008. Using widely available geospatial data sets to assess the influence of roads and buffers on habitat core areas and connectivity. Natural Areas Journal, 28 (3): 261-274.

Jenerette G, Shen W. 2012. Experimental landscape ecology. Landscape Ecology, 27 (9): 1237-1248.

Jentsch A, Kreyling J, Beierkuhnlein C. 2007. A new generation of climate-change experiments: events, not trends. Frontiers in Ecology and the Environment, 5 (7): 365-374.

Jia X, Fu B, Feng X, et al. 2014. The tradeoff and synergy between ecosystem services in the grain-for-green areas in northern Shaanxi, China. Ecological Indicators, 43: 103-113.

Jiang G, Han X, Wu J. 2006. Restoration and management of the Inner Mongolia grassland require a sustainable strategy. AMBIO: A Journal of the Human Environment, 35 (5): 269-270.

Jiang J, Jiang D, Lin Y. 2015. Monsoon area and precipitation over China for 1961-2009. Chinese Journal of Atmospheric Sciences, 39 (4): 722-730.

Jiang L, Jiapaer G, Bao A, et al. 2017. Vegetation dynamics and responses to climate change and human activities in Central Asia. Science of The Total Environment, 599: 967-980.

Jiang N, Dirks K N, Luo K H. 2014. Effects of local, synoptic and large-scale climate conditions on daily nitrogen dioxide concentrations in Auckland, New Zealand. International Journal of Climatology, 34 (6): 1883-1897.

Jiao Y, Hou J, Zhao J, et al. 2014. Land-use change from grassland to cropland affects CH_4 uptake in the farming-pastoral ecotone of Inner Mongolia. China Environmental Science, 34 (6): 1514-1522.

John R, Chen J, Kim Y, et al. 2016. Differentiating anthropogenic modification and precipitation-driven change on vegetation productivity on the Mongolian Plateau. Landscape Ecology, 31 (3): 547-566.

Johnson G W, Bagstad K J, Snapp R R, et al. 2012. Service path attribution networks (SPANs): a network flow approach to ecosystem service assessment. International Journal of Agricultural and Environmental Information Systems, 3 (2): 54-71.

Jones K B, Zurlini G, Kienast F, et al. 2012. Informing landscape planning and design for sustaining ecosystem services from existing spatial patterns and knowledge. Landscape Ecology, 28 (6): 1175-1192.

Jopke C, Kreyling J, Maes J, et al. 2015. Interactions among ecosystem services across europe: Bagplots and cumulative correlation coefficients reveal synergies, trade-offs, and regional patterns. Ecological Indicators, 49: 46-52.

Jussy J H, Koerner W, Dambrine E, et al. 2002. Influence of former agricultural land use on net nitrate production in forest soils. European Journal of Soil Science, 53 (3): 367-374.

Kahn H, Wiener A J. 1967. The year 2000: a framework for speculation on the next thirty-three years. Daedalus: 705-732.

Kaiser M S, Speckman P L, Jones J R. 1994. Statistical models for limiting nutrient relations in inland waters. Journal of the American Statistical Association, 89 (426): 410-423.

Kalnay E, Cai M. 2003. Impact of urbanization and land-use change on climate. Nature, 423: 528-531.

Kanamitsu M, Ebisuzaki W, Woollen J, et al. 2002. Ncep-doe amip-ii reanalysis (r-2). Bulletin of the American Meteorological Society, 83 (11): 1631-1644.

Kang S, Xu Y, You Q, et al. 2010. Review of climate and cryospheric change in the Tibetan Plateau. Environmental Research Letters, 5 (1): 015101.

Kareiva P, Watts S, McDonald R, et al. 2007. Domesticated nature: Shaping landscapes and ecosystems for human welfare. Science, 316 (5833): 1866-1869.

Kareiva P, Tallis H, Ricketts T H, et al. 2011. Natural Capital: Theory and Practice of Mapping Ecosystem Services. Oxford: Oxford University Press.

Karnieli A, Bayarjargal Y, Bayasgalan M, et al. 2013. Do vegetation indices provide a reliable indication of vegetation degradation? A case study in the Mongolian pastures. International Journal of Remote Sensing, 34 (17): 6243-6262.

Kates R W, Parris T M, Leiserowitz A. 2005. What is sustainable development? Goals, indicators, values, and practice. Environment - Science and Policy for Sustainable Development, 47 (3): 8-21.

Kates R W. 2003. Overarching Themes of the Conference: Sustainability Science. Washington: National Academies Press.

Kates R W. 2011. What kind of a science is sustainability science? Proceeding of the National Academy of Sciences of the United States of America, 108 (49): 19449-19450.

Kates R W. 2012. From the unity of nature to sustainability science: ideas and practice//Weinstein M P, Turner R E. Sustainability Science: The Emerging Paradigm and the Urban Environment. Dordrecht: Springer.

Kates R W, Clark W C, Corell R, et al. 2001. Sustainability science. Science, 292: 641-642.

Keller A A, Fournier E, Fox J. 2015. Minimizing impacts of land use change on ecosystem services using multi-criteria heuristic analysis. Journal of Environmental Management, 156: 23-30.

Kidd C V. 1992. The evolution of sustainability. Journal of Agricultural and Environmental Ethics, 5: 1-26.

King R. 1966. Wildlife and Man. New York: Conservationist.

Kinzig A P, Pacala S W, Tilman D. 2002. The Functional Consequences of Biodiversity. Princeton: Princeton University Press.

Knapp A K, Fay P A, Blair J M, et al. 2002. Rainfall variability, carbon cycling, and plant species diversity in a mesic grassland. Science, 298 (5601): 2202-2205.

Knapp A K, Beier C, Briske D D, et al. 2008. Consequences of more extreme precipitation regimes for terrestrial ecosystems. Bioscience, 58 (9): 811-821.

Kofinas G P, Chapin F S. 2009. Sustaining livelihoods and human well-being during social-ecological change// Chapin F S, Kofinas G P, Folke C. Principles of Ecosystem Stewardship: Resilience-Based Natural Resource Management in A Changing World. New York: Springer.

Kok K, van Delden H. 2009. Combining two approaches of integrated scenario development to combat desertification in the Guadalentin watershed, Spain. Environment and Planning B: Planning and Design, 36 (1): 49-66.

Kok M T J, Kok K, Peterson G D, et al. 2016. Biodiversity and ecosystem services require IPBES to take novel approach to scenarios. Sustainability Science, 12 (1): 177-181.

Koltko-Rivera M E. 2006. Rediscovering the later version of Maslow's hierarchy of needs: self-transcendence and opportunities for theory, research, and unification. Review of General Psychology, 10 (4): 302-317.

Koniak G, Noy-Meir I, Perevolotsky A. 2011. Modelling dynamics of ecosystem services basket in Mediterranean landscapes: a tool for rational management. Landscape Ecology, 26 (1): 109-124.

Koper N, Manseau M. 2009. Generalized estimating equations and generalized linear mixed-effects models for modelling resource selection. Journal of Applied Ecology, 46 (3): 590-599.

Koschke L, Fuerst C, Frank S, et al. 2012. A multi-criteria approach for an integrated land-cover-based assessment of ecosystem services provision to support landscape planning. Ecological Indicators, 21: 54-66.

Krause Jensen D, Middelboe A L, Sand Jensen K, et al. 2000. Eelgrass, zostera marina, growth along depth gradients: upper boundaries of the variation as a powerful predictive tool. Oikos, 91 (2): 233-244.

Krosby M, Tewksbury J, Haddad N M, et al. 2010. Ecological connectivity for a changing climate. Conservation Biology, 24 (6): 1686-1689.

Laita A, Mönkkönen M, Kotiaho J S. 2010. Woodland key habitat evaluated as part of a functional reserve network. Biological Conservation, 143 (5): 1212-1227.

Lal R. 2006. Enhancing crop yields in the developing countries through restoration of the soil organic carbon pool in agricultural lands. Land Degradation & Development, 17 (2): 197-209.

Lamarque P, Lavorel S, Mouchet M, et al. 2014. Plant trait-based models identify direct and indirect effects of climate change on bundles of grassland ecosystem services. Proceedings of the National Academy of Sciences of the United States of America, 111 (38): 13751-13756.

Lang D J, Wiek A, Bergmann M, et al. 2012. Transdisciplinary research in sustainability science: practice, principles, and challenges. Sustainability Science, 7 (1): 25-43.

Lavorel S, Grigulis K, Lamarque P, et al. 2011. Using plant functional traits to understand the landscape distribution of multiple ecosystem services. Journal of Ecology, 99 (1): 135-147.

Lawler J J, Lewis D J, Nelson E, et al. 2014. Projected land-use change impacts on ecosystem services in the united states. Proceedings of the National Academy of Sciences of the United States of America, 111 (20): 7492-7497.

Lee H J, Liu Y, Coull B A, et al. 2011. A novel calibration approach of MODIS AOD data to predict $PM_{2.5}$ concentrations. Atmospheric Chemistry and Physics, 11 (15): 7991-8002.

Lelieveld J, Evans J S, Fnais M, et al. 2015. The contribution of outdoor air pollution sources to premature mortality on a global scale. Nature, 525 (7569): 367-371.

Lenzholzer S, Duchhart, I, Koh J. 2013. "Research through designing" in landscape architecture. Landscpae and Urban Planning, 113: 120-127.

Lessin L M, Dyer A R, Goldberg D E. 2001. Using upper boundary constraints to quantify competitive response of desert annuals. Oikos, 92 (1): 153-159.

Lester S E, Costello C, Halpern B S, et al. 2013. Evaluating tradeoffs among ecosystem services to inform marine spatial planning. Marine Policy, 38: 80-89.

Levin S A. 1998. Ecosystems and the biosphere as complex adaptive systems. Ecosystems, 1 (5): 431-436.

Levin S A. 1999. Fragile Dominion: Complexity and the Commons. New York: Basic Books.

Levin S A. 2012. The challenge of sustainability: lessons from an evolutionary perspective//Weinstein M P, Turner R E. Sustainability Science: The Emerging Paradigm and the Urban Environment. New York: Springer.

Levin S A, Clark W C. 2010. Toward A Science of Sustainability: Report from Toward A Science of Sustainability Conference. Princeton: Princeton Environmental Institute.

Levin S A, Lubchenco J. 2008. Resilience, robustness, and marine ecosystem-based management. Bioscience, 58 (1): 27-32.

Levin S A, Paine R T. 1974. Disturbance, patch formation and community structure. Proceedings of the National

Academy of Sciences of the United States of America, 71 (7): 2744-2747.

Lewis S L, Maslin M A. 2015. Defining the Anthropocene. Nature, 519 (7542): 171-180.

Li A, Wu J, Huang J. 2012. Distinguishing between human-induced and climate-driven vegetation changes: a critical application of RESTREND in inner Mongolia. Landscape Ecology, 27 (7): 969-982.

Li A, Wu J, Zhang X, et al. 2018. China's new rural "separating three property rights" land reform results in grassland degradation: evidence from Inner Mongolia. Land Use Policy, 71: 170-182.

Li B. 2000. Fractal geometry applications in description and analysis of patch patterns and patch dynamics. Ecological Modelling, 132 (1-2): 33-50.

Li C, Frolking S, Crocker G J, et al. 1997. Simulating trends in soil organic carbon in long-term experiments using the dndc model. Geoderma, 81 (1-2): 45-60.

Li C, Frolking S, Frolking T A. 1992. A model of nitrous oxide evolution from soil driven by rainfall events. I-model structure and sensitivity. II-model applications. Journal of Geophysical Research Atmospheres, 97 (D9): 9759-9776.

Li C, Hans H, Barclay H, et al. 2008. Comparison of spatially explicit forest landscape fire disturbance models. Forest Ecology and Management, 254 (3): 499-510.

Li C, Zhang Q, Krotkov N A, et al. 2010. Recent large reduction in sulfur dioxide emissions from Chinese power plants observed by the Ozone Monitoring Instrument. Geophysical Research Letters, 37 (8): 292-305.

Li H, Reynolds J F. 1993. A new contagion index to quantify spatial pattern of landscape. Landscape Ecology, 8 (3): 155-162.

Li J, Liu Z, He C, et al. 2017. Water shortages raised a legitimate concern over the sustainable development of the drylands of northern China: evidence from the water stress index. Science of the Total Environment, 590: 739-750.

Li M, Zhang Q, Kurokawa J, et al. 2015. Mix: a mosaic Asian anthropogenic emission inventory for the MICS-Asia and the HTAP projects. Atmospheric Chemistry and Physics Discussions, 15 (23): 34813-34869.

Li S, Zhang Q. 2011. Response of dissolved trace metals to land use/land cover and their source apportionment using a receptor model in a subtropic river, China. Journal of Hazardous Materials, 190 (1-3): 205-213.

Li W, Ali S H, Zhang Q. 2007. Property rights and grassland degradation: a study of the Xilingol Pasture, Inner Mongolia, China. Journal of Environmental Management, 85 (2): 461-470.

Li W, Milburn L A. 2016. The evolution of geodesign as a design and planning tool. Landscape and Urban Planning, 156: 5-8.

Li X, Li W, Middel A, et al. 2016. Remote sensing of the surface urban heat island and land architecture in Phoenix, Arizona: combined effects of land composition and configuration and cadastral-demographic-economic factors. Remote Sensing of Environment, 174: 233-243.

Li Z, Kafatos M. 2000. Interannual variability of vegetation in the United States and its relation to El Nino/Southern Oscillation. Remote Sensing of Environment, 71 (3): 239-247.

Li Z, Yan Z. 2009. Homogenized daily mean/maximum/minimum temperature series for China from 1960-2008.

Atmospheric and Oceanic Science Letters, 2 (4): 237-243.

Liang X, Xu M, Gao W, et al. 2005. Development of land surface albedo parameterization based on Moderate Resolution Imaging Spectroradiometer (MODIS) data. Journal of Geophysical Research: Atmospheres, 110 (D11): D11107.

Liao C, Qiu J, Chen B, et al. 2020. Advancing landscape sustainability science: theoretical foundation and synergies with innovations in methodology, design, and application. Landscape Ecology, 35 (1): 1-9.

Liding C, Bojie F, Jianying X, et al. 2003. Location-weighted landscape contrast index: a scale independent approach for landscape pattern evaluation based on "source-sink" ecological processes. Acta Ecologica Sinica, 23 (11): 2406-2413.

Lienert J, Monstadt J, Truffer B. 2006. Future scenarios for a sustainable water sector: a case study from Switzerland. Environmental Science & Technology, 40 (2): 436-442.

Lieth H, Whittaker R H. 1975. Primary Productivity of the Biosphere. Berlin: Springer.

Lindner M, Maroschek M, Netherer S, et al. 2010. Climate change impacts, adaptive capacity, and vulnerability of European forest ecosystems. Forest Ecology and Management, 259 (4): 698-709.

Lindquist J L, Arkebauer T J, Walters D T, et al. 2005. Maize radiation use efficiency under optimal growth conditions. Agronomy Journal, 97 (1): 72-78.

Litton C, Raich J, Ryan M. 1989. Carbon allocation in forest ecosystems. Ecology, 70: 1346-1354.

Liu J, Wiberg D, Zehnder A J B, et al. 2007a. Modeling the role of irrigation in winter wheat yield, crop water productivity, and production in China. Irrigation Science, 26 (1): 21-33.

Liu J, Williams J R, Zehnder A J B, et al. 2007b. GEPIC - modelling wheat yield and crop water productivity with high resolution on a global scale. Agricultural Systems, 94 (2): 478-493.

Liu S. 1957. The issues about forest regeneration in Da-Xiaoxinganling regions. Scientia Silvae Sinicae, 3: 263-280.

Liu S, Min Q. 2010. A preliminary study on regional social responses to changes in forest resources in the southeast of guizhou province throughout the qing dynasty. Resources Science, 32 (6): 1065-1071.

Liu Y, Pan Q, Liu H, et al. 2011. Plant responses following grazing removal at different stocking rates in an Inner Mongolia grassland ecosystem. Plant Soil, 340 (1): 199-213.

Liu Y, Wu J, Yu D. 2017. Characterizing spatiotemporal patterns of air pollution in China: a multiscale landscape approach. Ecological Indicators, 76: 344-356.

Liu Z, Yang P, Tang H, et al. 2015. Shifts in the extent and location of rice cropping areas match the climate change pattern in China during 1980-2010. Regional Environmental Change, 15 (5): 919-929.

Liu Z, He C, Yang Y, et al. 2020. Planning sustainable urban landscape under the stress of climate change in the drylands of northern China: a scenario analysis based on LUSD-urban model. Journal of Cleaner Production, 244: 118709.

Lobell D B, Schlenker W, Costa-Roberts J. 2011. Climate trends and global crop production since 1980. Science, 333 (6042): 616-620.

Long C N, Gaustad K L. 2004. The shortwave (SW) clear-sky detection and fitting algorithm: algorithm operational details and explanations. Richland, Washington: Pacific Northwest National Laboratory, US.

Loucks O L. 1994. Sustainability in urban ecosystems: Beyond an object of study//Platt R H, Rowntree R A, Muick P C. The Ecological City. Amherst: University of Massachusetts Press.

Lovell S T, Johnston D M. 2009. Creating multifunctional landscapes: how can the field of ecology inform the design of the landscape? Frontiers in Ecology and the Environment, 7 (4): 212-220.

Loyola R D, Kubota U, da Fonseca G A B, et al. 2009. Key Neotropical ecoregions for conservation of terrestrial vertebrates. Biodiversity and Conservation, 18 (8): 2017-2031.

Lue Y, Liu L Y, Hu X, et al. 2010. Characteristics and provenance of dustfall during an unusual floating dust event. Atmospheric Environment, 44 (29): 3477-3484.

Luo J, Du P, Samat A, et al. 2017. Spatiotemporal pattern of $PM_{2.5}$ concentrations in Mainland China and analysis of its influencing factors using geographically weighted regression. Scientific Reports, 7 (1): 1-14.

Luo Y, Li Q, Wang C, et al. 2019. Negative effects of urbanization on agricultural soil easily oxidizable organic carbon down the profile of the Chengdu Plain, China. Land Degradation and Development, 31 (3): 404-416.

Ma Q, He C, Fang X. 2018. A rapid method for quantifying landscape-scale vegetation disturbances by surface coal mining in arid and semiarid regions. Landscape Ecology, 33 (12): 2061-2070.

Macintyre S, Maciver S, Sooman A. 1993. Area, class and health. Should we be focusing on places or people? Journal of Social Policy, 22 (2): 213-234.

Macintyre S, Ellaway A, Cummins S. 2002. Place effects on health: how can we conceptualise, operationalise and measure them? Social Science & Medicine, 55 (1): 125-139.

Mahajan P, Oliveira F, Macedo I. 2008. Effect of temperature and humidity on the transpiration rate of the whole mushrooms. Journal of Food Engineering, 84 (2): 281-288.

Mahmood R, Pielke R A, Loveland T R, et al. 2016. Climate relevant land use and land cover change policies. Bulletin of the American Meteorological Society, 97 (6): 195-202.

Mahmoud M, Liu Y, Hartmann H, et al. 2009. A formal framework for scenario development in support of environmental decision-making. Environmental Modelling & Software, 24 (7): 798-808.

Malek Ž, Douw B, Van Vliet J, et al. 2019. Local land-use decision-making in a global context. Environmental Research Letters, 14 (8): 083006.

Mander Ü, Müller F, Wrbka T. 2005. Functional and structural landscape indicators: upscaling and downscaling problems. Ecological Indicators, 4 (5): 267-272.

Mantyka-pringle C S, Martin T G, Rhodes J R. 2012. Interactions between climate and habitat loss effects on biodiversity: a systematic review andmeta-analysis. Global Change Biology, 18 (4): 1239-1252.

Marshall J D, Toffel M W. 2005. Framing the elusive concept of sustainability: a sustaianbility hierarchy. Environmental Science and Technology, 39: 673-682.

Martins H. 2012. Urban compaction or dispersion? An air quality modelling study. Atmospheric Environment, 54: 60-72.

Marull J, Mallarach J M. 2005. A GIS methodology for assessing ecological connectivity: application to the Barcelona Metropolitan Area. Landscape and Urban Planning, 73 (1): 72-73.

Maslow A H. 1954. Motivation and Personality. New York: Harper & Row.

Mastrangelo M E, Weyland F, Villarino S H, et al. 2014. Concepts and methods for landscape multifunctionality and a unifying framework based on ecosystem services. Landscape Ecology, 29 (2): 345-358.

McGarigal K, Cushman S A, Neel M C, et al. 2002. FRAGSTATS: Spatial Pattern Analysis Program for Categorical Maps.

McGarigal K, Cushman S A, Ene E. 2012. FRAGSTATS v4: Spatial Pattern Analysis Program for Categorical and Continuous Maps.

McHarg I L. 1969. Design with Nature. New York: Natural History Press.

Meadows D H. 1998. Indicators and Information Systems for Sustainable Development. Hartland Four Corners, Vermont: Sustainability Institute.

Meadows D H. 2001. Dancing with systems. Whole Earth (Winter Edition). http://www. gperform. org/Meadows. pdf.

Meadows D. 1999. Leverage Points: Place to Intervene in a System. Hartland: The Sustainability Institute.

MEA. 2001. Millennium Ecosystem Assessment. Washington: Island Press.

MEA. 2005. Ecosystems and Human Well-being: Current State and Trends. Washington: Island Press.

Medinski T, Mills A, Esler K, et al. 2010. Do soil properties constrain species richness? Insights from boundary line analysis across several biomes in south western africa. Journal of Arid Environments, 74 (9): 1052-1060.

Medinski T. 2007. Soil Chemical and Physical Properties andTheir Influence on the Plant Species Richness of Arid South-West Africa. Bellville: University of Stellenbosch.

Menaka P, Kyehyun K, Chudamani J. 2008. Temporal mapping of deforestation and forest degradation in Nepal: Applications to forest conservation. Forest Ecology and Management, 256 (9): 1587-1595.

Mendoza D, Gurney K R, Geethakumar S, et al. 2013. Implications of uncertainty on regional CO2 mitigation policies for the U.S. onroad sector based on a high- resolution emissions estimate. Energy Policy, 55: 386-395.

Merriam H G. 1984. Connectivity: a fundamental characteristic of landscape pattern//Brandt J, Agger P. Methodology in Landscape Ecological Research and Planning. Vol, 1. Theme: Landscape Ecological Concepts. Denmark: Roskilde University Center.

Messac A, Ismail-Yahaya A, Mattson C A. 2003. The normalized normal constraint method for generating the pareto frontier. Structural and Multidisciplinary Optimization, 25 (2): 86-98.

Metz B. 2005. Ipcc special report on carbon dioxide capture and storage. Economics & Politics of Climate Change, Part 2: 14.

Meyer W B, Turner B L. 1994. Changes in Land Use and Land Cover: A Global Perspective. Cambridge: Cambridge University Press.

Miao L, Liu Q, Fraser R, et al. 2015. Shifts in vegetation growth in response to multiple factors on the Mongolian Plateau from 1982 to 2011. Physics and Chemistry of the Earth, 87: 50-59.

Midgley G F, Bond W J, Kapos V, et al. 2010. Terrestrial carbon stocks and biodiversity: key knowledge gaps and some policy implications. Current Opinion in Environmental Sustainability, 2 (4): 264-270.

Miller T R, Wiek A, Sarewitz D, et al. 2014. The future of sustainability science: a solutions-oriented research agenda. Sustainability Science, 9 (2): 239-246.

Miller W R. 2012. Introducing Geodesign: The Concept. ESRI.

Mills A, Fey M, Donaldson J, et al. 2009. Soil infiltrability as a driver of plant cover and species richness in the semi-arid Karoo, South Africa. Plant and Soil, 320 (1): 321-332.

Ministry of Environmental Protection of the People's Republic of China (MEP). 1996. Ambient air pollution standard vol GB3095-1996. Beijing: China Environmental Science Press.

Ministry of Environmental Protection of the People's Republic of China (MEP). 2012. Technical Regulation on Ambient Air Quality Index (on trial): HJ 633-2012. Beijing: China Environmental Science Press.

Ministry of Environmental Protection of the People's Republic of China (MEP). 2013. Analysis Report on the State of the Environment in China, Beijing.

Minor E S, Urban D L. 2007. Graph theory as a proxy for spatially explicit population models in conservation planning. Ecological Applications, 17 (6): 1771-1782.

Minor E S, Urban D L. 2008. A graph-theory framework for evaluating landscape connectivity and conservation planning. Conservation Biology, 22 (2): 297-307.

Mitchell G, Griggs R, Benson V, et al. 1998. The epic model: environmental policy integrated climate. Texas Agricultural Experiment Station, Temple.

Mitsch W J, Jørgensen S E. 2004. Ecological Engineering and Ecosystem Restoration. Hoboke: John Wiley and Sons Inc.

Monsi M S. 1953. Ueber den Lichtfaktor in den Pflanzengesellschaften und seine Bedeutung für die Stoffproduktion. Japanese Journal of Botany, 14: 22-52.

Monteith J L, Moss C. 1977. Climate and the efficiency of crop production in Britain. Philosophical Transactions of the Royal Society of London B: Biological Sciences, 281 (980): 277-294.

Moody E G, King M D, Schaaf C B, et al. 2008. MODIS-derived spatially complete surface albedo products: Spatial and temporal pixel distribution and zonal averages. Journal of Applied Meteorology and Climatology, 47 (11): 2879-2894.

Morse S, Vogiatzakis I, Griffiths G. 2011. Space and sustainability: Potential for landscape as a spatial unit for assessing sustainability. Sustainable Development, 19 (1): 30-48.

Mu S, Zhou S, Chen Y, et al. 2013. Assessing the impact of restoration-induced land conversion and management alternatives on net primary productivity in Inner Mongolian grassland, China. Global and Planetary Change, 108: 29-41.

Murray J D. 1989. Mathematical Biology. Berlin: Springer-Vlg.

Murray S J, Foster P N, Prentice I C. 2012. Future global water resources with respect to climate change and water withdrawals as estimated by a dynamic global vegetation model. Journal of Hydrology, 488: 14-29.

Musacchio L R. 2009. The scientific basis for the design of landscape sustainability: A conceptual framework for translational landscape research and practice of designed landscapes and the six Es of landscape sustainability. Landscape Ecology, 24 (8): 993-1013.

Musacchio L R. 2011. The grand challenge to operationalize landscape sustainability and the design-in-science paradigm. Landscape Ecology, 26 (1): 1-5.

Myers N, Mittermeier R A, Mittermeier C G, et al. 2000. Biodiversity hotspots for conservation priorities. Nature, 403: 853-858.

Naeem S, Bunker D E, Hector A, et al. 2009. Biodiversity, Ecosystem Functioning, and Human Wellbeing: An Ecological and Economic Perspective. Oxford : Oxford University Press.

Nakicenovic N, Alcamo J, Davis G, et al. 2000. IPCC Special Report on Emissions Scenarios. Whitefish: Betascript Publishing.

Nassauer J I, Opdam P. 2008. Design in science: extending the landscape ecology paradigm. Landscape Ecology, 23 (6): 633-644.

Nassauer J I. 1997. Placing Nature: Culture and Landscape Ecology. Washington: Island Press.

Nassauer J I. 2012. Landscape as medium and method for synthesis in urban ecological design. Landscpae and Urban Planning, 106 (3): 221-229.

National Forestry Bureau (NFB). 2003. China Forestry Yearbook 2003. Beijing: China Forestry Press.

National Forestry Bureau. (NFB). 2010. China Forestry Yearbook 2010. Beijing: China Forestry Press.

National Research Council. 1999. Our Common Journey: A Transition Toward Sustainability. Washington: National Academy Press.

Naveh Z, Lieberman A S. 1994. Landscape Ecology: Theory and Application 2nd ed.. New York: Springer-Verlag.

Naveh Z. 2007. Landscape ecology and sustainability. Landscape Ecology, 22 (10): 1437-1440.

Neale A C, Jones K B, Nash M S, et al. 2003. Application of landscape models to alternative futures analyses// Rapport D J, Lasley W L, Rolston D E, et al. Managing for Healthy Ecosystems. Boca Raton: Lewis Publishers.

Nelson E, Mendoza G, Regetz J, et al. 2009. Modeling multiple ecosystem services, biodiversity conservation, commodity production, and tradeoffs at landscape scales. Frontiers in Ecology and the Environment, 7 (1): 4-11.

Nemani R R, Keeling C D, Hashimoto H, et al. 2003. Climate-Driven Increases in Global Terrestrial Net Primary Production from 1982 to 1999. Science, 300 (5625): 1560-1563.

Neumann K, Stehfest E, Verburg P H, et al. 2011. Exploring global irrigation patterns: A multilevel modelling approach. Agricultural Systems, 104 (9): 703-713.

Newman P, Beatley T, Boyer H. 2009. Resilient Cities: Responding to Peak Oil and Climate Change.

Washington: Island Press.

Ng C N, Xie Y J, Yu X J. 2011. Measuring the spatio-temporal variation of habitat isolation due to rapid urbanization: A case study of the Shenzhen River cross-boundary catchment, China. Landscape and Urban Planning, 103 (1): 44-54.

Nishizeki T, Chiba N. 1998. Planar Graphs: Theory and Algorithms. Amsterdam: North-Holland.

Nowak A, Grunewald K. 2018. Landscape sustainability in terms of landscape services in rural areas: Exemplified with a case study area in Poland. Ecological Indicators, 94: 12-22.

NRC. 1999. Our Common Journey: A Transition Toward Sustainability. Washington: National Academy Press.

Obersteiner M, Walsh B, Frank S, et al. 2016. Assessing the land resource-food price nexus of the Sustainable Development Goals. Science Advances, 2 (9): e1501499.

Odum E P, Barrett G W. 2005 Fundamentals of Ecology. Brooks/Cole, Australia: Southbank.

Oliva M, Pereira P, Antoniades D. 2018. The environmental consequences of permafrost degradation in a changing climate. Science of the Total Environment, 616: 435-437.

Olson D M, Dinerstein E, Wikramanayake E D, et al. 2001. Terrestrial Ecoregions of the World: A New Map of Life on Earth A new global map of terrestrial ecoregions provides an innovative tool for conserving biodiversity. BioScience, 51 (11): 933-938.

Olson D M, Dinerstein E. 1998. The Global 200: a representation approach to conserving the Earth's most biologically valuable ecoregions. Conservation Biology, 12 (3): 502-515.

Olson D M, Dinerstein E. 2002. The Global 200: Priority ecoregions for global conservation. Annals of the Missouri Botanical Garden, 89 (2): 199-224.

Olsson P, Moore M L, Westley F R, et al. 2017. The concept of the Anthropocene as a game-changer: a new context for social innovation and transformations to sustainability. Ecology and Society, 22 (2): 31.

Onstad C, Foster G. 1975. Erosion modeling on a watershed. Transactions of the ASAE, 18 (2): 288-292.

Opdam P, Luque S, Nassauer J, et al. 2018. How can landscape ecology contribute to sustainability science? Landscape Ecology, 33 (1): 1-7.

Ostrom E. 1990. Governing the Commons: The Evolution of Institutions for Collective Action. Cambridge: Cambridge University Press.

Oteros-Rozas E, Martín-López B, Daw T M, et al. 2015. Participatory scenario planning in place-based social-ecological research: insights and experiences from 23 case studies. Ecology and Society, 20 (4): 32.

O'farrell P J, Anderson P M L. 2010. Sustainable multifunctional landscapes: a review to implementation. Current Opinion in Environmental Sustainability, 2 (1-2): 59-65.

O'Neill B C, Kriegler E, Riahi K, et al. 2013. A new scenario framework for climate change research: the concept of shared socioeconomic pathways. Climatic Change, 122 (3): 387-400.

O'Neill D W, Fanning A L, Lamb W F, et al. 2018. A good life for all within planetary boundaries. Nature Sustainability, 1 (2): 88-95.

O'Neill R V, Hunsaker C T, Timmins S P, et al. 1996. Scale problems in reporting landscape pattern at the regional scale. Landscape Ecology, 11 (3): 169-180.

Pacifici M, Foden W B, Visconti P, et al. 2015. Assessing species vulnerability to climate change. Nature Climate Change, 5 (3): 215-224.

Pan Q, Tian, D, Naeem S, et al. 2016. Effects of functional diversity loss on ecosystem functions are influenced by compensation. Ecology, 97: 2293-2302.

Parks S A, McKelvey K S, Schwartz M K. 2013. Effects of weighting schemeson the identification of wildlife corridors generated with least-cost methods. Conservation Biology, 27 (1): 145-154.

Parton W J, Ojima D S, Cole C V, et al. 1994. A general model for soil organic matter dynamics: sensitivity to litter chemistry, texture and management. Quantitative Modeling of Soil Forming Processes, 39: 147-167.

Parton W, Schimel D S, Cole C, et al. 1987. Analysis of factors controlling soil organic matter levels in Great Plains grasslands. Soil Science Society of America Journal, 51 (5): 1173-1179.

Pascual-Hortal L, Saura S. 2006. Comparison and development of new graph-based landscape connectivity indices: towards the priorization of habitat patches and corridors for conservation. Landscape Ecology, 21 (7): 959-967.

Peng S, Chen A, Xu L, et al. 2011. Recent change of vegetation growth trend in China. Environmental Research Letters, 6 (4): 044027.

Peng S, Piao S, Zeng Z, et al. 2014. Afforestation in China cools local land surface temperature. Proceedings of the National Academy of Sciences of the United States of America, 111: 2915-2919.

Perrings C. 2005. Economics and the value of biodiversity and ecosystem services//De Luc J P. Proceedings of the International Conference on Biodiversity Science and Governance. Paris: Museum National d'Histoire Naturelle.

Perrings C. 2007. Future challenges. Proceedings of the National Academy of Sciences of the United States of America, 104: 15179-15180.

Peterjohn W T, Correll D L. 1984. Nutrient dynamics in an agricultural watershed: observations on the role of a riparian forest. Ecology, 65 (5): 1466-1475.

Pettitt A N. 1979. A non-parametric approach to the change-point problem. Journal of the Royal Statistical Society: Series C (Applied Statistics), 28 (2): 126-135.

Pielke R A, Davey C, Morgan J. 2004. Assessing "global warming" with surface heat content. Eos, Transactions American Geophysical Union, 85: 210-211.

Pielke R A, Mahmood R, McAlpine C. 2016. Land's complex role in climate change. Physics Today, 69: 40-46.

Pither J, Taylor P D. 1998. An experimental assessment of landscape connectivity. Oikos, 83 (1): 166-174.

Pittman S, Turnblom E. 2003. A study of self-thinning using coupled allometric equations: implications for coastal douglas-fir stand dynamics. Canadian Journal of Forest Research, 33: 1661-1669.

Pope R, Wu J. 2014. Characterizing air pollution patterns on multiple time scales in urban areas: a landscape ecological approach. Urban Ecosystems, 17: 855-874.

Porto M, Correia O, Beja P. 2014. Optimization of landscape services under uncoordinated management by multiple landowners. PLoS One, 9 (1): e86001.

Posner S, Verutes G, Koh I, et al. 2016. Global use of ecosystem service models. Ecosystem Services, 17: 131-141.

Potschin M, Haines-Young R. 2013. Landscapes, sustainability and the place-based analysis of ecosystem services. Landscape Ecology, 28: 1053-1065.

Potschin M, Haines-Young R. 2006. "Rio+10", sustainability science and Landscape Ecology. Landscape and Urban Planning, 75: 162-174.

Potter C S, Randerson J T, Field C B, et al. 1993. Terrestrial ecosystem production: a process model based on global satellite and surface data. Global Biogeochemical Cycles, 7 (4): 811-841.

Power N, Sekar K. 2011. Benchmarking sustainable landscapes – Green mark for parks. City Green, 3: 82-87.

Putman J, Williams J, Sawyer D. 1988. Using the erosion-productivity impact calculator (EPIC) model to estimate the impact of soil erosion for the 1985 RCA appraisal. Journal of Soil and Water Conservation, 43 (4): 321-326.

Qiao J, Yu D, Liu Y. 2017. Quantifying the impacts of climatic trend and fluctuation on crop yields in northern China. Environmental Monitoring and Assessment, 189 (11): 532.

Qiao J, Yu D, Wu J. 2018. How do climatic and management factors affect agricultural ecosystem services? A case study in the agro-pastoral transitional zone of northern China. Science of the Total Environment, 613: 314-323.

Qiu J, Carpenter S R, Booth E G, et al. 2018. Understanding relationships among ecosystem services across spatial scales and over time. Environmental Research Letters, 13 (5): 054020.

Qiu J, Turner M G. 2013. Spatial interactions among ecosystem services in an urbanizing agricultural watershed. Proceedings of the National Academy of Sciences, 110 (29): 12149-12154.

Raudsepp-Hearne C, Peterson G D, Bennett E M. 2010. Ecosystem service bundles for analyzing tradeoffs in diverse landscapes. Proceedings of the National Academy of Sciences of the United States of America, 107: 5242-5247.

Ravi S, Zobeck T M, Over T M, et al. 2006. On the effect of moisture bonding forces in air-dry soils on threshold friction velocity of wind erosion. Sedimentology, 53 (3): 597-609.

Raworth K. 2012. A safe and just space for humanity: can we live within the doughnut. Oxfam Policy and Practice: Climate Change and Resilience, 8: 1-26.

Raynolds M K, Comiso J C, Walker D A, et al. 2008. Relationship between satellite-derived land surface temperatures, arctic vegetation types, and NDVI. Remote Sensing of Environment, 112: 1884-1894.

Reed J, Van Vianen J, Deakin E L, et al. 2016. Integrated landscape approaches to managing social and environmental issues in the tropics: learning from the past to guide the future. Global Change Biology, 22 (7): 2540-2554.

Rees W E. 2002. Globalization and sustainability: Conflict or convergence? Bulletin of Science, Technology & Society, 22 (4): 249-268.

Reitan P H. 2005. Sustainability science- and what's needed beyond science. Sustainability: Science, Practice and Policy, 1 (1): 77-80.

Renard K G, Foster G R, Weesies G A, et al. 1991. RUSLE: Revised universal soil loss equation. Journal of Soil and Water Conservation, 46 (1): 30-33.

Reynolds J F, Wu J. 1999. Group report: Do landscape structural and functional units exits? //Tenhunen J D, Kabat P. Hydrology, Ecosystem Dynamics, and Biogeochemistry in Complex Landscapes. New York: Wiley & Sons Ltd.

Ricotta C, Stanisci A, Avena G C, et al. 2000. Quantifying the network connectivity of landscape mosaics a graph-theoretical approach. Community Ecology, 1 (1): 89-94.

Rindfuss R R, Walsh S J, Turner B L, et al. 2004. Developing a science of land change: Challenges and methodological issues. Proceedings of the National Academy of Sciences of the United States of America, 101 (39): 13976-13981.

Roberts J H, Angermeier P L. 2007. Spatiotemporal variability of stream habitat and movement of three species of fish. Oecologia, 151 (3): 417-430.

Robertson B P, Gardner J P, Savage C. 2015. Macrobenthic-mud relations strengthen the foundation for benthic index development: A case study from shallow, temperate new zealand estuaries. Ecological Indicators, 58: 161-174.

Robinson B E, Li P, Hou X. 2017. Institutional change in social-ecological systems: the evolution of grassland management in Inner Mongolia. Global Environmental Change, 47: 64-75.

Robinson J B. 1982. Energy backcasting A proposed method of policy analysis. Energy Policy, 10 (4): 337-344.

Rodríguez J P, Beard Jr T D, Bennett E M, et al. 2006. Trade-offs across space, time, and ecosystem services. Ecology and Society, 11 (1): 28.

Rolph G D. 2016. Real-time Environmental Applications and Display System. http://www.ready.noaa.gov.

Ronald E J, Sangermano F, Ghimire B, et al. 2009. Seasonal trend analysis of image time series. International Journal of Remote Sensing, 30 (10): 2721-2726.

Roodposhti M S, Safarrad T, Shahabi H. 2017. Drought sensitivity mapping using two one-class support vector machine algorithms. Atmospheric Research, 193: 73-82.

Rounsevell M D A, Pedroli B, Erb K H, et al. 2012. Challenges for land system science. Land Use Policy, 29 (4): 899-910.

Rubio L, Saura S. 2012. Assessing the importance of individual habitat patchesas irreplaceable connecting elements: An analysis of simulated and reallandscape data. Ecological Complexity, 11: 28-37.

Russell R, Guerry A D, Balvanera P, et al. 2013. Humans and Nature: How Knowing and Experiencing Nature Affect Well-Being. Annual Review of Environment and Resources, 38: 473-502.

Sala O E, Chapin F S I, Armesto J J, et al. 2000. Global biodiversity scenarios for the year 2100. Science, 287 (5459): 1770-1774.

Sala O E, Paruelo J M. 1997. Ecosystem services in grasslands//Daily G C. Nature's services: Societal Dependence on Natural Ecosystems. Washington: Island Press.

Saltelli A. 2009. What is sensitivity analysis? Sensitivity Analysis, 1: 3-13.

Sanderson E W, Jaiteh M, Levy M A, et al. 2002. The Human Footprint and the Last of the Wild. BioScience, 52: 891-904.

Sanon S, Hein T, Douven W, et al. 2012. Quantifying ecosystem service trade-offs: The case of an urban floodplain in vienna, austria. Journal of Environmental Management, 111: 159-172.

Saura S, Pascual-Hortal L A. 2007. A new habitat availability index to integrate connectivity in landscape conservation planning: comparison with existing indices and application to a case study. Landscape and Urban Planning, 83 (2-3): 91-103.

Saura S, Torne J. 2009. Conefor Sensinode 2.2: A software package for quantifying the importance of habitat patches for landscape connectivity. Environmental Modelling & Software, 24 (1): 135-139.

Sayer J, Sunderland T, Ghazoul J, et al. 2013. Ten principles for a landscape approach to reconciling agriculture, conservation, and other competing land uses. Proceedings of the National Academy of Sciences of the United States of America, 110 (21): 8349-8356.

Scharf F S, Juanes F, Sutherland M. 1998. Inferring ecological relationships from the edges of scatter diagrams: Comparison of regression techniques. Ecology, 79 (2): 448-460.

Schneider F D, Scheu S, Brose U. 2012. Body mass constraints on feeding rates determine the consequences of predator loss. Ecology Letters, 15 (5): 436-443.

Schnug E, Heym J, Achwan F. 1996. Establishing critical values for soil and plant analysis by means of the boundary line development system bolides. Communications in Soil Science & Plant Analysis, 27: 2739-2748.

Schröder H K, Andersen H E, Kiehl K. 2005. Rejecting the mean: Estimating the response of fen plant species to environmental factors by non-linear quantile regression. Journal of Vegetation Science, 16 (4): 373-382.

Schumaker N H. 1996. Using landscape indices to predict habitat connectivity. Ecology, 77: 1210-1225.

Schwartz J, Dockery D W, Neas L M. 1996. Is daily mortality associated specifically with fine particles? Journal of the Air & Waste Management Association, 46 (10): 927-939.

Schwarz M, Preti F, Giadrossich F, et al. 2010. Quantifying the role of vegetation in slope stability: a case study in Tuscany (Italy). Ecological Engineering, 36 (3): 285-291.

Scolozzi R, Morri E, Santolini R. 2012. Delphi-based change assessment in ecosystem service values to support strategic spatial planning in italian landscapes. Ecological Indicators, 21: 134-144.

Seidl R, Spies T A, Peterson D L, et al. 2016. Searching for resilience: addressing the impacts of changing disturbance regimes on forest ecosystem services. Journal of Applied Ecology, 53: 120-129.

Sellers P J, Tucker C J, Collatz G J, et al. 1996. A revised land surface parameterization (SiB2) for atmospheric GCMs. Part 2: The generation of global felds of terrestrial biophysical parameters from satellite data. Journal of Climate, 9 (4): 706-737.

Selman P. 2007. Landscape and sustainability at the national and regional scales//Benson J F, Roe M.

Landscape and Sustainability. New York: Routeledge.

Selman P. 2008. What do we mean by sustainable landscape? Sustainability: Science, Practice, and Policy, 4 (2): 23-28.

Selman P. 2009. Planning for landscape multifunctionality. Sustainability: Science, Practice, and Policy, 5 (2): 45-52.

Sen P K. 1968. Estimates of the Regression Coefficient Based on Kendall's Tau. Journal of the American Statistical Association, 63: 1379-1389.

Shang C, Wu T, Huan, G, et al. 2019. Weak sustainability is not sustainable: socioeconomic and environmental assessment of Inner Mongolia for the past three decades. Resources, Conservation and Recycling, 141: 243-252.

Shao G F, Zhang P C, Bai G X, et al. 2001. Ecological classification system for China's natural forests: protection and management. Acta Ecologica Sinica, 21: 1564-1568.

Sharp R, Tallis H T, Ricketts T, et al. 2016. InVEST + VERSION + User's Guide. Stanford University, University of Minnesota, The Nature Conservancy, and World Wildlife Fund: The Natural Capital Project.

Sharpley A N, Williams J R. 1990. EPIC- erosion/productivity impact calculator: 1. Model documentation. Technical Bulletin- United States Department of Agriculture, 1768 Pt 1.

Sheather J. 2009. The art of medicine. The Lancet, 373: 22-23.

Sherrouse B C, Semmens D J. 2015. Social Values for Ecosystem Services, Version 3.0 (SolVES 3.0): Documentation and User Manual. Open- File Report. Reston: U.S. Geological Survey.

Shi P, Sun S, Wang M, et al. 2014. Climate change regionalization in China1961-2010. Science China Earth Sciences, 57 (11): 2676-2689.

Siebert S, Henrich V, Frenken K, et al. 2013. Global Map of Irrigation Areas version 5. Rome, Italy: Rheinische Friedrich-Wilhelms- University, Bonn, Germany/Food and Agriculture Organization of the United Nations.

Simanton J R, Rawitz E, Shirley E D. 1984. Effects of rock fragments on erosion of semiarid rangeland soils. Erosion and Productivity of Soils Containing Rock Fragments, 13: 65-72.

Simon H A. 1962. The architecture of complexity. Proceedings of the American Philosophical Society, 106 (6): 467-482.

Simon H A. 1973. Theorganization of complex systems//Pattee H H. Hierarchy Theory: The Challenge of Complex Systems. New York: George Braziller.

Simon H A. 1996. The Sciences of the Artificial. Cambridge: MIT Press.

Sitch S, Smith B, Prentice I C, et al. 2003. Evaluation of ecosystem dynamics, plant geography and terrestrial carbon cycling in the LPJ dynamic global vegetation model. Global Change Biology, 9 (2): 161-185.

Skamarock W C, Klemp J B. 2008. A time- split nonhydrostatic atmospheric model for weather research and forecasting applications. Journal of Computational Physics, 227 (7): 3465-3485.

Sleeter B M, Sohl T L, Bouchard M A, et al. 2012. Scenarios of land use and land cover change in the conterminous United States: Utilizing the special report on emission scenarios at ecoregional scales. Global Environmental Change, 22 (4): 896-914.

Smit B, Cai Y. 1996. Climate change and agriculture in China. Global Environmental Change, 6 (3): 205-214.

Smith A, Schoeman M C, Keith M, et al. 2016. Synergistic effects of climate and land- use change on representation of African bats in priority conservation areas. Ecological Indicators, 69: 276-283.

Sodhi N S, Pin K L, Brook B W, et al. 2004. Southeast Asian biodiversity: an impending disaster. Trends in Ecology & Evolution, 19 (12): 654-660.

Soille P, Vogt P. 2009. Orphological segmentation of binary patterns. Pattern Recognition Letters, 30 (4): 456-459.

Spake R, Lasseur R, Crouzat E, et al. 2017. Unpacking ecosystem service bundles: Towards predictive mapping of synergies and trade- offs between ecosystem services. Global Environmental Change- Human and Policy Dimensions, 47: 37-50.

Spear S F, Balkenhol N, Fortin M J, et al. 2010. Use of resistance surfaces for landscape genetic studies: considerations for parameterization and analysis. Molecular Ecology, 19 (17): 3576-3591.

Stattersfield A J, Crosby M J, Long A J, et al. 1998. Endemic Bird Areas of the World. Priorities for biodiversity conservation. BirdLife Conservation Series 7. Cambridge: BirdLife International.

Stauffer D. 1985. Introduction to Percolation Theory. London: Taylor & Francis.

Steffen W, Persson Å, Deutsch L, et al. 2011. The anthropocene: From global change to planetary stewardship. AMBIO, 40 (7): 739-761.

Steffen W, Richardson K, Rockström J, et al. 2015. Planetary boundaries: Guiding human development on a changing planet. Science, 347 (6223): 1259855.

Steiner F R, Shearer A W. 2016. Geodesign- Changing the world, changing design. Landscape and Urban Planning, 100 (156): 1-4.

Steinitz C, Binford M, Cote P, et al. 1996. Biodiversity and Landscape Planning: Alternative Future for the Region of Camp Pendleton, California. Cambridge: Harvard University Graduate School of Design.

Steinitz C. 2012. A Framework for Geodesign: Changing Geography by Design. Redlands: ESRI Press.

Stiglitz J, Sen A, Fitoussi J P. 2009. Report by the Commission on the Measurement of Economic Performance and Social Progress. Paris: Commission on the Measurement of Economic Performance and Social Progress.

Stocker T F. 2013. Climate change 2013: The physical science basis. Intergovernmental Panel on Climate Change.

Stokes A, Sotir R, Chen W, et al. 2010. Soil bio-and eco-engineering in China: past experience and future priorities. Ecological Economics, 36 (3): 247-257.

Stone B. 2008. Urban sprawl and air quality in large US cities. Journal of environmental management, 86 (4): 688-698.

Strassburg B B, Kelly A, Balmford A, et al. 2010. Global congruence of carbon storage and biodiversity in terrestrial ecosystems. Conservation Letters, 3 (2): 98-105.

Strong W. 2011. Tree canopy effects on understory species abundance in high-latitude populous tremuloides stands, yukon, canada. Community Ecology, 12 (1): 89-98.

Su S, Xiao R, Jiang Z, et al. 2012. Characterizing landscape pattern and ecosystem service value changes for urbanization impacts at an eco-regional scale. Applied Geography, 34: 295-305.

Su W, Gu C, Yang G, et al. 2010. Measuring the impact of urban sprawl on natural landscape pattern of the Western Taihu Lake watershed, China. Landscape and Urban Planning, 95 (1-2): 61-67.

Sullivan W C, Chang C Y. 2017. Landscapes and human health. International Journal of Environmental Research and Public Health, 14 (10): 1212.

Summers J K, Smith L M, Case J L, et al. 2012. A review of the elements of human well-being with an emphasis on the contribution of ecosystem services. Ambio A Journal of the Human Environment, 41 (4): 327-340.

Sumner M E. 1978. Interpretation of nutrient ratios in planttissue. Communications in Soil Science and Plant Analysis, 9: 335-345.

Sun X, Chang N, White A, et al. 2004. China's Forest Product Import Trends 1997-2002. CIFOR.

Sun Z, Zhang J, Yan D, et al. 2015. The impact of irrigation water supply rate on agricultural drought disaster risk: a case about maize based on EPIC in Baicheng city, China. Natural Hazards, 78 (1): 23-40.

Sutton P C. 2003. A scale-adjusted measure of "Urban sprawl" using nighttime satellite imagery. Remote Sensing of Environment, 86 (3): 353-369.

Swaffield S. 2013. Empowering landscape ecology-connecting science to governance through design values. Landscape Ecology, 28 (6): 1193-1201.

Swart R J, Raskin P, Robinson J. 2004. The problem of the future: sustainability science and scenario analysis. Global Environmental Change, 14 (2): 137-146.

Tansley A G. 1935. The use and abuse of vegetational concepts and terms. Ecology, 16 (3): 284-307.

Tao F, Yokozawa M, Liu J, et al. 2008. Climate-crop yield relationships at provincial scales in China and the impacts of recent climate trends. Climate Research, 38: 83-94.

Tao M, Chen L, Su L, et al. 2012. Satellite observation of regional haze pollution over the North China Plain. Journal of Geophysical Research: Atmospheres, 117 (D12): 12203.

Tatarinov F A, Cienciala E. 2009. Long-term simulation of the effect of climate changes on the growth of main Central-European forest tree species. Ecological Modelling, 220 (21): 3081-3088.

Taylor P D, Fahrig L, Henein K, et al. 1993. Connectivity is a vital element of landscape structure. OIKOS, 68 (3): 571-573.

Taylor P D, Fahrig L, With K A. 2006. Landscape connectivity: a return to the basics//Crooks K R, Sanjayan M. Connectivity Conservation. Cambridge: Cambridge University Press.

Temple S A. 1986. Predicting impacts of habitat fragmentation on forest birds: a comparison of two models// Verner J, Morrison M L, Ralph C J. Wildlife 2000: Modeling Habitat Relationships of Terrestrial Vertebrates.

Madison: University of Wisconsin Press.

Termorshuizen J W, Opdam P, van den Brink A. 2007. Incorporating ecological sustainability into landscape planning. Landscape and Urban Planning, 79 (3-4): 374-384.

Termorshuizen J W, Opdam P. 2009. Landscape services as a bridge between landscape ecology and sustainable development. Landscape Ecology, 24 (8): 1037-1052.

Teskey R, Wertin T, Bauweraerts I, et al. 2015. Responses of tree species to heat waves and extreme heat events. Plant, Cell & Environment, 38 (9): 1699-1712.

Theobald D M. 2006. Exploring the functional connectivity of landscapes using landscape networks//Crooks K R, Sanjayan M. Connectivity Conservation. Cambridge: Cambridge University Press.

Thomas C D, Cameron A, Green R E, et al. 2004. Extinction risk from climate change. Nature, 427: 145-148.

Thompson C W. 2011. Linking landscape and health: The recurring theme. Landscape and Urban Planning, 99 (3-4): 187-195.

Thomson J D, Weiblen G, Thomson B A, et al. 1996. Untangling Multiple Factors in Spatial Distributions: Lilies, Gophers, and Rocks. Ecology, 77 (6): 1698-1715.

Thornthwaite C W. 1931. The climates of North America: according to a new classification. Geographical Review, 21 (4): 633-655.

Tian H, Cao C, Chen W, et al. 2015. Response of vegetation activity dynamic to climatic change and ecological restoration programs in Inner Mongolia from 2000 to 2012. Ecological Engineering, 82: 276-289.

Tilman D, Balzer C, Hill J, et al. 2011. Global food demand and the sustainable intensification of agriculture. Proceedings of the National Academy of Sciences of the United States of America, 108 (50): 20260-20264.

Tischendorf L, Fahring L. 2000. On the usage and measurement of landscape connectivity. OIKOS, 90 (1): 7-19.

Tobler W R. 1970. A computer movie simulating urban growth in the Detroit region. Economic Geography, 46 (supl): 234-240.

Tong C, Wu J, Yong S, et al. 2004. A landscape-scale assessment of steppe degradation in the Xilin River Basin, Inner Mongolia, China. Journal of Arid Environments, 59 (1): 133-149.

Trac C J, Harrell S, Hinckley T M, et al. 2007. Reforestation programs in Southwest China: reported success, observed failure, and the reasons why. Journal of Mountain Science, 4 (4): 275-292.

Troll C. 1939. Luftbildplan und ökologische Bodenforschung. Berlin: Zeitschrift der Gesellschaft für Erdkunde.

Turner B L. 2002. Toward Integrated land-change science: advances in 1.5 decades of sustained international research on land-use and land-cover change//Steffan W, Jager J, Carson D, et al. Challenges of a Changing Earth: Proceedings of the Global Change Open Science Conference, Amsterdam, NL: Heidelberg: Springer-Verlag.

Turner B L. 2010. Vulnerability and resilience: Coalescing or paralleling approaches for sustainability science? Global Environmental Change-Human and Policy Dimensions, 20 (4): 570-576.

Turner B L. 2016. Land system architecture for urban sustainability: new directions for land system science illustrated by application to the urban heat island problem. Journal of Land Use Science, 11 (6): 689-697.

Turner M G, Cardille J. 2007. Spatial heterogeneity and ecosystem processes//Wu J, Hobbs R. Key Topics in Landscape Ecology. Cambridge: Cambridge University Press.

Turner B L, Clark W C, Kates R W, et al. 1990. The Earth as Transformed by Human Action: Global and Regional Changes in the Biosphere over the Past 300 Years. Cambridge: Cambridge University Press.

Turner B L, Janetos A C, Verburg P H, et al. 2013a. Land system architecture: using land systems to adapt and mitigate global environmental change. Global Environmental Change, 23: 395-397.

Turner M G, Donato D C, Romme W H. 2013b. Consequences of spatial heterogeneity for ecosystem services in changing forest landscapes: priorities for future research. Landscape Ecology, 28 (6): 1081-1097.

Turner B L, Kasperson R E, Matson P, et al. 2003. A framework for vulnerability analysis in sustainability science. Proceedings of the National Academy of the Sciences of the United States of America, 100 (14): 8074-8079.

Turner B L, Moran E, Rindfuss R. 2004. Integrated land- change science and its relevance to the human sciences//Gutman G, Janetos A C, Justice C O, et al. Land Change Science: Observing, Monitoring and Uncerstanding Trajectories of Change on the Earth's Surface. Dordrecht: Kluwer.

Turner B L, Lambin E F, Reenberg A. 2007. The emergence of land change science for global environmental change and sustainability. Proceedings of the National Academy of Sciences of the United States of America, 104 (52): 20666-20671.

Turner M G. 2005. Landscape ecology: What is the state of the science? Annual Review of Ecology, Evolution, and Systematics, 36: 319-344.

Turner M G, Gardner R H. 1991. Quantitative Methods in Landscape Ecology: The Analysis and Interpretation of Landscape Heterogeneity. New York: Springer- Verlag.

Turner M G, Gardner R H. 2015. Landscape Ecology in Theory and Practice: Pattern and Process2. 2nd ed. New York: Springer.

Turner M G, Gardner R H, O'Neill R V. 2001. Landscape Ecology in Theory and Practice: Pattern and Process. New York: Springer- Verlag.

United Nations. 2012. World Population Prospects: The 2010 Revision, Volume I- Comprehensive Tables.

United Nations. 2015. Resolution Adopted by the General Assembly on 25 September 2015 General Assembly.

UNU- IHDP and UNEP. 2012. Inclusive Wealth Report 2012 - Measuring Progress toward Sustainability. Cambridge: Cambridge University Press.

Urban D L. 2005. Modeling ecological processes across scales. Ecology, 86: 1996-2006.

Urban D, Keitt T. 2001. Landscape connectivity: a graph-theoretic perspective. Ecology, 82 (5): 1205-1218.

Urban D L, Minor E S, Treml E A, et al. 2009. Graph models of habitat mosaics. Ecology Letters, 12 (3): 260-273.

Vadjunec J M, Frazier A E, Kedron P, et al. 2018. A land systems science framework for bridging land system architecture and landscape ecology: A case study from the southern high plains. Land, 7 (1): 27.

Van Donkelaar A, Martin R V, Brauer M, et al. 2010. Global estimates of ambient fine particulate matter concentrations from satellite-based aerosol optical depth: development and application. Environmental Health Perspectives, 118 (6): 847-855.

Van Donkelaar A, Martin R V, Brauer M, et al. 2015. Use of satellite observations for long-term exposure assessment of global concentrations of fine particulate matter. Environmental Health Perspectives, 123 (2): 135-143.

Van Vuuren D P, Edmonds J, Kainuma M, et al. 2011. The representative concentration pathways: an overview. Climatic Change, 109 (1): 5-31.

Verbesselt J, Hyndman R, Newnham G, et al. 2010a. Detecting trend and seasonal changes in satellite image time series. Remote Sensing of Environment, 114 (1): 106-115.

Verbesselt J, Hyndman R, Zeileis A, et al. 2010b. Phenological change detection while accounting for abrupt and gradual trends in satellite image time series. Remote Sensing of Environment, 114 (12): 2970-2980.

Verburg P H, Koomen E, Hilferink M, et al. 2012. An assessment of the impact of climate adaptation measures to reduce flood risk on ecosystem services. Landscape Ecology, 27 (4): 473-486.

Verburg P H, Erb K H, Mertz O, et al. 2013. Land system science: between global challenges and local realities. Current Opinion in Environmental Sustainability, 5 (5): 433-437.

Verburg P H, Crossman N, Ellis E C, et al. 2015. Land system science and sustainable development of the earth system: A global land project perspective. Anthropocene, 12: 29-41.

Verdaguer D, Jansen M A K, Llorens L, et al. 2017. UV-A radiation effects on higher plants: Exploring the known unknown. Plant Science, 255: 72-81.

Villa F, Bagstad K, Johnson G. 2011. Scientific instruments for climate change adaptation: estimating and optimizing the efficiency of ecosystem service provision. Ecomnomia Agrariay Recursos Naturales, 11 (1): 83-98.

Vince G. 2011. An Epoch Debate. Science, 333 (6052): 32-35.

Visconti P, Pressey R L, Giorgini D, et al. 2011. Future hotspots of terrestrial mammal loss. Philosophical Transactions of the Royal Society of London B: Biological Sciences, 366 (1578): 2693-2702.

Vitousek P M, Mooney H A, Lubchenco J, et al. 1997. Human domination of Earth's ecosystems. Science, 277 (5325): 494-499.

Vitousek P M, Naylor R, Crews T, et al. 2009. Nutrient imbalances in agricultural development. Science, 324 (5934): 1519-1520.

Vitousek P M, Turner D R, Parton W J, et al. 1994. Litter decomposition on the Mauna Loa environmental matrix, Hawai'i: patterns, mechanisms, and models. Ecology, 75 (2): 418-429.

Wairegi L W, van Asten P J, Tenywa M M, et al. 2010. Abiotic constraints override biotic constraints in east african highland banana systems. Field Crops Research, 117 (1): 146-153.

Walburg G, Bauer M E, Daughtry C, et al. 1982. Effects of nitrogen nutrition on the growth, yield, and reflectance characteristics of corn canopies. Agronomy Journal, 74 (4): 677-683.

Walker B, Salt D. 2006. Resilience Thinking: Sustaining Ecosystems and People in a Changing World. Washington: Island Press.

Wallace K J. 2007. Classification of ecosystem services: Problems and solutions. Biological Conservation, 139 (3-4): 235-246.

Walsh C J, Roy A H, Feminella J W, et al. 2005. The urban stream syndrome: current knowledge and the search for a cure. Journal of the North American Benthological Society, 24 (3): 706-723.

Walt K, André A, Eckehard G, et al. 2009. Biodiversity in forest ecosystems and landscapes: a conference to discuss future directions in biodiversity management for sustainable forestry. Forest Ecology and Management, 258S: S1-S4.

Wang L, Lyons J, Kanehl P, et al. 2001. Impacts of urbanization on stream habitat and fish across multiple spatial scales. Environmental Management, 28 (2): 255-266.

Wang X, Youssef M, Skaggs R, et al. 2005. Sensitivity analyses of the nitrogen simulation model, DRAINMOD-N II. Transactions of the ASAE, 48 (6): 2205-2212.

Wang Y, Wang H. 2005. Sustainable use of water resources in agriculture in Beijing: problems and countermeasures. Water Policy, 7 (4): 345-357.

Warren M S. 1992. Butterfly populations//Dennis R L H. The Ecology of Butterflies in Britain. Oxford: Oxford University Press.

WCED (1987) Our Common Future. New York: Oxford University Press.

Webb R S, Rosenzweig C E, Levine E R. 1993. Specifying Land Surface Characteristics in General Circulation Models: Soil Profile Data Set and Derived Water Holding Capacities. Global Biogeochemical Cycles, 7 (1): 97-108.

Webb R. 1972. Use of the boundary line in the analysis of biological data. Journal of Horticultural Science, 47: 309-310.

Weisz H, Steinberger J K. 2010. Reducing energy and material flows in cities. Current Opinion in Environmental Sustainability, 2: 185-192.

West P C, Gibbs H K, Monfreda C, et al. 2010. Trading carbon for food: Global comparison of carbon stocks vs. crop yields on agricultural land. Proceedings of the National Academy of Sciences of the United States of America, 107 (46): 19645-19648.

Westman W E. 1977. How much are nature's services worth? Science, 197: 960-964.

White R P, Murray S, Rohweder M, et al. 2000. Grassland ecosystems. Washington: World Resources Institute.

Wiens J A. 1997. Metapopulation dynamics and landscape ecology//Hanski I A, Gilpin M E. Metapopulation Biology: Ecology, Genetics and Evolution. San Diego: Academic Press.

Wiens J A. 2013. Is landscape sustainability a useful concept in a changing world? Landscape Ecology, 28 (6): 1047-1052.

Williams J R. 1975. Sediment- yield prediction with universal equation using runoff energy factor//Present and Prospective Technology for predicting sediment yield and sources. Washington: USDA: 244-252.

Williams J R. 1990. The erosion- productivity impact calculator (EPIC) model: a case history. Philosophical Transactions of the Royal Society of London B: Biological Sciences, 329 (1255): 421-428.

Williams J, Jones C, Kiniry J, et al. 1989. The EPIC crop growth model. Transactions of the ASAE, 32 (2): 497-511.

Wischmeier W H, Smith D D. 1978. Predicting rainfall erosion losses: a guide to conservation planningwith universal soil loss equation (USLE) . Washington: Department of Agriculture.

Woodward F, Kelly C. 2008. Responses of global plant diversity capacity to changes in carbon dioxide concentration and climate. Ecology letters, 11 (11): 1229-1237.

World Economic Forum. 2011. Water Security: The Water- Food- Energy- Climate Nexus. Washington: Island Press.

World Health Organization (WHO) . 2005. Air Quality Guidelines: Global Update 2005.

Wright D H. 1983. Species- energy theory: an extension of species- area theory. Oikos, 41: 496-506.

Wu B, Meng J, Li Q, et al. 2013a. Remote sensing- based global crop monitoring: experiences with China's Crop Watch system. International Journal of Digital Earth, 7 (2): 113-137.

Wu F, Zhan J, Yan H, et al. 2013b. Land cover mapping based on multisource spatial data mining approach for climate simulation: a case study in the farming- pastoral ecotone of north China. Advances in Meteorology, (2): 1-12.

Wu J. 1999. Hierarchy and scaling: Extrapolating information along a scaling ladder. Canadian Journal of Remote Sensing, 25 (4), 367-380.

Wu J. 2004. Effects of changing scale on landscape pattern analysis: scaling relations. Landscape Ecology, 19 (2): 125-138.

Wu J. 2006. Landscape ecology, cross-disciplinarity, and sustainability science. Landscape Ecology, 21 (1): 1-4.

Wu J. 2008. Changing perspectives on biodiversity conservation: from species protection to regional sustainability. Biodiversity Science, 16 (3): 205-213.

Wu J. 2012. A landscape approach for sustainability science//Weinstein M P, Turner R E. Sustainability Science: The Emerging Paradigm and the Urban Environment. New York: Springer.

Wu J. 2013. Landscape sustainability science: ecosystem services and human well-being in changing landscapes. Landscape Ecology, 28 (6): 999-1023.

Wu J. 2014. Urban ecology and sustainability: The state- of- the- science and future directions. Landscape and Urban Planning, 125: 209-221.

Wu J. 2017. Thirty years of Landscape Ecology (1987-2017): retrospects and prospects. Landscape Ecology, 32 (12): 2225-2239.

Wu J. 2019. Linking landscape, land system and design approaches to achieve sustainability. Journal of Land Use

Science, 14 (2): 173-189.

Wu J, Hobbs R. 2002. Key issues and research priorities in landscape ecology: an idiosyncratic synthesis. Landscape Ecology, 17 (4): 355-365.

Wu J, Loucks O L. 1995. From balance of nature to hierarchical patch dynamics: a paradigm shift in ecology. Quarterly Review of Biology, 70 (4): 439-466.

Wu J, Wu T. 2012. Sustainability indicators and indices: an overview//Madu C N, Kuei C. Handbook of Sustainable Management. London: Imperial College Press.

Wu J, Wu T. 2013. Ecological resilience as a foundation for urban design and sustainability//Pickett S T A, Cadenasso M L, McGrath B P. Resilience in Urban Ecology and Design: Linking Theory and Practice for Sustainable Cities. New York: Springer.

Wu J, Xiang W, Zhao J. 2014. Urban ecology in China: historical developments and future directions. Landscape and Urban Planning, 125: 222-233.

Wu J, Naeem S, Elser J, et al. 2015a. Testing biodiversity-ecosystem functioning relationship in the world's largest grassland: overview of the IMGRE project. Landscape Ecology, 30 (9): 1723-1736.

Wu J, Xie W, Li W, et al. 2015b. Effects of urban landscape pattern on $PM_{2.5}$ pollution—a Beijing case study. PLos One, 10: e0142449.

Wu J, Zhang Q, Li A, et al. 2015c. Historical landscape dynamics of Inner Mongolia: patterns, drivers, and impacts. Landscape Ecology, 30 (9): 1579-1598.

Wu T, Kim Y S. 2013. Pricing ecosystem resilience in frequent-fire ponderosa pine forests. Forest Policy and Economics, 27: 8-12.

Wu W, Tang H, Yang P, et al. 2011. Scenario-based assessment of future food security. Journal of Geographical Sciences, 21 (1): 3-17.

WWF. 1994. Centres of Plant Diversity: A Guide and Strategy for Their Conservation. Cambridge: World Wide Fund for Nature and IUCN.

Xiao L, Lang Y, Christakos G. 2018. High-resolution spatiotemporal mapping of $PM_{2.5}$ concentrations at Mainland China using a combined BME-GWR technique. Atmospheric Environment, 173: 295-305.

Xiao X, Ojima D S, Parton W J, et al. 1995. Sensitivity of Inner Mongolia Grasslands to climate change. Journal of Biogeography, 22: 643-648.

Xiao Z, Liang S, Wang J, et al. 2014. Use of general regression neural networks for generating the GLASS leaf area index product from time-series MODIS surface reflectance. IEEE Transactions On Geoscience and Remote Sensing, 52: 209-223.

Xiong W, Conway D, Holman I, et al. 2008. Evaluation of CERES-Wheat simulation of wheat production in China. Agronomy Journal, 100 (6): 1720-1725.

Xu B, Luo L, Lin B. 2016. A dynamic analysis of air pollution emissions in China: evidence from nonparametric additive regression models. Ecological Indicators, 63: 346-358.

Xu C, Liu M, Zhang C, et al. 2007. The spatiotemporal dynamics of rapid urban growth in the Nanjing metropolitan region of China. Landscape Ecology, 22 (6): 925-937.

Xu J, Yin R, Li Z, et al. 2006. China's ecological rehabilitation: Unprecedented efforts, dramatic impacts, and requisite policies. Ecological Economics, 57: 595-607.

Xu Y, Gao X, Shen Y, et al. 2009. A daily temperature dataset over China and its application in validating a RCM simulation. Advances in Atmospheric Sciences, 26: 763-772.

Xu Z, Mahmood R, Yang Z, et al. 2015. Investigating diurnal and seasonal climatic response to land use and land cover change over monsoon Asia with the Community Earth System Model (CESM). Journal of Geophysical Research, 120: 1137-1152.

Xu Z, Wei H, Fan W, et al. 2018. Energy modeling simulation of changes in ecosystem services before and after the implementation of a Grain-for-Green program on the Loess Plateau—A case study of the Zhifanggou valley in Ansai county, Shaanxi province, China. Ecosystem Services, 31: 32-43.

Yahdjian L, Sala O E, Havstad K M. 2015. Rangeland ecosystem services: shifting focus from supply to reconciling supply and demand. Frontiers in Ecology and the Environment, 13: 44-51.

Yang J, Zhang J. 2010. Crop management techniques to enhance harvest index in rice. Journal of Experimental Botany, 61 (12): 3177-3189.

Yang W, Dietz T, Kramer D B, et al. 2013. Going beyond the millennium ecosystem assessment: an index system of human well-being. Plos One, 8: e64582.

Yang X, Lu Y, Tong Y, et al. 2015. A 5-year lysimeter monitoring of nitrate leaching from wheat-maize rotation system: Comparison between optimum N fertilization and conventional farmer N fertilization. Agriculture, Ecosystems & Environment, 199: 34-42.

Ye L, Tang H, Wu W, et al. 2014. Chinese food security and climate change: agriculture futures. Economics: The Open-Access, Open-Assessment E-Journal, 8 (1): 1-40.

Yong-Fei B A I, Ling-Hao L I, Jian-Hui H, et al. 2001. The influence of plant diversity and functional composition on ecosystem stability of four stipa communities in the Inner Mongolia Plateau. Journal of Integrative Plant Biology, 43 (3): 280.

You Q, Fraedrich K, Ren G, et al. 2013. Variability of temperature in the Tibetan Plateau based on homogenized surface stations and reanalysis data. International Journal of Climatology, 33 (6): 1337-1347.

Yu D Y, Liu Y P, Shi P J, et al. 2019. Projecting impacts of climate change on global terrestrial ecoregions. Ecological Indicators, 103: 114-123.

Yu D, Shao H, Shi P, et al. 2009a. How does the conversion of land cover to urban use affect net primary productivity? A case study in Shenzhen city, China. Agricultural and Forest Meteorology, 149 (11): 2054-2060.

Yu D, Shi P, Han G, et al. 2011. Forest ecosystem restoration due to a national conservation plan in China. Ecological Engineering, 37: 1387-1397.

Yu D, Shi P, Shao H, et al. 2009b. Modelling net primary productivity of terrestrial ecosystems in East Asia based on an improved CASA ecosystem model. International Journal of Remote Sensing, 30 (18): 4851-4866.

Yu D, Wang Y, Hao Z, et al. 2005. Changes of Forest Landscape Pattern in Lushuihe Watershed of Jilin Province. Resources Science, 27 (4): 147-153.

Yu D, Xun B, Shi P, et al. 2012. Ecological restoration planning based on connectivity in an urban area. Ecological Engineering, 46: 24-33.

Yu J, Liu J, Wang J, et al. 2004. Organic carbon variation law of black soil during different tillage period. Journal of Soil and Water Conservation, 18 (1): 27-30.

Yu W, Shao M, Ren M, et al. 2013. Analysis on spatial and temporal characteristics drought of Yunnan Province. Acta Ecologica Sinica, 33 (6): 317-324.

Yuan Q, Yang L, Dong C, et al. 2014. Temporal variations, acidity, and transport patterns of $PM_{2.5}$ ionic components at a background site in the Yellow River Delta, China. Air Quality Atmosphere and Health, 7: 143-153.

Yue S, Pilon P, Cavadias G. 2002. Power of the Mann-Kendall and Spearman's rho tests for detecting monotonic trends in hydrological series. Journal of Hydrology, 259: 254-271.

Zetterberg A, Mörtberg U M, Balfors B. 2010. Making graph theory operational for landscape ecological assessments, planning, and design. Landscape and Urban Planning, 95 (4): 181-191.

Zhai J, Liu R, Liu J, et al. 2015. Human-induced landcover changes drive a diminution of land surface albedo in the Loess Plateau (China). Remote Sensing, 7 (3): 2926-2941.

Zhang J, Brown C, Qiao G, et al. 2019. Effect of Eco-compensation Schemes on Household Income Structures and Herder Satisfaction: Lessons from the Grassland Ecosystem Subsidy and Award Scheme in Inner Mongolia. Ecological Economics, 159: 46-53.

Zhang K L, Shu A P, Xu X L, et al. 2008. Soil erodibility and its estimation for agricultural soils in China. Journal of Arid Environments, 72 (6): 1002-1011.

Zhang X, Wang Y, Lin W, et al. 2009. Changes of atmospheric composition and optical properties over Beijing—2008 Olympic Monitoring Campaign. Bulletin of the American Meteorological Society, 90: 1633-1651.

Zhang Y, Li C, Zhou X, et al. 2002. A simulation model linking crop growth and soil biogeochemistry for sustainable agriculture. Ecological Modelling, 151: 75-108.

Zhang Y. 2013. Next generation biorefineries will solve the food, biofuels, and environmental trilemma in the energy-food-water nexus. Energy Science & Engineering, 1 (1): 27-41.

Zhang Z, Song X, Tao F, et al. 2015. Climate trends and crop production in China at county scale, 1980 to 2008. Theoretical & Applied Climatology, 123 (1): 1-12.

Zhang Z, Wang P, Chen Y, et al. 2014. Global warming over 1960-2009 did increase heat stress and reduce cold stress in the major rice-planting areas across China. European Journal of Agronomy, 59: 49-56.

Zhao M, Running S W. 2010. Drought-induced reduction in global terrestrial net primary production from 2000 through 2009. Science, 329 (5994): 940-943.

Zhao X, Hu H F, Shen H H, et al. 2015. Satellite-indicated long-term vegetation changes and their drivers on the Mongolian Plateau. Landscape Ecology, 30 (9): 1599-1611.

Zhao Y, Liu Z, Wu J. 2020. Grassland ecosystem services: a systematic review of research advances and future directions. Landscape Ecology, 35: 793-814.

Zhen L, Li F, Yan H M, et al. 2014. Herders' willingness to accept versus the public sector's willingness to pay for grassland restoration in the Xilingol League of Inner Mongolia, China. Environmental Research Letters, 9 (4): 045003.

Zheng G, Moskal L M. 2009. Retrieving leaf area index (LAI) using remote sensing: theories, methods and sensors. Sensors, 9: 2719-2745.

Zhou B, Wu J, Anderies J M. 2019. Sustainable landscapes and landscape sustainability: a tale of two concepts. Landscape and Urban Planning, 189: 274-284.

Zhou G, Wang Y, Wang S. 2010. Responses of grassland ecosystems to precipitation and land use along the Northeast China Transect. Journal of Vegetation Science, 13 (3): 361-368.

Zurlini G, Petrosillo I, Jones K B, et al. 2013. Highlighting order and disorder in social-ecological landscapes to foster adaptive capacity and sustainability. Landscape Ecology, 28 (6): 1161-1173.